COME COSTRUIRE IL MOBILE MODERNO

MARIO DAL FABBRO

COME COSTRUIRE IL MOBILE MODERNO

NOZIONI GENERALI - PROGETTI DI MOBILI

Generalità - Lavorazione del legno - Particolari costruttivi Compensati e curvatura del legno - Finitura di ante e pannelli - Ante - Ripiani - Cassetti - Tipi di materiali usati nella costruzione del mobile - Seggiolame e imbottitura.

Traduzione italiana dell'Arch. Elena Casella Ferrari

Prefazione dell'Arch. Carlo Pagani

EDITORE ULRICO HOEPLI MILANO

Titolo originale: *How to build modern furniture*

via Hoepli 5, 20121 Milano (Italy)
tel. +39 02 864871 - fax +39 02 8052886
e-mail hoepli@hoepli.it

www.hoepli.it

ISBN 978-88-203-0121-7

Stampato da LegoDigit S.r.l., Lavis (TN)

Printed in Italy

INTRODUZIONE

Questo libro è l'ultimo della serie dei miei volumi pubblicati in Italia, Stati Uniti ed Inghilterra, dedicati allo studio del mobile moderno.
Non mi meraviglierò se alcuni riterranno che quest'opera abbia caratteristiche analoghe alle precedenti; ciò può derivare solo da un'impressione superficiale, perchè la vastità dell'argomento è tale da potervi dedicare numerosi volumi senza intaccare la superficie del problema.
Questa seconda edizione della « *Costruzione del mobile moderno* » è dedicata alla lavorazione del mobile, con particolare riferimento ai metodi costruttivi. L'argomento non è nuovo, questo pertanto non diminuisce l'interesse dell'opera, il cui intendimento è di essere una guida completa e di interesse internazionale circa la costruzione del mobile; questo obbiettivo è stato già raggiunto dalla prima edizione, che ha incontrato pieno favore in diverse nazioni.
L'opera è divisa in due parti, la prima riguardante i particolari costruttivi, la seconda i progetti dei mobili, ed ha uno sviluppo grafico molto ampio rispetto al testo, per facilitarne la comprensione ad ogni lettore, sia esso architetto, ebanista o studente.
La prima parte ha una nota introduttiva, di informazione, sul legno e sulle sue lavorazioni; prosegue esponendo gradualmente i particolari costruttivi, dalle più semplici unioni di costa alle più complesse lavorazioni, fra cui la curvatura del legno, l'applicazione di ante, la costruzione dei cassetti, l'unione del legno con altri materiali, l'imbottitura; tutto ciò con chiari disegni in proiezione geometrica e assonometrica corredati da didascalie.
La seconda parte presenta 53 progetti di mobili: per soggiorno, pranzo, letto e seggiolame. Questi mobili sono presentati con lo scopo di essere facilmente compresi oltre che dagli specialisti, anche dai principianti.
Confido che il volume possa essere utile a chiunque abbia interessi nel ramo, permettendogli di trovare al momento opportuno tutto ciò che gli necessita.

Mario Dal Fabbro

PREFAZIONE

Per comprendere quale sia il valore del libro, la sua origine, e la sua destinazione, ritengo sia molto utile conoscere a grandi linee la preparazione e l'attività di Dal Fabbro.

Diplomato dall'Istituto d'Arte Governativo e dal Magistero Professionale di Venezia, svolse la sua prima attività nel settore dell'arredamento presso vari studi di architettura a Milano, fra gli altri da Albini, da Ponti, nel mio stesso studio, collaborando nel frattempo a Domus e Stile, partecipando poi alle Triennali del 1939 e del 1947. Trasferitosi nel 1948 negli Stati Uniti lavorò presso la Knoll Associates dando inizio, nello stesso periodo, ad una serie di volumi dedicati allo studio del mobile moderno; queste sue opere « Modern Furniture its design and construction », « Furniture for Modern Interiors », « How to build Modern Furniture », « How to make built-in Furniture » ebbero notevole successo e fortuna in campo internazionale.

Nel frattempo, lasciata la Knoll, Dal Fabbro si dedicò alla progettazione di mobili destinati alla produzione in serie, partendo dalle esigenze della media industria per arrivare allo studio di elementi per la produzione di grande massa.

È evidente pertanto, che con una preparazione di questo tipo, Dal Fabbro ha potuto scrivere un'opera di tipo tecnicistico e di carattere estremamente pratico colmando una grossa lacuna della letteratura tecnico-pratica italiana.

L'opera si rivolge soprattutto ai designers di mobili moderni completandone la preparazione con la limpida esposizione di tutti i problemi fondamentali che devono essere risolti affrontando il disegno prima, e la costruzione di un mobile, poi.

In Italia, infatti, manca una scuola di carattere professionale che possa dare una preparazione completa, sia dal punto di vista disegnativo, che per la formazione artigianale.

Considerato sotto questo aspetto, il libro di Dal Fabbro ha un grande valore integrativo ed è un ottimo strumento di consultazione.

Gli esempi di mobili riportati nella seconda parte del volume sono esempi semplici, pratici, senza nessuna pretesa di voler suggerire una linea o una tendenza di gusto, ma ricchi di suggerimenti, con chiare e semplici soluzioni tecniche di innumerevoli problemi, e molteplici indicazioni pratiche estremamente utili.

Carlo Pagani

Milano, 20 gennaio 1966

INDICE

PARTE I: NOZIONI GENERALI

PARTE II: PROGETTI DI MOBILI

PARTE I NOZIONI GENERALI

NOTE GENERALI SUL LEGNO

La conoscenza delle caratteristiche tecnologiche del legno, dei suoi pregi e dei suoi difetti, è essenziale sia per il falegname, l'ebanista, o l'architetto, che per tutti coloro che si interessano dell'impiego e della lavorazione del legno. A tale scopo diamo un breve cenno circa la struttura del legno, il taglio delle piante, la riduzione dei tronchi in tavolame e la stagionatura del materiale.

Struttura del legno

Il legno è quella parte del tronco e dei rami delle piante dicotiledoni che si trova sotto lo strato corticale; è composto da fasci di fibre tubolari, l'accrescimento delle quali ha luogo per sovrapposizione dei nuovi strati esterni annuali. Le fibre sono formate da tessuto resistente, mentre i vasi costituiscono la parte tenera che unisce le fibre fra di loro. Per esaminare la struttura del legno si deve sezionare trasversalmente un tronco (vedi fig. A); in questa sezione, procedendo dal centro alla periferia del tronco, si possono osservare oltre agli anelli annuali, più o meno regolari, che indicano l'età del fusto, altre formazioni annuali d'aspetto variabile. Possiamo considerare la sezione composta da tre parti principali:

1) la parte centrale, detta midollo, poco resistente;

2) la parte mediana, durame, che costituisce il legno propriamente detto;

3) la parte periferica, che è a sua volta costituita da tre strati: l'alburno, o legno giovane, che circonda il durame e si distingue per il suo colore più chiaro; il libro, costituito da fibre sottili e pieghevoli; la corteccia.

Per una buona conservazione del legno e bene eliminare gli strati corticali, corteccia e libro, soggetti ad imputridimento.

Difetti del legno

Il legno può presentare dei difetti che ne rendono impossibile, o possibile solo parzialmente, l'utilizzazione come materiale da lavoro.

I più comuni di tali difetti sono:

1) le *fenditure* in direzione radiale, provocate dal gelo o da un essiccamento non uniforme del legno;

2) le *cipollature*, distacco parziale o totale degli anelli annuali della pianta, lesione che può essere cioè limitata ad una parte od estendersi a tutta la sezione del tronco;

3) i *nodi*, che si distinguono in nodi fissi e mobili; i primi sono un'alterazione dovuta all'inserimento nel tessuto legnoso della generatrice di un ramo; i secondi sono il residuo di un ramo troncato che, nell'accrescimento successivo della pianta, resta incluso nel tronco (difetto frequente nelle essenze resinose).

4) la *carie* o *marciume*, dovuta a lesioni subite dalla pianta, prodotte da urti o da animali.

A

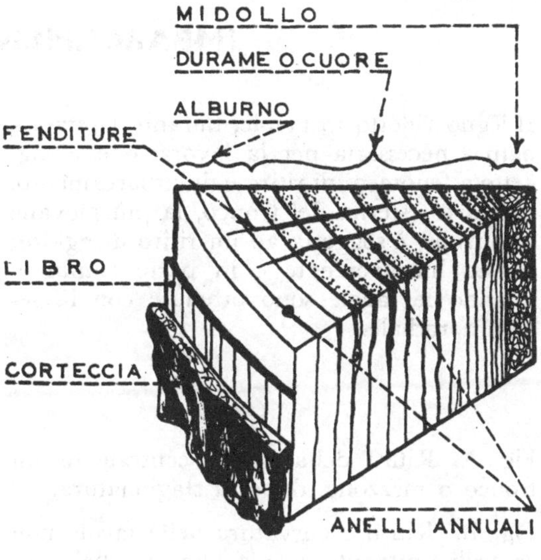

Taglio delle piante e riduzione dei tronchi in tavole

L'abbattimento delle piante è opportuno che venga effettuato nella stagione invernale, quando cioè la circolazione linfatica del tronco è ridotta al minimo. Dopo l'abbattimento si deve procedere allo scortecciamento ed alla lavatura del tronco, per evitare lo sviluppo di parassiti e per facilitare la stagionatura. I sistemi di lavatura sono tre: a mezzo di acqua fredda corrente, di acqua calda corrente, di vapore acqueo a bassa pressione; l'acqua penetrando a fondo nella massa legnosa, compie un'energica azione depuratrice, asportando e diluendo le sostanze organiche, soggette a corruzione. Dopo la lavatura i tronchi subiscono un primo processo di essiccamento naturale, terminato il quale possono essere ridotti in tavole, con differenti sistemi di taglio.

B

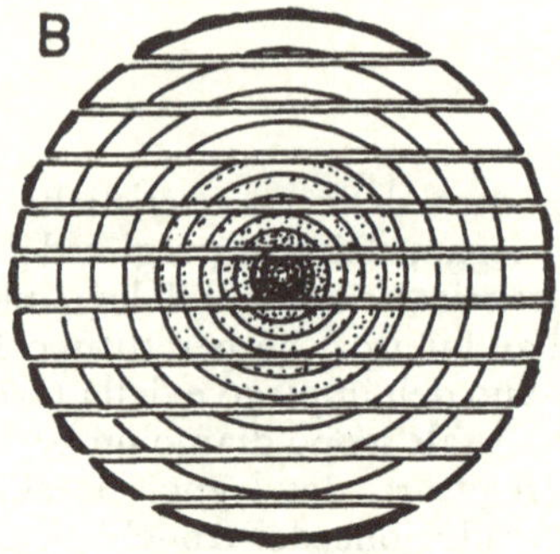

Il metodo più usato industrialmente è la segatura parallela all'asse del tronco che permette un'utilizzazione migliore e abbastanza uniforme del legname (vedi fig. B).

C

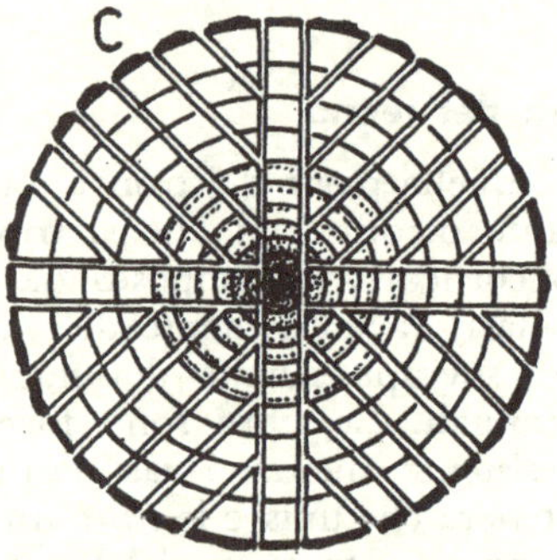

Per lavori di ebanisteria e di precisione è consigliabile un taglio più razionale, che si realizza con la segatura radiale, seguendo i raggi midollari (vedi fig. C).

IMBARCAMENTO E MOVIMENTO DEL LEGNO

Il legno ridotto in tavole, durante la stagionatura necessaria per la lavorazione, è soggetto a fenomeni di ritiro e di imbarcamento. La parte esterna del tronco, la più giovane (alburno), è soggetta ad un ritiro maggiore; questo inconveniente è in parte eliminato quando le tavole sono ottenute con la segatura radiale.

A

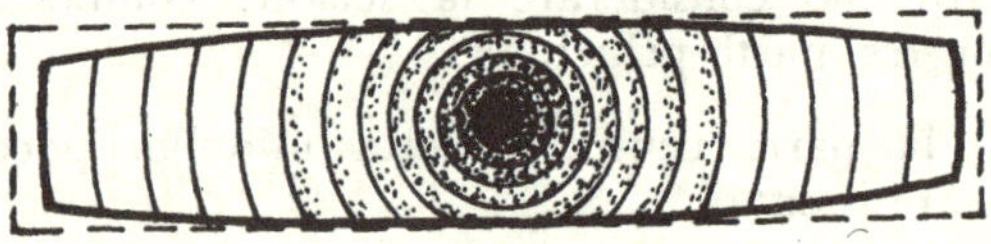

B

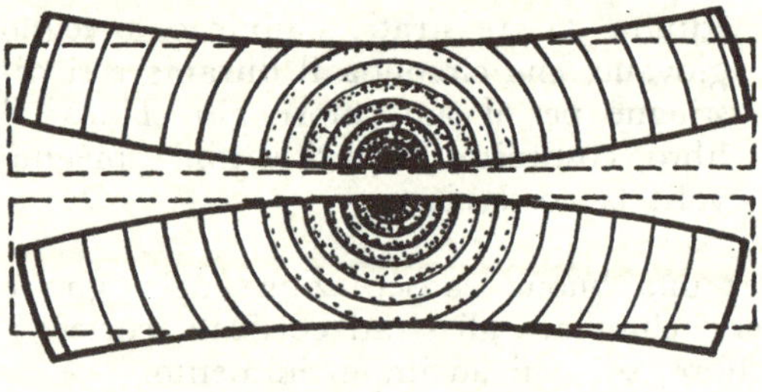

C

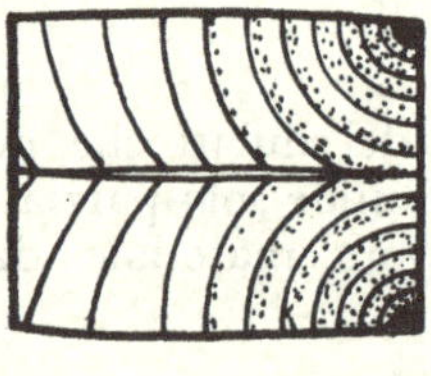

D

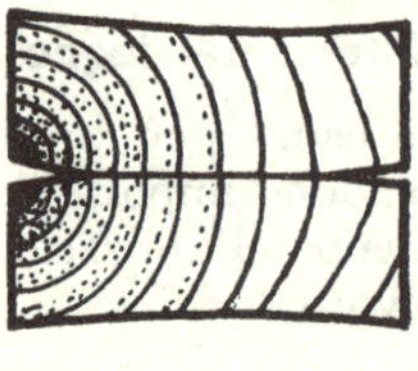

Fig. A. Ritiro della tavola centrale di un tronco o mezzone, dopo la stagionatura.

Fig. B. Ritiro e curvatura delle tavole non centrali (ottenute con taglio parallelo all'asse); si noti che la curvatura avviene in direzione opposta al midollo.

Fig. C. Nell'unire o incollare due tavole, l'unione deve essere fatta opponendo le due cavità.

Fig. D. Unendo due tavole secondo le facce convesse si produrrà una fessurazione lungo la linea di giunzione.

STAGIONATURA ED ESSICCAZIONE DEL LEGNO

Prima di iniziare i processi di lavorazione è essenziale che il legname sia ben stagionato. La stagionatura è il naturale processo di indurimento (lignificazione) delle cellule, mentre l'essiccazione è la riduzione dell'umidità del materiale a percentuali variabili a seconda della qualità e dell'impiego previsto. Vari sono i procedimenti per ottenere una buona essiccazione, tra i quali i più usati sono i seguenti.

Essiccazione naturale. L'essiccazione naturale è quella che dà i migliori risultati, ma è molto lenta. Le tavole vengono opportunamente accatastate sotto apposite tettoie, al riparo dalle intemperie e dal sole.

Essiccazione artificiale. L'essiccazione artificiale è un metodo rapido per ottenere un buon legname ben essiccato. Due sono i sistemi: diretto, a contatto cioè dei prodotti di combustione; indiretto, in camere a circolazione forzata di aria calda, con possibilità di graduazione e di regolazione della temperatura; l'aria calda, che circolando fra le tavole si è caricata di umidità, viene rinnovata ciclicamente, sino a quando il materiale ha raggiunto la percentuale di umidità voluta.

PROPRIETÀ DEI LEGNAMI

Le proprietà dei legnami si distinguono in fisiche, tecnologiche, e meccaniche. Le *proprietà fisiche* riguardano: densità e peso specifico; porosità (i legni teneri sono molto porosi e sono soggetti a notevoli movimenti di ritiro e dilatazione); omogeneità, o costanza di densità della struttura legnosa; odore e colore, caratteristiche specifiche delle varie essenze.

Proprietà tecnologiche: fendibilità o resistenza opposta dal legno al cuneo che penetra nel senso delle fibre, vincendone la coesione prima di spaccarsi; attitudine al taglio; flessibilità: proprietà del legno di mantenere la deformazione al cessare dello sforzo deformante; grado di pulimento; dipende dalle proprietà fisiologiche del legno stesso, e cioè: omogeneità, densità, porosità, che determinano la possibilità di un più o meno perfetto pulimento.

Proprietà meccaniche: le proprietà meccaniche riguardano la resistenza opposta dal legno a determinati sforzi, che possono essere di compressione, trazione, taglio, flessione e torsione.

CLASSIFICAZIONE DEI LEGNAMI

I legnami si possono classificare in due categorie: legni di essenza dolce (teneri), legni di essenza forte (duri e semiduri).

I principali legni europei sono:

I) Legni di essenza dolce: abete, betulla, ontano, pioppo, pino, tiglio.

II) Legni di essenza forte: acacia o robinia, acero, bosso, castagno, cipresso, faggio, frassino, noce, olivo, olmo, pero, ciliegio, quercia, tasso.

Legni esotici di essenza forte: cedro, ebano, guaiaco, mogano, palissandro, pitch-pine, sandalo, teack, zebrano.

SELEZIONE ED ACQUISTO DEL LEGNO

L'acquisto del legno deve essere fatto dopo un accurato studio del mobile da eseguire, sia esso scelto nella serie dei modelli presentati nella seconda parte del volume, come da qualsiasi altra fonte di progettazione.
Il metodo generalmente seguito è quello di acquistare il legno nelle misure standardizzate che il mercato offre, e tagliare poi i singoli elementi che compongono il mobile nelle misure indicate dalla lista dei pezzi. Un altro metodo è quello di richiedere al fornitore il legname già tagliato nelle misure indicate dalla lista dei pezzi.
Nella costruzione del mobile l'incollaggio di elementi in massello con parti di compensato non sempre è possibile, in particolare se l'unione avviene fra la testata dell'elemento in massello ed una lastra di compensato (esempio: fianchi del mobile, in compensato, e ripiani orizzontali fissi, di legno massiccio). Compensato e legno massiccio reagiscono diversamente alle variazioni di umidità e temperatura; il ritiro, sensibilmente maggiore nelle parti massicce, può provocare in esse fenditure.
Legno massiccio e compensato possono essere collegati con unioni che permettano l'espansione od il ritiro delle parti massicce; anche profili e riquadrature possono essere incollati con sicurezza a piani di compensato (vedi fig. pag. 52).
Acquistando il legname si noterà che, per effetto della stagionatura, gli spessori delle tavole sono inferiori di 1 o 2 mm alla misura regolare; in questo caso la differenza verrà compensata nell'esecuzione riducendo le dimensioni totali del mobile di qualche millimetro; oppure considerando le differenze nel calcolo della lunghezza dei montanti, dei traversi e dei ripiani.

ESECUZIONE DEL MOBILE

La lavorazione del legno può essere fatta sia manualmente, con l'uso di appositi attrezzi, che meccanicamente. Nell'uno o nell'altro modo, la lavorazione tende a ridurre il blocco iniziale di legno alla forma che si desidera ottenere, eliminando le parti in eccesso sotto forma di trucioli o di segatura.
Scelto il mobile da eseguire, comperato il legno, si deve procedere al disegno sulle tavole dei singoli pezzi, che poi verranno segati.
Il legno deve essere tagliato in modo tale che a mobile finito le superfici più belle dei singoli pezzi siano in vista. L'accuratezza dei tagli eseguiti con sega ha molta importanza soprattutto per l'esecuzione di angoli perfetti. Il taglio di sega deve essere fatto esternamente alla traccia del disegno per permettere la rifinitura, che sarà eseguita con la pialla, per superfici piane, con la lima per superfici curve.
Eseguiti e rifiniti nella giusta misura i singoli pezzi, si disegneranno su di essi gli incastri che si eseguiranno secondo le indicazioni costruttive date per ogni singolo mobile.
Il lavoro prosegue con il montaggio del mobile, verificando che gli incastri e le unioni combacino perfettamente, dopo di che si può procedere all'incollaggio, sempre seguendo le istruzioni indicate.
La colla deve essere spalmata su entrambi i pezzi da unire, che dovranno poi essere pressati con morsetti, oppure fissati con chiodi o viti, per alcune ore (vedi pag. 17: incollaggio del legno).

Mobili di grandi dimensioni

Quando si devono montare mobili di grandi dimensioni è opportuno controllare le misure dei passaggi (scale e porte) che conducono al locale al quale il mobile è destinato; qualora questi siano insufficienti, il montaggio avverrà in due tempi: prima fase in laboratorio, completamento in opera.

Il tipo di finitura di un mobile dipende in gran parte dalla qualità e dall'aspetto del legno usato. La lucidatura deve valorizzare la bellezza del legno, il suo colore, il gioco delle venature caratteristiche dell'essenza.
Il legno, oltre che lucidato, può essere verniciato o laccato. La lucidatura è eseguita con vernici di densità variabile o resinose, che distese sulla superficie levigata a sottili strati, formano asciugando una pellicola lucida, solida ed impermeabile; il metodo di lucidatura varia con il tipo di vernice usato.
Le vernici a base di gomma lacca, sciolte in alcool, devono essere applicate a tampone; disteso un primo strato uniforme di soluzione, si deve attendere il completo essiccamento della superficie prima di sovrapporre un secondo strato, con il quale si completa la lucidatura.
Le vernici alla nitrocellulosa possono essere applicate sia a tampone che a spruzzo; essiccano rapidamente abbreviando notevolmente i tempi di lavorazione.
Lucidatura a olio. Per la lucidatura a olio si usa olio di lino cotto, raffinato, applicato sulla superficie precedentemente ben levigata, con un tampone duro. L'operazione deve essere ripetuta più volte, per fare assorbire al legno la quantità necessaria di olio; con questo tipo di lucidatura si ottiene una superficie opaca che conserva le caratteristiche naturali del legno.
Vernici grasse. Sono soluzioni di gomme o gommoresine in oli essiccativi o in solventi tipo benzina ed acquaragia; generalmente vengono applicate a pennello, e, aggiungendo alla soluzione sostanze coloranti, possono modificare il colore naturale del legno.
Tintura del legno. Le sostanze usate per la tintura del legno sono chiamate mordenti, sono soluzione acquose o alcooliche di colori chimici, minerali o vegetali che vengono applicate sulla superficie del legno con un pennello.
Si ricorre all'artificio della tintura sia per intensificare la colorazione naturale dell'essenza, sia per imitare, con legni poveri, legnami pregiati; spesso l'imitazione è quasi perfetta.
Sbiancatura di un mobile lucidato. Si ottiene con due successive lavature del mobile: la prima una leggera soluzione di soda in acqua pura, la seconda con una miscela di acqua ossigenata e ammoniaca; quando il mobile è ben asciutto viene levigato e rilucidato.
Laccatura. Per eseguire una buona laccatura, il mobile deve essere stuccato accuratamente con gesso (gesso di Bologna), e ben levigato con carta vetrata; si applicano poi due o tre strati di cementite, l'ultima delle quali deve essere mescolata con smalto del colore e grado di lucentezza che si vuole ottenere.
Un ottimo isolante del legno, usato per proteggerlo dalle intemperie, è una vernice a base di olio di lino cotto, biacca e colorante, che si applica con un pennello.

TRACCIATURA DEL LEGNO

La prima operazione per procedere alla lavorazione di un mobile è quella di tracciare i singoli pezzi che lo compongono; in questa fase il falegname usa questi strumenti: la riga (A) per tracciare linee rette; la squadra a 90° (B) per le linee perpendicolari; la squadra falsa o mobile (C) per angoli di ampiezza variabile; il graffietto (D) per linee parallele ad uno spigolo già tagliato; il compasso (E) per riportare distanze e per tracciare cerchi e archi di cerchio.

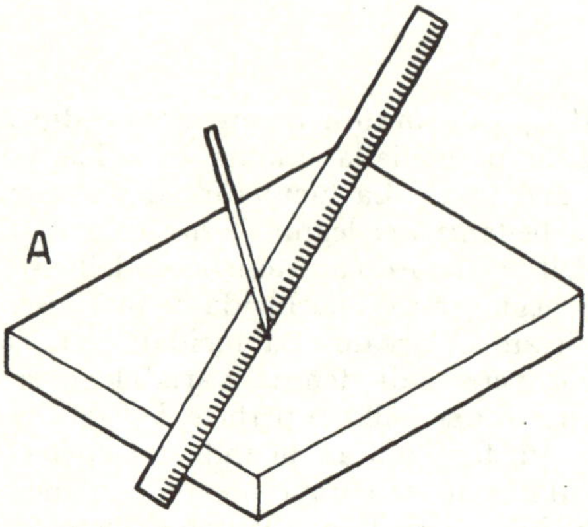
A

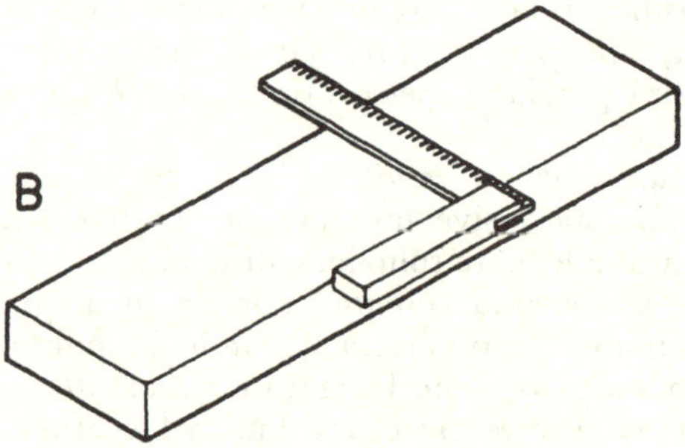
B

C
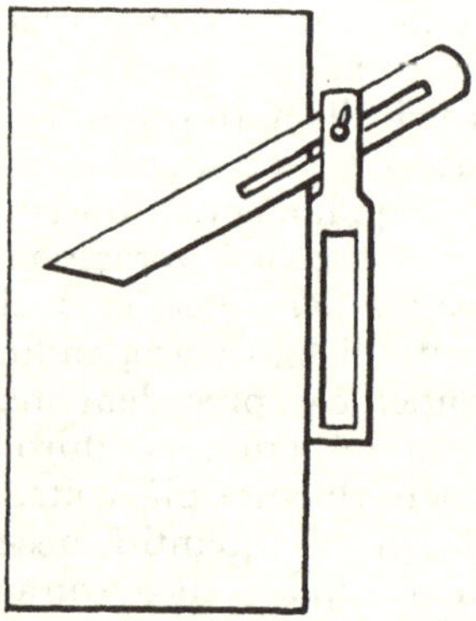

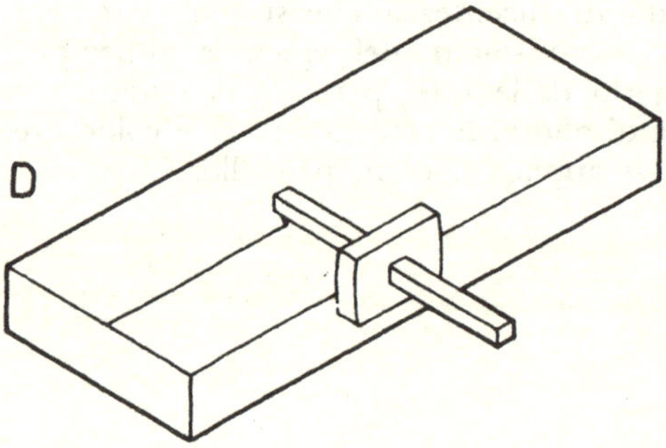
D

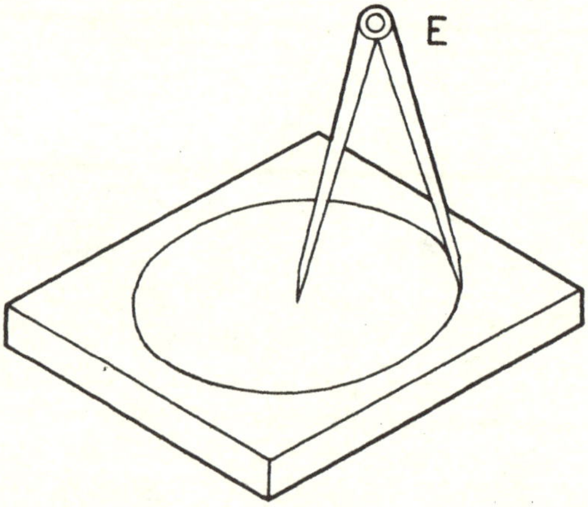
E

ATTREZZI E MACCHINE PER LA LAVORAZIONE DEL LEGNO

Disponendo di un'attrezzatura incompleta, in molti casi è possibile usare i soli attrezzi disponibili in sostituzione di altri mancanti, anche se questo comporta una maggiore difficoltà di lavoro. Tutte le operazioni eseguibili con l'uso di macchine, devono essere condotte seguendo le istruzioni fornite dalla ditta produttrice della macchina stessa.

Al termine di ogni operazione sia a mano che a macchina, il pezzo eseguito deve essere rifinito e levigato, con pialla, lima e carta vetrata; queste indicazioni non compaiono nel testo; resta pertanto sottinteso che il procedimento è sempre il medesimo.

I metodi da seguire nella lavorazione del legno, gli attrezzi e le macchine usate nelle principali operazioni di finitura dei singoli pezzi di legname, per la costruzione dei vari incastri, sono ampiamente illustrati da pag. 9 a pag. 16.

Per spiegare dettagliatamente le singole lavorazioni sarebbe necessario un intero volume, ma quest'opera tratta solo le nozioni fondamentali, ed è una guida pratica elementare per ogni apprendista falegname. In generale il procedimento, gli attrezzi e le macchine indicati in ogni operazione, sono i più adatti all'esecuzione del lavoro.

SEGATURA

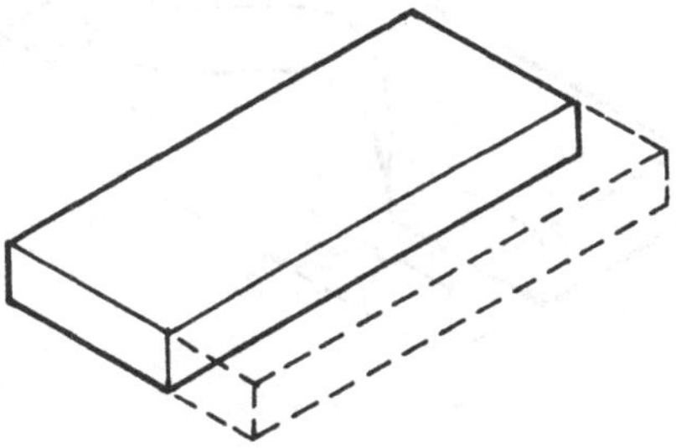

A. Taglio in direzione della vena

A mano: usare la sega a telaio, oppure il saracco. *A macchina:* sega circolare, oppure sega a nastro.

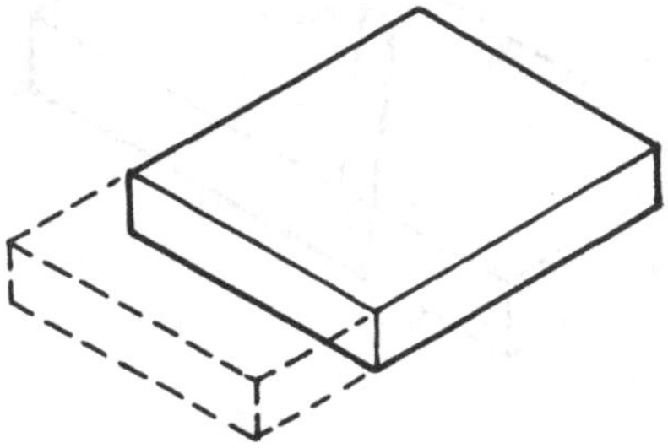

B. Taglio trasversale alla vena

A mano: saracco, per piccoli pezzi, saracco a costola. *A macchina:* sega a nastro, oppure sega circolare.

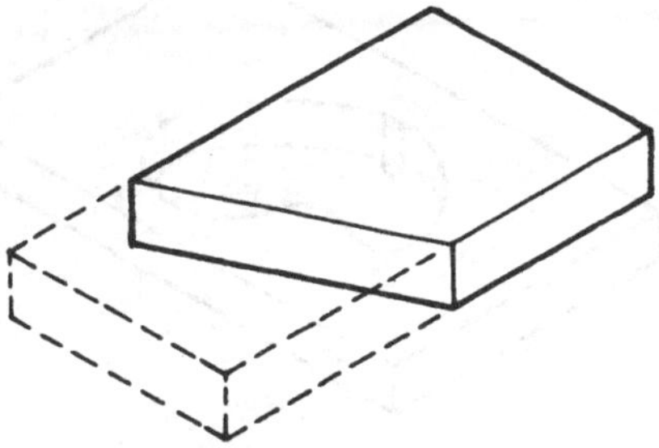

C. Taglio ad angolo

A mano: saracco; per piccoli pezzi, saracco a costola. *A macchina:* sega a nastro o sega circolare.

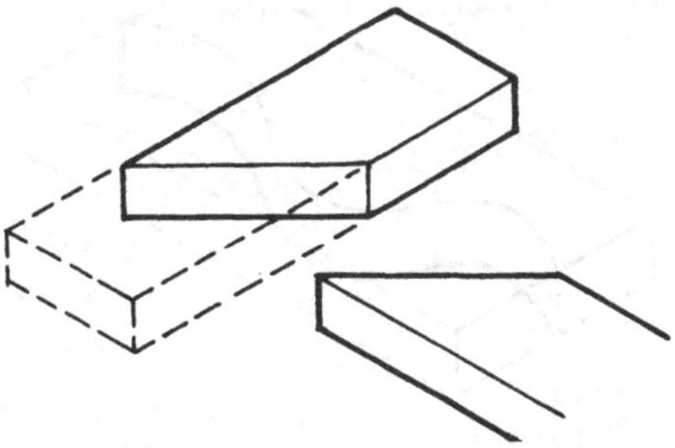

D. Taglio a 45 gradi

A mano: saracco a costola con blocco di guida, oppure sega con guida per tagli obliqui. *A macchina:* sega a nastro o circolare con guida.

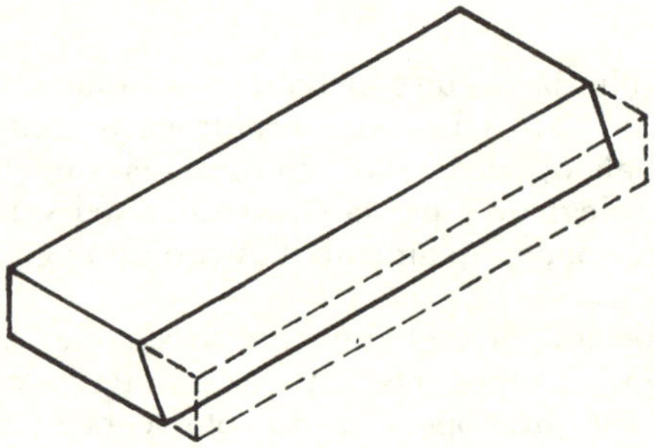

A. Taglio ad angolo nella direzione della vena

A mano: sega a telaio oppure saracco. *A macchina:* sega a nastro o sega circolare con guida.

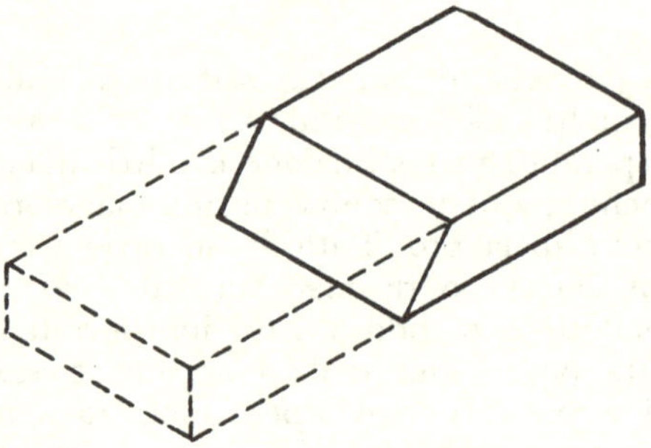

B. Taglio ad angolo trasversalmente alla direzione della vena

A mano: saracco; per piccoli pezzi, saracco a costola. *A macchina:* sega a nastro o sega circolare con guida.

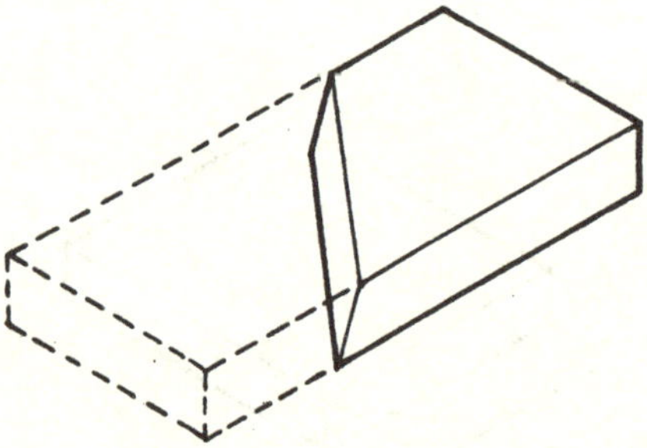

C. Taglio a doppio angolo

A mano: saracco o saracco a costola. *A macchina:* sega a nastro o sega circolare con guida.

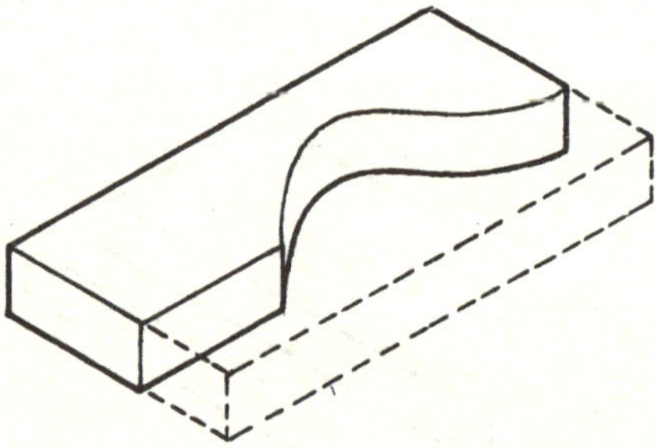

D. Taglio misto, curvo e diritto

A mano: sega a telaio e gattuccio. *A macchina:* sega a nastro o sega verticale.

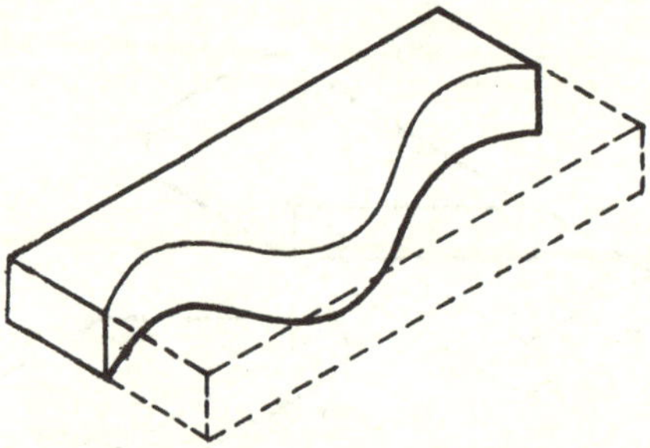

E. Taglio curvo

A mano: gattuccio. *A macchina:* sega a nastro oppure sega verticale.

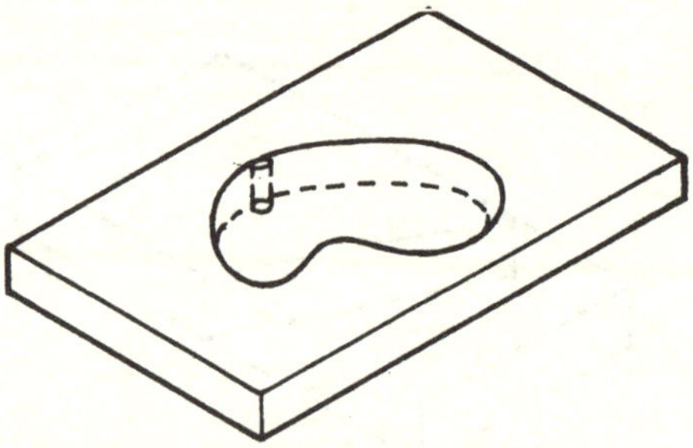

F. Taglio chiuso

A mano: trapano, sega a pettine oppure gattuccio. *A macchina:* sega verticale.

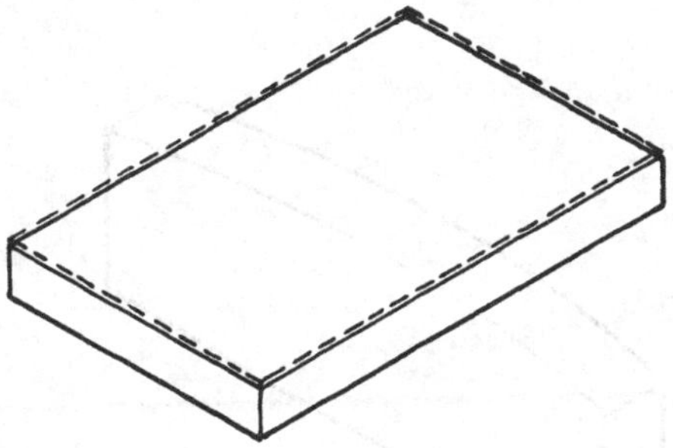

A. Piallatura di una superficie

A mano: pialla sgrossatrice e pialletto. *A macchina:* spianatrice.

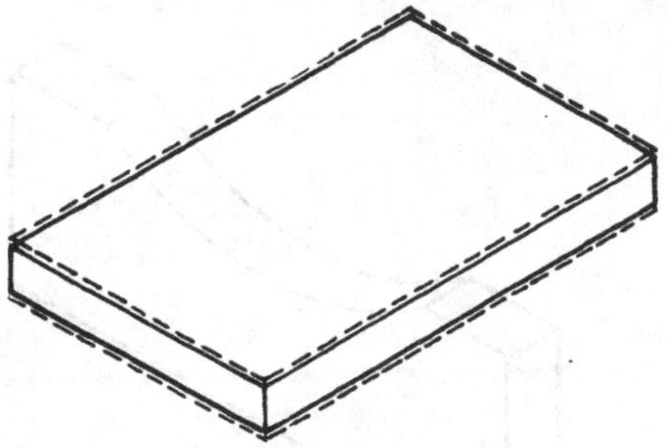

B. Piallatura di due superfici parallele

A mano: pialla sgrossatrice e pialletto, graffietto per segnare lo spessore. *A macchina:* spianatrice e pialla a spessore.

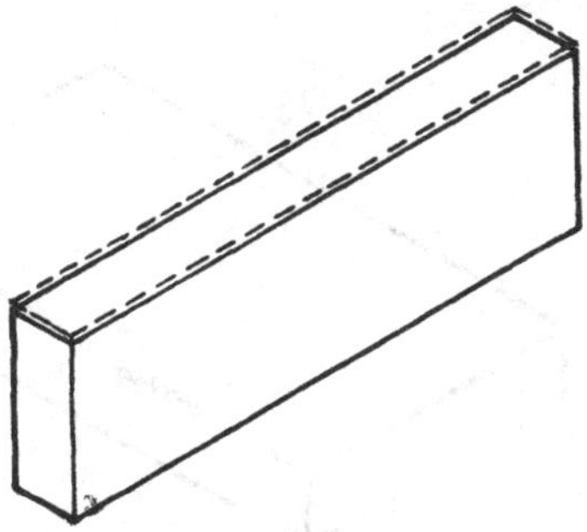

C. Piallatura di profilo

A mano: pialla sgrossatrice e piallone. *A macchina:* spianatrice.

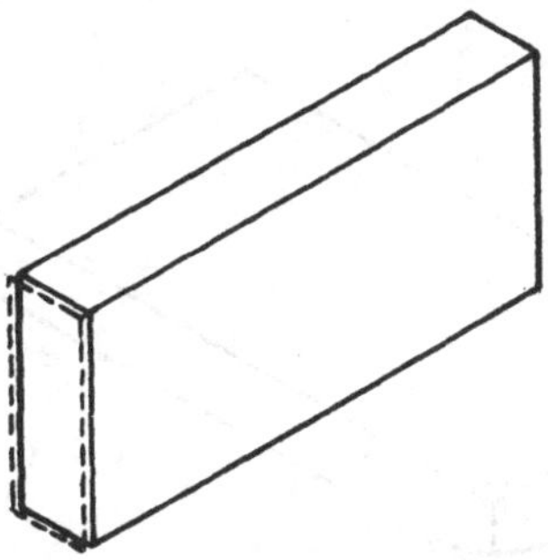

D. Piallatura sulla testata

A mano: pialla sgrossatrice o pialletto. *A macchina:* fresatrice oppure spianatrice.

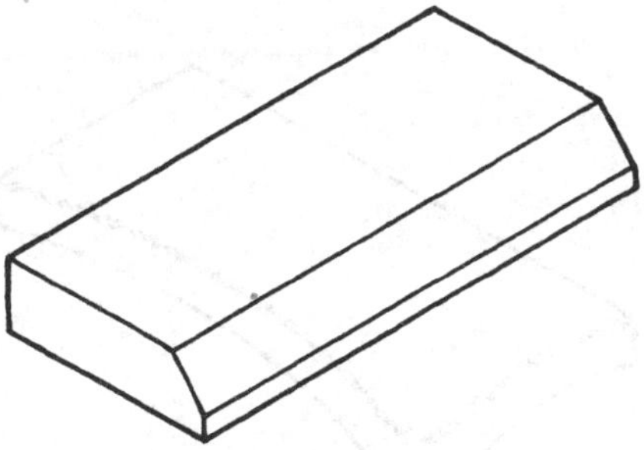

E. Piallatura ad angolo

A mano: vedi C o D. *A macchina:* spianatrice.

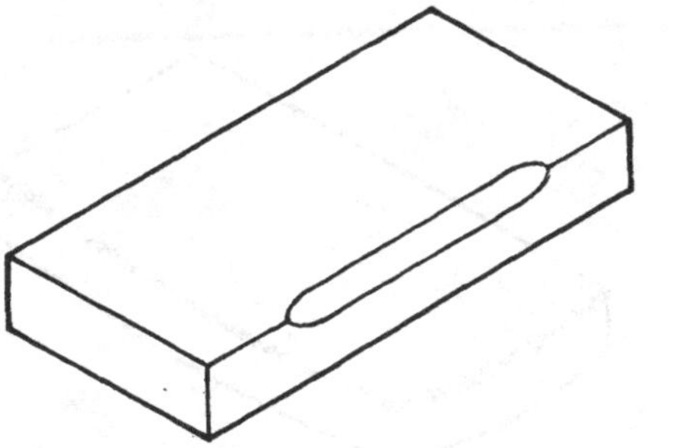

F. Modanatura

A mano: pialla sgrossatrice e lima. *A macchina:* fresatrice.

SAGOMATURA

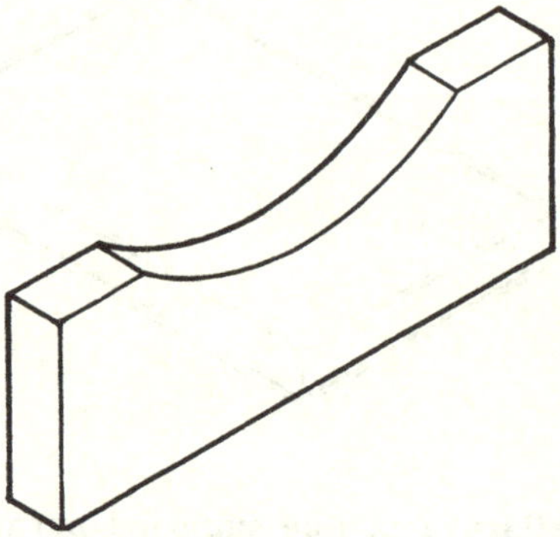

A. Curva concava

A mano: pialla a suola curvata oppure raspa e lima. *A macchina:* fresatrice.

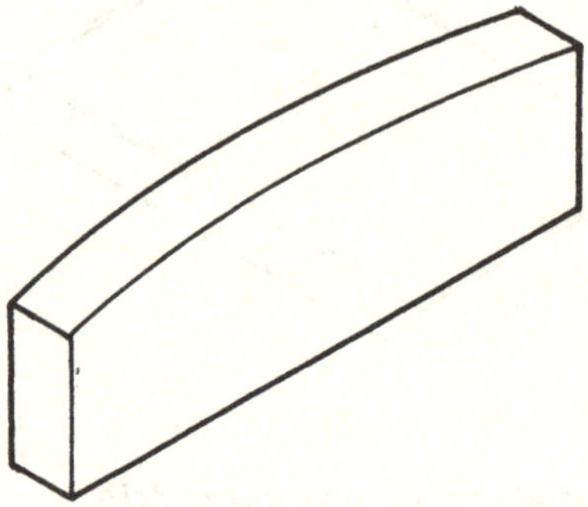

B. Curva convessa

A mano: pialla a suola curvata oppure raspa e lima. *A macchina:* fresatrice.

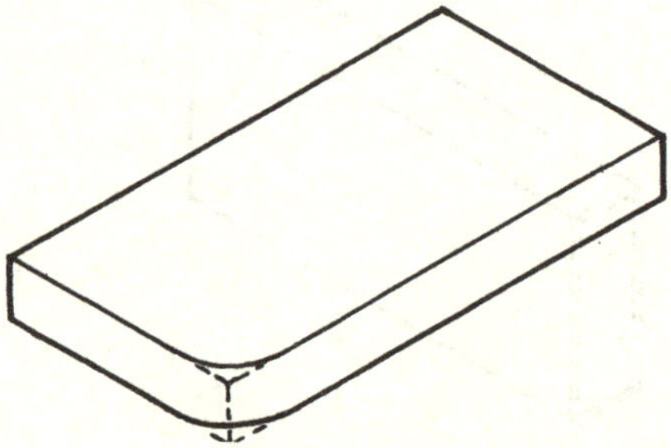

C. Angolo arrotondato

A mano: raspa e lima. *A macchina:* fresatrice.

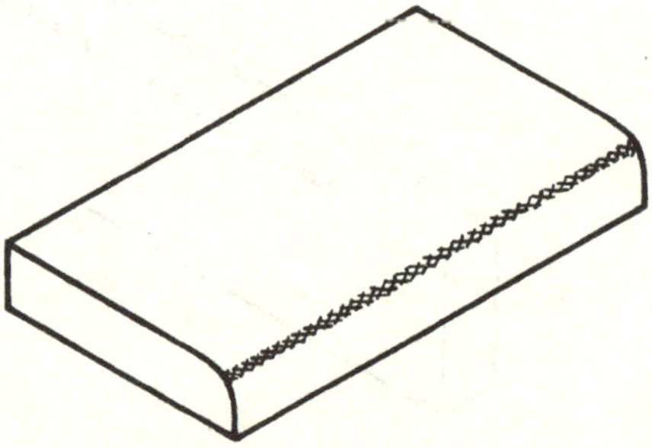

D. Spigolo arrotondato

A mano: pialla sgrossatrice. *A macchina:* fresatrice.

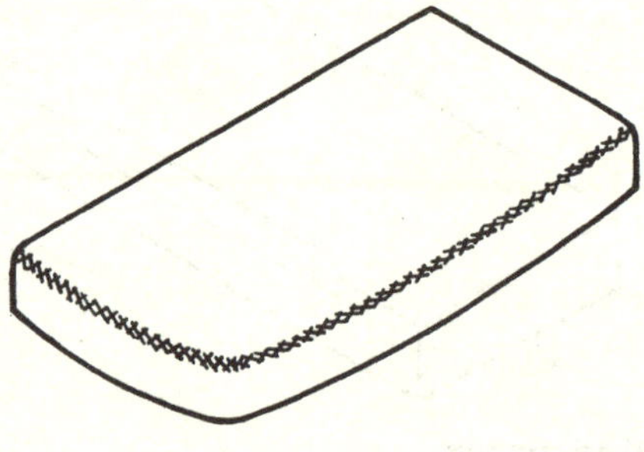

E. Modellatura convessa

A mano: raspa e lima. *A macchina:* fresatrice.

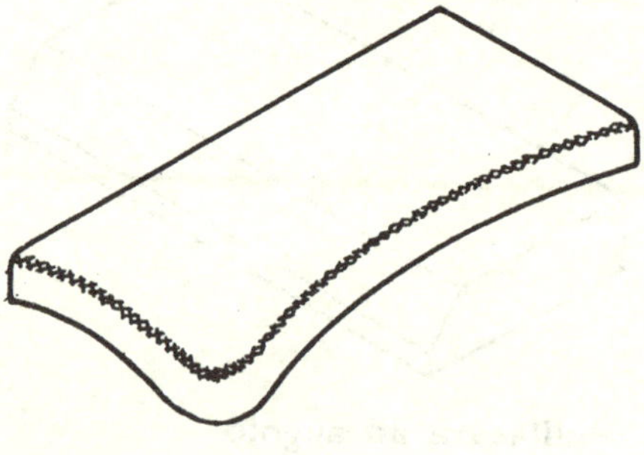

F. Modellatura concava

A mano: raspa e lima. *A macchina:* fresatrice.

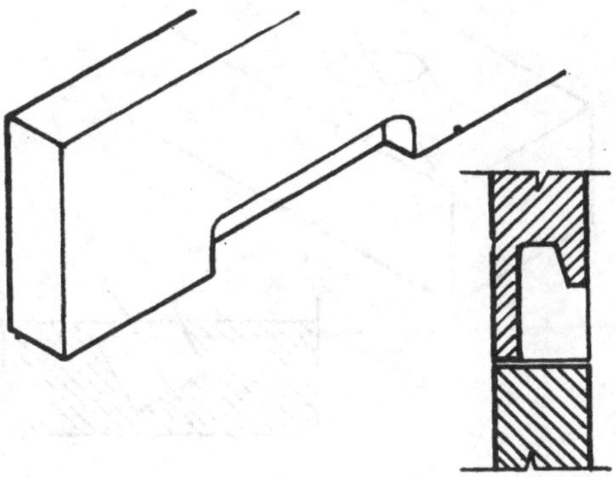

A. Incassatura su uno spigolo

A mano: scalpelli e sgorbie. *A macchina:* fresatrice o incavatrice.

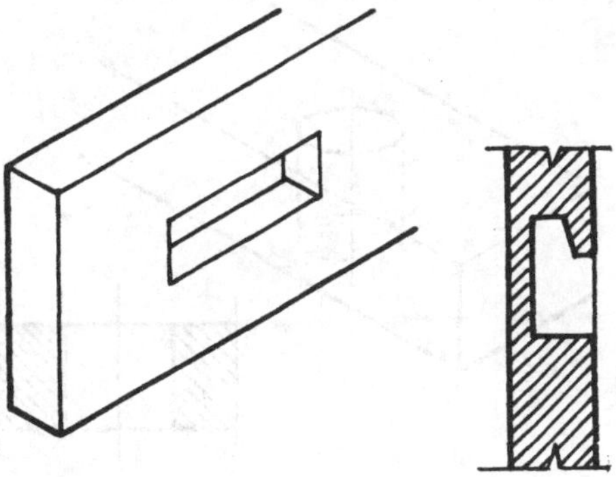

B. Incassatura su un piano

A mano: scalpelli e sgorbie. *A macchina:* fresatrice o riproduttrice.

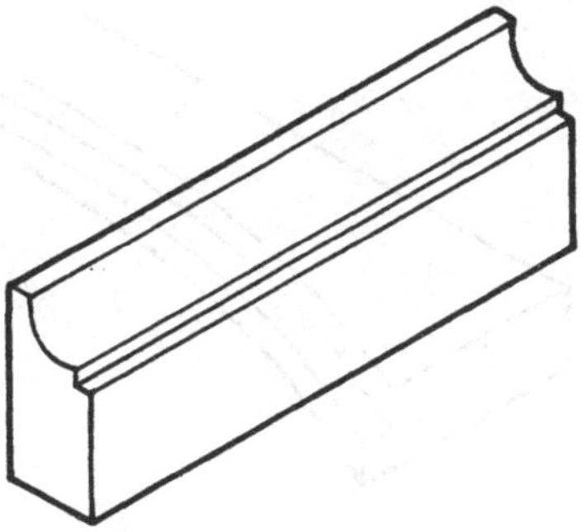

C. Cornice

A mano: sponderuola a ferro diritto e a ferri sagomati. *A macchina:* fresatrice o sagomatrice.

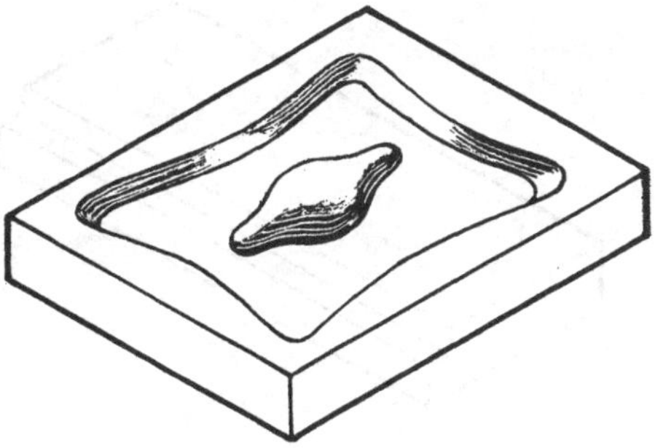

D. Intaglio

A mano: sgorbie, scalpelli per intaglio, raspe e lime sagomate. *A macchina:* fresatrice, per incavare e scolpire, e riproduttrice multipla.

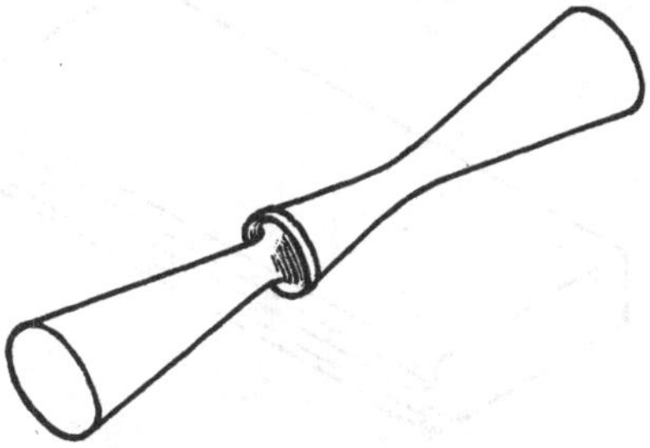

E. Tornitura

A mano: non consigliabile, però possono essere usate raspa e lima. *A macchina:* tornio da legno.

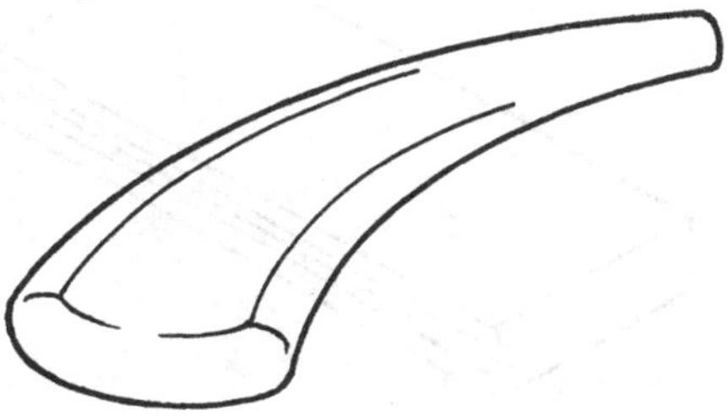

F. Modellatura a tre dimensioni

A mano: pialla a suola curvata, raspe e lime. *A macchina:* fresatrice e riproduttrice multipla.

UNIONI

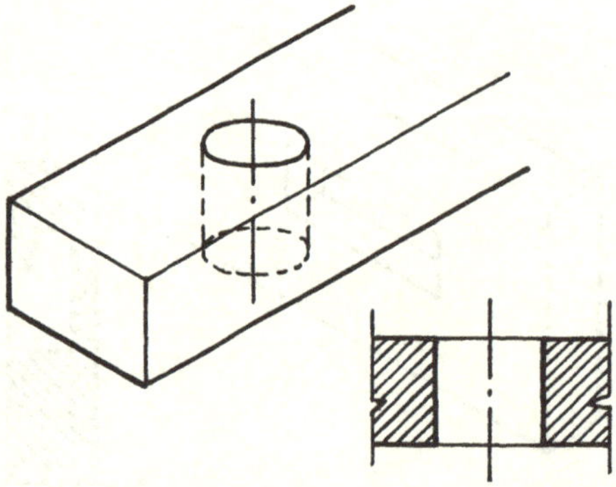

A. Foro perpendicolare

A mano: trapano, se il foro non è passante, la profondità del foro deve essere calcolata. *A macchina:* trapano o mortisatrice.

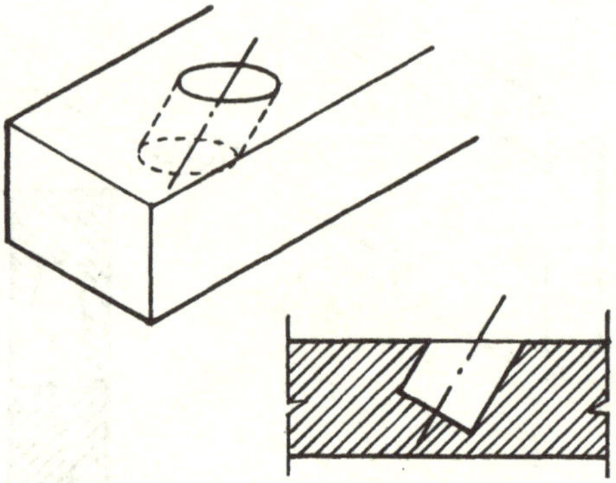

B. Foro inclinato cieco

A mano: trapano con guida per l'angolo di inclinazione. *A macchina:* trapano o mortisatrice.

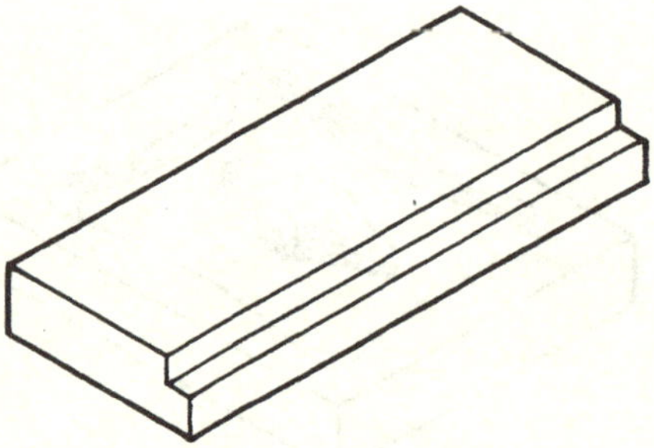

C. Battuta diritta

A mano: sponderuola. *A macchina:* spianatrice oppure sega circolare se la battuta non è in vista.

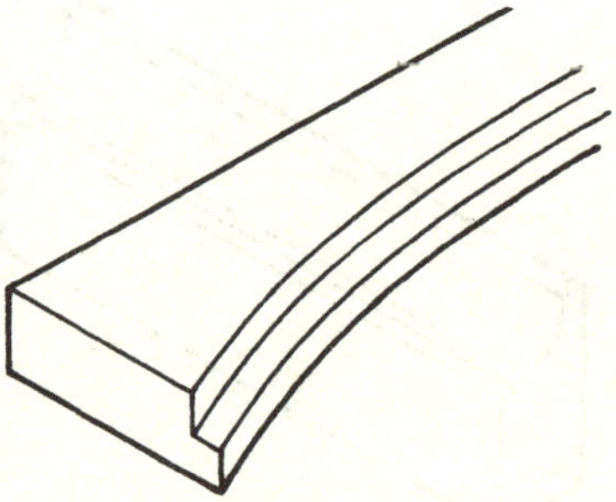

D. Battuta curva

A mano: sponderuola con suola curvata. *A macchina:* fresatrice.

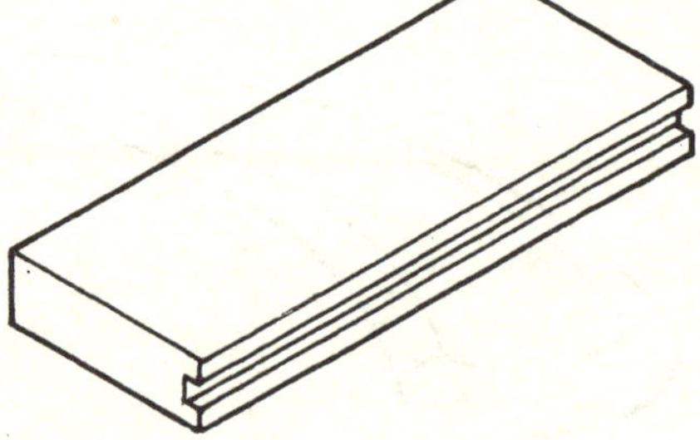

E. Scanalatura

A mano: incorsatoio per scanalatura. *A macchina:* fresatrice.

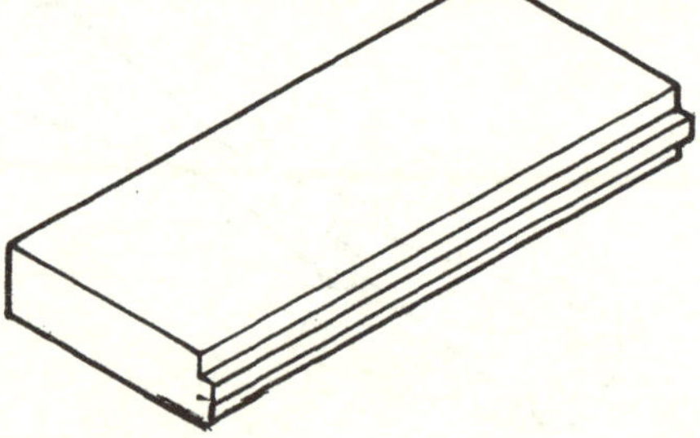

F. Linguetta

A mano: incorsatoio per linguetta. *A macchina:* fresatrice.

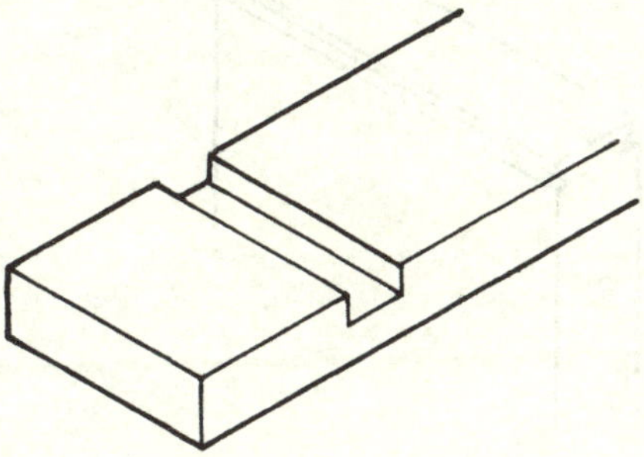

A. Incassatura a mezzo legno

A mano: saracco a costola e scalpello. *A macchina:* fresatrice o sega circolare.

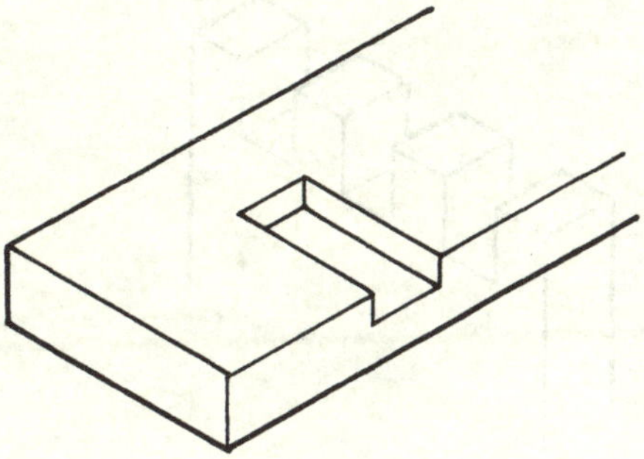

B. Incassatura parziale

A mano: scalpelli. *A macchina:* fresatrice o incavatrice.

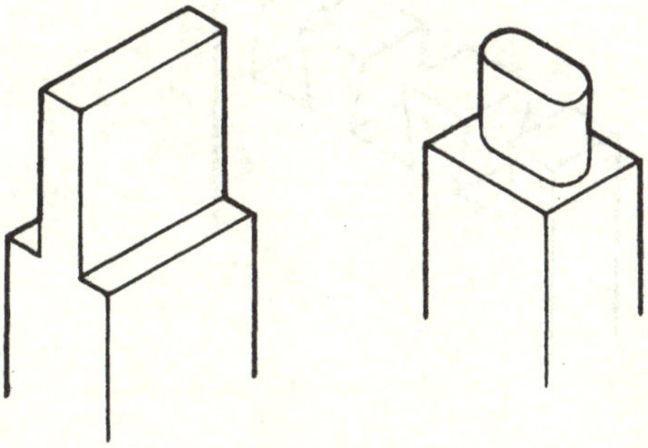

C. Tenone

A mano: sega a telaio o saracco e raspa. *A macchina:* sega circolare, sega a nastro o mortisatrice.

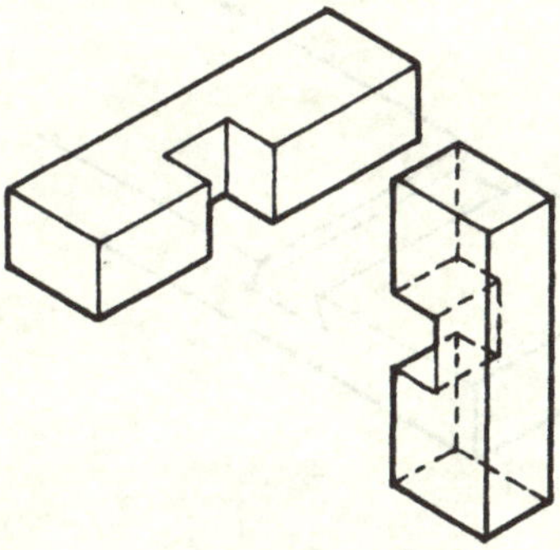

D. Unione a mezzo legno

A mano: sega a telaio o saracco a costola e scalpelli. *A macchina:* sega circolare o fresatrice.

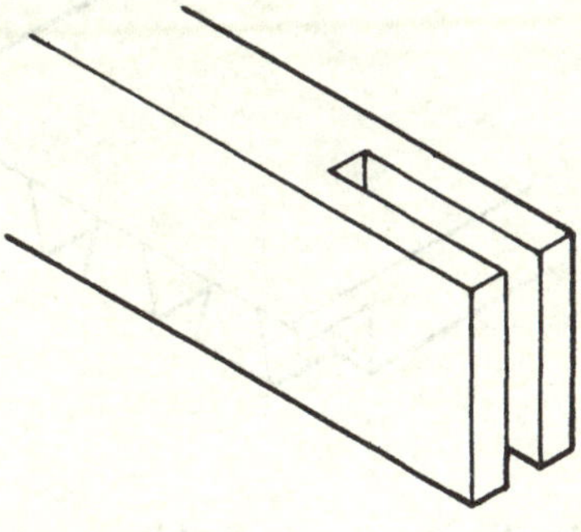

E. Mortisa visibile

A mano: sega a telaio o saracco a costola e bedano. *A macchina:* sega circolare.

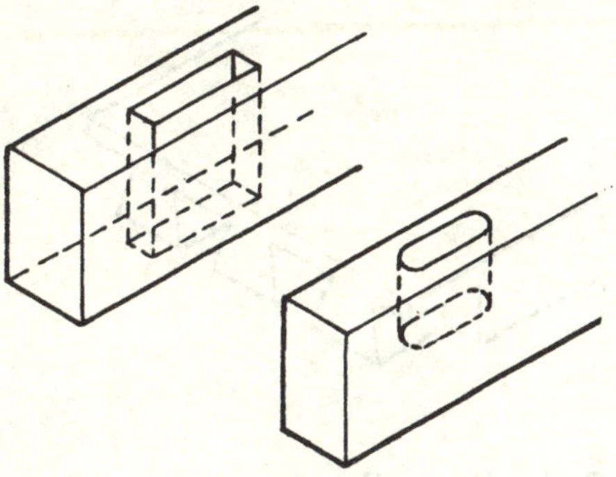

F. Mortisa passante e cieca

A mano: bedano e mazzuola. *A macchina:* incavatrice o mortisatrice.

UNIONI

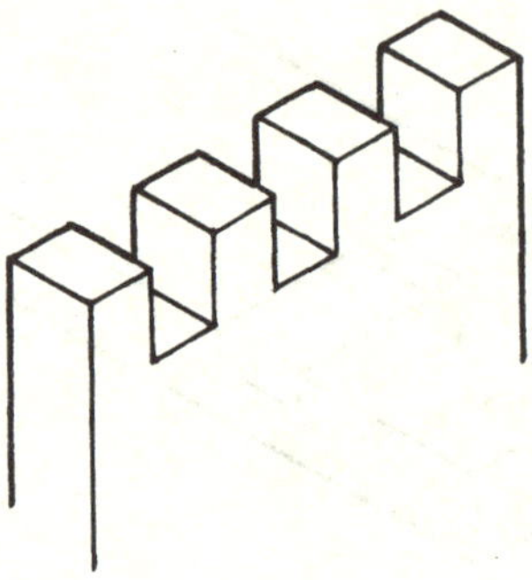

A. Unione a denti

A mano: sega a telaio o saracco a costola e scalpelli. *A macchina:* mortisatrice.

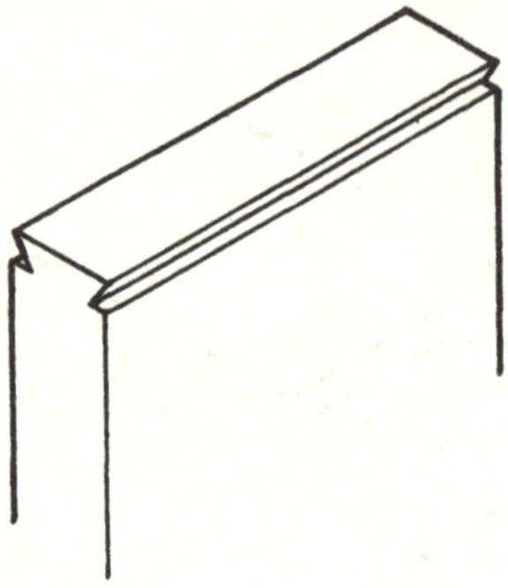

B. Coda di rondine maschio

A mano: sponderuola. *A macchina:* fresatrice.

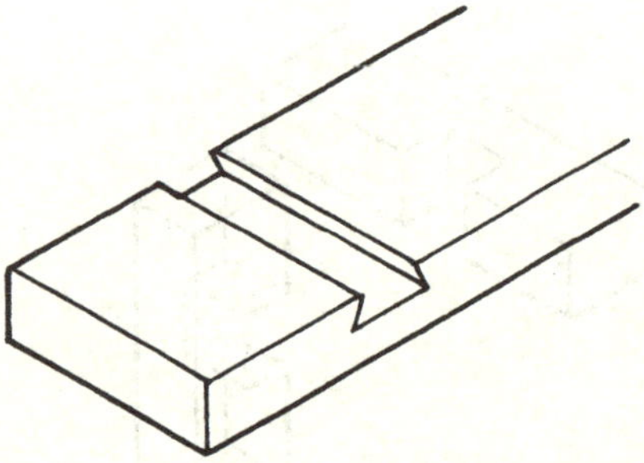

C. Coda di rondine femmina

A mano: sega a telaio o saracco a costola e scalpelli. *A macchina:* fresatrice.

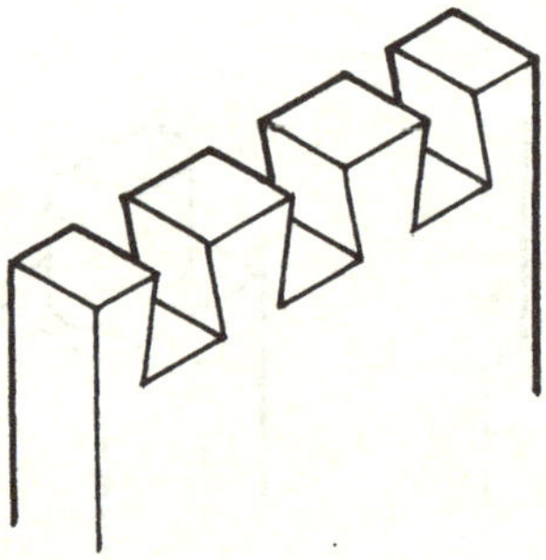

D. Coda di rondine a vista

A mano: sega a telaio o saracco e scalpelli. *A macchina:* fresatrice con apparecchio per code di rondine.

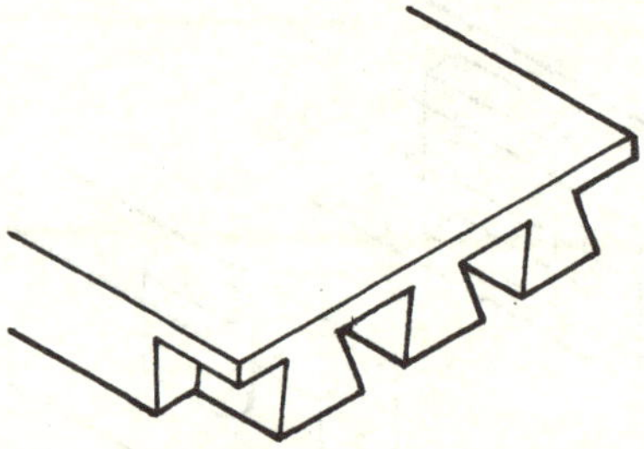

E. Coda di rondine a mezzo legno

A mano: saracco a costola e scalpelli. *A macchina:* fresatrice con apparecchio per code di rondine.

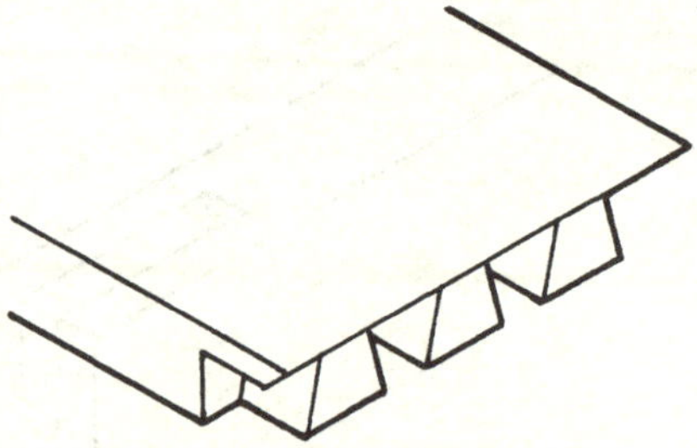

F. Coda di rondine invisibile

A mano: saracco a costola e scalpelli. *A macchina:* fresatrice con apparecchio per code di rondine.

INCOLLAGGIO

I legni hanno la proprietà di poter essere uniti fra di loro per mezzo di colla. Le colle da legno sono di vario tipo: a caldo, a base di gelatina; a freddo, a base di caseina o di resine sintetiche.
Il procedimento è il seguente: preparati i pezzi da incollare e controllato che essi combacino perfettamente, si spalma la colla su entrambe le facce da unire, poi si mettono in pressione i pezzi per un tempo variabile a seconda del tipo di collante usato.

Metodi di compressione.

A. Compressione diretta con corda.
B. Sergenti di legno o di ferro per incollaggio di costa.
C. Morsetti di metallo per incollare piani.
D. Traversi di legno e cunei per incollaggi a filo o di costa.
E.-F. Molle di acciaio per incollare profili.
G. Morsetti paralleli in legno per leggere pressioni.
H. Morsetti a telaio per incollare impiallacciature su piani.

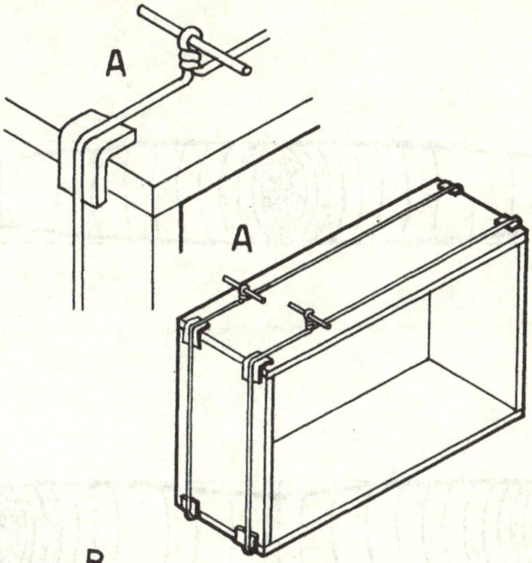

B

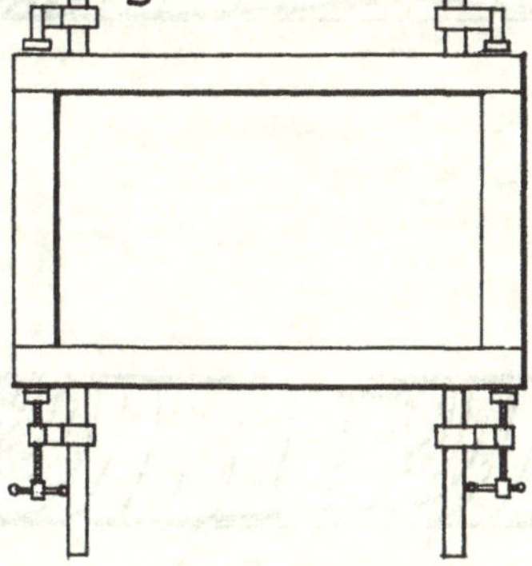

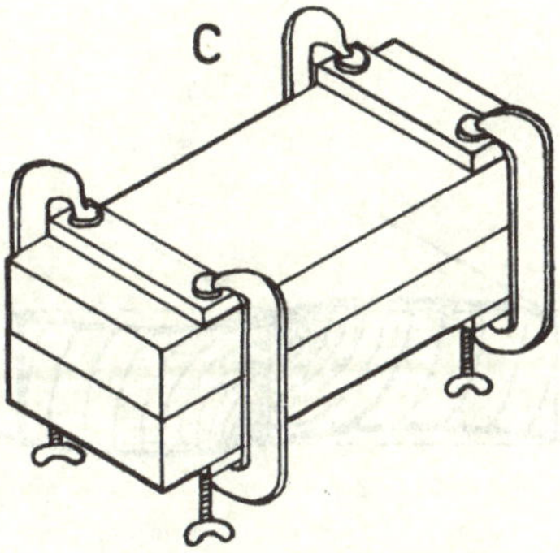

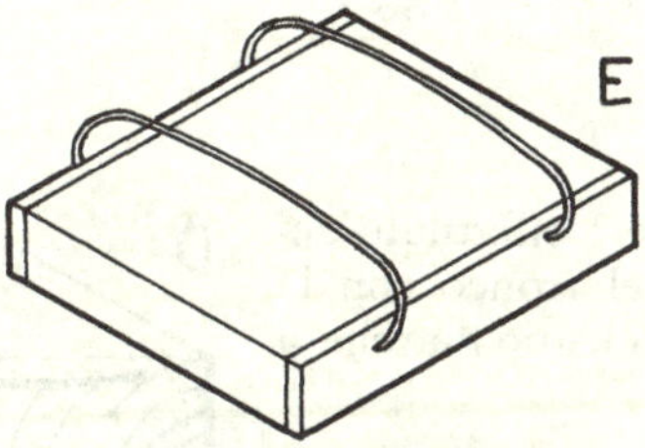

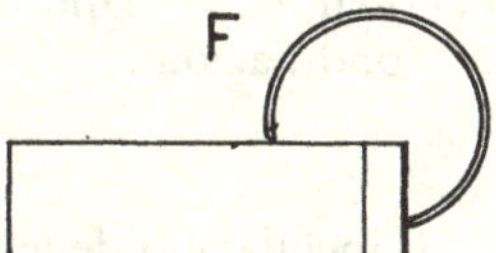

H

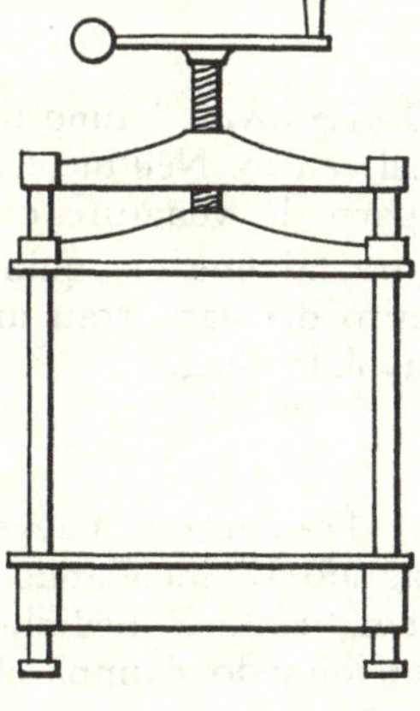

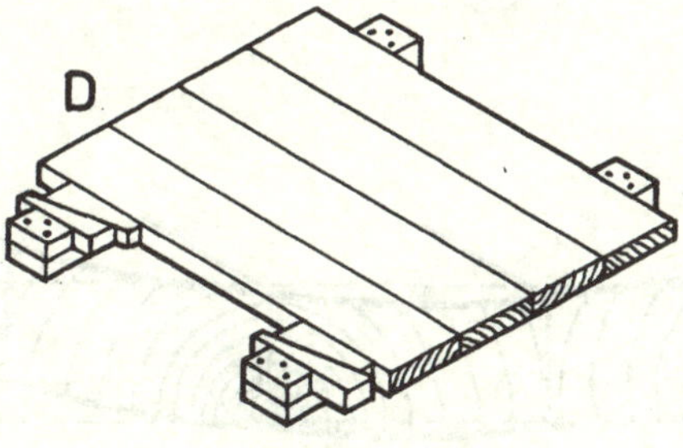

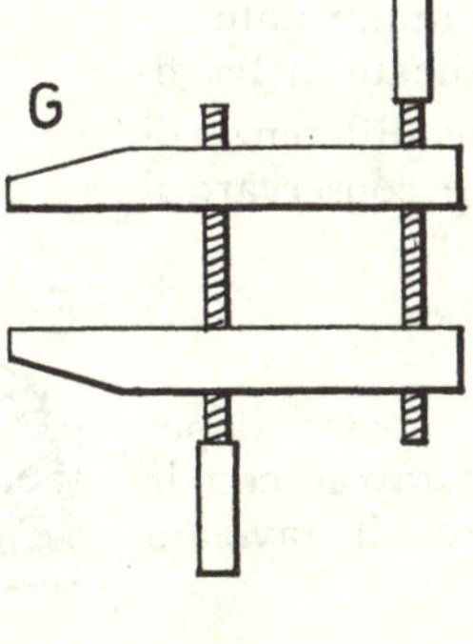

PARTICOLARI COSTRUTTIVI

Spesso le misure commerciali delle tavole sono inferiori a quelle dei piani da costruire; per ottenere la larghezza necessaria si procede allora all'incollaggio di due o più tavole di costa; le unioni realizzate accostando due elementi con le fibre nella stessa direzione si chiamano unioni ad assi paralleli. Al fine di ottenere un giunto invisibile, soprattutto per pannelli in vista, l'unione deve essere eseguita alla perfezione con l'esatto accostamento delle fibre; vari sono i sistemi di unione e la scelta dipende dal tipo di lavoro da eseguire:

UNIONI DI COSTA

A. Poichè le tavole segate nella zona centrale di un tronco includono il midollo, che è una delle parti meno resistenti, è opportuno segare la tavola al centro ed unire nuovamente i due elementi incollandoli, al fine di aumentarne la resistenza.

B. Per ottenere un miglior risultato si devono incollare i vari elementi accostando ora le parti esterne del tronco, ora le parti interne. Stagionando, il legno formerà delle leggerissime ondulazioni.

C. L'incollaggio delle tavole è effettuato accostando la parte esterna del tronco con la parte interna. Stagionando, il legno marcherà sensibilmente il giunto.

D. Le tavole hanno tendenza ad imbarcarsi nel centro. Nell'incollaggio è importante disporre le vènature come indicato nella figura, al fine di equilibrare le differenze di ritiro dei vari strati annuali e conservare il tavolato diritto.

E. Trascurando l'avvertenza esposta al paragrafo D, incollando cioè le tavole con le venature nel medesimo senso, il tavolato stagionando si imbarcherà.

A

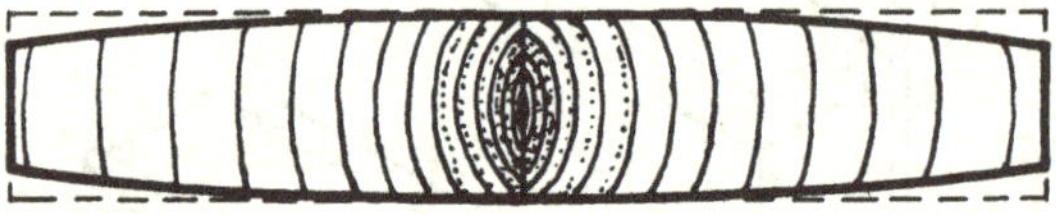

B

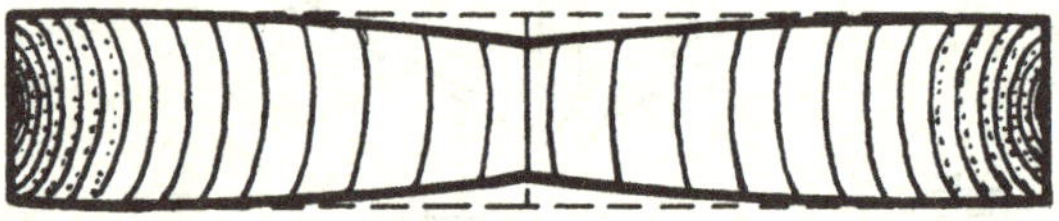

C

D

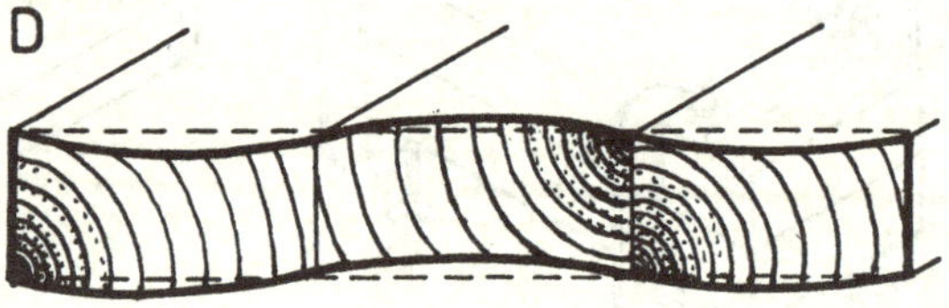

E

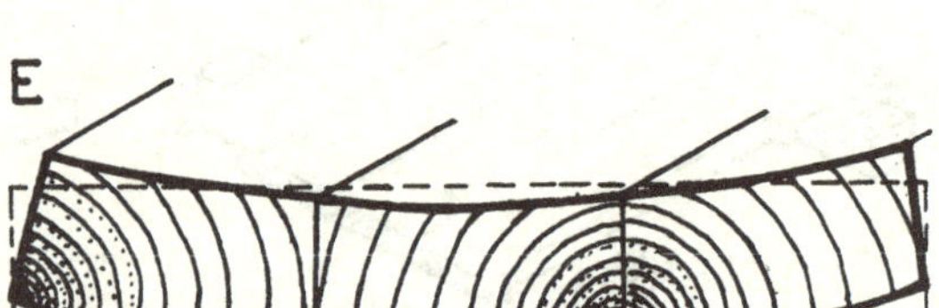

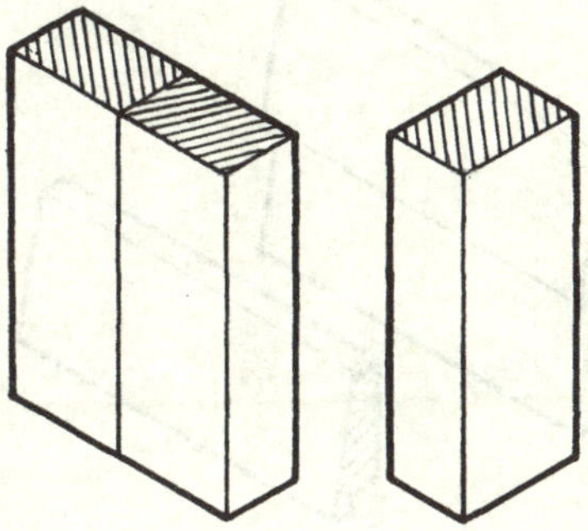

Unione a semplice filo

Questa è una fra le unioni più semplici e più usate.

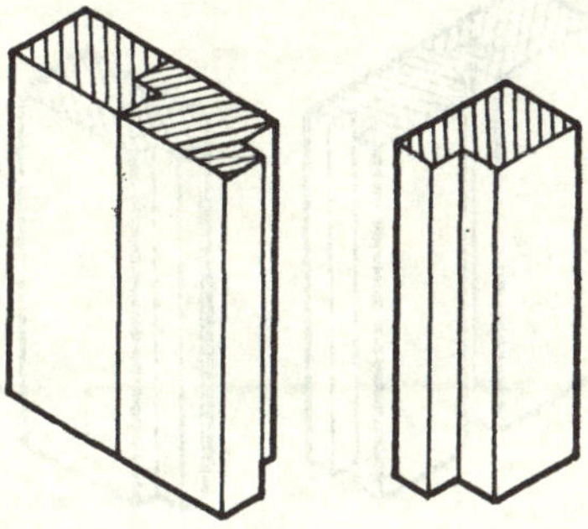

Unione a mezzo legno

Simile alla precedente però meno usata e più difficile da eseguire.

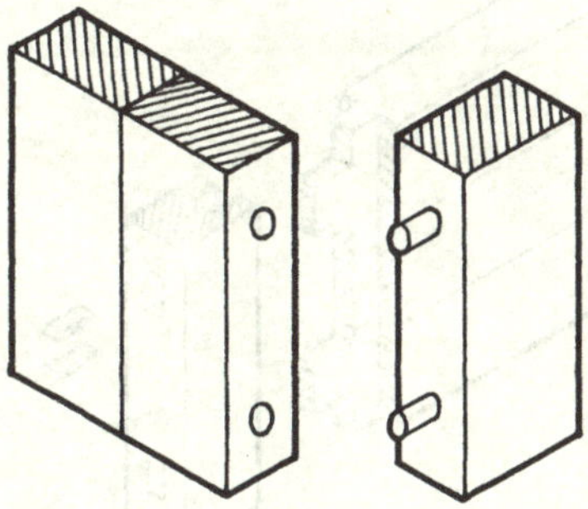

Unione con spine

Uno fra i comuni tipi di unione; non molto usata nelle unioni di costa.

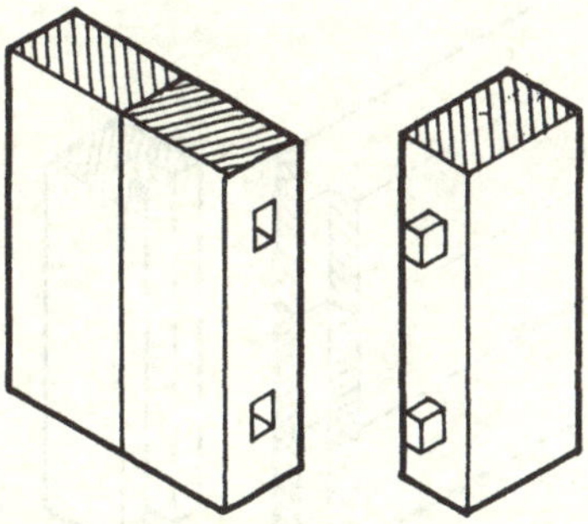

Unione a tenone e mortisa

Simile alla precedente, pure non molto usata.

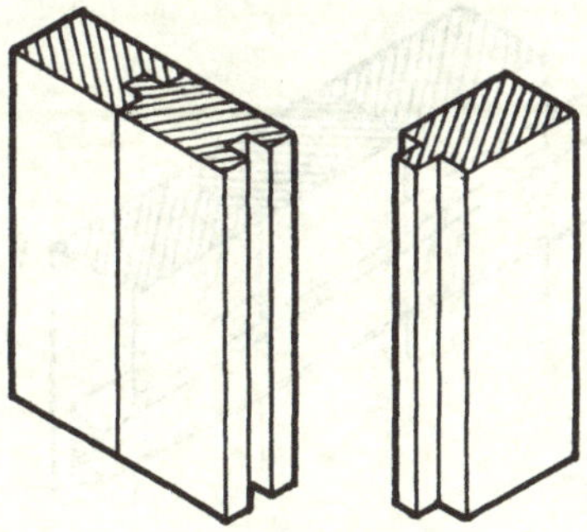

Unione a dente e canale

È fra le unioni più comuni, particolarmente usata per pavimenti.

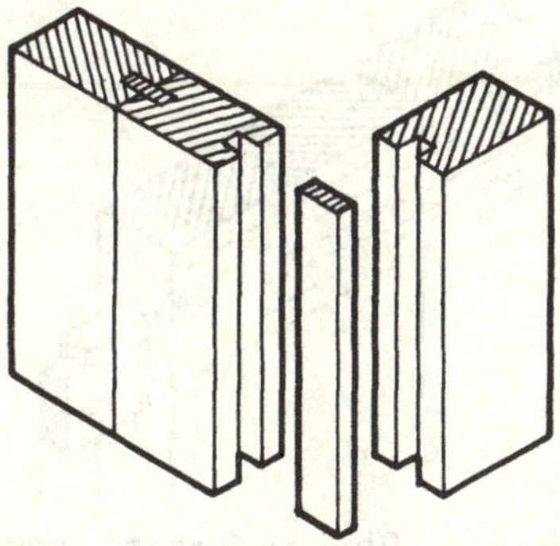

Unione a linguetta riportata

Facile da eseguire, con tutti i requisiti di un'ottima unione, largamente usata in ogni tipo di lavoro.

UNIONI DI COSTA

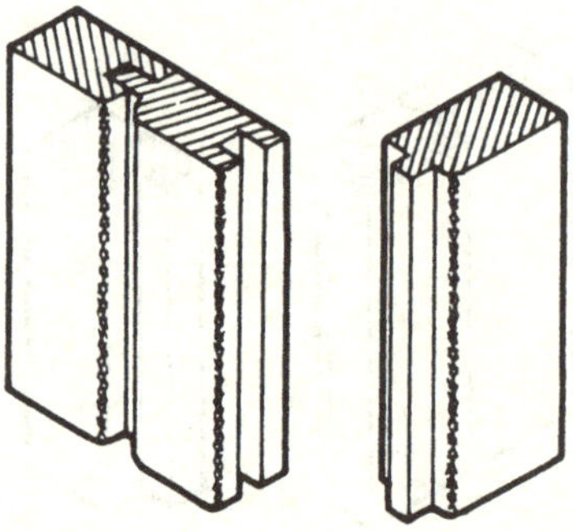

Unione a dente e canale, non incollata

Pratica per rivestimento di parete, perchè permette il movimento di ogni tavola. Gli spigoli sono arrotondati per ragioni estetiche.

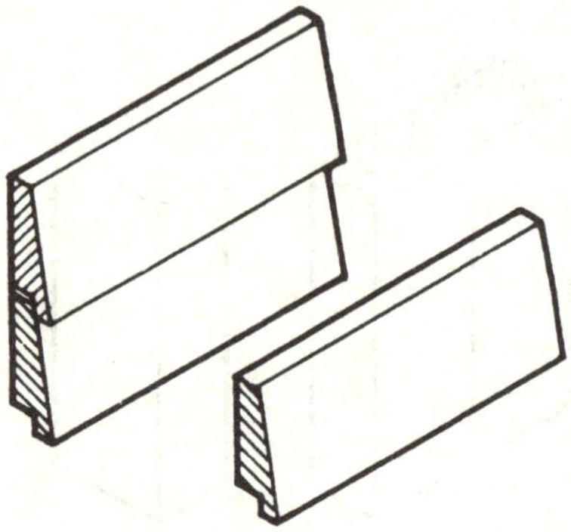

Unione sovrapposta

Metodo di unione particolarmente usato nella costruzione di case in legno. È facile da eseguire e protegge il legname dall'infiltrazione dell'acqua.

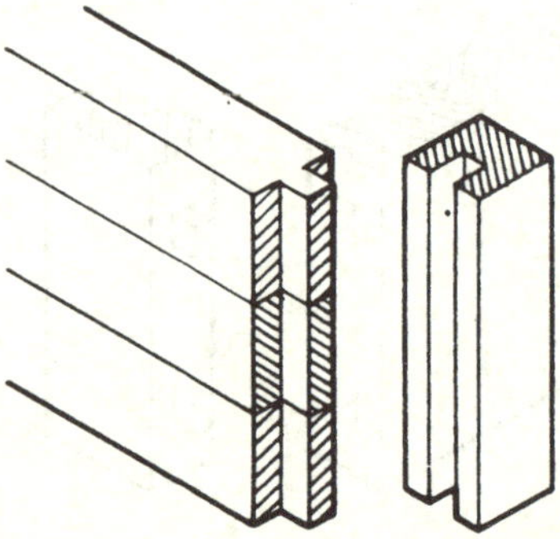

Unione a maschio e femmina sulla testata

Il traverso applicato sulla testata evita la torsione del tavolato.

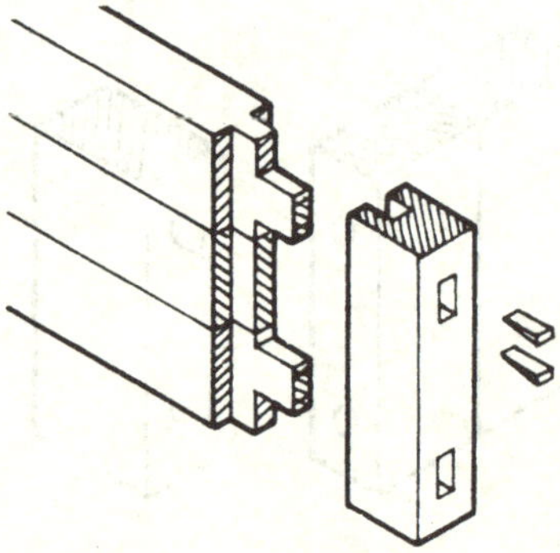

Unione simile alla precedente, rinforzata

A differenza della precedente questa è rinforzata con tenoni passanti. Unione che resiste all'umidità.

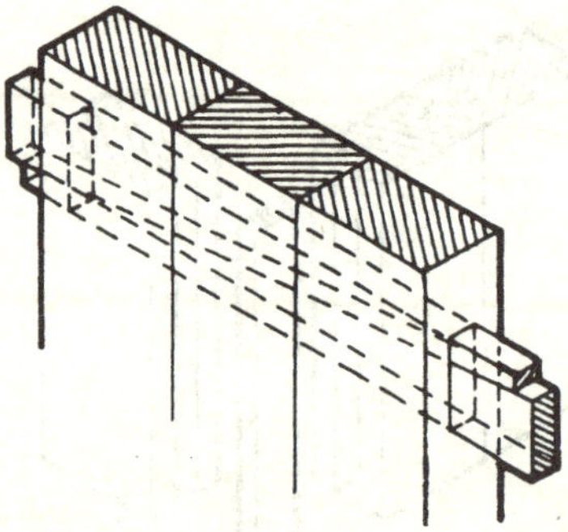

Unione a filo, rinforzata con cunei e passanti

Tipo di unione usata per ambienti umidi nei quali la colla perde la sua proprietà adesiva.

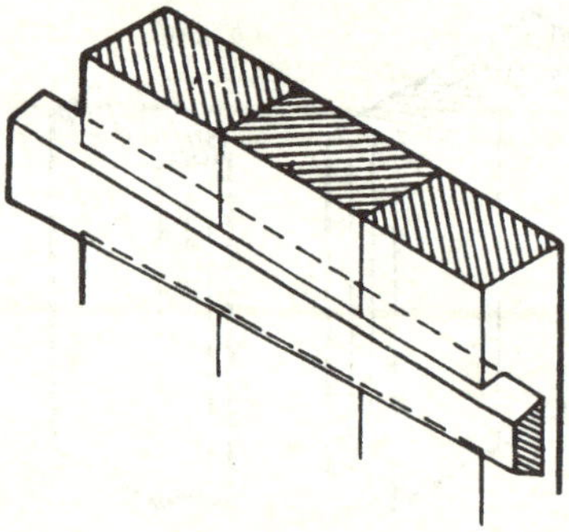

Unione a filo rinforzata con traverso a coda di rondine

Sistema che evita la torsione del piano anche se esposto alle intemperie.

UNIONI DI PUNTA

Le unioni di lunghezza sono poco usate a cagione di una resistenza alquanto limitata; infatti la colla non crea, in testata, un'adesione perfetta fra i piani; inoltre il giunto rimane sempre visibile.

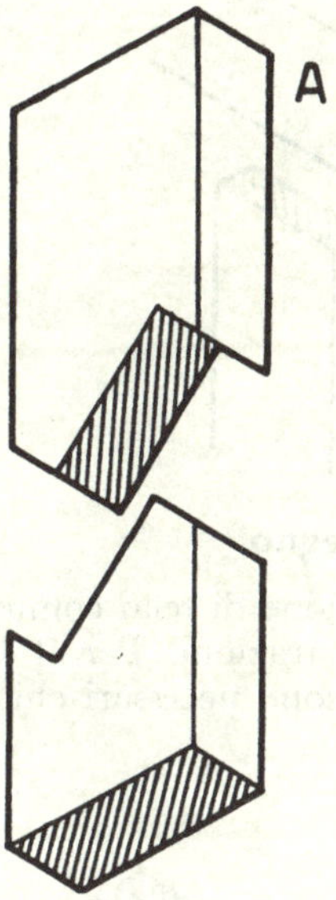

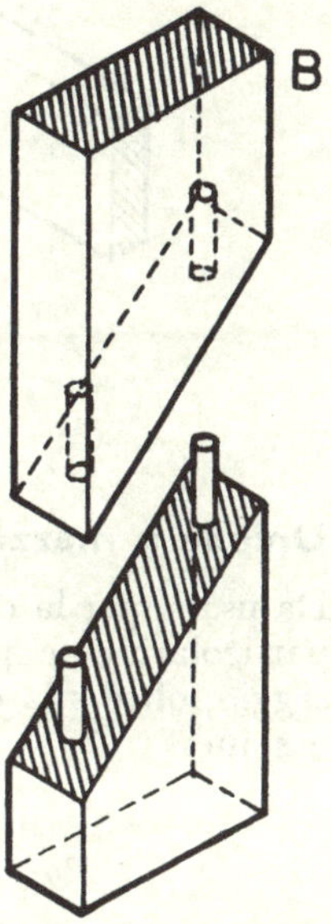

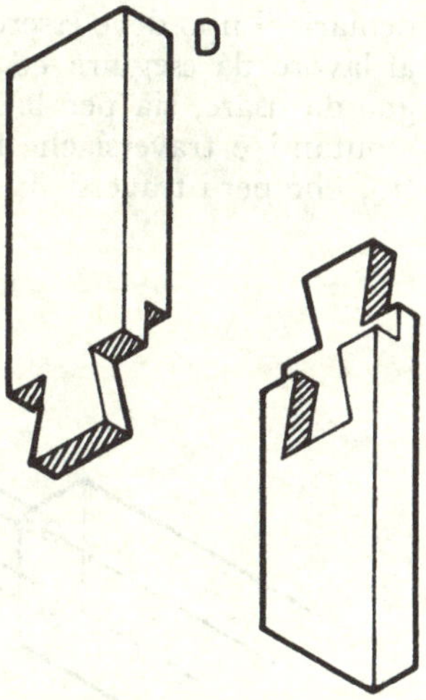

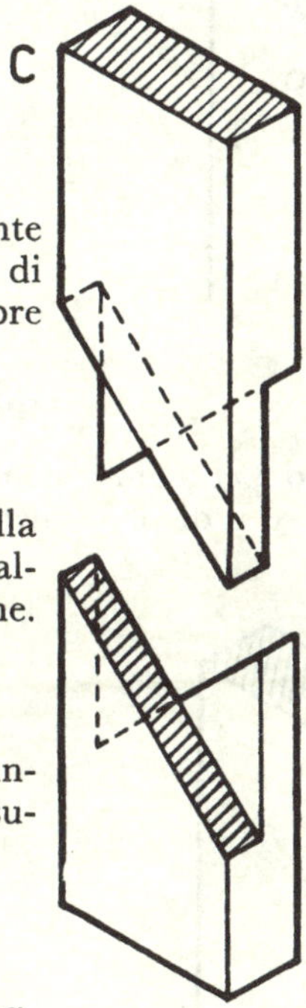

A. Unione a zig-zag

Benchè i lati tagliati obliquamente eliminino parzialmente il contatto di testa delle vene, la colla ha sempre proprietà adesive ridotte.

B. Unione con spine

Le spine inserite in direzione della vena dànno una buona resistenza all'unione, che è di facile esecuzione.

C. Unione a forcella

È fra le più resistenti unioni di lunghezza, poichè offre una notevole superficie di adesione per la colla.

D. Unione a doppia coda di rondine

Particolarmente usate per unioni soggette a sforzi di trazione.

E. Unione smontabile a zig-zag

Pratica per lavori che devono essere smontati. L'unione viene fissata per mezzo di cunei.

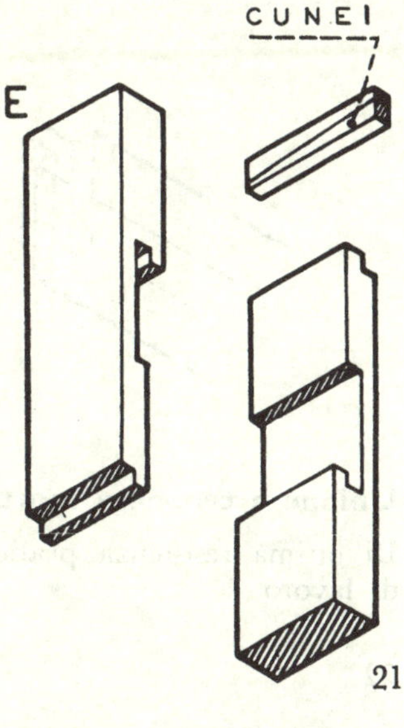

UNIONI PER TELAI

La costruzione dei telai ha grande importanza nella fabbricazione del mobile. L'unione dei singoli pezzi che costituiscono un telaio rappresenta la parte più delicata della costruzione del mobile, e dalla loro perfetta esecuzione dipende la stabilità del mobile stesso. Numerosi sono i tipi di unione fra montanti e traversi; vanno dalla semplice unione a mezzo legno, all'universale sistema a tenone e mortisa, ad innumerevoli altri. Ogni unione esemplificata nella serie di illustrazioni ha caratteristiche e proprietà particolari; il tipo deve essere scelto in relazione al lavoro da eseguire ed alla qualità del legno da usare, sia per le unioni angolari fra montanti e traversi che formano il perimetro, che per i traversi intermedi di rinforzo.

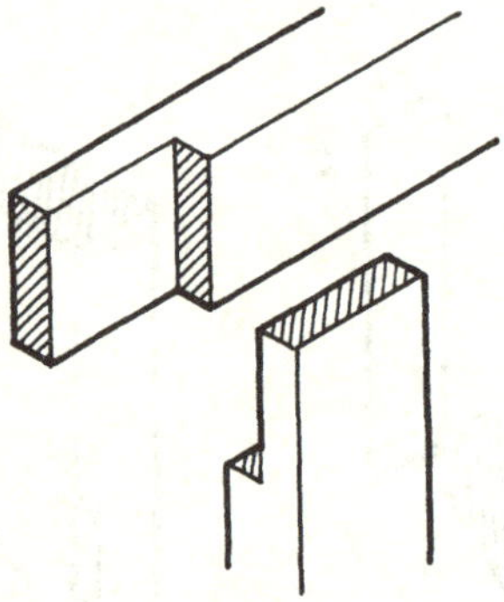

Unione a mezzo di legno

Da usarsi per la costruzione di telai comuni, particolarmente per riparazioni. Per il fissaggio, oltre alla colla, sono necessari chiodi e spine.

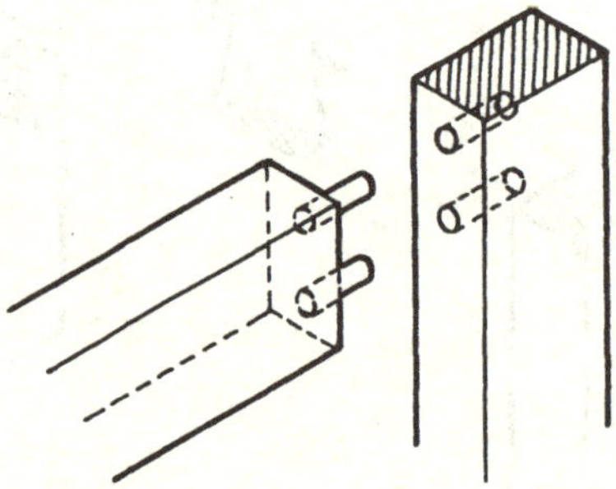

Unione con spine

Tipo di unione largamente usato per ogni genere di lavoro, facile da eseguire e di ottima resistenza.

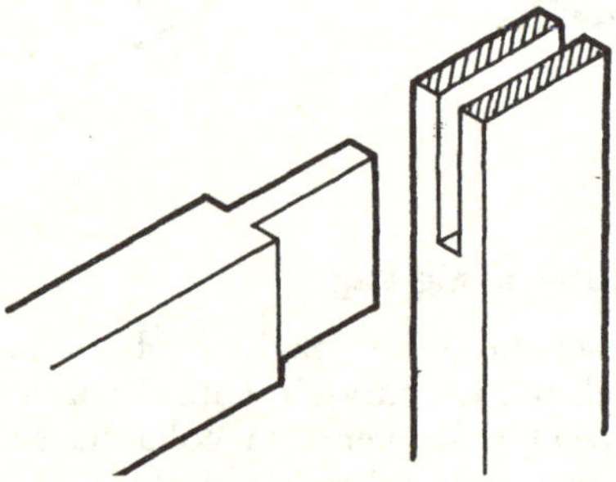

Unione a $\frac{1}{3}$ di spessore

Semplice da eseguire, da usarsi particolarmente nei lavori di riparazione.

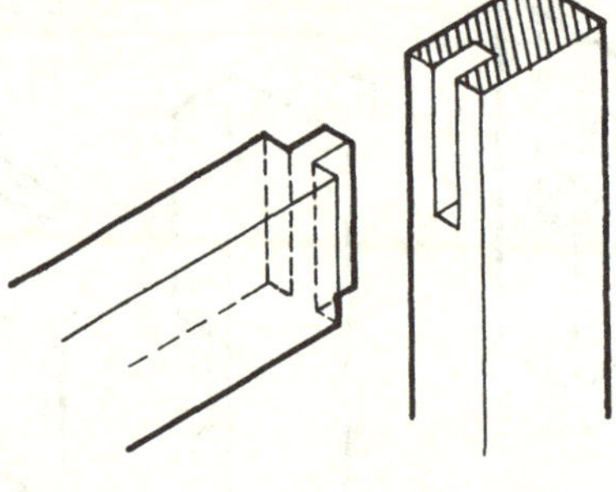

Unione a tenone e mortisa

Di ottima resistenza pratica per ogni tipo di lavoro.

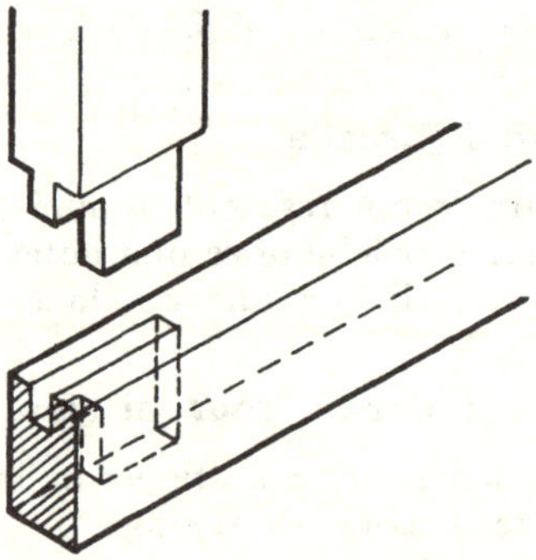

Unione a tenone ridotto e mortisa

È il metodo più usato per la costruzione di telai perchè presenta tutti i requisiti di una ottima unione.

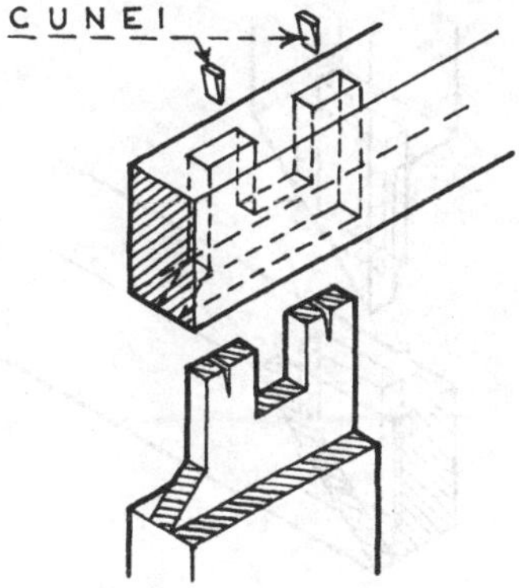

Unione a doppio tenone e mortisa con ugnatura

Unione di forte resistenza, anche se esposta alle intemperie.

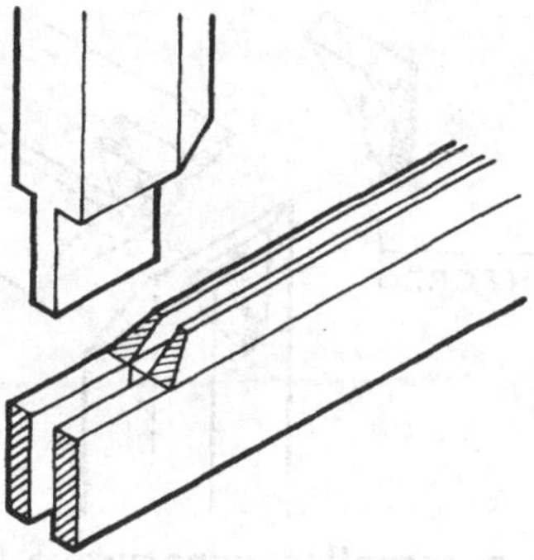

Unione a maschio e femmina, con scanalatura per inserire un pannello

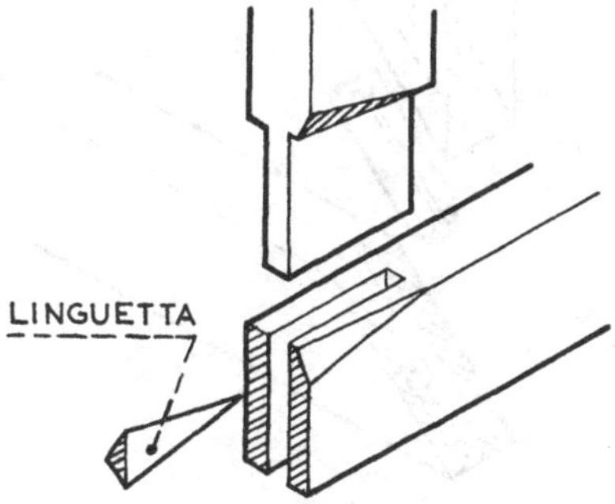

Unione a maschio e femmina con linguetta

Da usarsi quando il telaio deve essere impiallacciato. La linguetta evita che il giunto fra i due legni marchi esternamente sull'impiallacciatura.

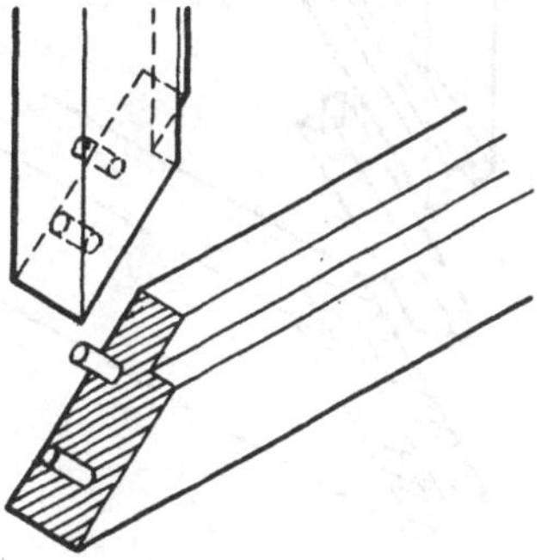

Unione angolare con ugnatura e spine

Facile da eseguire e di pratico uso.

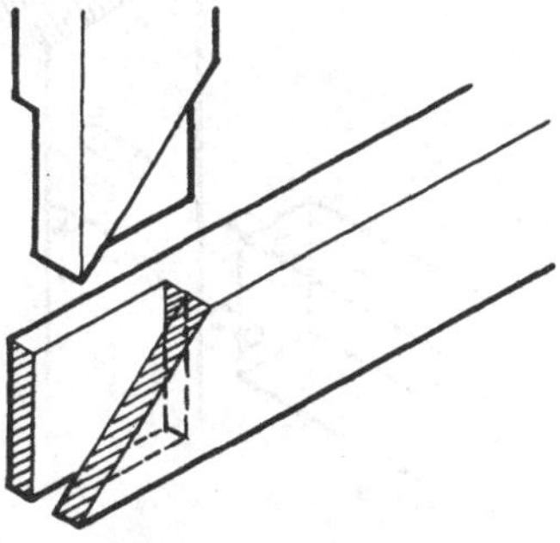

Unione a tenone e mortisa con ugnatura su uno dei lati

Da usarsi in particolare per lavori a mano.

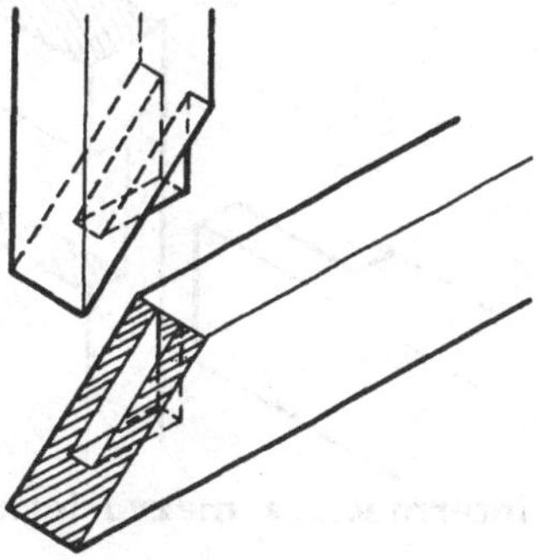

Unione con ugnatura a 45° e tenone cieco

Di ottima resistenza e di facile esecuzione.

UNIONI PER TELAI

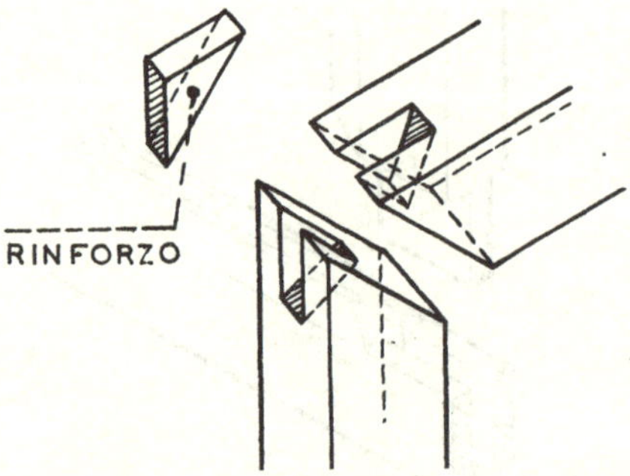

Unione a semplice ugnatura a 45° con rinforzo

Di facile esecuzione particolarmente usata nella lavorazione a mano.

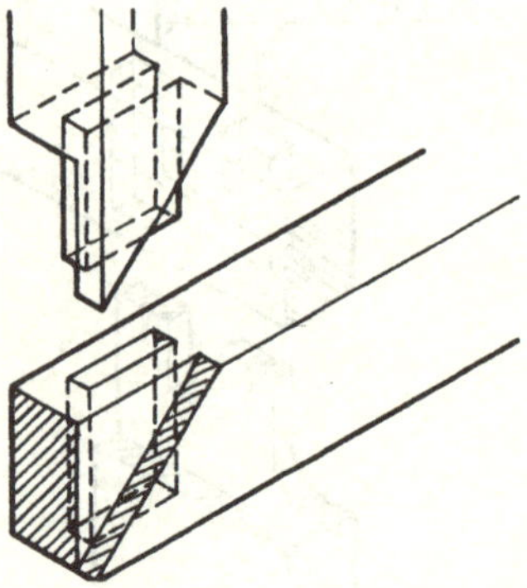

Unione a tenone e mortisa con ugnatura

È di forte resistenza, da usarsi per lavori esposti alle intemperie.

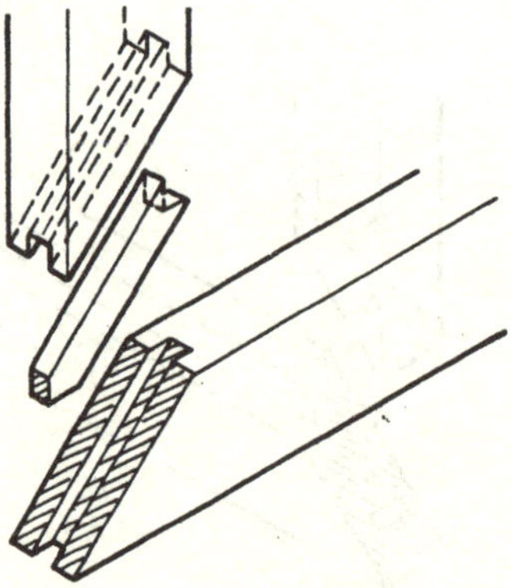

Unione a ugnatura con linguetta

È uno dei tipi più comuni di unione, sia per lavori a mano che a macchina.

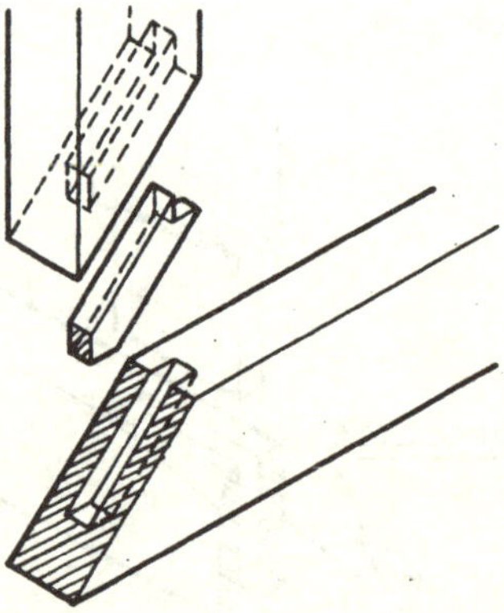

Unione a ugnatura con linguetta cieca

Simile alla precedente, da usarsi per lavori più fini.

UNIONI DI TRAVERSI

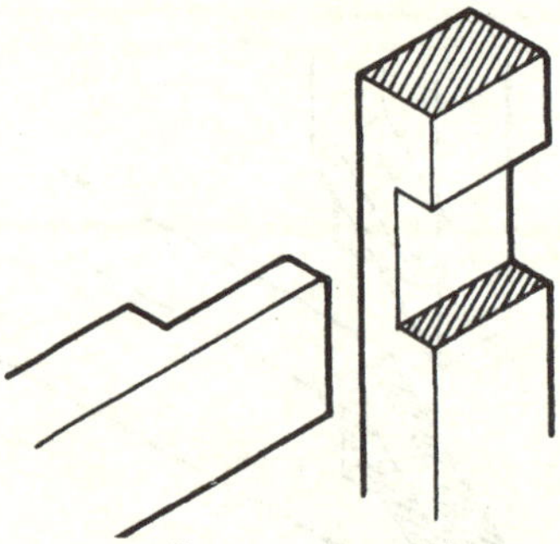

Unione intermedia a mezzo legno

Unione di relativa resistenza, oltre che con la colla deve essere rinforzata con chiodi o viti.

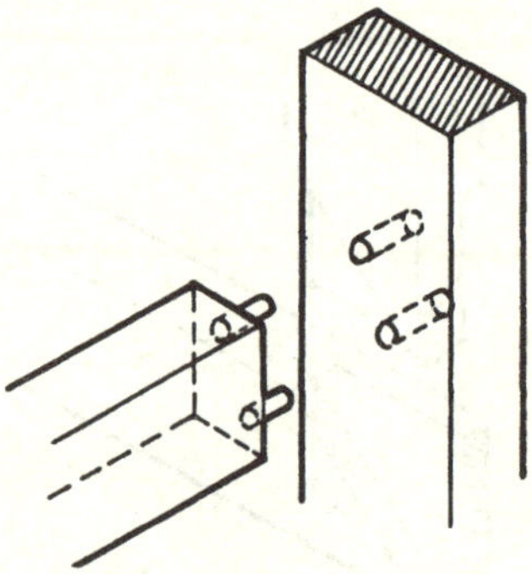

Unione con spine

È una buona unione di pratico uso.

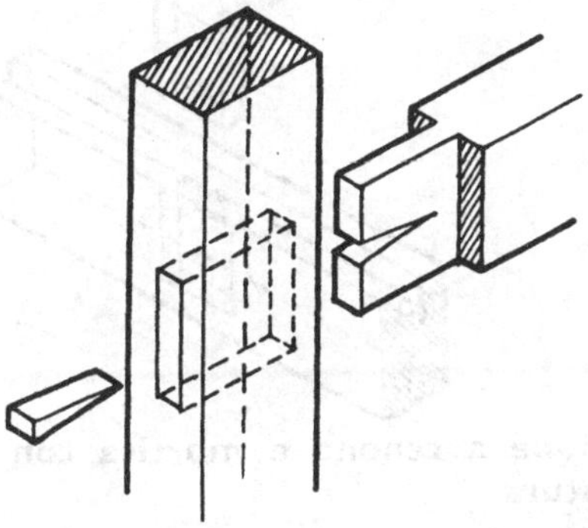

Unione a tenone e mortisa passante con cuneo

È di forte resistenza particolarmente adatta per lavori esposti alle intemperie.

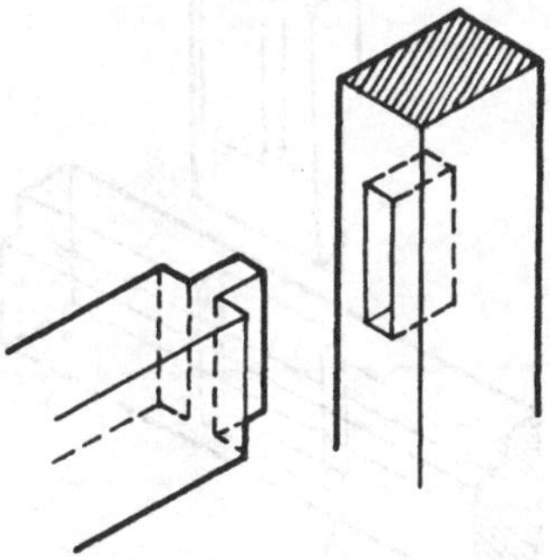

Unione a tenone e mortisa cieco

Facile da eseguire e di largo uso.

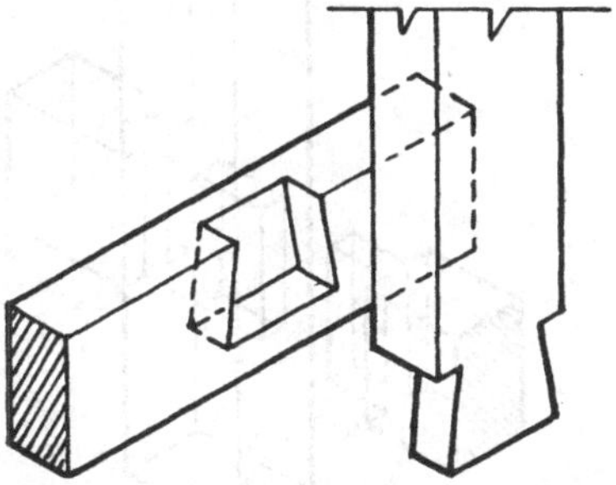

Unione a coda di rondine

Da usarsi quando l'unione è sottoposta a uno sforzo di trazione.

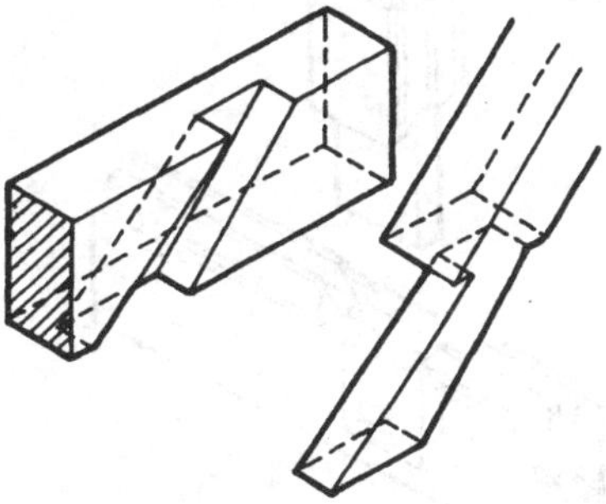

Unione a coda di rondine obliqua

Con caratteristiche simili alla precedente.

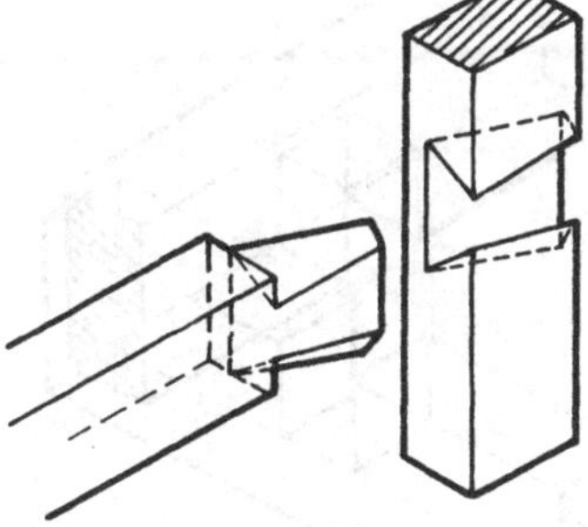

Unione speciale a coda di rondine

Difficile da eseguire, usata solo per lavori di alta precisione.

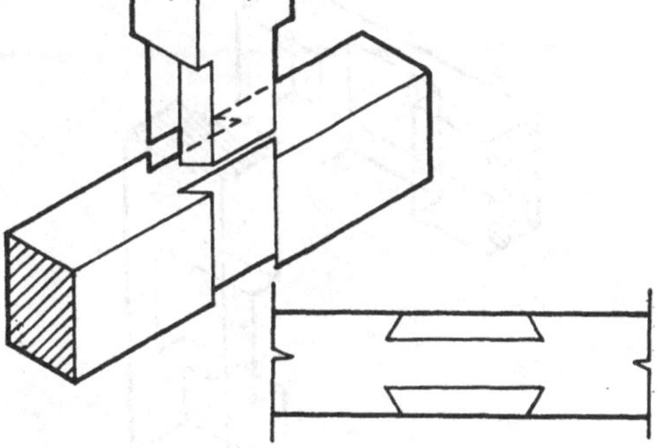

Unione a doppia coda di rondine

Da usarsi nel caso che l'unione sia soggetta a sforzi di flessione.

UNIONI DI TRAVERSI

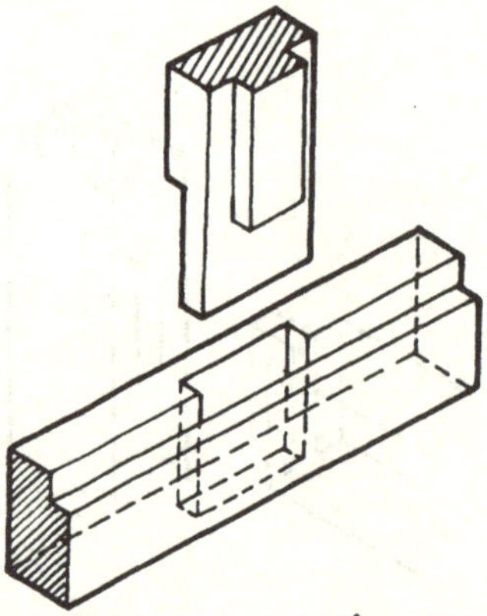

Unione a tenone e mortisa con battuta

Usata per l'applicazione di pannelli al telaio, il pannello deve essere fissato con viti o chiodi.

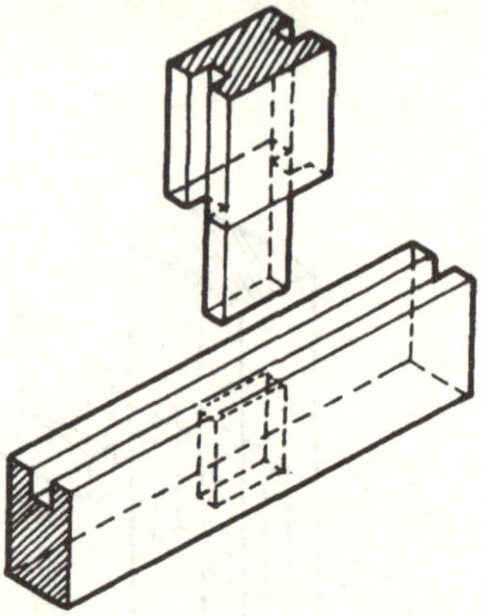

Unione a tenone e mortisa con scanalatura

A differenza della precedente il pannello viene inserito nella scanalatura. Notare la riduzione del tenone in relazione alla scanalatura.

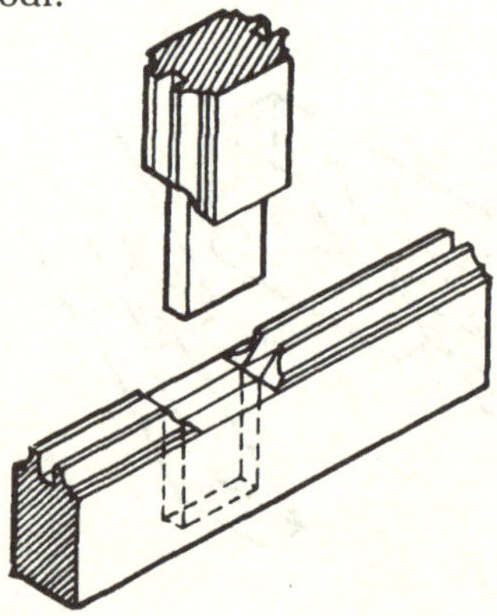

Unione a tenone e mortisa con cornice

La cornice come indicato deve essere unita a ugnatura.

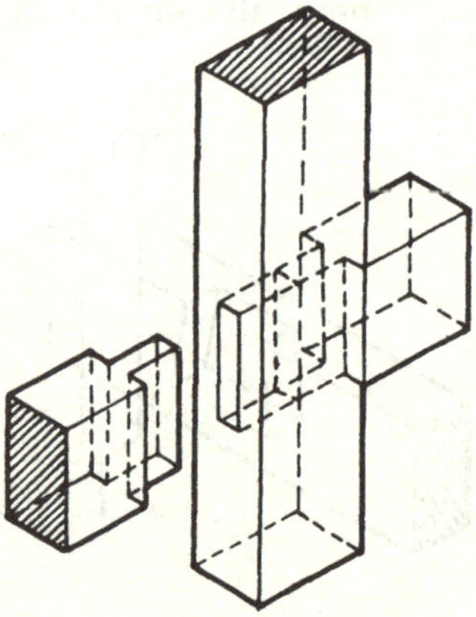

Unione a due tenoni con mortisa

Usata per la costruzione del telaio con traversi intermedi.

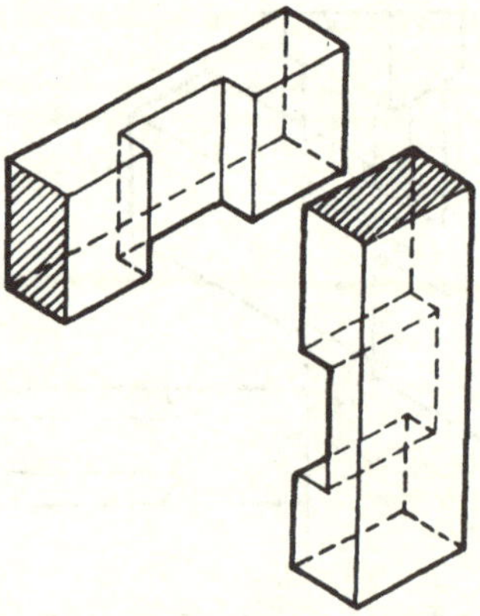

Unione a mezzo legno, sul piano

Facile da eseguirsi, usata per ogni genere di lavoro.

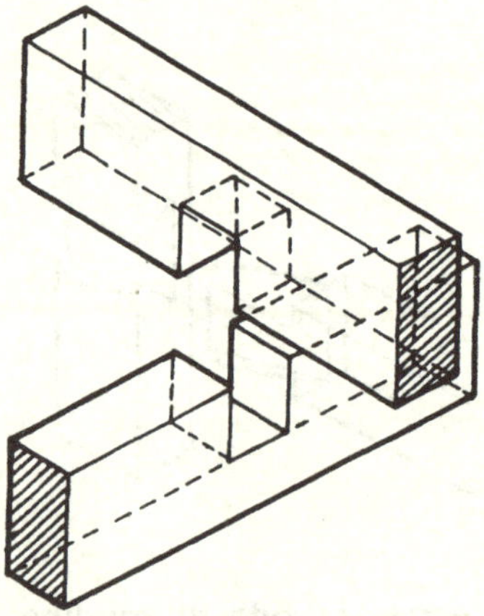

Unione a mezzo legno, in spessore

Simile alla precedente, pure di largo uso.

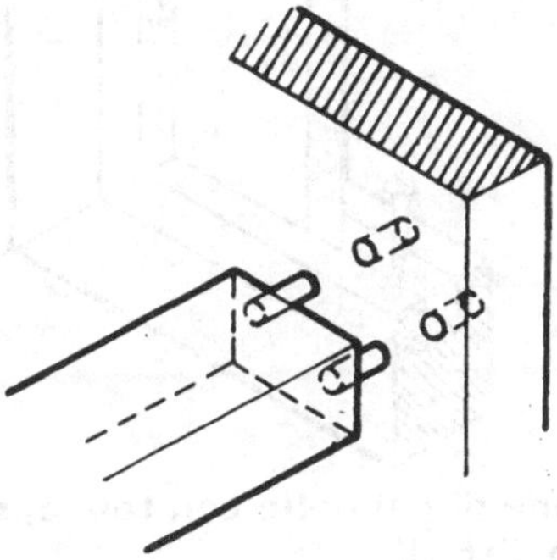

Unione con spine

Facile da eseguire, usata per ogni tipo di lavoro.

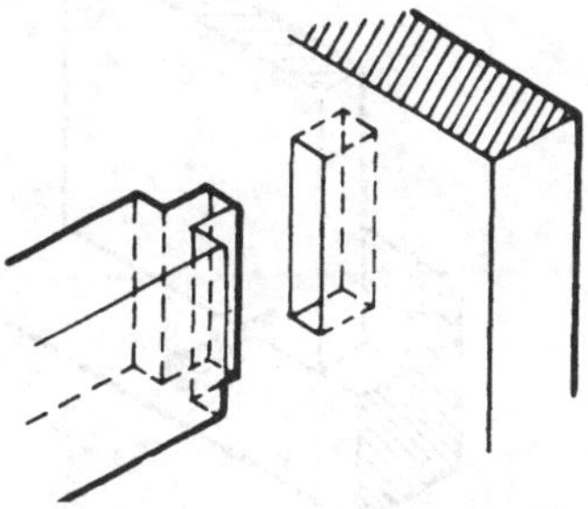

Unione a tenone e mortisa

Come la precedente, facile da eseguire e largamente usata.

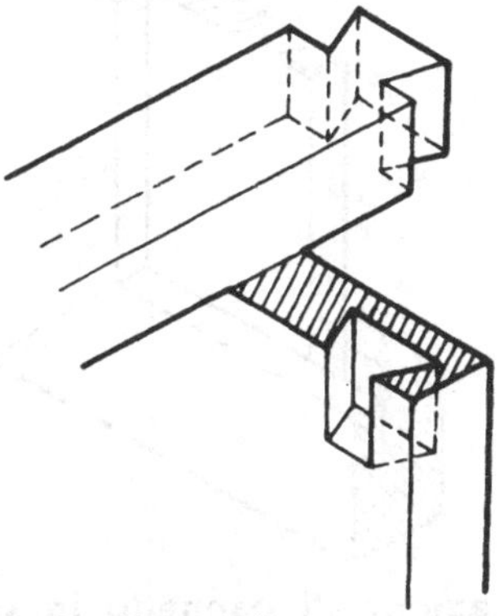

Unione a coda di rondine

Usata se l'unione è soggetta a sforzo di trazione.

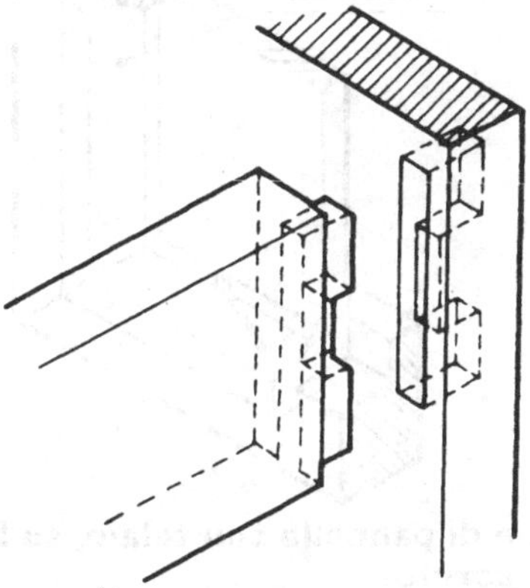

Unione a doppio tenone e mortisa

Esempio di unione di forte resistenza.

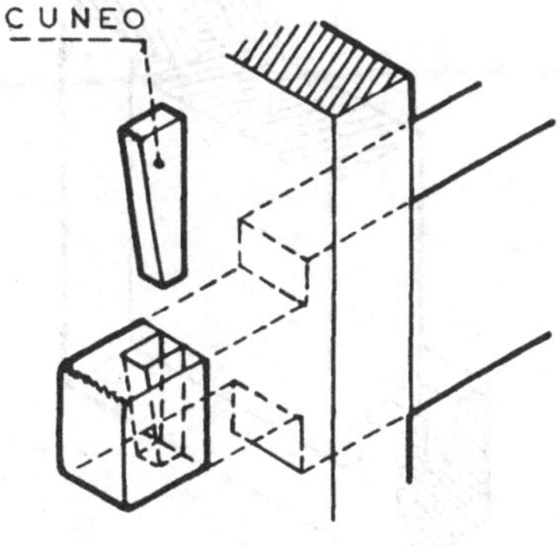

Unione con cuneo in vista

Metodo tradizionale per eseguire un'ottima unione smontabile.

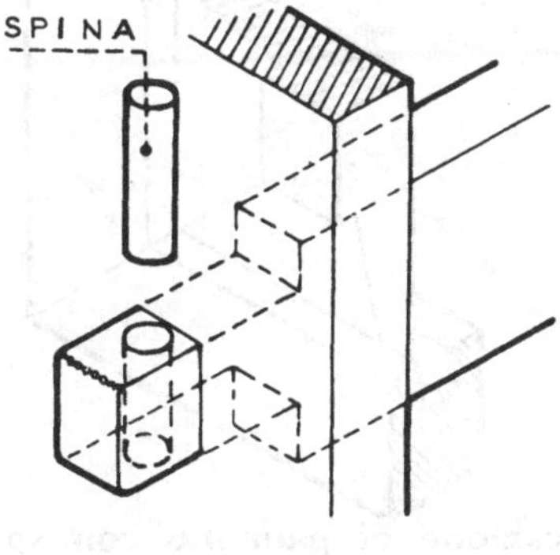

Unione con spine in vista

Tipo simile al precedente, più rapido da eseguire, però meno solido.

UNIONI DEI PANNELLI AI TELAI

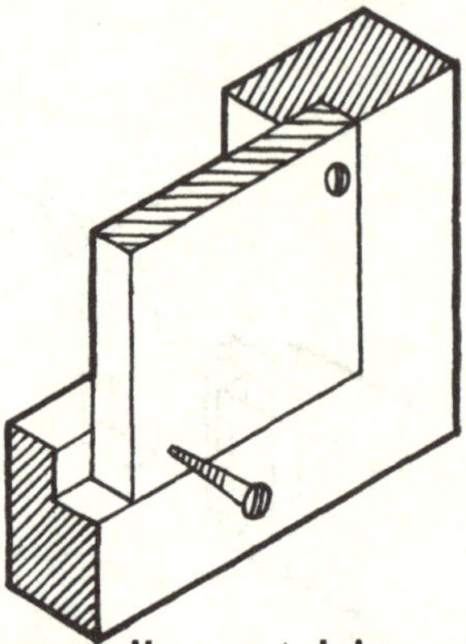

Unione di pannello con telaio, su battuta

L'applicazione può essere fatta con viti o chiodi.

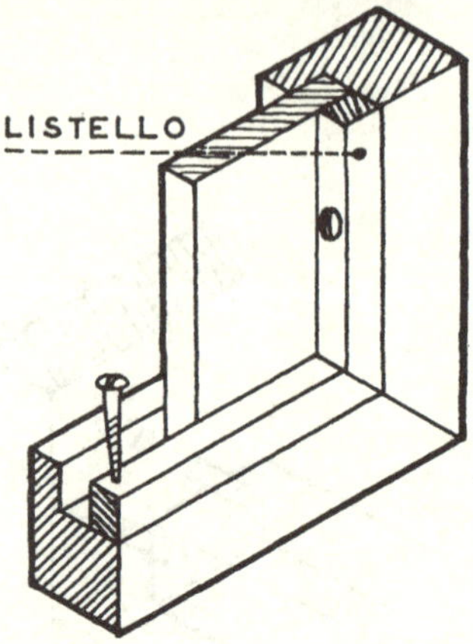

Unione di pannello con telaio, su battuta con listelli

I listelli sono fissati al telaio, mentre il pannello rimane libero.

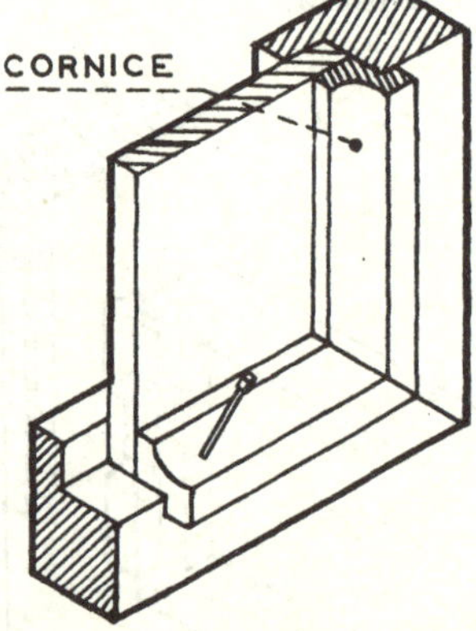

Unione di pannello con telaio, su battuta con cornice

Simile al precedente, una cornice con battuta sostituisce il listello.

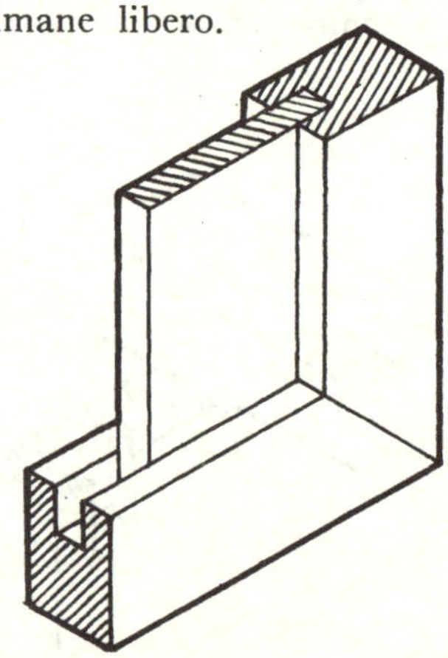

Applicazione di pannello in scanalatura

Metodo semplice e pratico, il pannello rimane libero di muoversi nel telaio.

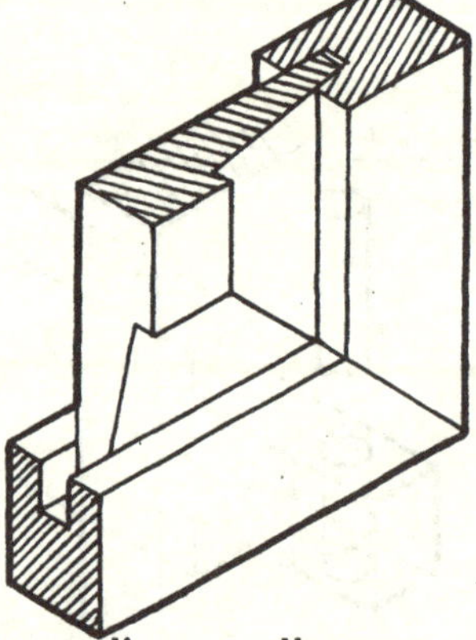

Applicazione di pannello con specchiatura in scanalatura

Metodo pratico, di largo uso nei mobili antichi; da notare che il pannello è indipendente dal telaio.

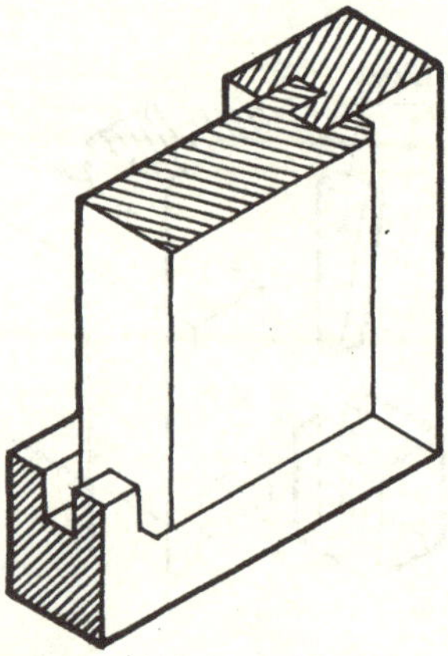

Unione di telaio con pannello sporgente

L'unione è a doppia battuta formante una chiusura a chiave con il telaio.

UNIONI DI PIANI

L'unione dei piani alla struttura portante è una delle operazioni più importanti nella costruzione del mobile. Come per le unioni usate nei telai, i tipi di congiunzione sono innumerevoli. Ogni tipo ha caratteristiche particolari, perciò la scelta è condizionata dal genere di lavoro da eseguire, dalle qualità del legno, dalla resistenza richiesta. Nell'unione di due piani massicci, le venature devono essere disposte in modo che il diverso ritiro del legno sia compensato.

Nei mobili di grandi dimensioni, per facilitare il trasporto ed il montaggio, è necessario eseguire delle unioni smontabili (vedi esempi a pag. 35-36). Per i mobili da impiallacciare è consigliabile scegliere tipi di unione ad ugnatura, perchè negli altri tipi di giunzione fra i due piani, col passare del tempo, il giunto tende a rivelarsi sull'impiallacciatura; è inoltre sconsigliabile inchiodare le unioni, perchè anche se ben sigillato con stucco e colla, il foro della chiodatura può marcare sull'impiallacciatura.

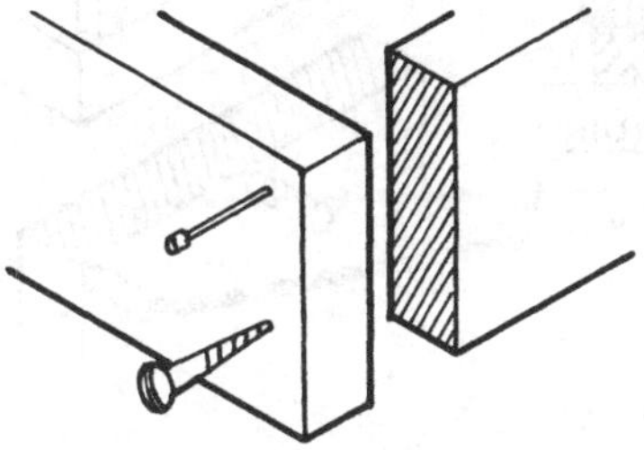

Unione di testa con chiodi e viti

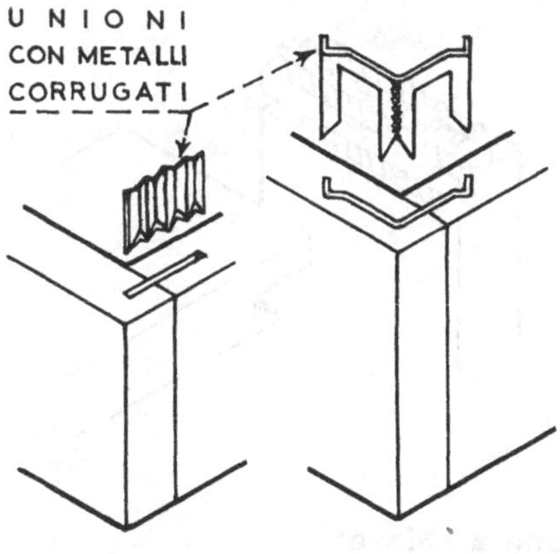

Unione di testa con elementi metallici speciali

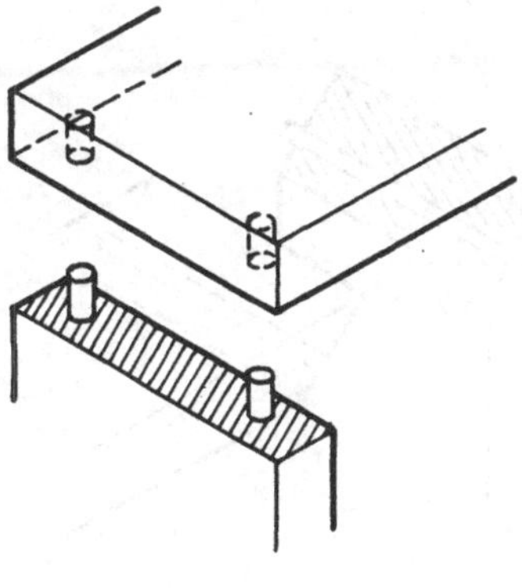

Unione con spine

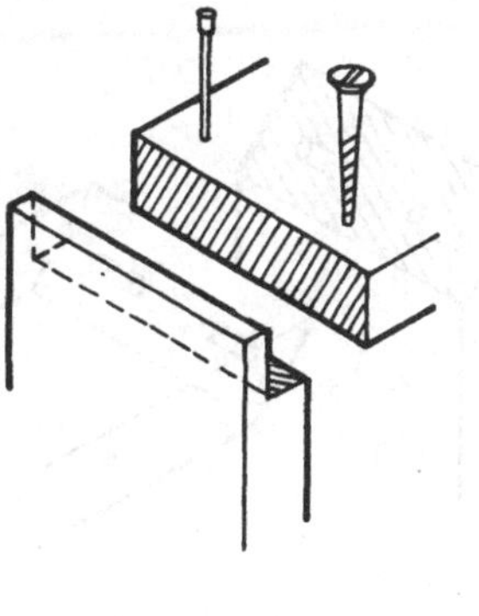

Unione con incassatura, con chiodi o viti

UNIONI DI PIANI

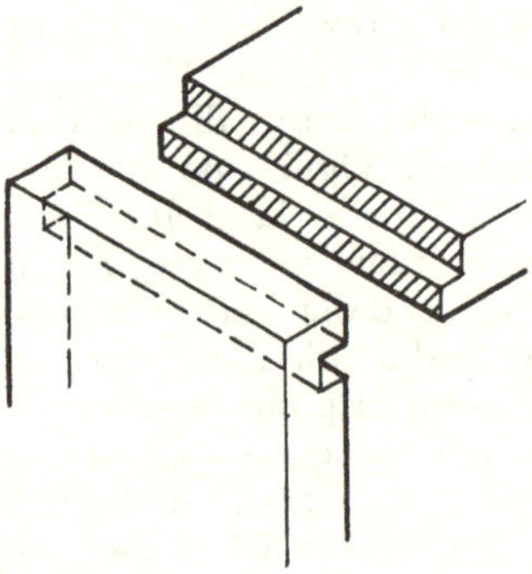

Unione a maschio e femmina

Facile da eseguire, ma provoca facilmente la rottura del legno sulla testata.

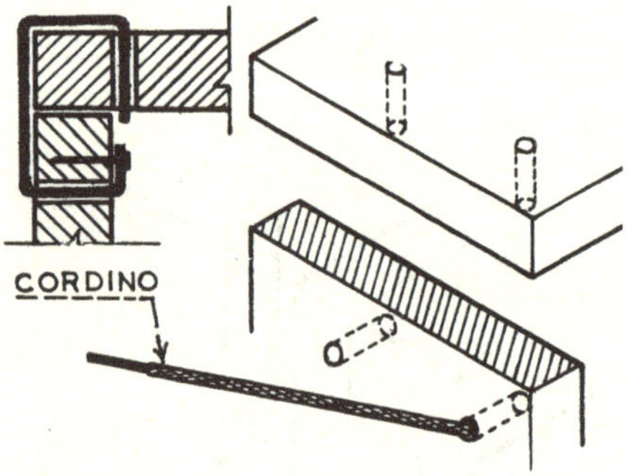

Unione smontabile con cordino

Tipo di unione usata solo in costruzioni particolari, ad esempio in mobili per bambini.

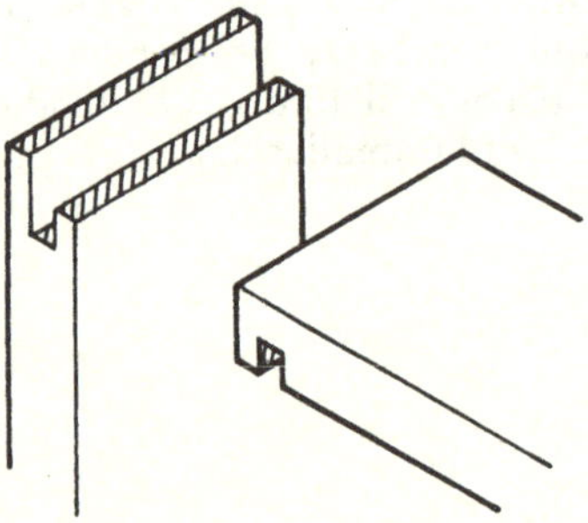

Unione a maschio e femmina

La copertura del filo in questo tipo di unione evita la rottura del legno in testata. Largamente usata per ogni genere di lavorazione.

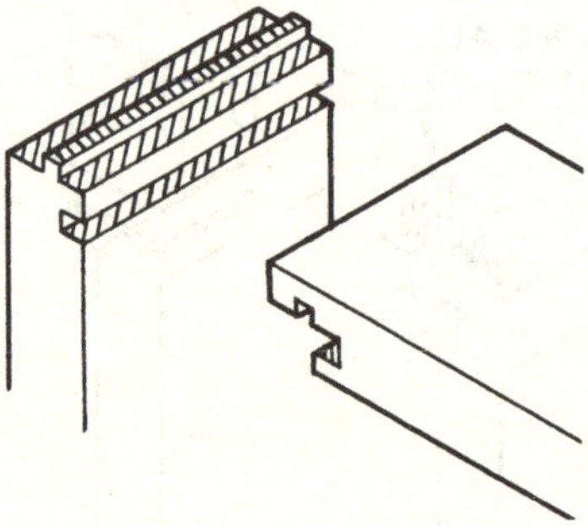

Unione a chiave

È un'eccellente tipo di unione, usata particolarmente per lavori di precisione.

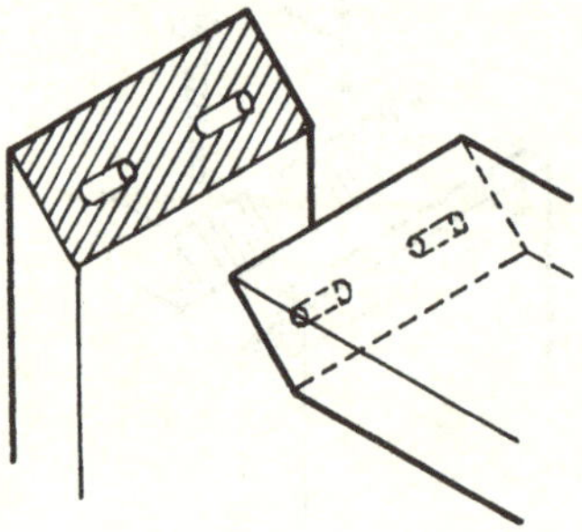

Unione ad ugnatura con spine

Facile da eseguire, usata per ogni genere di lavorazione.

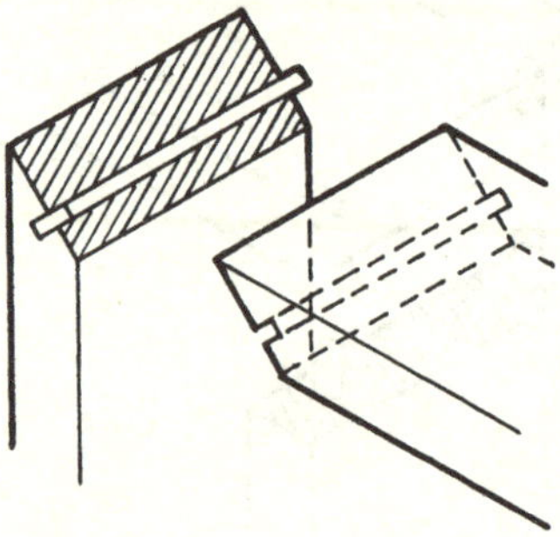

Unione ad ugnatura con linguetta

Come la precedente, facile da eseguire e di largo uso.

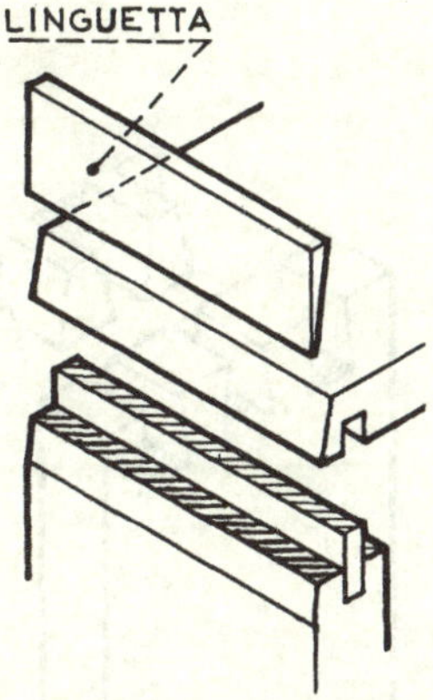

Unione con linguetta riportata

L'aggiunta della linguetta cuneiforme esterna evita che il giunto fra i piani risalti sull'impiallacciatura.

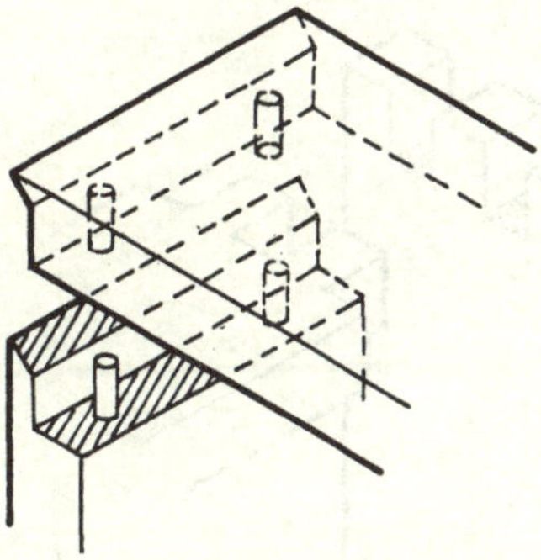

Unione ad ugnatura con spine

Metodo di largo uso per la produzione di serie.

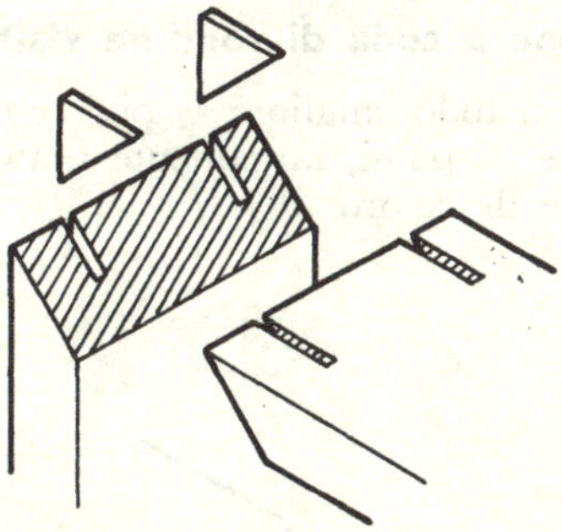

Unione ad ugnatura con rinforzi

Sistema poco usato, limitato alla lavorazione a mano.

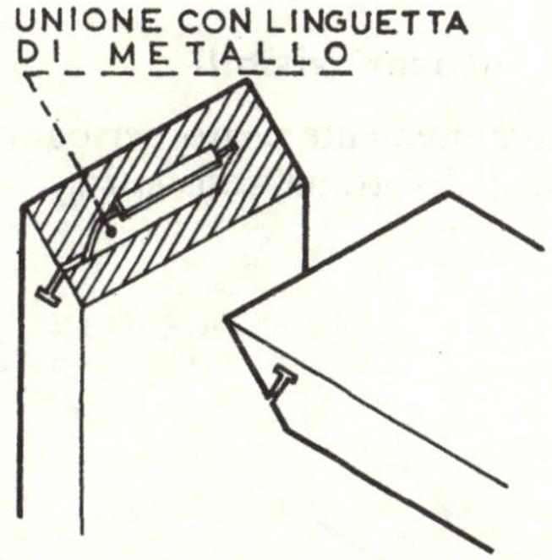

Unione ad ugnatura con chiave di metallo

Facile da eseguire, usata nella lavorazione di serie con ottimo risultato.

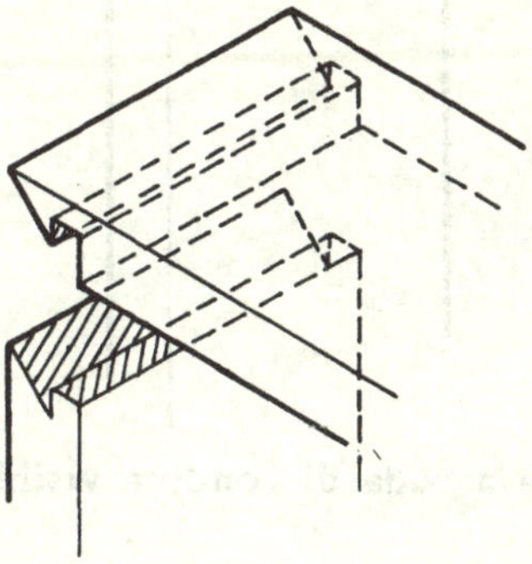

Unione ad ugnatura a maschio e femmina

Metodo di largo uso per produzioni di serie.

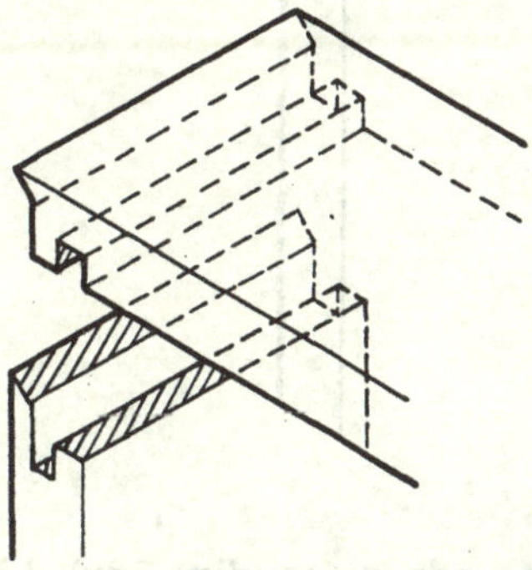

Unione a ugnatura a doppio maschio e femmina

Con caratteristiche simili alla precedente. Usata per lavori di precisione.

UNIONI DI PIANI

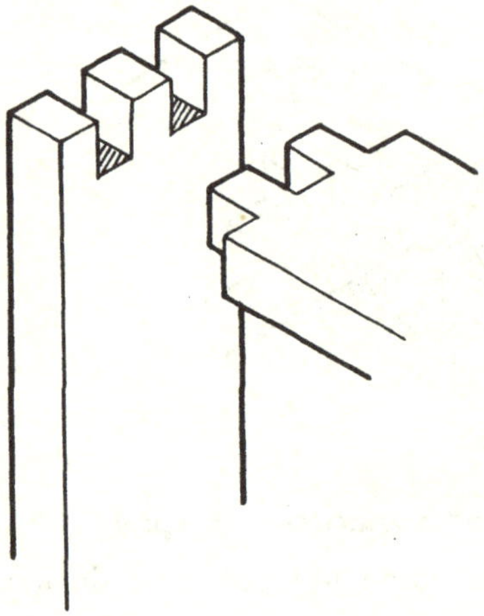

Unione con denti visibili

Sistema comunemente usato per ogni genere di lavoro; è di ottima resistenza.

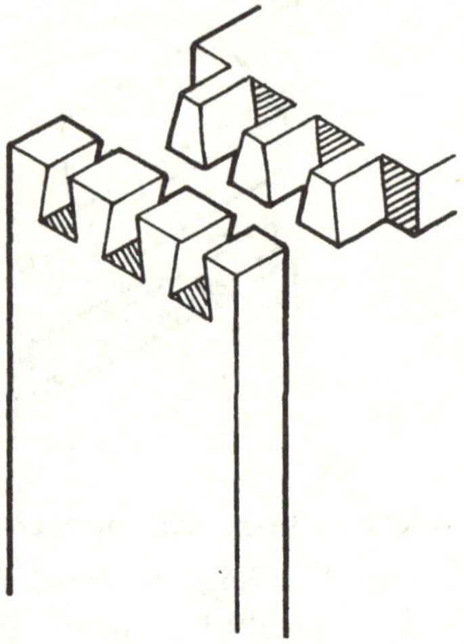

Unione a coda di rondine visibile

È il metodo migliore e più resistente per unione di piani, largamente usato per ogni genere di lavoro.

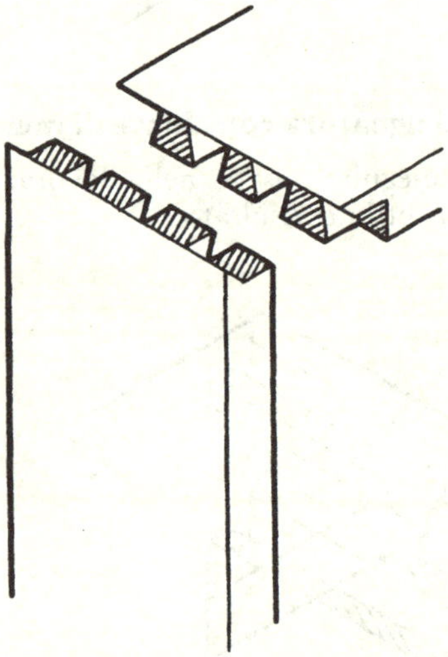

Unione a coda di rondine invisibile

Variante della precedente, usata nei casi che si desideri avere l'unione invisibile su entrambi i piani.

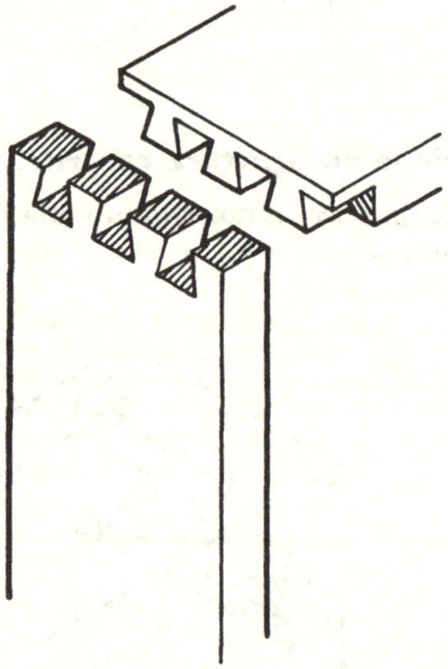

Unione a coda di rondine visibile su un lato

Variante delle due precedenti. Usata quando si desidera che l'unione sia invisibile su uno dei piani. Largamente usata nella costruzione di cassetti.

ATTACCHI INTERMEDI DI PIANI FRA LORO PERPENDICOLARI

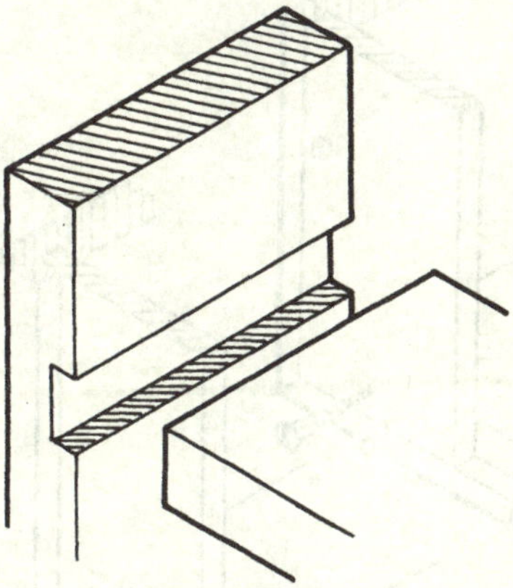

Unione a mezzo legno

Semplice da eseguire, usata in lavori comuni.

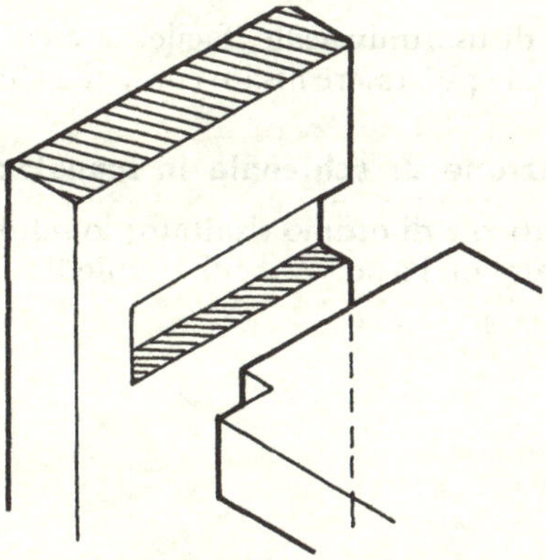

Unione a mezzo legno cieca

A differenza del tipo passante, l'unione è invisibile sul profilo del montante. Pratica e di largo uso.

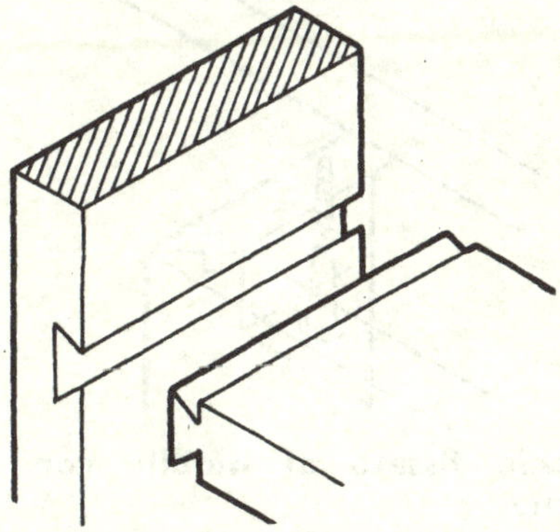

Unione a coda di rondine

Unione da usarsi nel caso che i piani siano soggetti a sforzo di trazione.

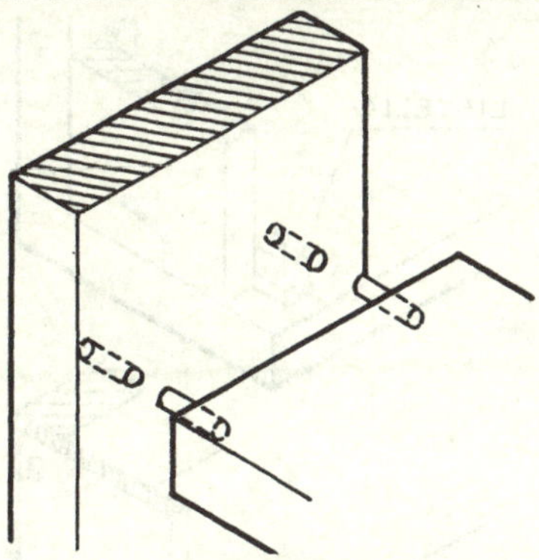

Unione con spine

Di facile esecuzione, è largamente usata per ogni tipo di lavorazione.

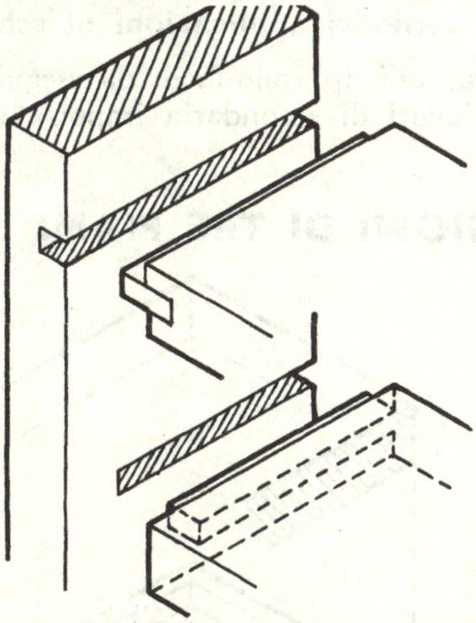

Unione a linguetta passante e cieca

Ottime unioni sotto ogni aspetto, di largo uso.

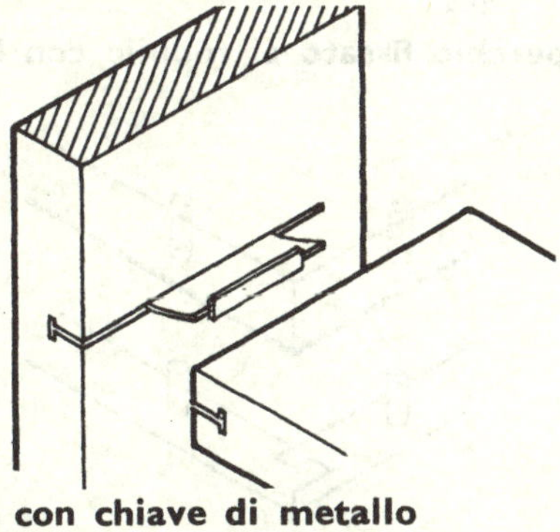

Unione con chiave di metallo

È facile da eseguire, usata nella produzione di serie con ottimo risultato.

UNIONE DI SCHIENALI

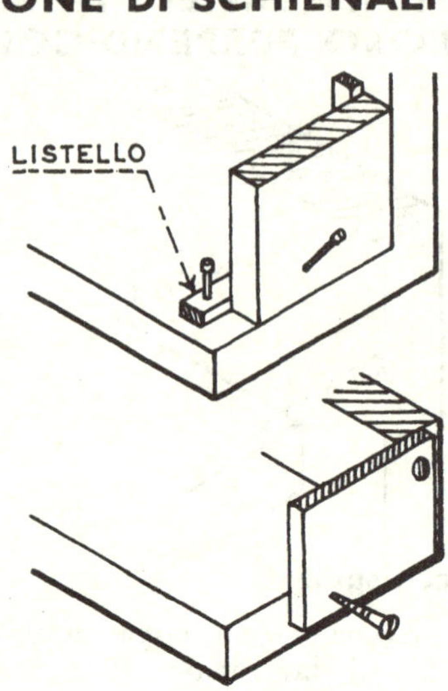

Due semplici applicazioni di schienali

Entrambi i tipi sono facili da eseguire, usati per lavori di secondaria importanza.

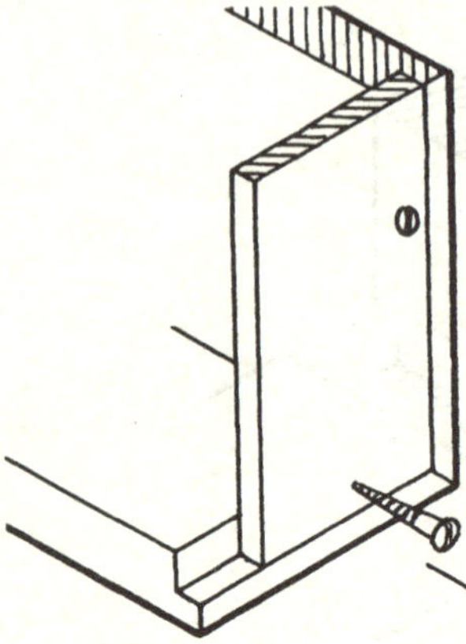

Applicazione di schienale in battuta

Sistema di uso universale, facile da eseguire; lo schienale può essere fissato con viti o chiodi.

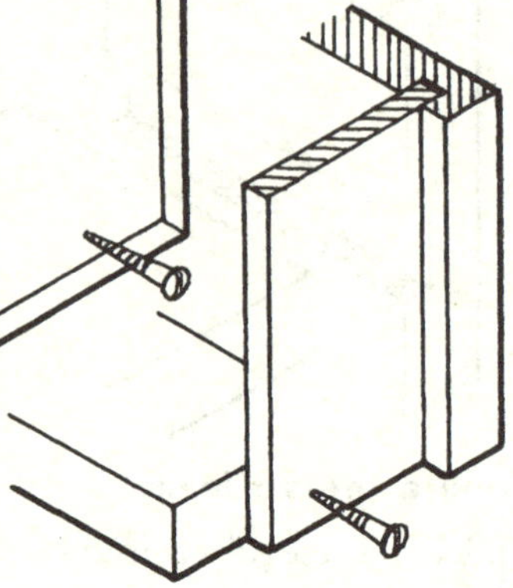

Applicazione di schienale in scanalatura

Pure pratico e di ottimo risultato; lo schienale è fissato in basso con viti o chiodi.

UNIONI DI TRE PIANI

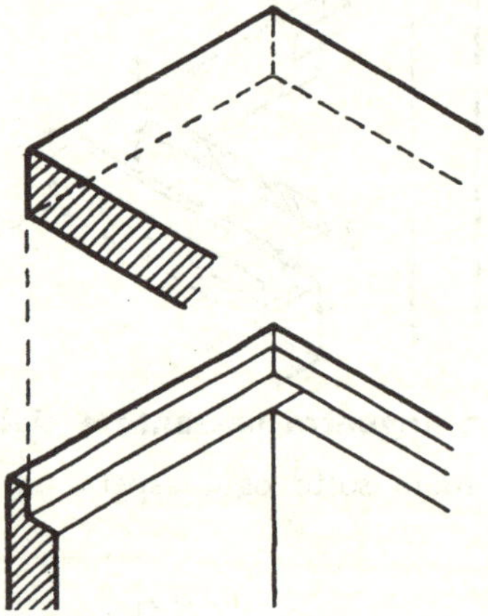

Coperchio fissato al mobile con battuta

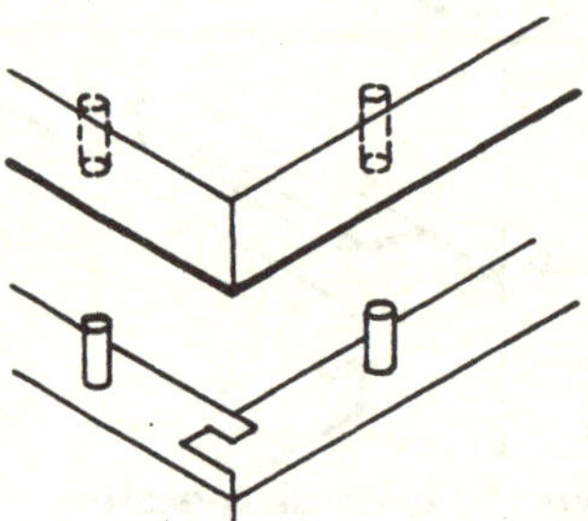

Coperchio fissato al mobile con spine

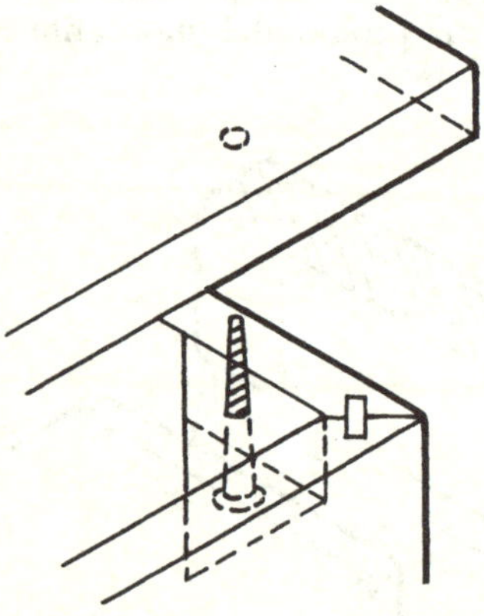

Coperchio fissato al mobile con viti interne

UNIONI SMONTABILI

Le unioni smontabili sono impiegate per i mobili di grandi dimensioni, come armadi o letti, e sono indispensabili per ragioni di trasporto. Numerosi sono i metodi di unione e vari i tipi di ferramenta esistenti in commercio. Gli esempi illustrati sono fra i più comuni.

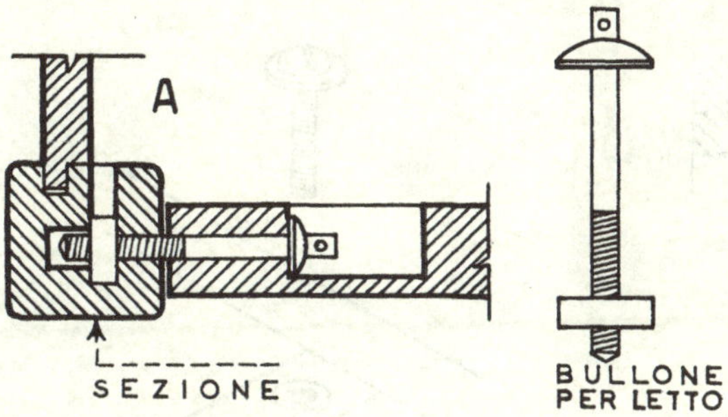

Bullone incassato

Elemento pratico per molti giunti smontabili. Particolarmente adatto per fissare le testate dei letti ai traversi laterali.

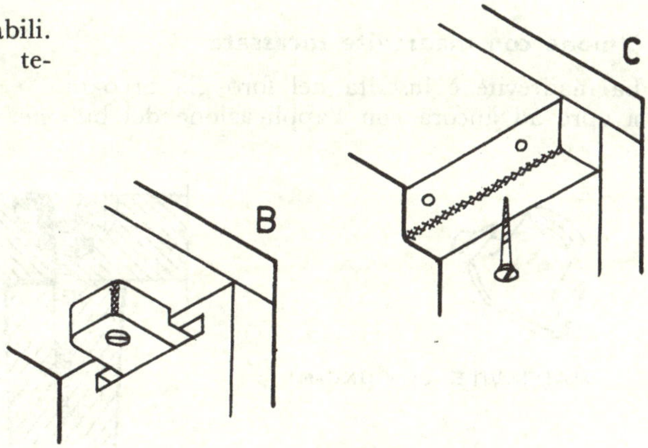

Vecchio tipo di unione smontabile

Usato attualmente solo per comuni mobili eseguiti a mano.

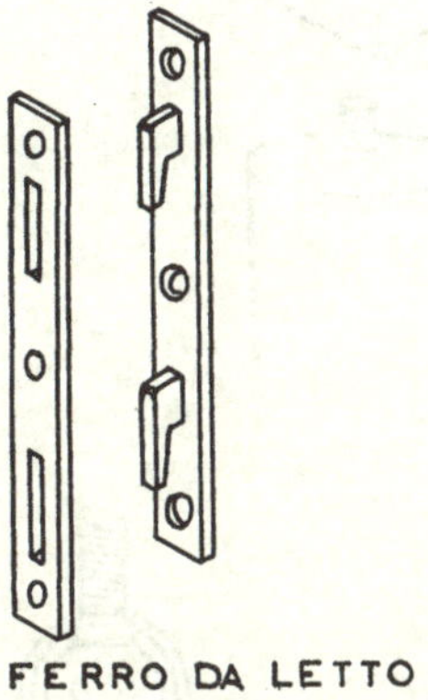

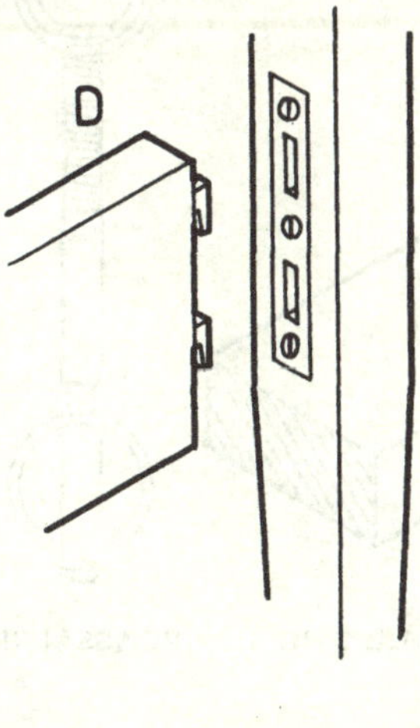

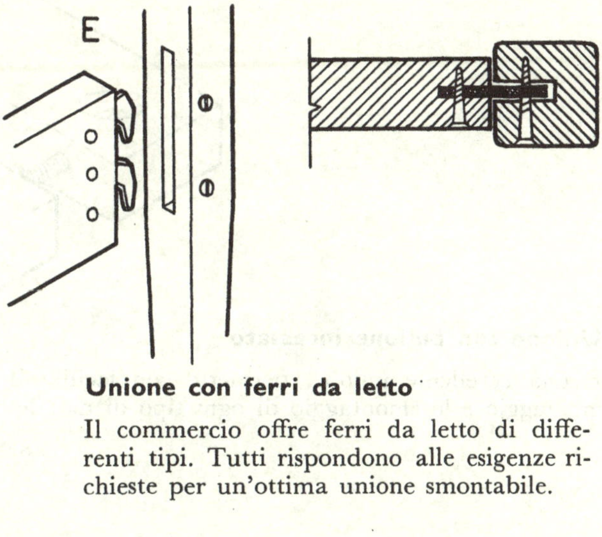

Unione con ferri da letto

Il commercio offre ferri da letto di differenti tipi. Tutti rispondono alle esigenze richieste per un'ottima unione smontabile.

UNIONI SMONTABILI

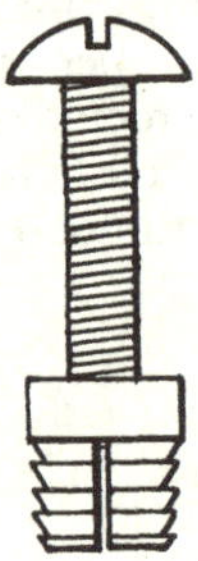

MADREVITE APRIBILE AD ANCORA

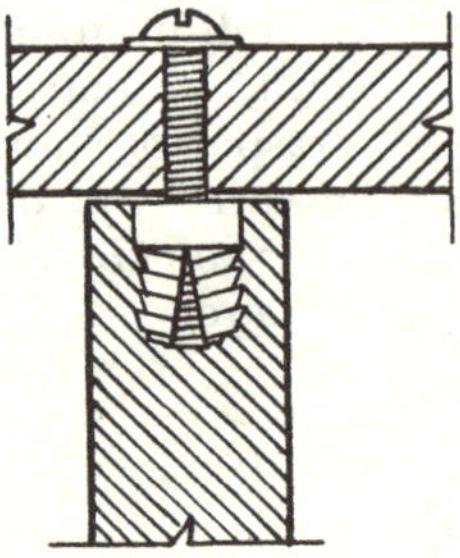

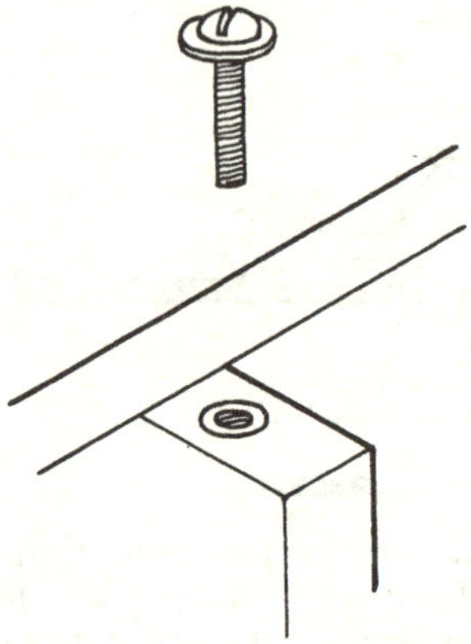

Unione con madrevite incassata

La madrevite è inserita nel foro già preparato e si apre ad àncora con l'applicazione del bullone.

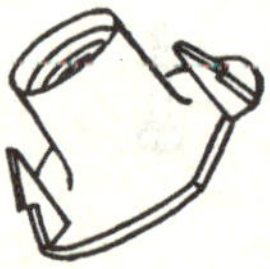

MADREVITE CON UNCINI

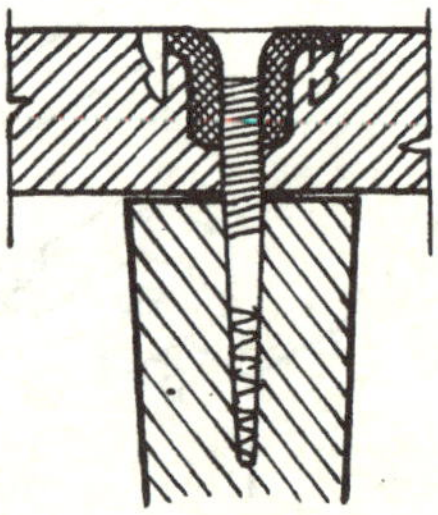

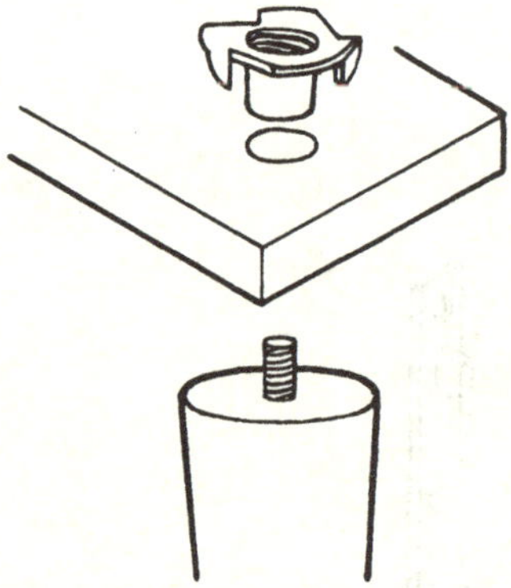

Unione a madrevite con uncini

La madrevite con uncini viene inserita nel foro già preparato, e rimane in vista; unione di largo uso per applicazione di gambe smontabili, nei cassettoni e nei mobili imbottiti.

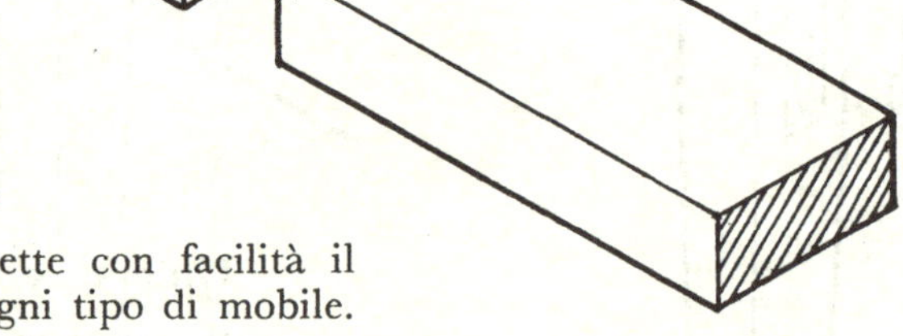

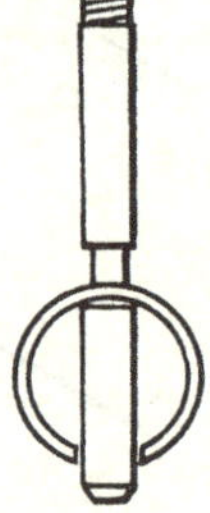

BULLONE DA INCASSARSI

Unione con bullone incassato

È una eccellente unione, permette con facilità il montaggio e lo smontaggio di ogni tipo di mobile.

Vari sono i sistemi di unione fra gambe e traversi, come pure vari sono i metodi di unire le gambe direttamente al mobile. Sono indicate le soluzioni principali; ogni unione deve essere scelta in funzione della resistenza necessaria ed in relazione al tipo di mobile.

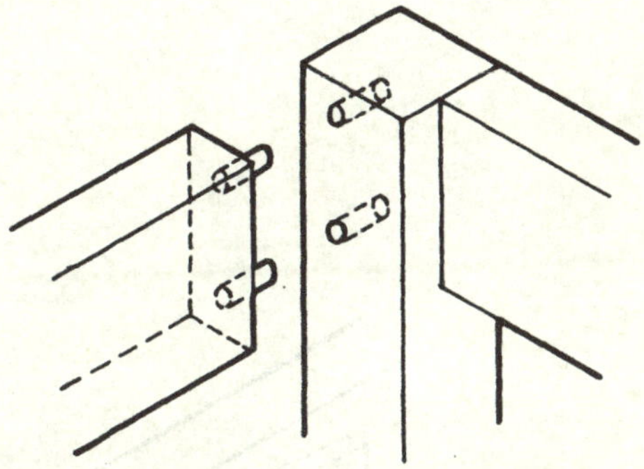

Unione con spine

Facile da eseguire, largamente usata sia per la lavorazione a mano che a macchina.

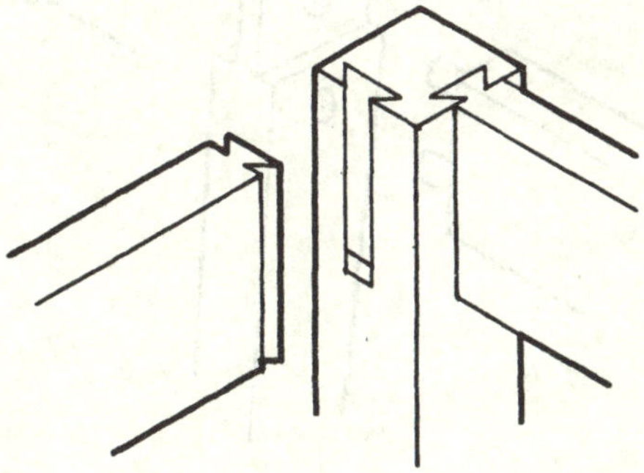

Unione a coda di rondine

È un'unione molto resistente, ma di uso non frequente.

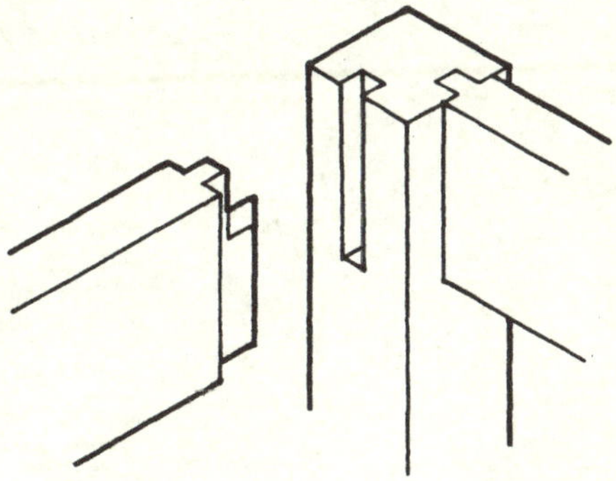

Unione a tenone e mortisa

È uno tra i metodi più comuni per unire le gambe ai traversi, ottimo sotto ogni aspetto.

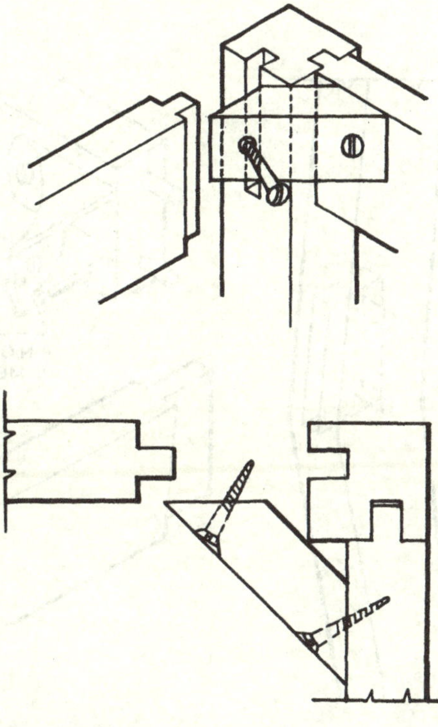

Unione a tenone e mortisa con rinforzo

Il rinforzo angolare aggiunge grande resistenza all'unione che è particolarmente usata per la costruzione di seggiolame.

UNIONI DI TRAVERSI CON GAMBE

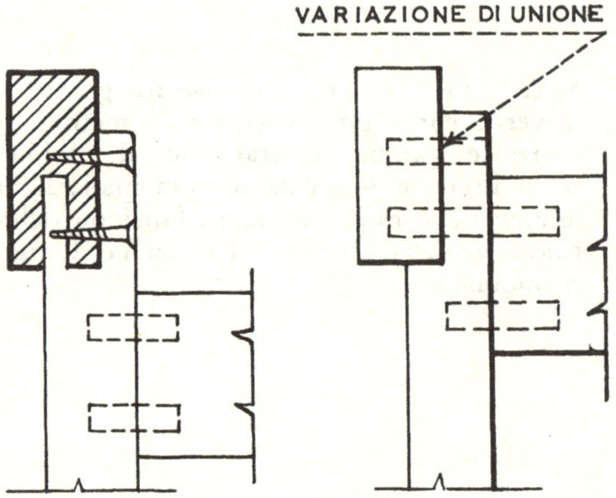

Unione delle gambe al sedile

A sinistra: unione a tenone e mortisa rinforzata con viti. *A destra:* unione a mezzo legno rinforzata con spine. Entrambe danno buon risultato.

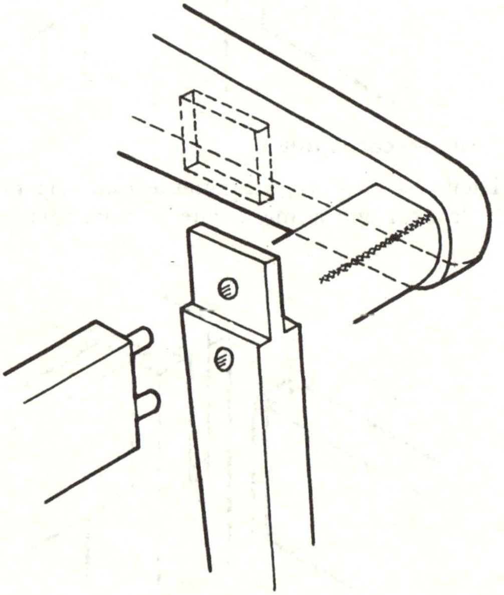

Unione delle gambe al traverso del sedile

L'unione è a tenone e mortisa; per maggior sicurezza è rinforzata con spine.

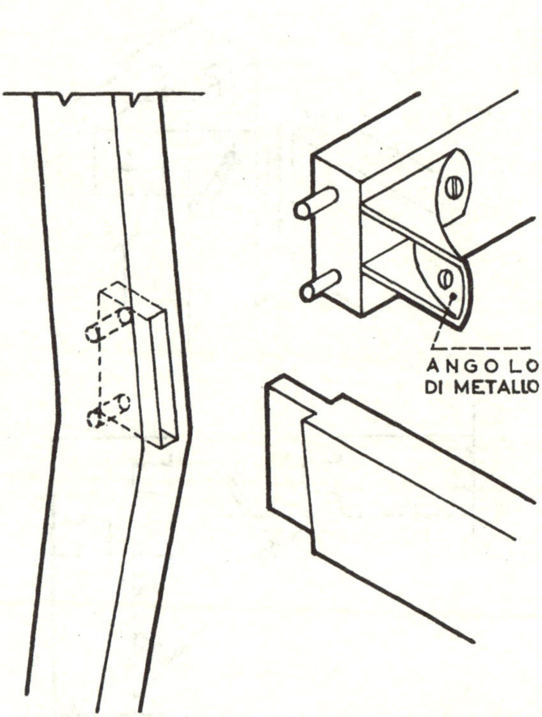

Unione fra tre elementi

Metodo di unire la gamba posteriore della sedia con i traversi posteriori e laterali. L'angolare di metallo è un ottimo rinforzo dell'unione, largamente usato.

UNIONE DELLE GAMBE AI TRAVERSI ED AL MOBILE

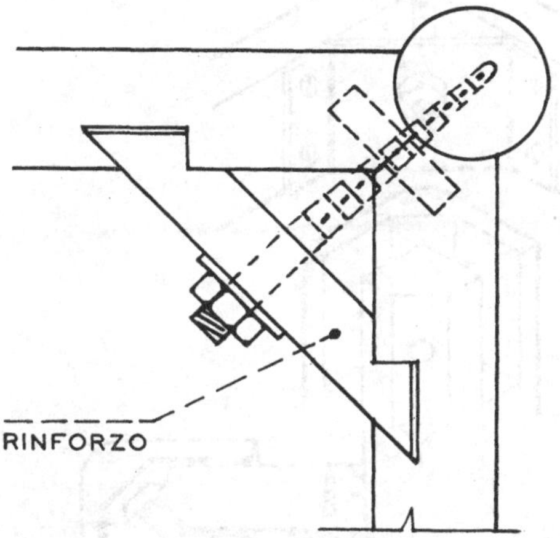

Unione delle gambe ai traversi con bullone

L'unione può essere smontabile o fissa. È ottima sotto ogni aspetto; particolarmente usata nella costruzione del seggiolame.

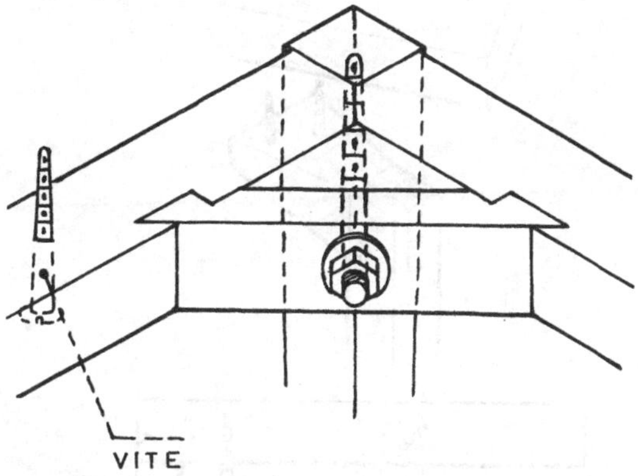

Unione di traversi al mobile

Unione simile alla precedente, con gamba a sezione quadrata. Si noti che i traversi sono uniti al mobile con viti.

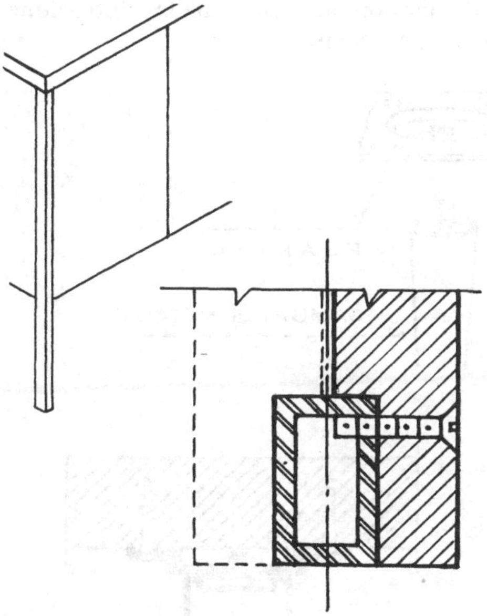

Gambe metalliche

Una gamba metallica può essere fissata ai pannelli laterali di un mobile con viti mordenti. Nel caso che il mobile sia composto da due elementi accostati, al centro sarà sufficiente un'unica gamba.

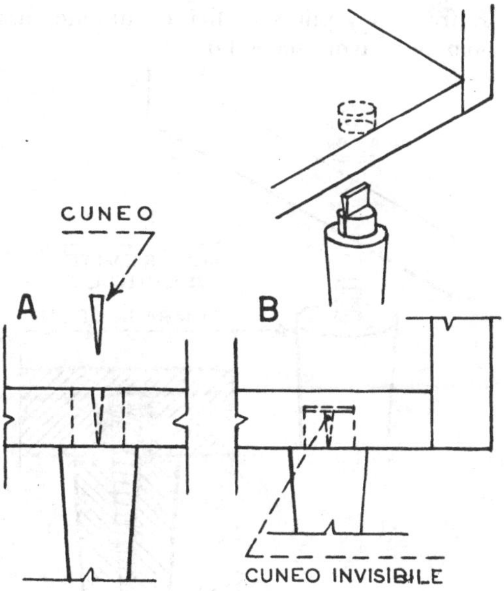

Unione a spina con cuneo di rinforzo

Facile da eseguire, si noti che la spina può essere passante o cieca. In entrambi i casi il cuneo è un ottimo rinforzo per l'unione.

UNIONI DI GAMBE SMONTABILI AL MOBILE

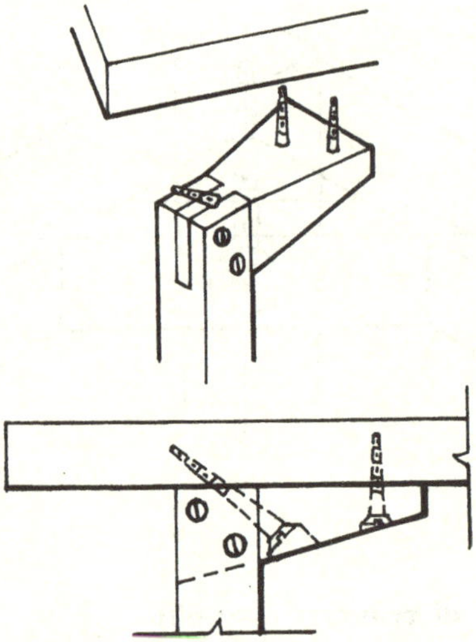

Unione con viti

È fra i tipi più semplici di unione, usata solo per lavori secondari.

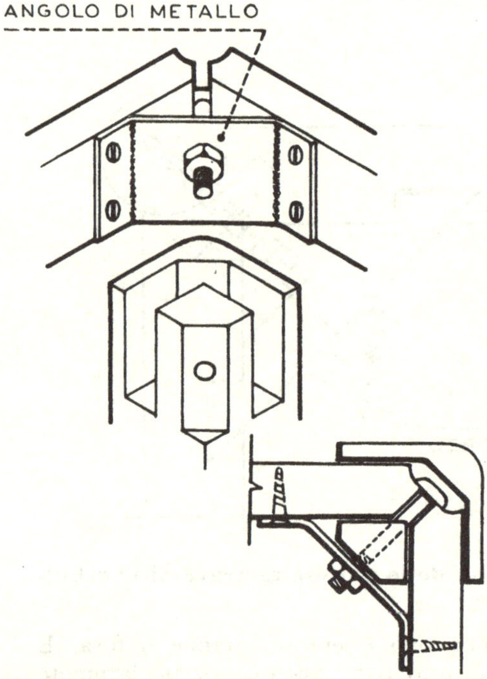

Gamba smontabile con angolare di metallo

Metodo largamente usato nella costruzione di tavoli per cucina.

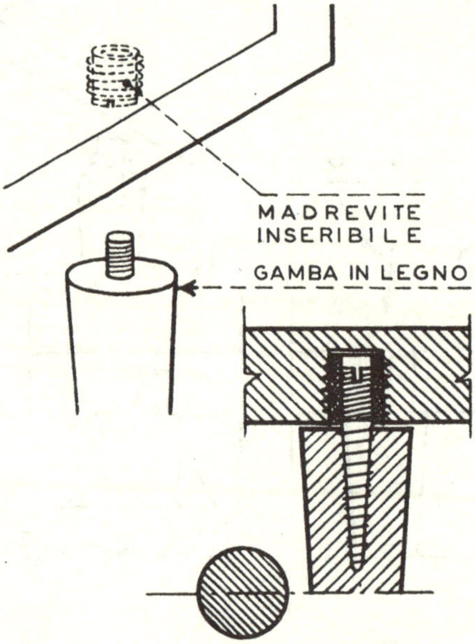

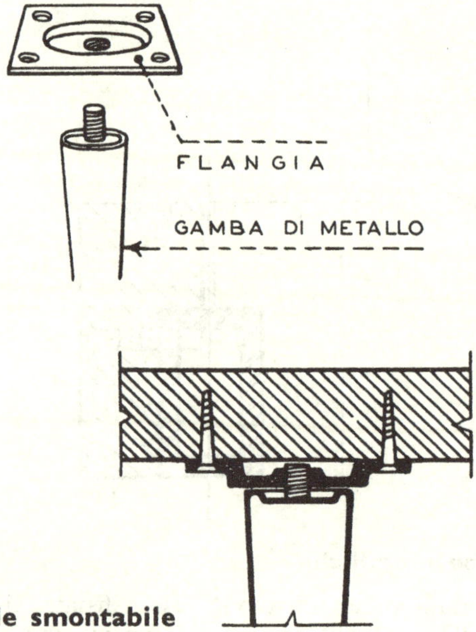

Unione di gamba al mobile smontabile

Del medesimo tipo della precedente, però più resistente. In entrambi i casi le gambe devono essere di sezione circolare.

UNIONI DI GAMBE CON MOBILI IMBOTTITI

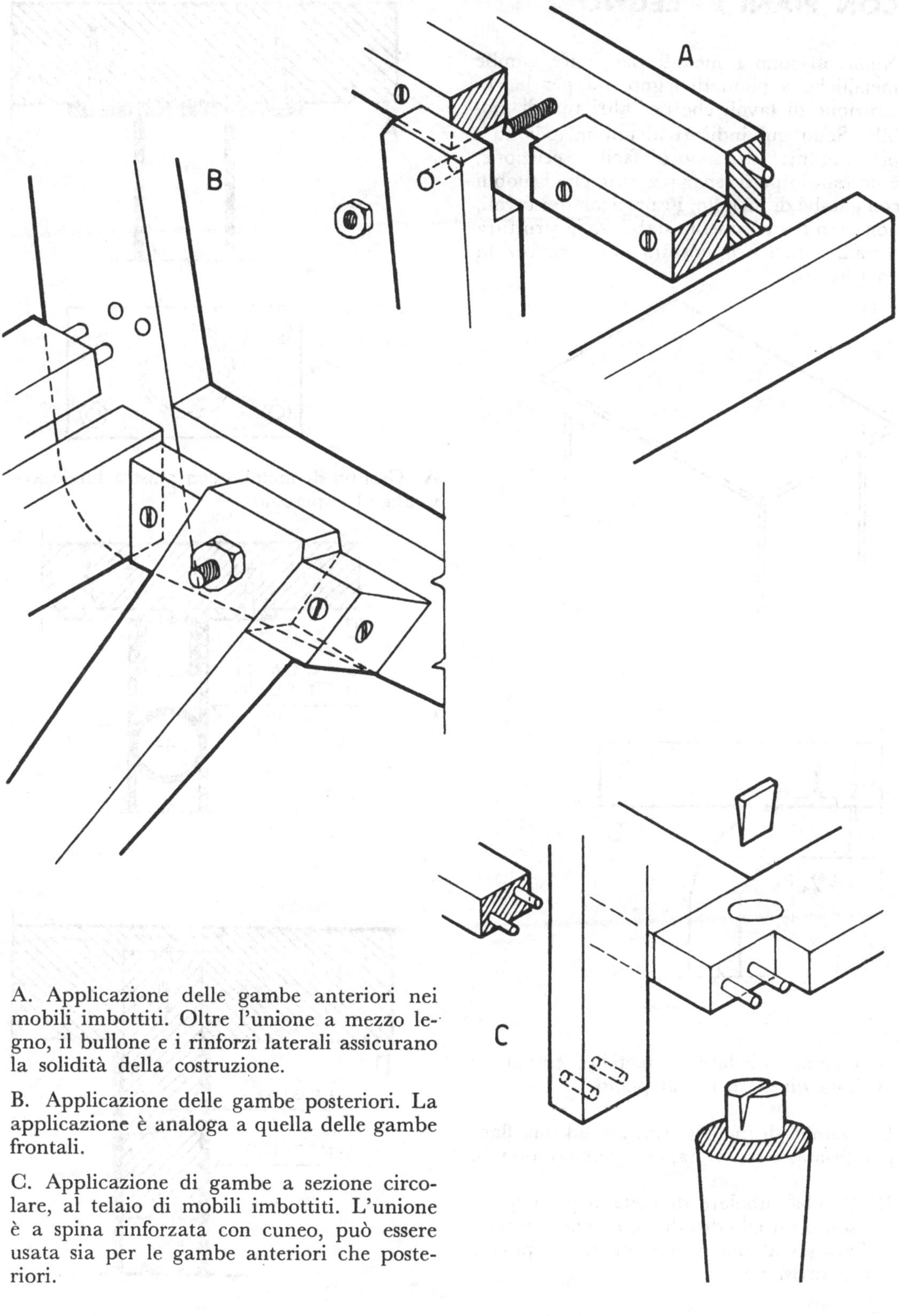

A. Applicazione delle gambe anteriori nei mobili imbottiti. Oltre l'unione a mezzo legno, il bullone e i rinforzi laterali assicurano la solidità della costruzione.

B. Applicazione delle gambe posteriori. La applicazione è analoga a quella delle gambe frontali.

C. Applicazione di gambe a sezione circolare, al telaio di mobili imbottiti. L'unione è a spina rinforzata con cuneo, può essere usata sia per le gambe anteriori che posteriori.

UNIONI DI GAMBE IN METALLO CON PIANI DI LEGNO

Numerosi sono i metodi per unire gambe metalliche a piani di legno, sia per la costruzione di tavoli che per altri tipi di mobile. Sono qui indicati alcuni metodi fra i più comuni; tutti sono di facile esecuzione, è necessario però tener presente che i mobili con gambe di metallo, in particolare i tavoli, non sono perfettamente stabili se la struttura metallica non è opportunamente rinforzata da traversi.

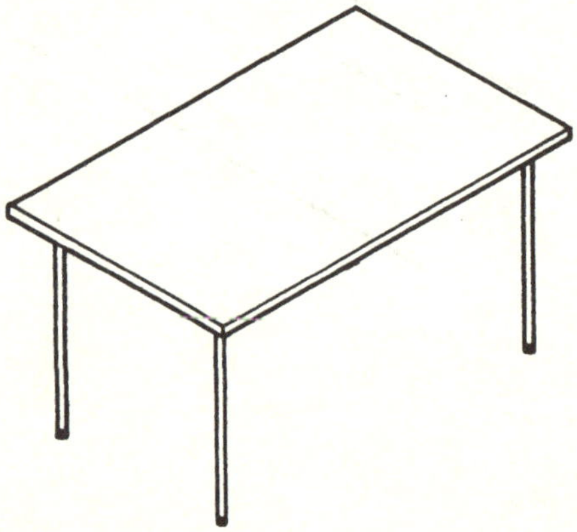

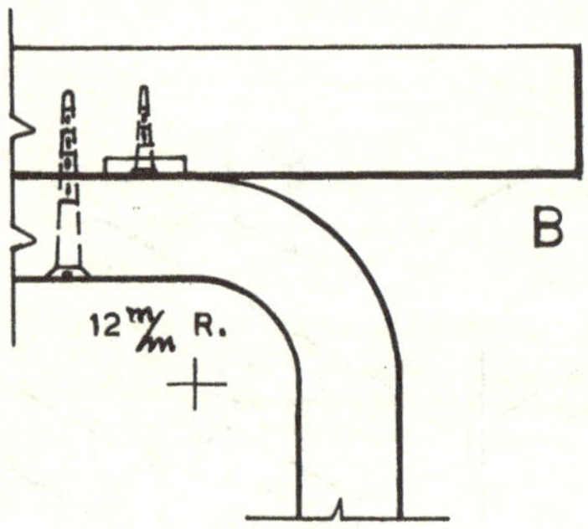

B. Gamba tubolare di metallo, curvata e avvitata direttamente al piano.

C. Gamba di metallo avvitata ad una flangià, fissata, a sua volta, al coperchio con viti.

D. Gamba tubolare di metallo nella quale è inserito un cilindro di legno, che permette il fissaggio al piano con unione a spina e cuneo invisibile.

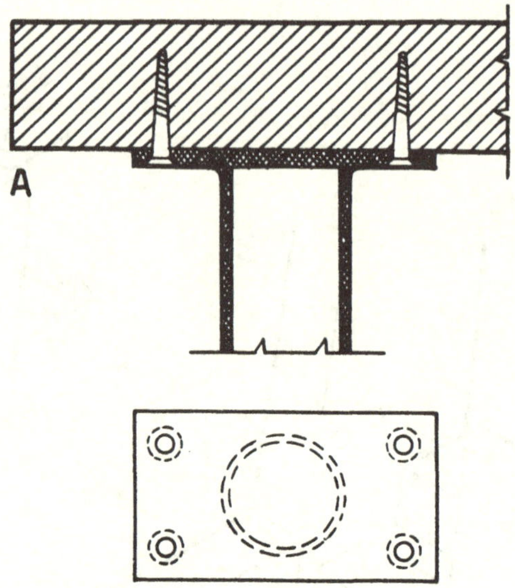

A. Gamba di metallo con piastra finale avvitata al coperchio.

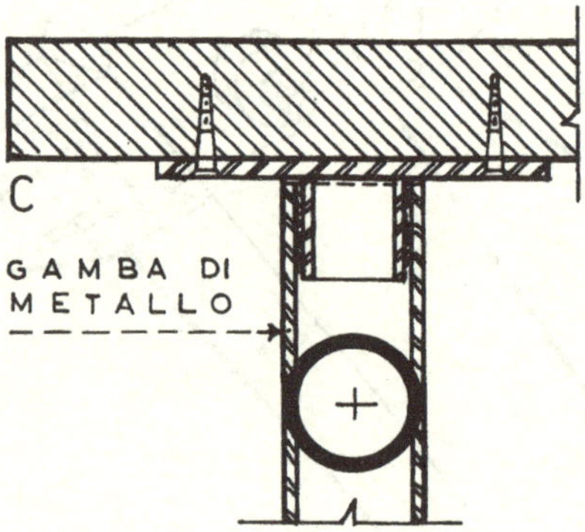

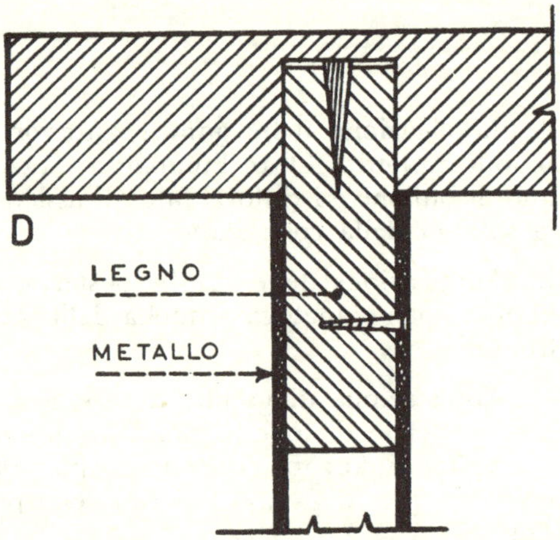

FINALI PER GAMBE DI METALLO

Per evitare la rigatura dei pavimenti è necessario che la parte finale delle gambe metalliche sia opportunamente isolata; si applicano perciò puntali di gomma, di materia plastica o di metallo con bordi arrotondati. I tipi illustrati sono fra i più comuni e facilmente reperibili sul mercato e possono essere applicati sia a gambe in tubo di metallo che a gambe in tondino.

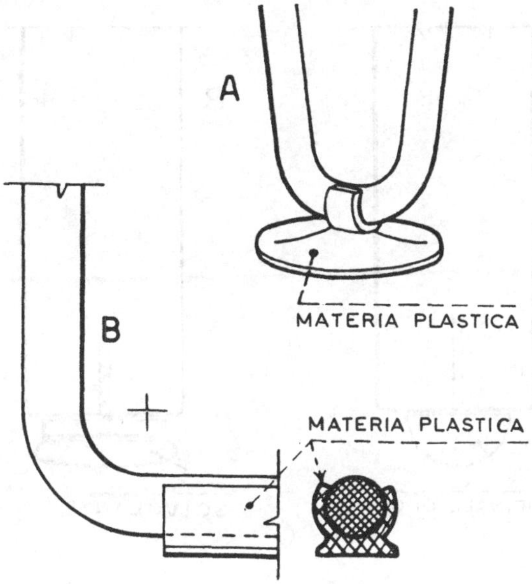

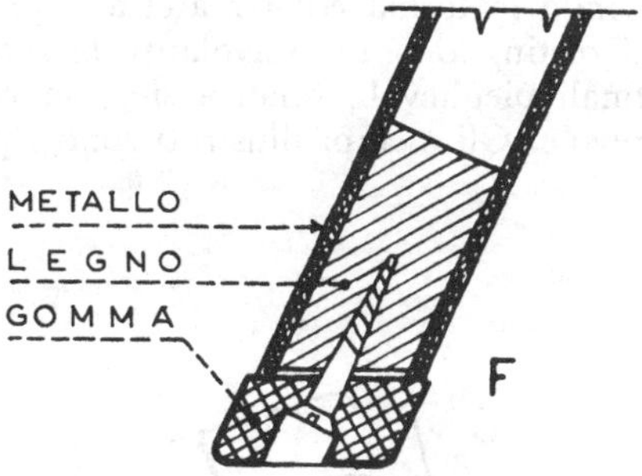

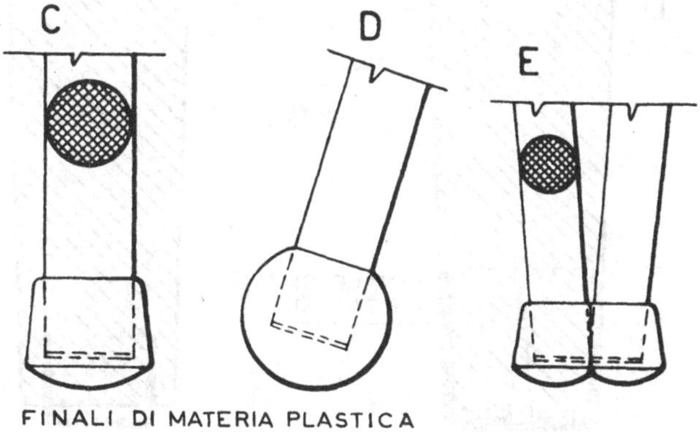

FINALI DI MATERIA PLASTICA

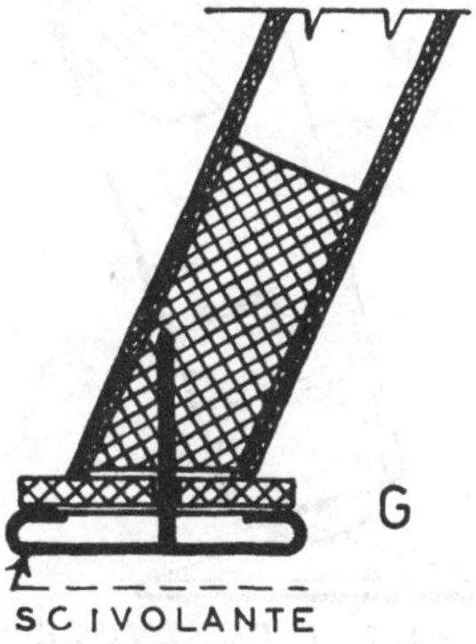

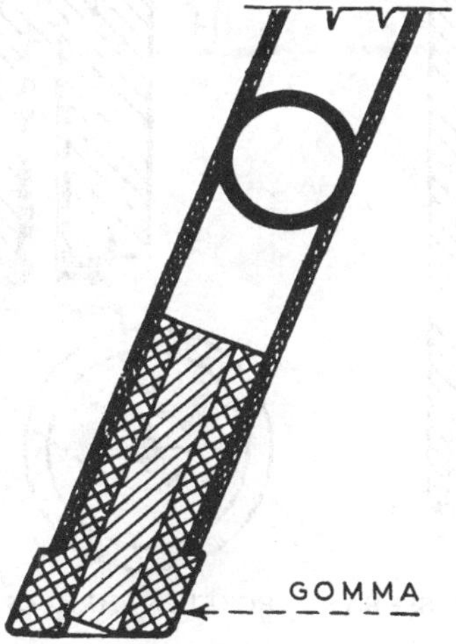

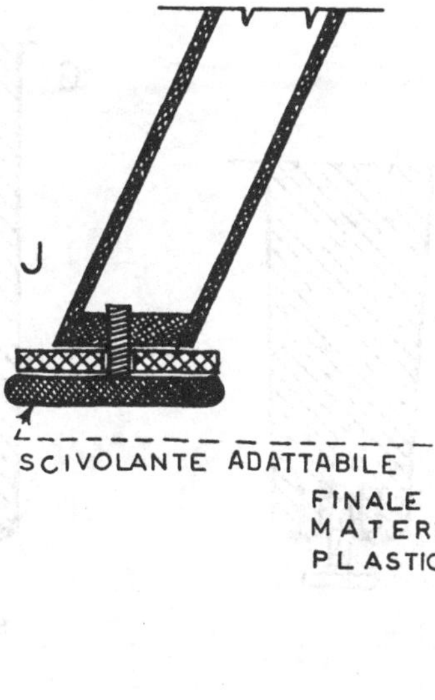

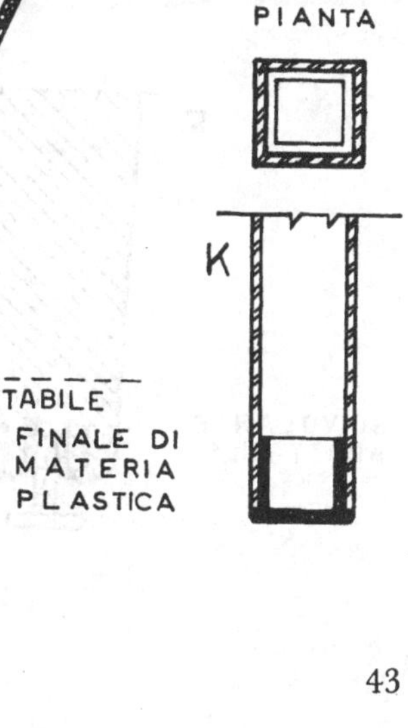

FINALI PER GAMBE DI LEGNO

È opportuno che anche alle gambe in legno, soprattutto per mobili soggetti a continui spostamenti, vengano applicati finali di protezione, che ne facilitino lo scorrimento. Secondo la forma ed il materiale questi finali si distinguono in: scivolanti fissi o mobili, finali pieghevoli, finali a sfera, a rotella girevole. Gli esempi illustrati sono i più usati.

A

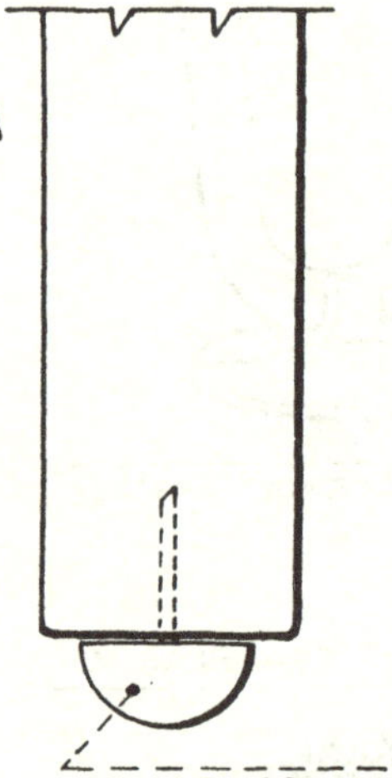

FINALE DI GOMMA

B

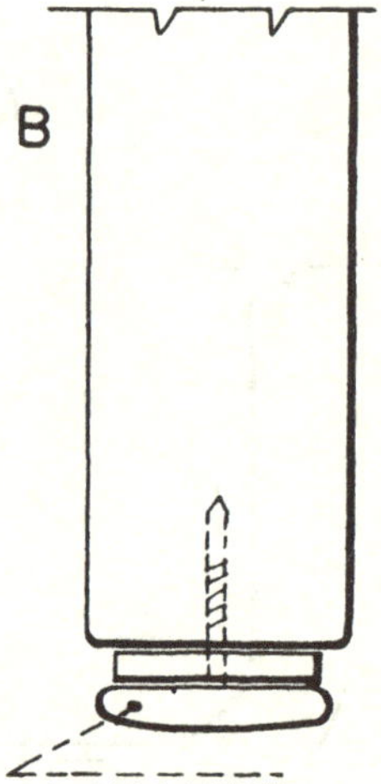

SCIVOLANTE

C

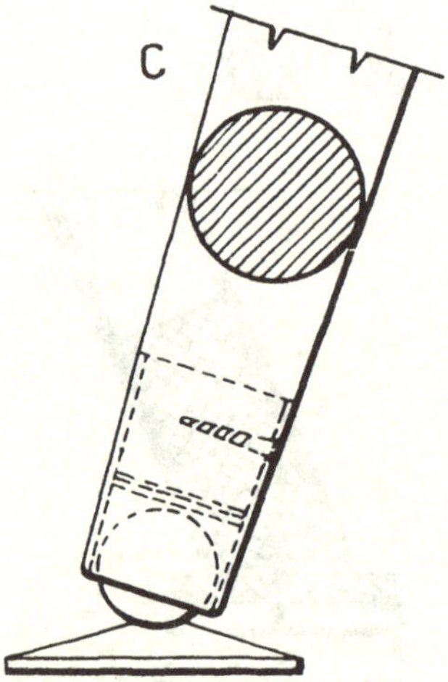

FINALE PIEGHEVOLE

D

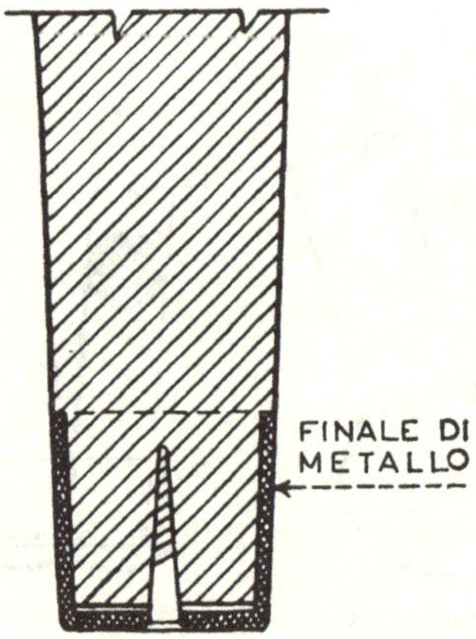

E

SCIVOLANTE

F

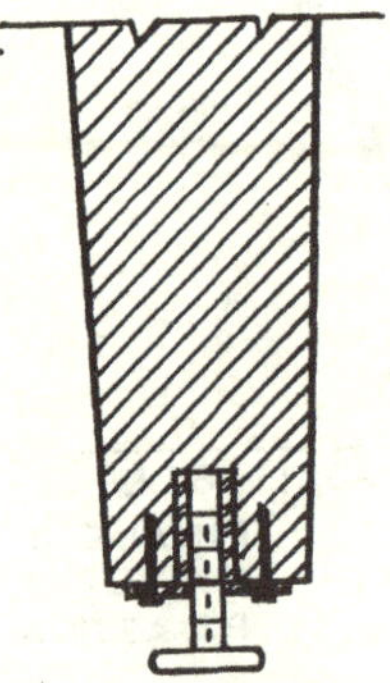

SCIVOLANTE ADATTABILE

G

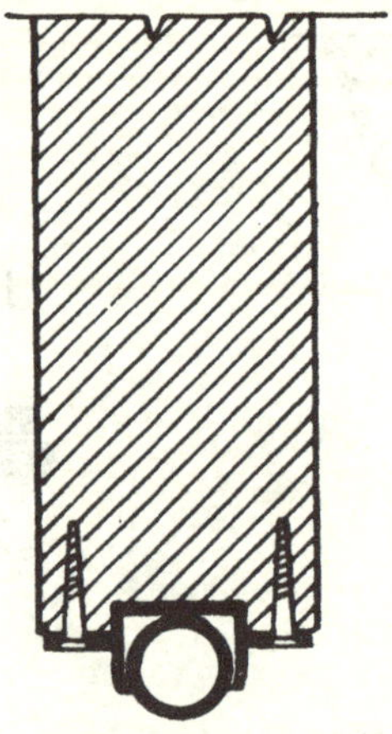

SCIVOLANTE A SFERA

H

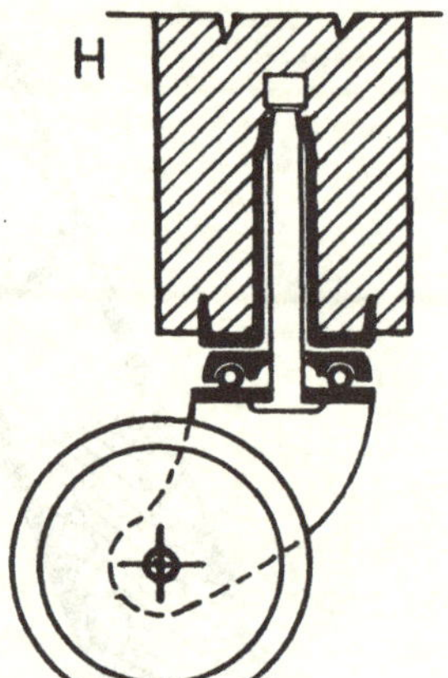

ROTELLA GIREVOLE

COMPENSATI

Spessori dei compensati

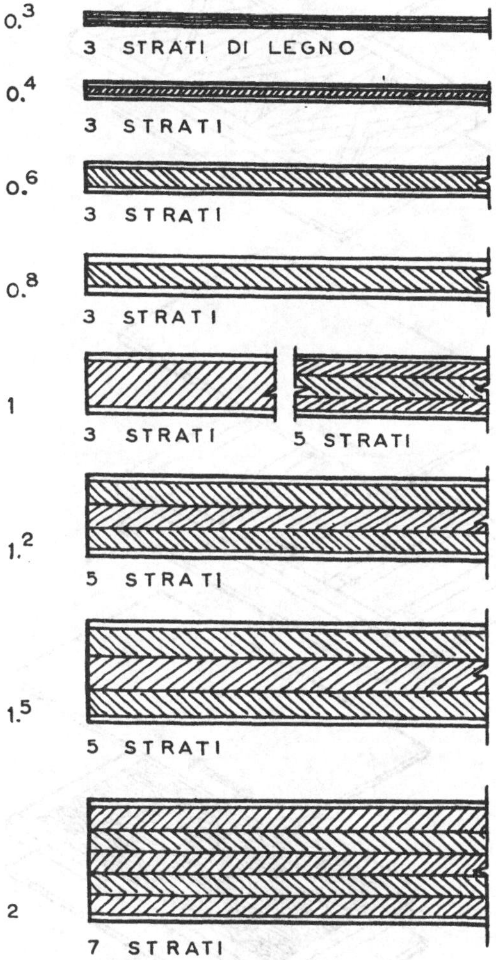

Spessori dei paniforti

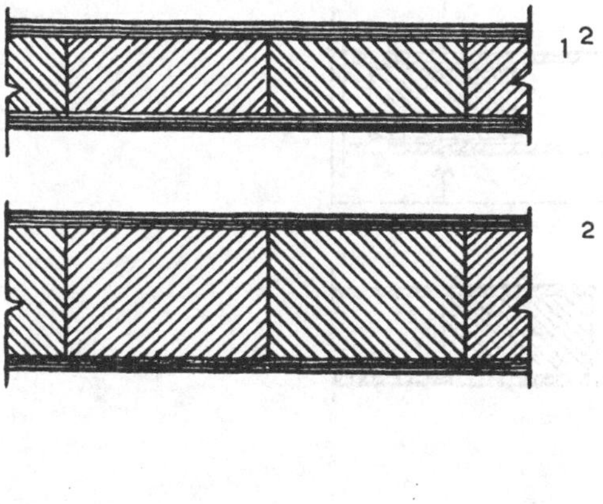

Compensati

Il legno compensato è composto da una serie di strati di legno sfogliato o tranciato, dello spessore di 1 mm circa, incollati fra loro a pressione in modo che le fibre s'intersechino alternativamente a 90°. In generale i legni usati sono il pioppo o la betulla, ma esistono in commercio compensati nei quali i fogli esterni sono ricavati da legni duri.
Gli strati di legno che formano il compensato sono ottenuti tagliando il tronco a spirale lungo la circonferenza, per ottenere grandi superfici.
Le caratteristiche principali del compensato sono la robustezza e la stabilità della lastra, derivate dall'intreccio di fibre che annulla quasi totalmente il movimento di dilatazione e ritiro. L'impiego dei compensati ha permesso una radicale trasformazione nella costruzione del mobile.

Paniforti

I paniforti sono lastre composte da un'anima a blocco, formata da listelli di legno tenero omogeneo incollati fra loro, ricoperta da tranciati o da compensati. Sia i paniforti che i compensati possono essere placcati con fogli di metallo o di materia plastica.
B. Paniforte ottenuto con trucioli e segatura pressati. I profili ed i punti d'unione, a incastro o con viti, devono essere previsti in legno massiccio.

Laminati

I laminati di legno sono ottenuti incollando fra di loro vari tranciati, le cui venature sono disposte tutte nella medesima direzione. Vengono impiegati quando sono richieste curvature di piccolo raggio.

Compensati speciali

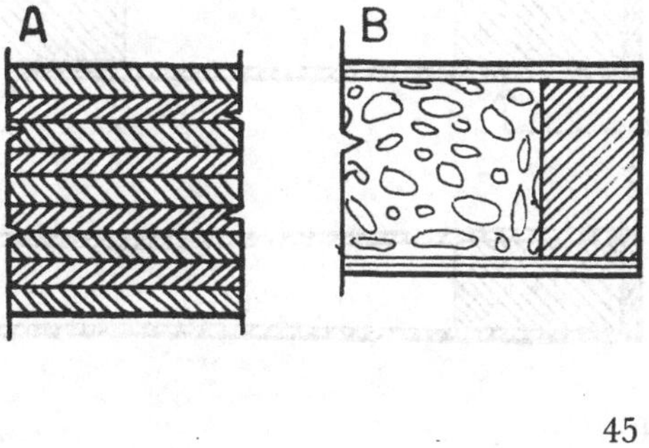

Telai tamburati

I telai tamburati sono formati da un telaio di listelli in legno dolce rivestito su entrambe le facce da compensati di spessore sottile. Con questo sistema si possono costruire pannelli di misure non standard. Vari sono i metodi di costruzione dei telai tamburati, ognuno dei quali ha delle caratteristiche particolari; la scelta del tipo è in relazione del lavoro da eseguire.

A. Telaio con traversi a crociera disposti in diagonale, fissi o indipendenti dal telaio. Questo sistema dà buoni risultati ed evita le deformazioni del compensato.

B. Telaio con traversi intermedi perpendicolari alla cornice. Questo sistema è il più semplice, però i compensati applicati su questo tipo di telaio sono soggetti ad ondularsi e deformarsi. L'inconveniente si elimina in parte incollando il compensato solo al perimetro del telaio e praticando dei fori nei traversi che permettano la circolazione dell'aria.

C. Telaio con cornice in legno e riempimento di cartone cellulare. Sulle due facce del pannello così ottenuto viene applicato il compensato. Ne risulta un complesso solido e leggero, di facile esecuzione, largamente usato per la costruzione di porte.

D-E. Sezioni trasversali di piani tamburati con telai a traversi perpendicolari; nella sezione D è in parte eliminato l'inconveniente dell'ondulazione del compensato con degli accorgimenti di incollaggio. La sezione E mette in evidenza la deformazione del compensato.

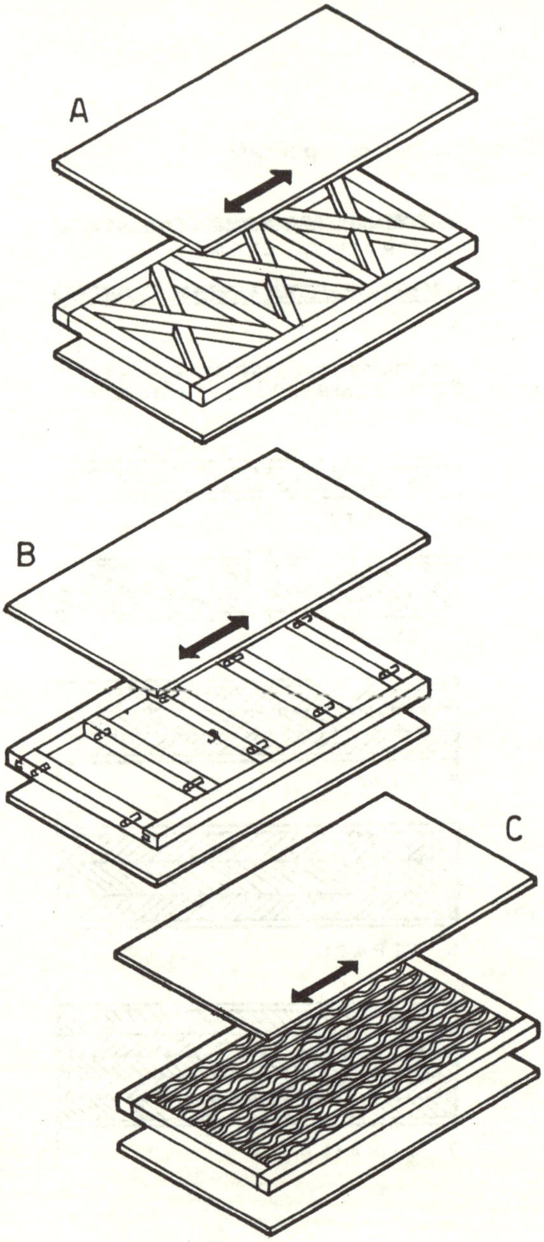

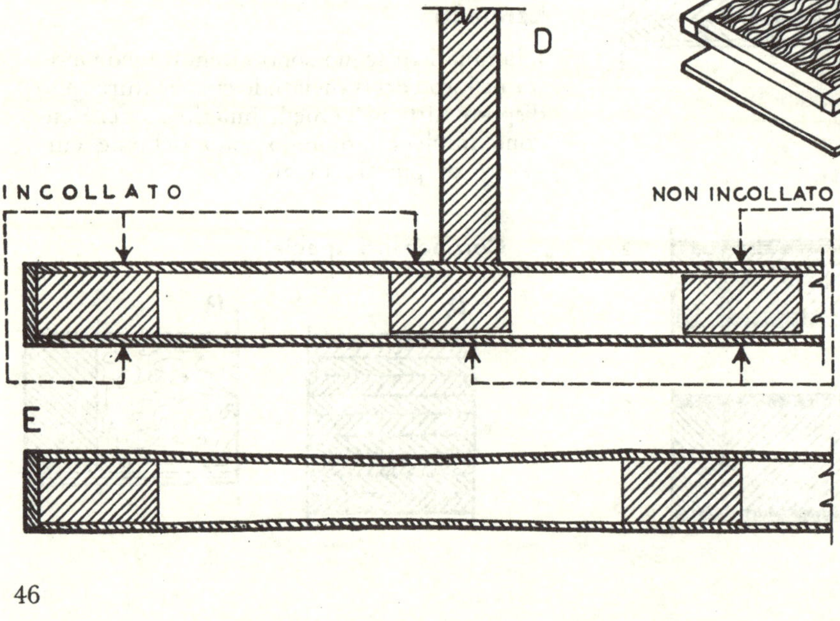

IMPIALLACCIATURA

L'impiallacciatura è costituita da sottili fogli di legno ricavati da essenze pregiate. Questi fogli sono poi applicati con colla su legni più comuni per ottenere una superficie pregiata; assai importante è l'incollaggio dell'impiallacciatura; illustriamo i principali metodi di applicazione.

A. L'impiallacciatura deve essere applicata con le fibre disposte trasversalmente rispetto al legno di sostegno per evitare screpolature.

B. e C. Se l'impiallacciatura è applicata solo su uno dei lati di un piano libero, causa la torsione del piano; per evitare questo inconveniente è necessario incollare l'impiallacciatura su entrambe le facce del piano.

D. Pannelli curvi eseguiti con segmenti. Per evitare che le giunzioni fra i vari segmenti marchino sull'impiallacciatura, è necessario incollare uno strato di tela intermedio fra il legno e l'impiallacciatura.

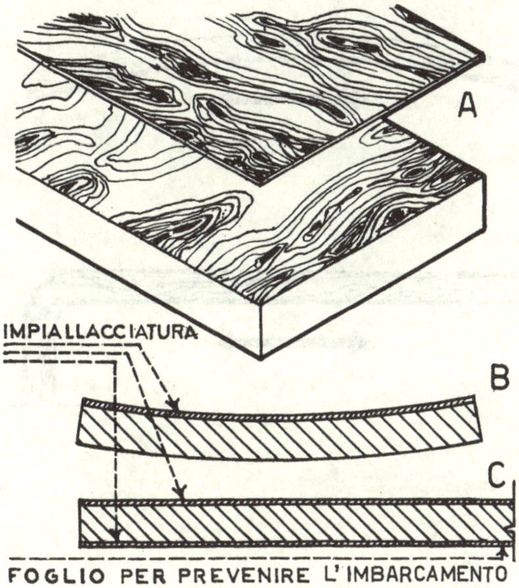

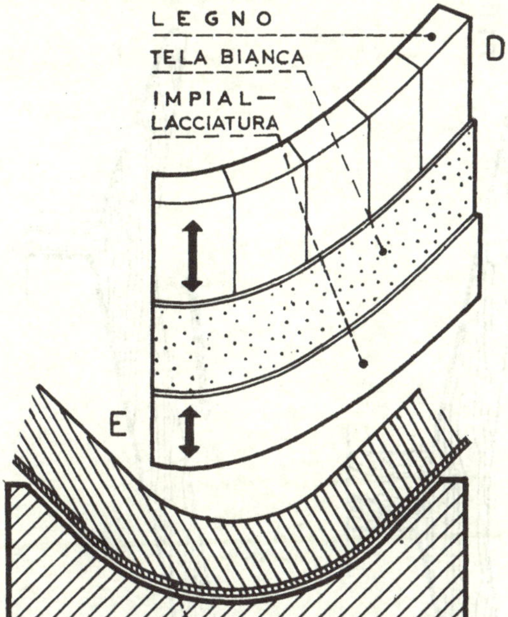

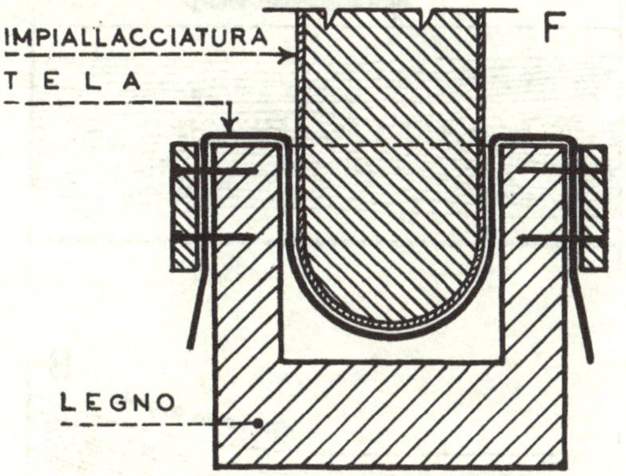

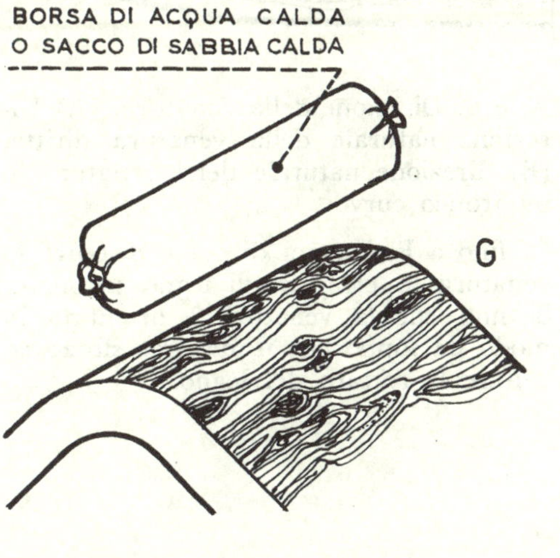

E, F e G. Sono esposti tre differenti sistemi per mantenere l'impiallacciatura pressata al legno durante l'incollaggio. Notare: (E) con controsagoma di legno, (F) con controsagoma di tela, (G) con sacchetto di sabbia calda.

DIREZIONE DELLA VENA NEI PEZZI SAGOMATI

Nel disegno di un mobile spesso compaiono elementi curvati o sagomati. A volte si tratta della semplice curvatura di un angolo, a volte della totale curvatura di un listello o di un piano fino a formare un cerchio o un cilindro, per arrivare ad una curvatura complessa a tre dimensioni. Il pezzo curvo si può ottenere direttamente con un taglio opportuno del legno, oppure mediante la curvatura a vapore, o mediante l'incollaggio di listelli o laminati di legno.

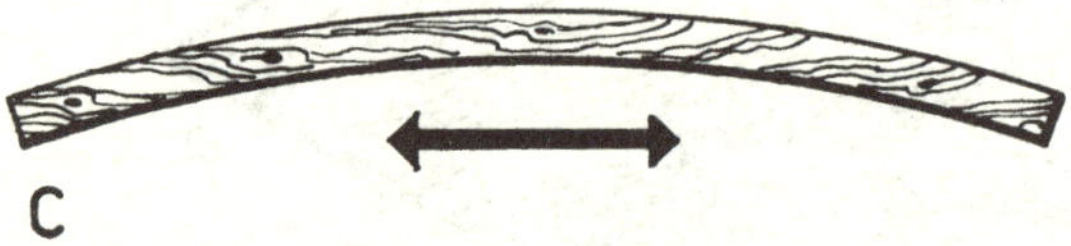

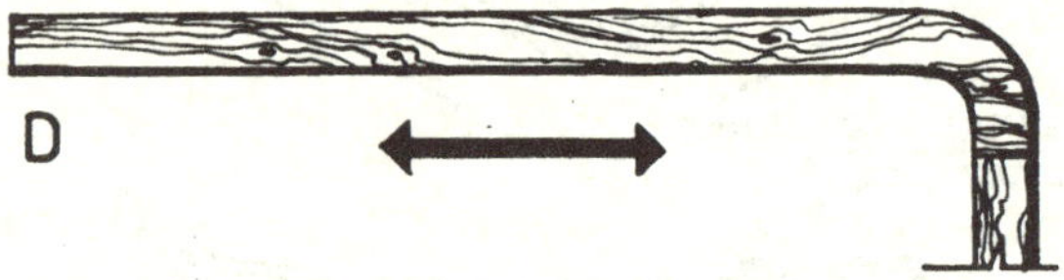

DIREZIONE DELLA VENATURA

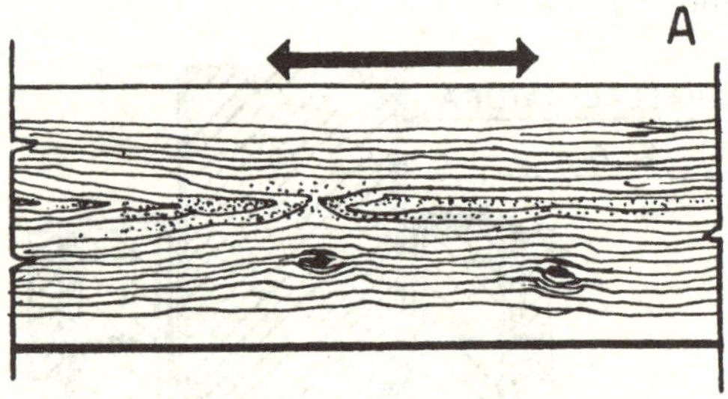

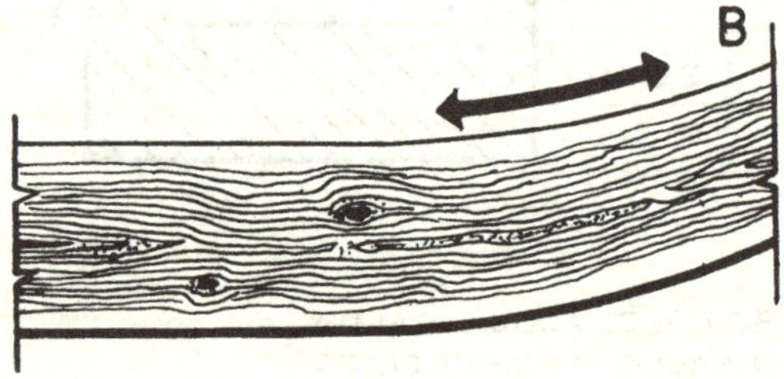

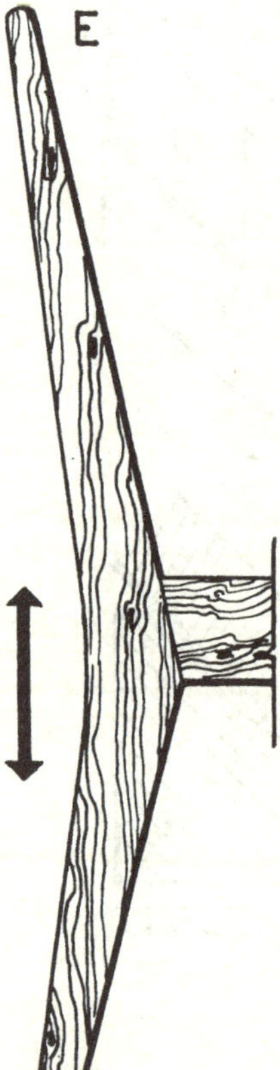

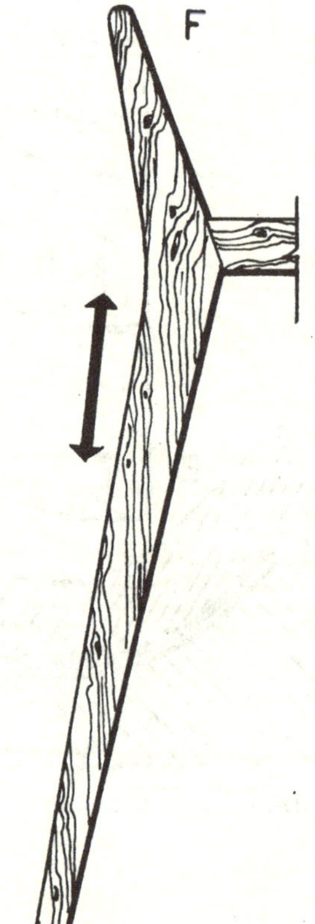

A. e B. Direzione della venatura. (A) Direzione naturale della venatura diritta, (B) direzione naturale della venatura in un tronco curvo.

C. fino a F. Esempi di come disporre la venatura in elementi di legno sagomati. Si noti che la venatura è orientata in modo da sopportare il massimo sforzo ed evitare la rottura del legno.

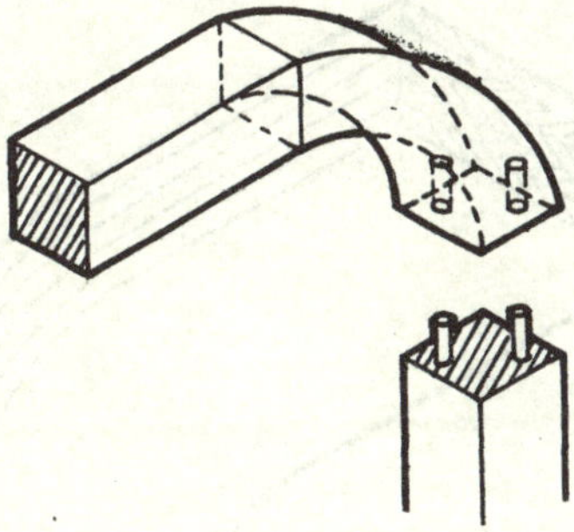

Elemento angolare curvo collegato con spine

Sistema usato per ampie curve.

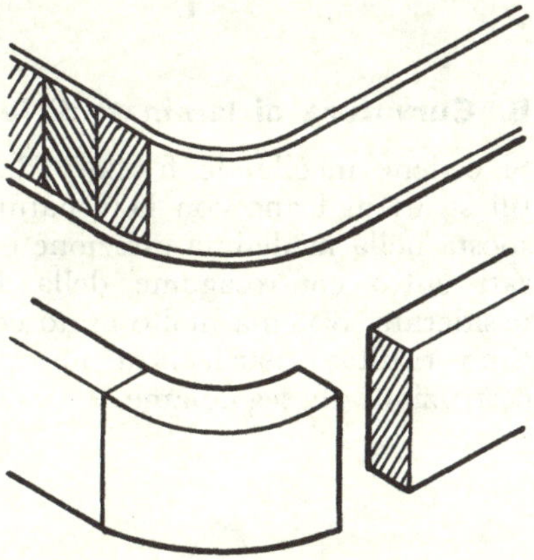

Piano con angolo arrotondato

Ottimo sistema usato per lavori accurati.

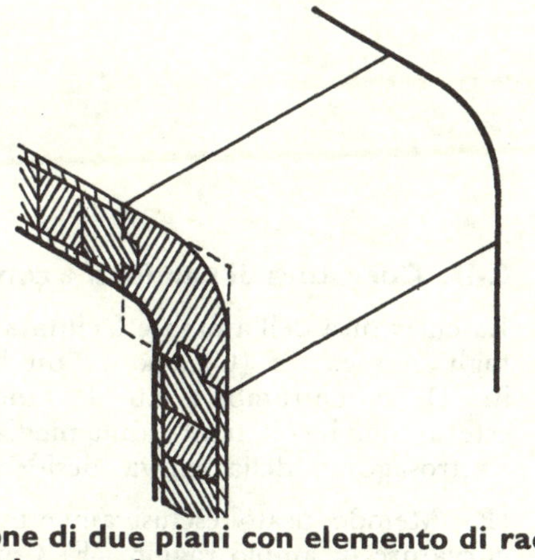

Unione di due piani con elemento di raccordo angolare arrotondato

Facile da eseguire, consigliabile solo per piccole curvature.

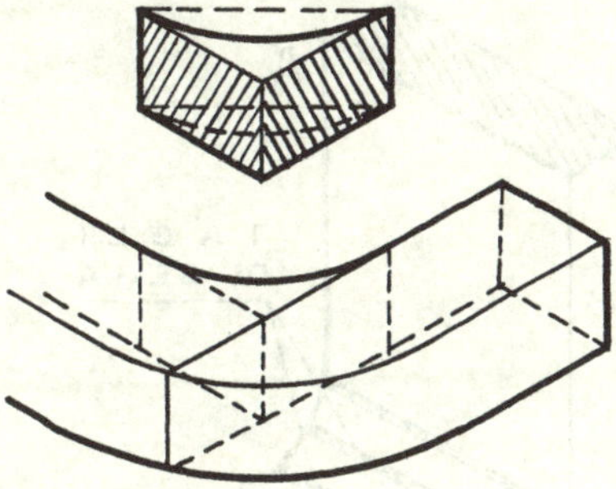

Telaio con angolo arrotondato

Nei casi che la curvatura abbia indebolito troppo l'unione del telaio, l'aggiunta di un angolare dà un'ottima resistenza.

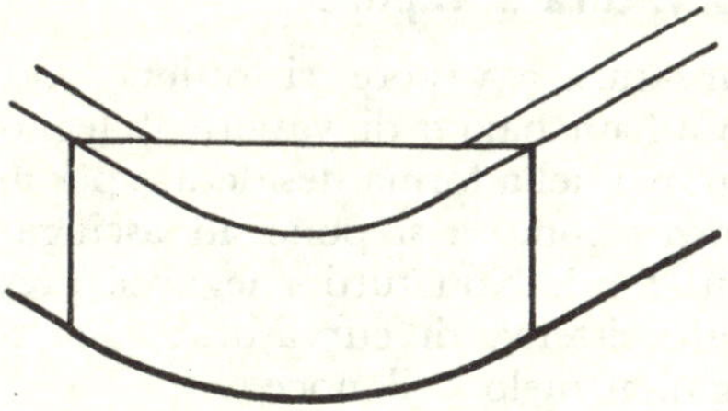

Piano con angolo arrotondato

Metodo largamente usato se il piano è poi ricoperto con l'impiallacciatura.

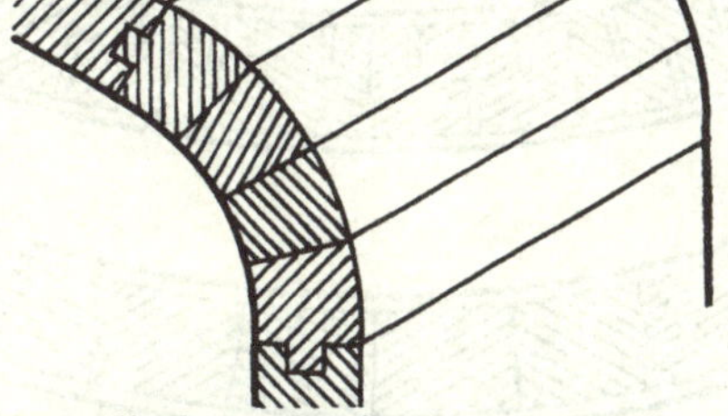

Unione di due piani con raccordo angolare costituito da vari listelli

Questo sistema consente una notevole stabilità della curva; nei listelli le venature sono variamente orientate, così da compensare le deformazioni.

COSTRUZIONI DI ELEMENTI CURVATI

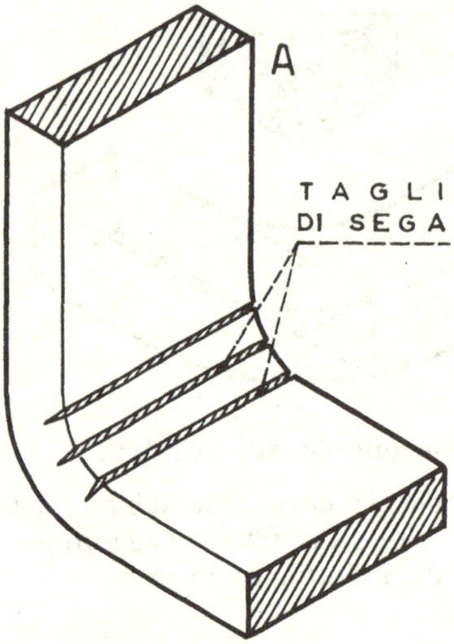

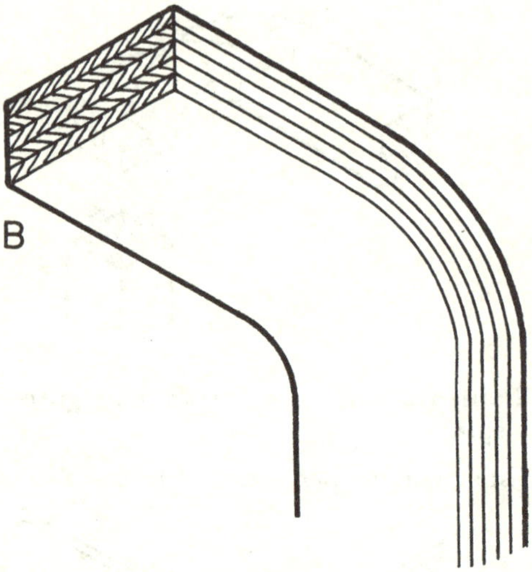

A. Curvatura a vapore

La curvatura a vapore si ottiene sottoponendo ad un bagno di vapore il legno che si piega poi nella forma desiderata per mezzo di controsagome e si pone ad asciugare in appositi forni. Non tutti i legni si prestano a questo sistema di curvatura; sono adatti il faggio, il melo e il noce.

B. Curvatura di laminati di legno

Si ottiene incollando fra loro dei sottili strati di legno con la venatura disposta nella medesima direzione e pressati entro controsagome della forma desiderata. Sistema molto usato con ottimo risultato particolarmente per la costruzione di seggiolame.

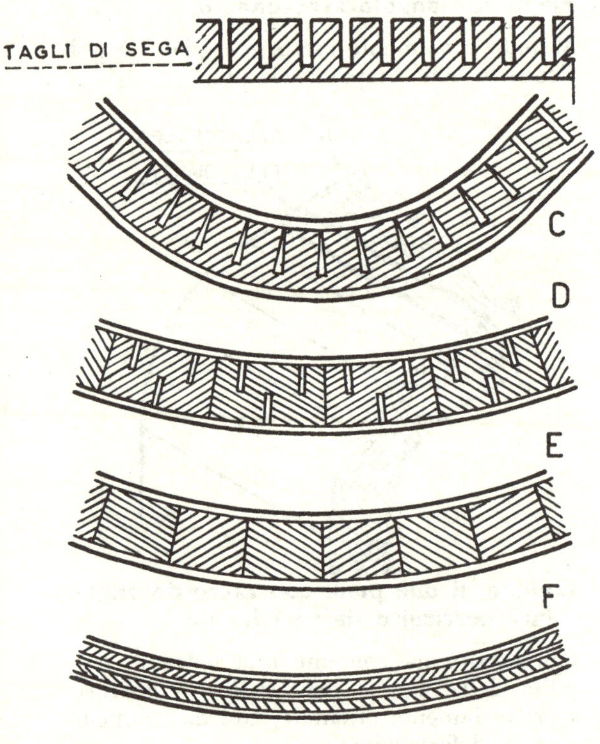

C-D. Curvatura di paniforti e compensati

La curvatura dell'anima è facilitata dai tagli di sega, in (C) solo su un lato, in (D) su entrambi i lati. I tranciati esterni sono incollati all'anima mediante controsagome della curva desiderata.

(E) Metodo usato esclusivamente per curvature di ampio raggio. (F) Curvatura ottenuta con due pannelli di compensato incollati fra loro in una controsagoma precedentemente preparata.

COMPENSATO CURVATO SU TRE DIMENSIONI

A. Compensato curvato

Leggere curvature a tre dimensioni con elementi di compensato si ottengono incollando dei sottili strati di legno entro una controsagoma di legno o di metallo, pressati poi con morsetti. Metodo largamente usato per la costruzione di sedili e schienali per sedie.

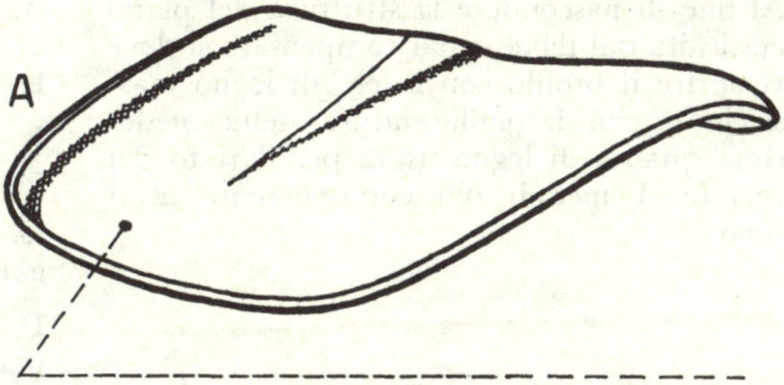

SEDILE IN COMPENSATO A DOPPIA CURVATURA

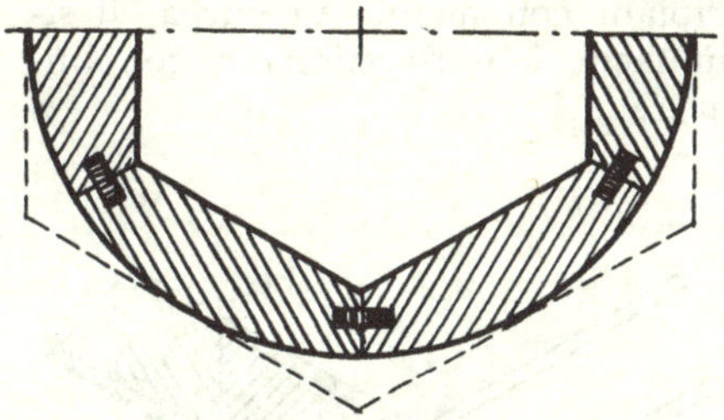

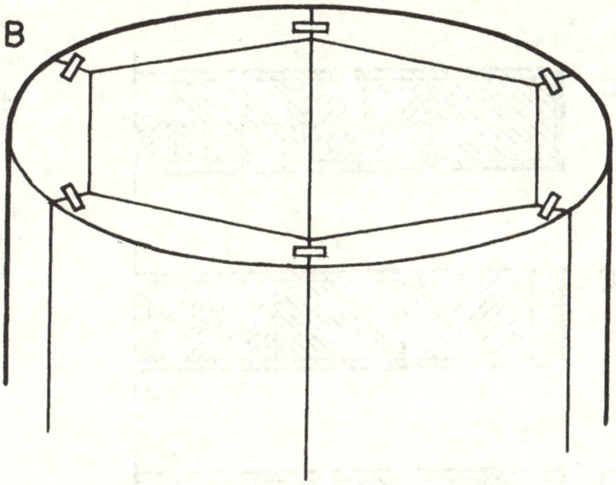

B. Costruzione di un cilindro con unioni a linguetta riportata

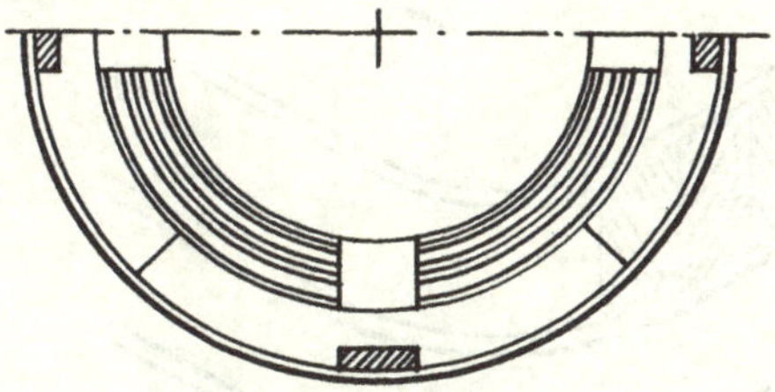

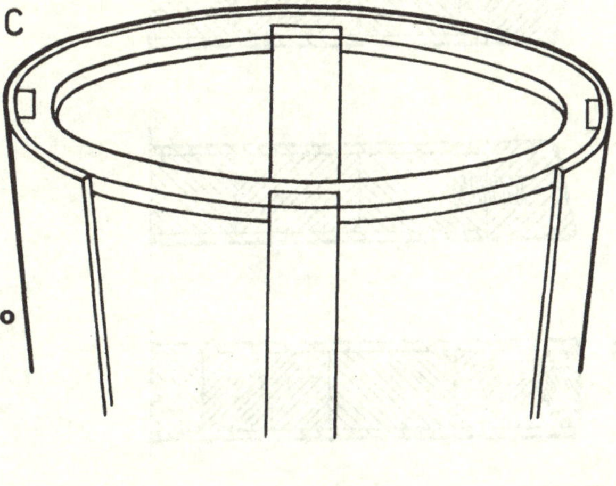

C. Cono a gabbia coperto con compensato

Per mobili imbottiti il compensato può essere sostituito da un foglio di cartone.

FINITURA DI PROFILI

Al fine di nascondere la struttura del piano costituita dal telaio e dal compensato si deve ricoprire il profilo con listelli di legno massiccio o con impiallacciatura della medesima qualità di legno usata per il resto del mobile. I metodi più comunemente usati sono:

A. Verniciatura del legno con colore simile al legno naturale. Metodo usato solo per lavori correnti.

B. Copertura con impiallacciatura; sistema di largo uso però non resiste all'usura.

C. Riquadratura a semplice listello. È largamente usata con ottimo risultato.

D. Riquadratura a maschio e femmina con maschio ricavato nel piano. Ottima sotto ogni aspetto.

E. Altro tipo di riquadratura a maschio e femmina.

F. Riquadratura con linguetta riportata.

G. Per lavori di precisione è indicata l'unione ad ugnatura.

H. Applicazione di listelli in legno duro (C-G). Per gli angoli delle riquadrature, è consigliabile l'unione ad ugnatura.

J. Per ripiani con angolo in curva, il sistema più facile è il rivestimento con impiallacciatura.

A

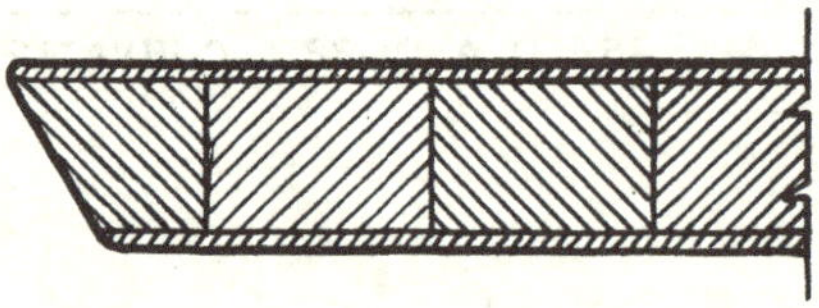

B

C

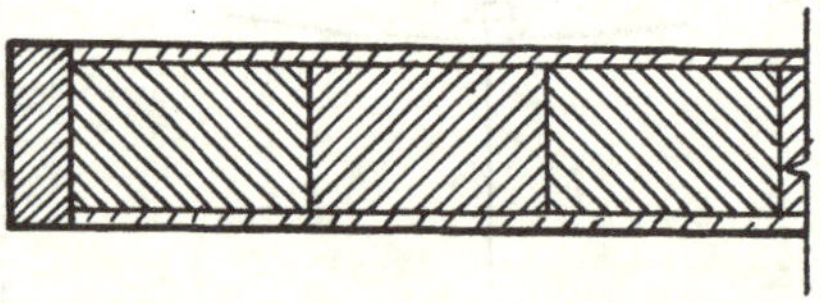

D

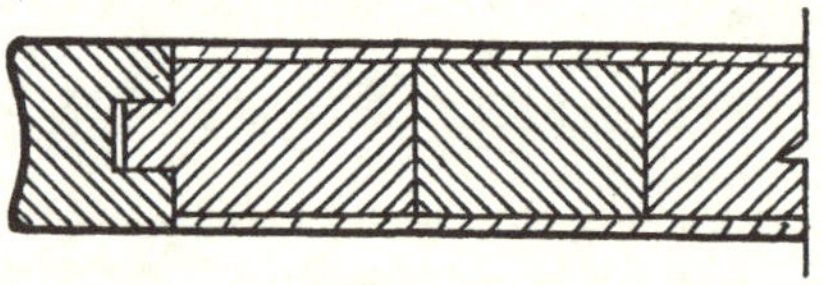

E

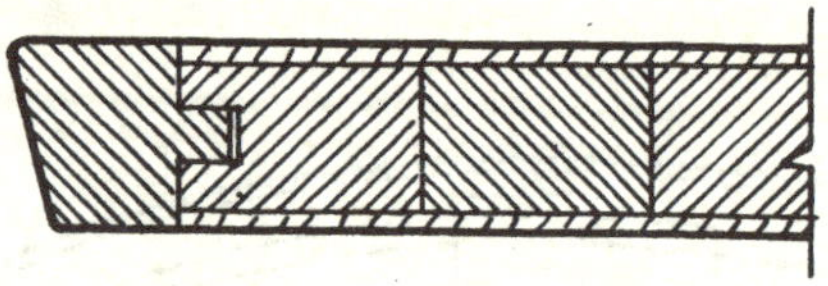

F

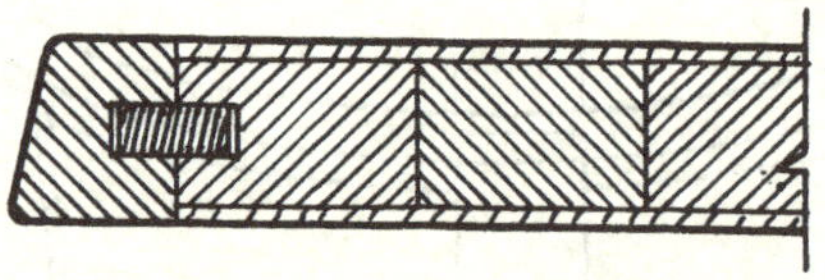

G

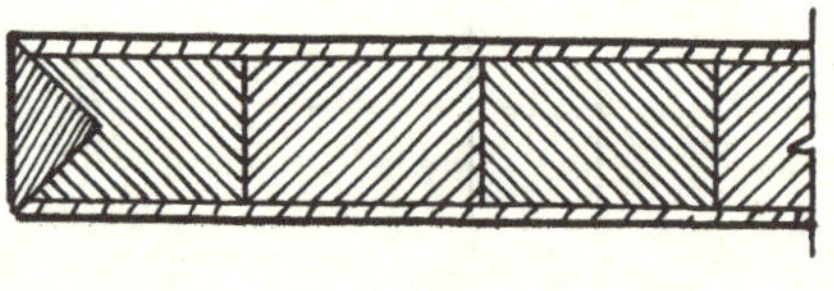

H

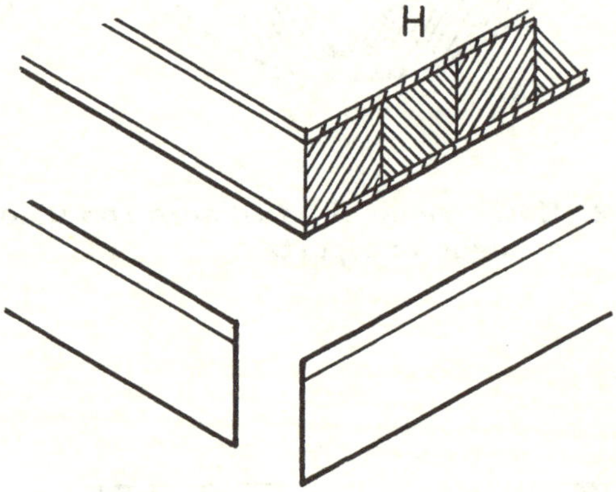

J

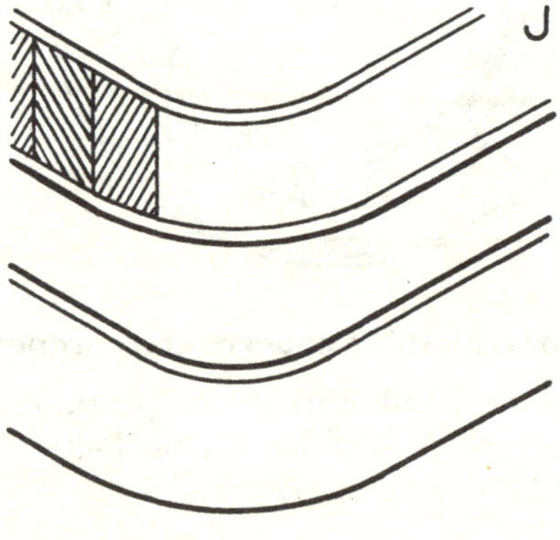

PROFILI PER PANNELLI RICOPERTI IN STOFFA

Vari sono i sistemi d'applicazione della stoffa a un piano. La scelta dipende dal tipo di profilo che si desidera, in stoffa oppure in legno con l'applicazione di un listello. Gli esempi illustrano alcuni fra i metodi più pratici.

A. Riquadratura con profilo in stoffa. La stoffa è fissata con puntine al retro del piano.

B. Se il retro del piano è in vista, la stoffa deve essere fissata per mezzo di listelli avvitati.

C. Copertura del profilo con listelli di legno avvitati. La stoffa è applicata in precedenza con puntine.

D. Altra soluzione di profilo in legno. La stoffa è applicata su di un pannello indipendente, che viene poi fissato al piano con chiodi invisibili.

A

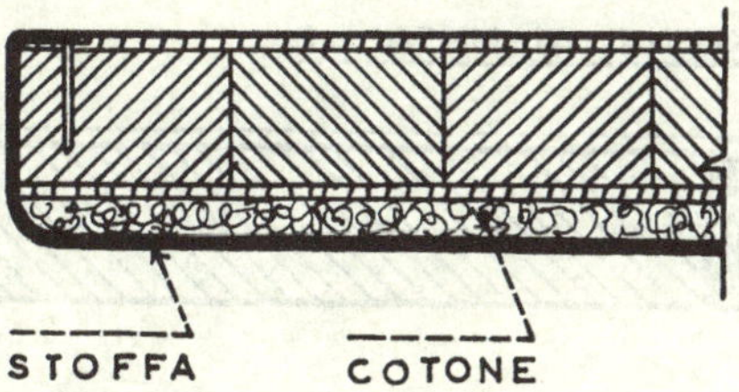

B

C

D

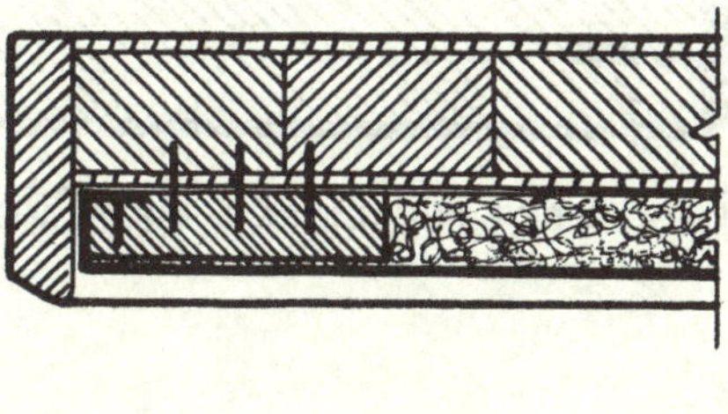

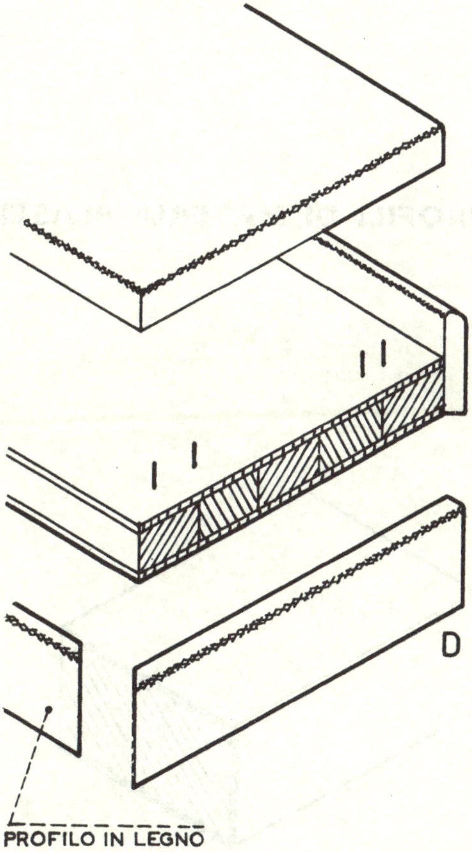

PROFILI DI METALLO

A. fino a D. Vari metodi di applicazione di profilati in metallo a piani di legno. Il fissaggio può avvenire mediante viti e punte, oppure con incastro corrugato.

E. Profili in materia plastica uguali al rivestimento dei piani: l'applicazione avviene con lo stesso metodo usato per la superficie.

F. L'applicazione dei profilati standard in linea generale è a incastro corrugato.

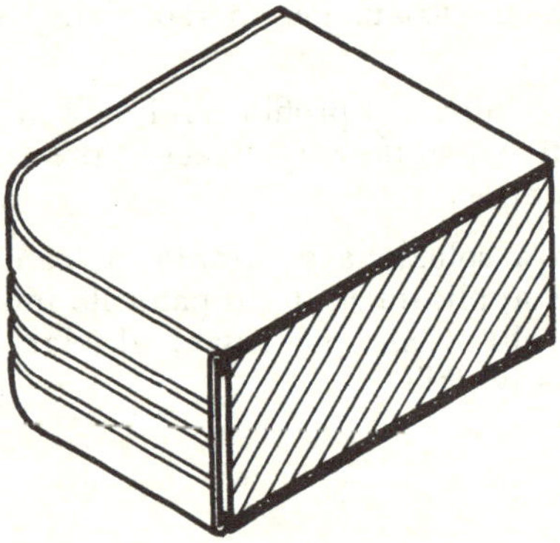

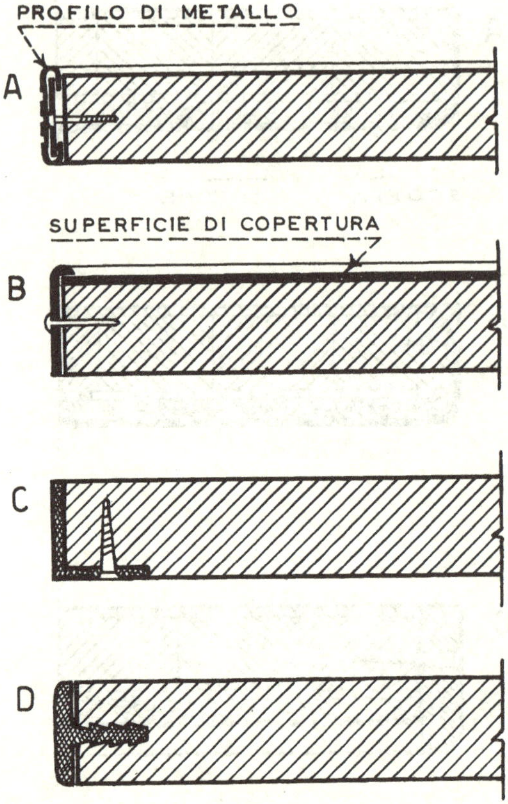

PROFILI DI MATERIA PLASTICA

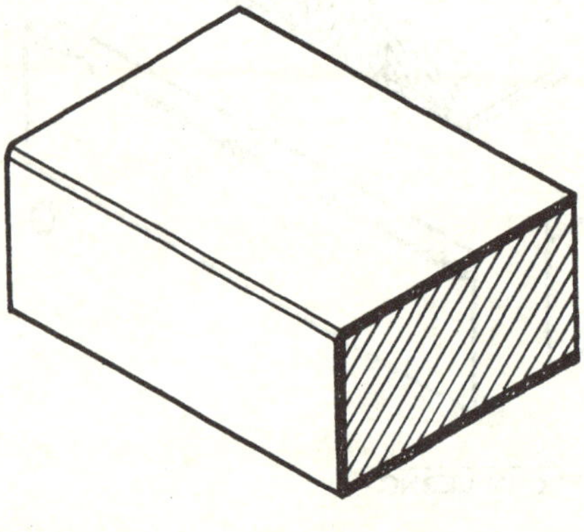

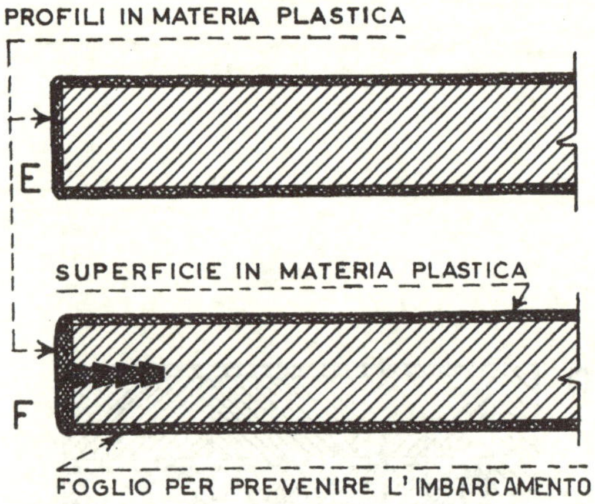

APPLICAZIONE DI STOFFA AD ANTE

A. Ante scorrevoli con linguetta. È pratico fissare la stoffa contemporaneamente alla linguetta.

B. Ante normali con stoffa applicata con cornice.

C. e D. Due metodi di applicare un pannello ricoperto con stoffa a un telaio.

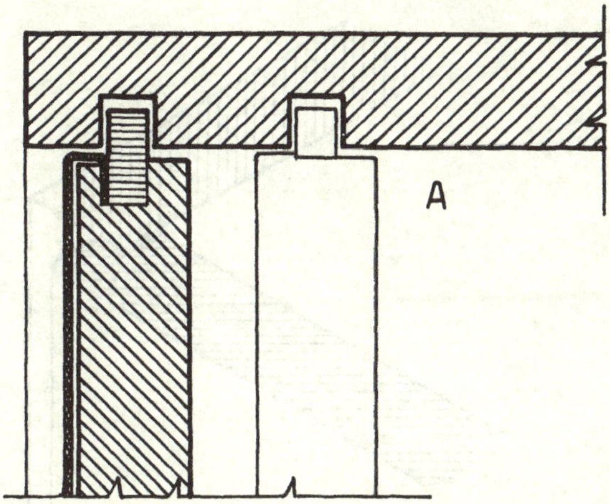

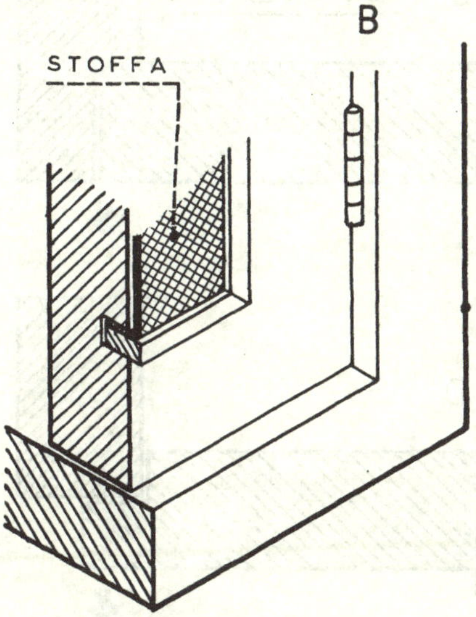

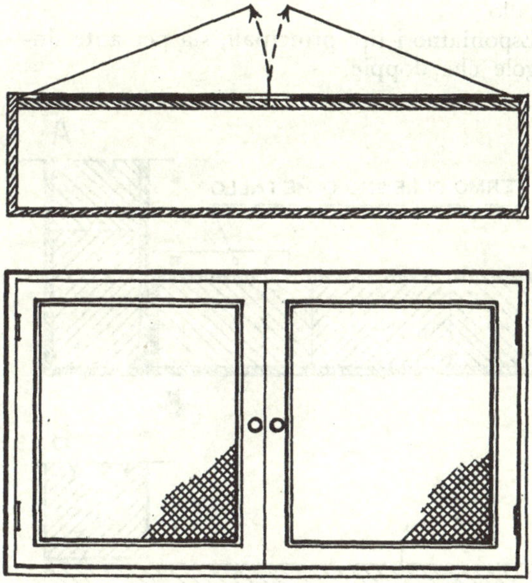

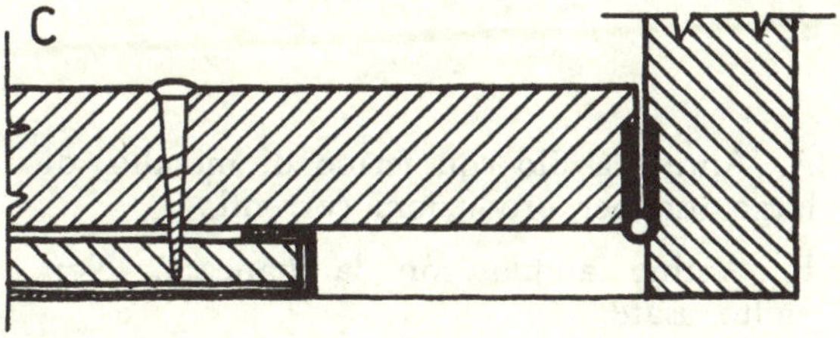

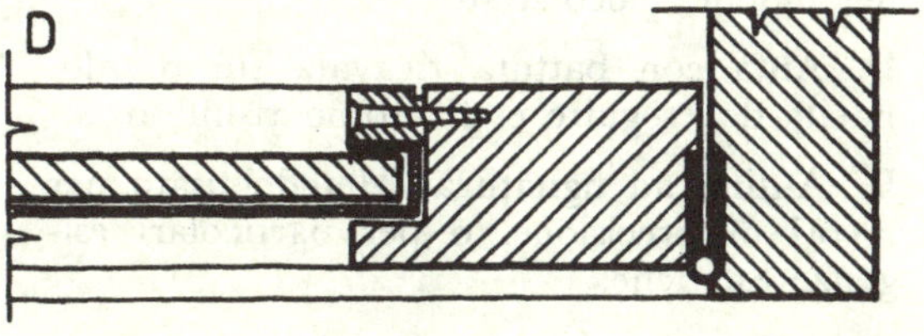

FERMI E BATTUTE PER ANTE SINGOLE

Le battute delle ante sono un particolare molto importante nella costruzione del mobile; oltre a servire all'arresto dell'anta, la battuta permette di compensare i movimenti del legno e preserva dalla polvere l'interno del mobile. Nella produzione di serie, per ragioni di costo, spesso la battuta viene eliminata, e le ante sono semplicemente riquadrate a filo. In questo caso l'arresto delle ante nell'esatta posizione di chiusura avviene per mezzo di fermi di legno o di metallo.
Esponiamo i tipi principali, sia per ante singole che doppie.

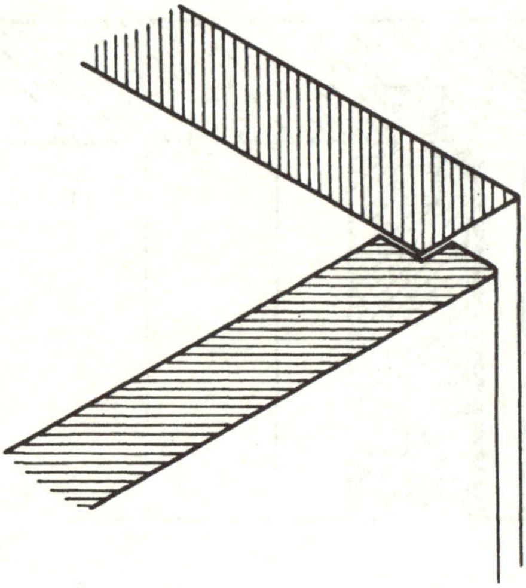

A

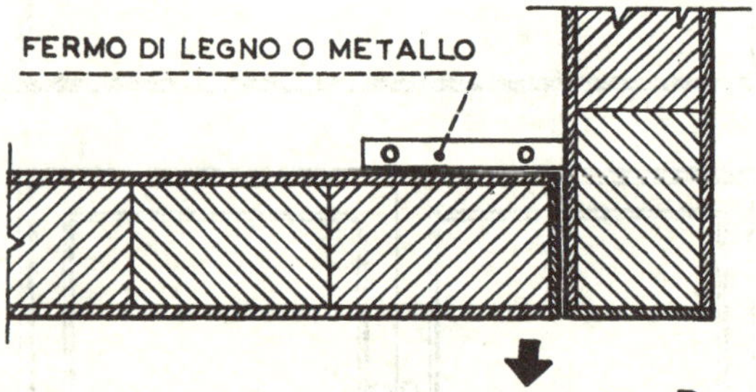

B

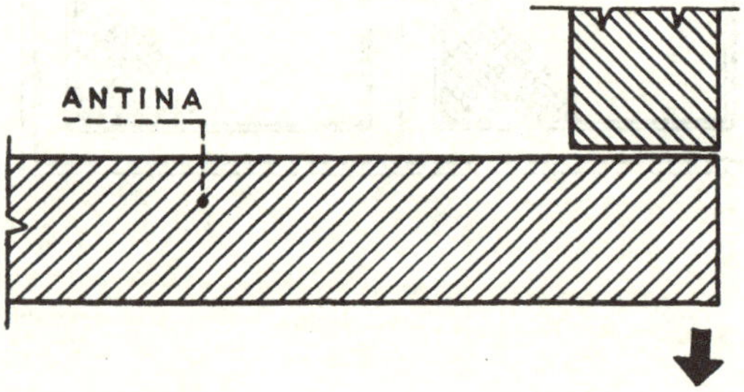

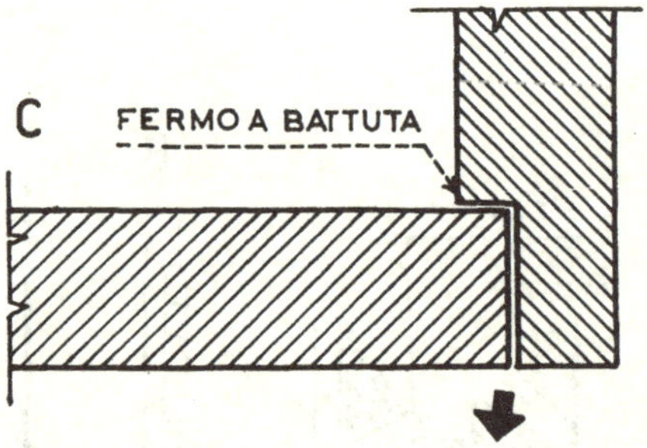

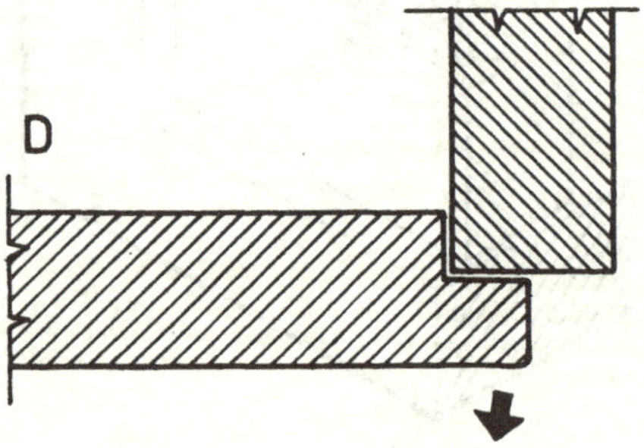

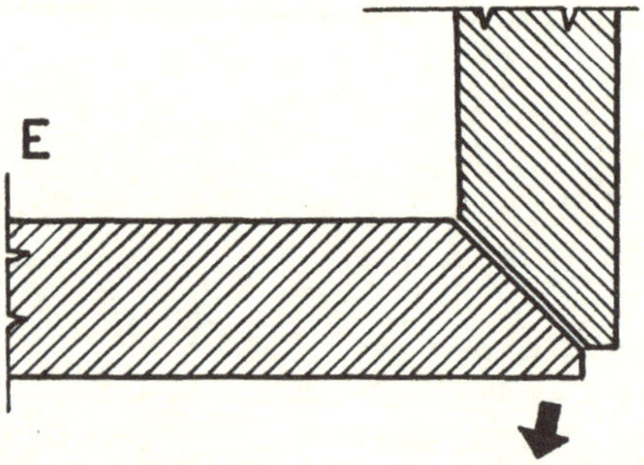

A. Antine a filo con fermo di metallo, di largo uso per produzioni correnti.

B. Antine a filo con la fiancata. Non molto usate.

C. Antine con battuta ricavata sul fianco del mobile; poco usate.

D. Anta con battuta ricavata sul profilo. Facile da eseguire e di ottimo risultato.

E. Antina ad ugnatura. Metodo usato per lavori di precisione, o per particolari esigenze estetiche.

FERMI E BATTUTE PER DOPPIE ANTE

A

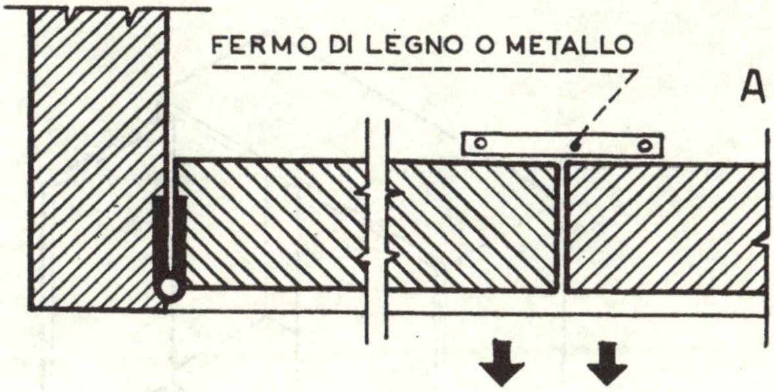

B

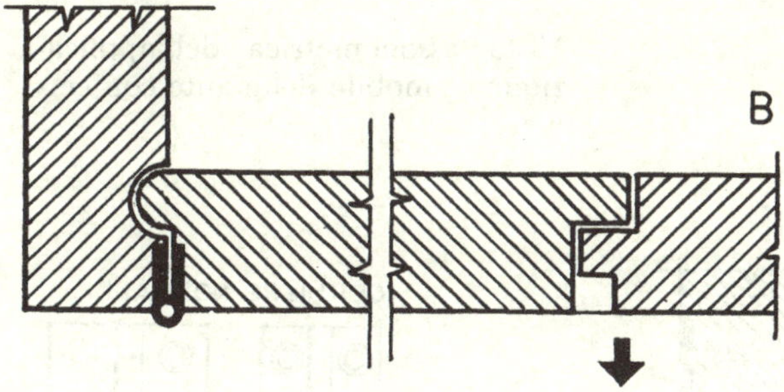

C

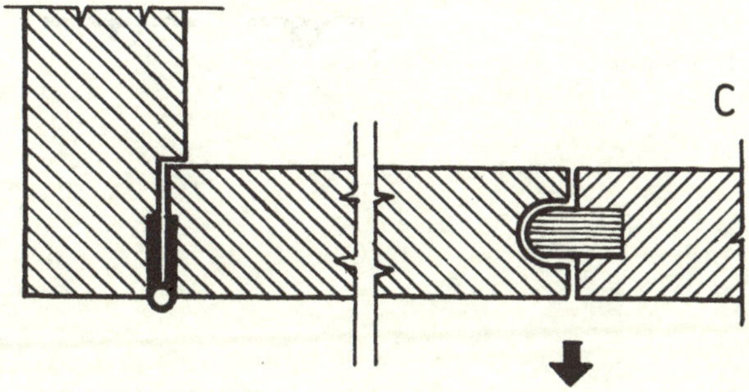

D

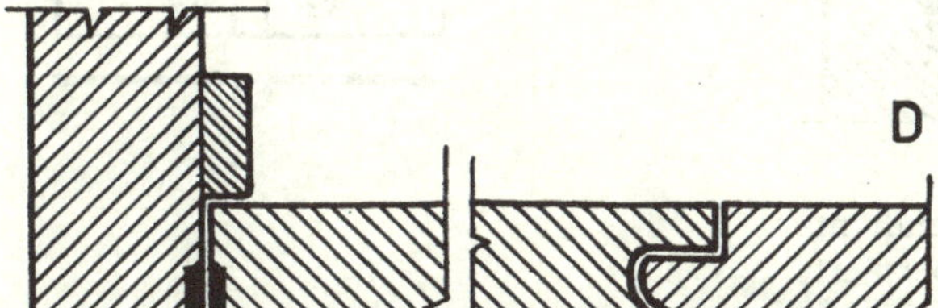

E

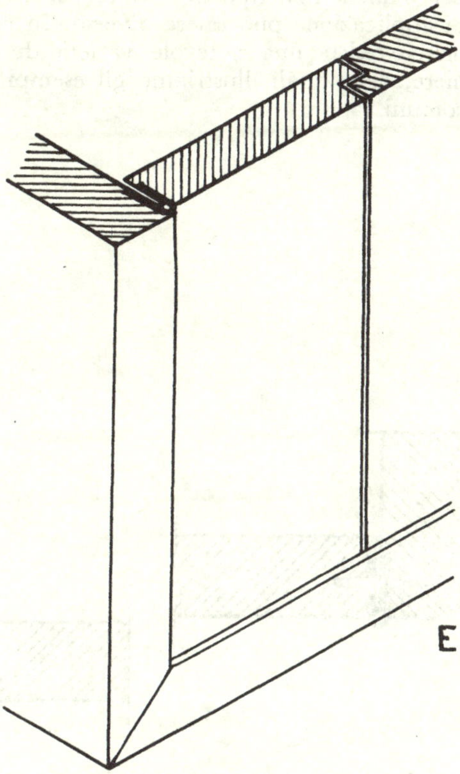

A. Ante a filo con fermo centrale di metallo. Di facile esecuzione e largamente usate nei lavori di serie, hanno però lo svantaggio di lasciar passare la polvere.

B. Battuta di antina a mezzolegno con scuretto. Di largo uso, è facile da eseguire e dà un ottimo risultato. Lo scuretto nasconde eventuali difetti di contatto fra le ante, provocati da movimenti del legno.

C. Battute di antine a maschio e femmina con apertura simultanea delle ante. Ha il vantaggio di mantenere le ante a traguardo.

D. Altro metodo di battuta con caratteristiche simili al precedente.

E. Vista assonometrica dell'applicazione delle ante al mobile. Lo scuretto indicato in (B) è stato omesso.

APPLICAZIONE DELLE ANTE CON CERNIERE

L'applicazione al mobile delle ante con cerniere può essere fatta in svariati modi, secondo il tipo di cerniere impiegate; a volte per il medesimo tipo di cerniera, il sistema di applicazione può essere diverso. In commercio esiste una notevole varietà di cerniere, delle quali illustriamo gli esempi più comuni.

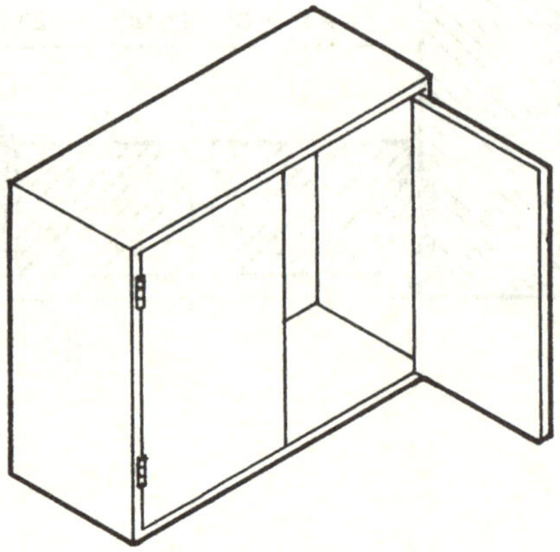

Vista assonometrica dell'applicazione al mobile delle ante con cerniere.

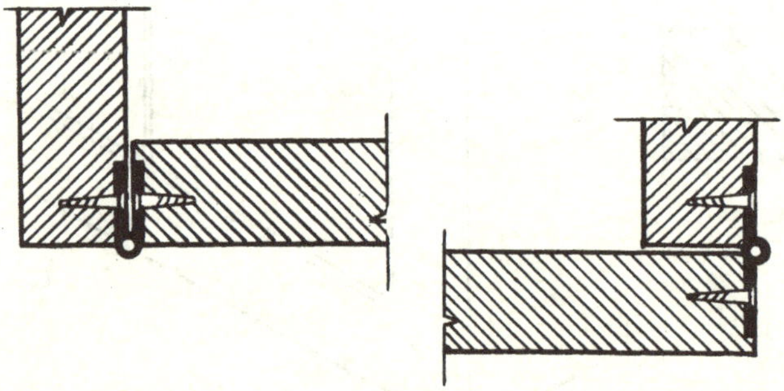

Applicazione di ante con cerniere normali. L'apertura dell'anta ha un raggio di 180 gradi.

CERNIERE NORMALI

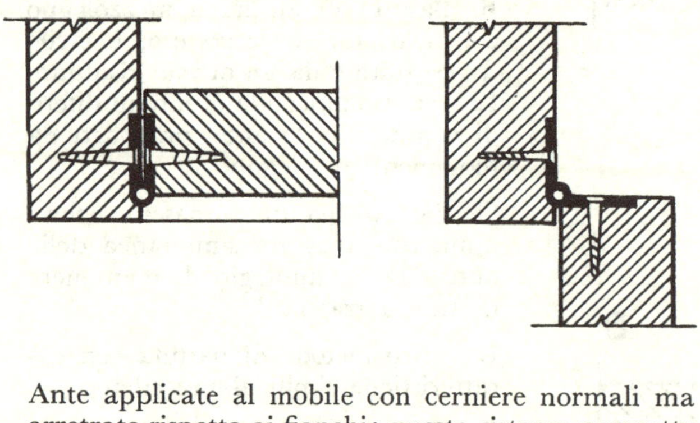

Ante applicate al mobile con cerniere normali ma arretrate rispetto ai fianchi; questo sistema permette l'apertura dell'anta con un raggio massimo di 90 gradi.

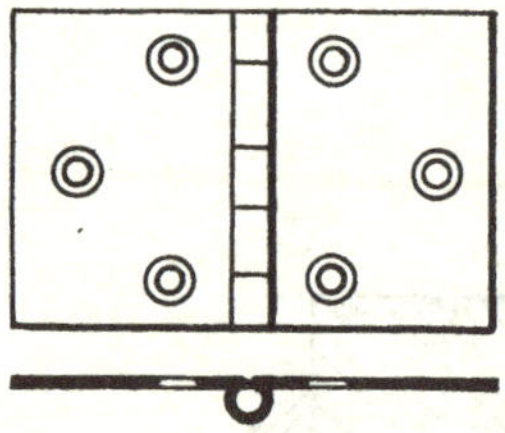

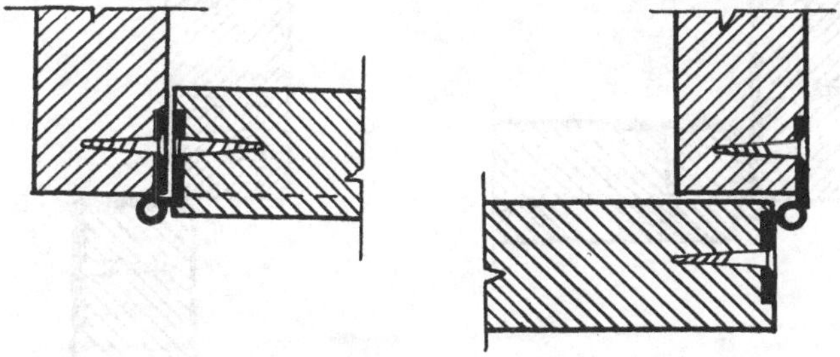

CERNIERA A MEZZO COLLO

Anta applicata sporgente, con cerniera a mezzo collo. L'apertura dell'anta è a 180 gradi.

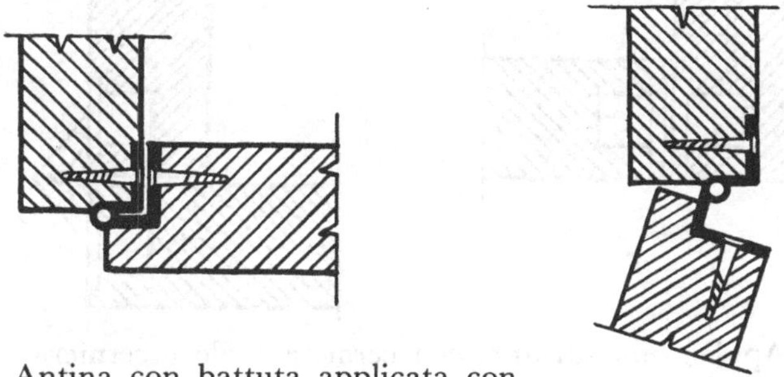

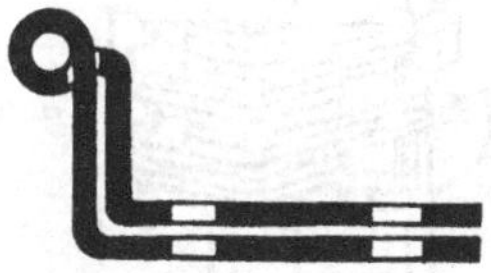

CERNIERA CON COLLO

Antina con battuta applicata con cerniera a collo.

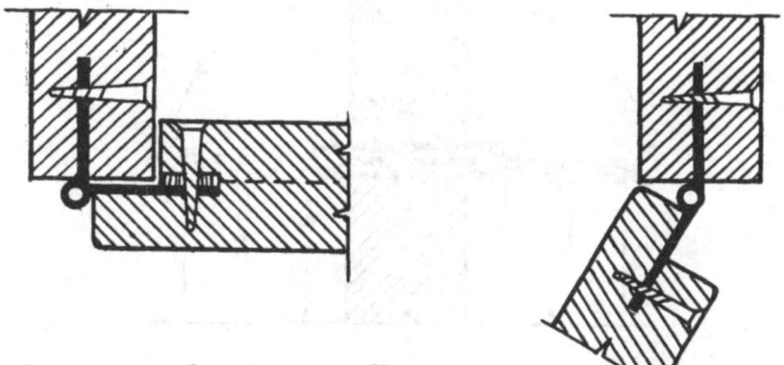

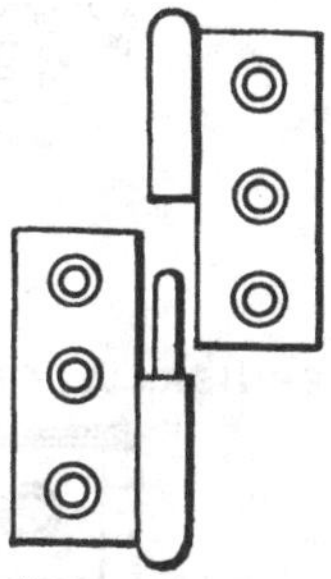

CERNIERA SNODABILE

Anta con battuta applicata con cerniera snodabile.

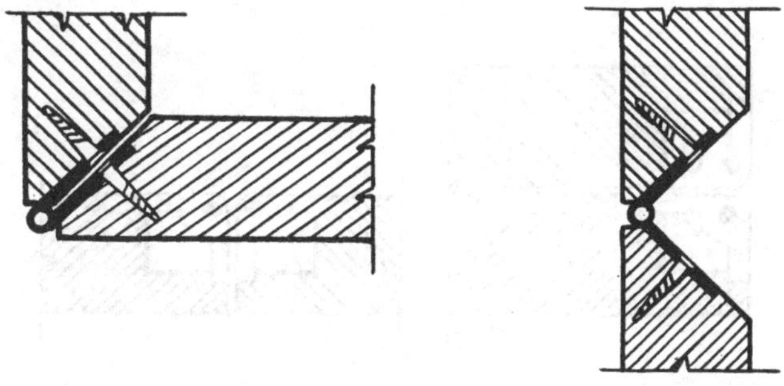

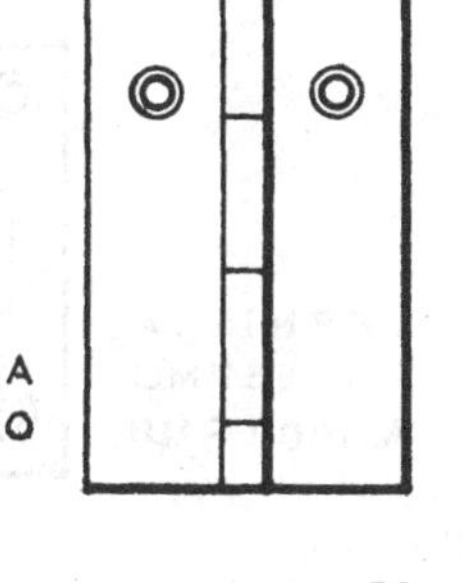

CERNIERA A NASTRO

Anta con profilo ad ugnatura, può essere applicata con cerniere normali o a nastro.

APPLICAZIONE DELLE ANTE CON CERNIERE

CERNIERA CON ALA PIEGATA

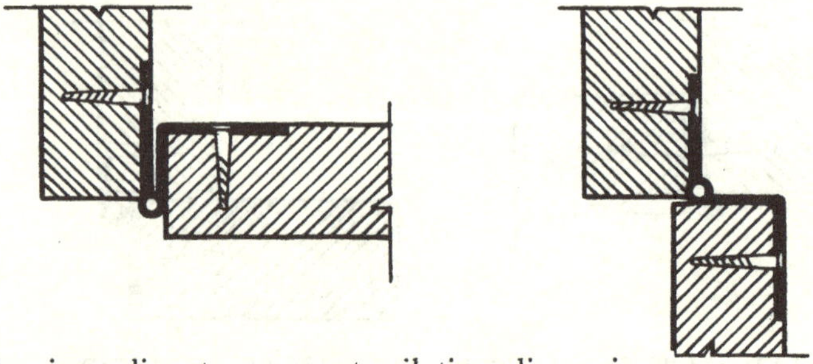

Applicazione di anta sporgente, il tipo di cerniera usato ha una delle ali piegate.

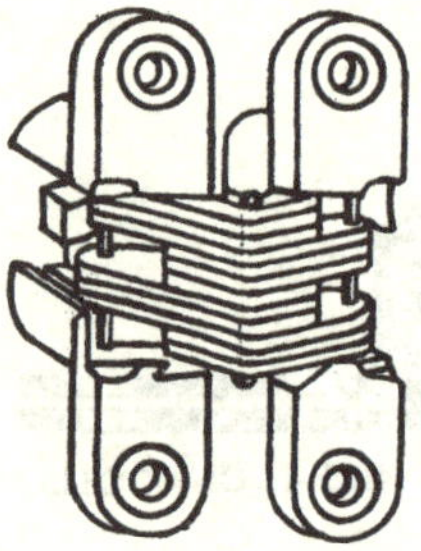

CERNIERE INVISIBILI

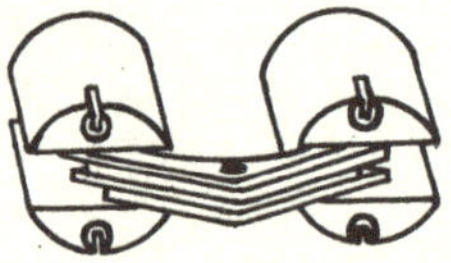

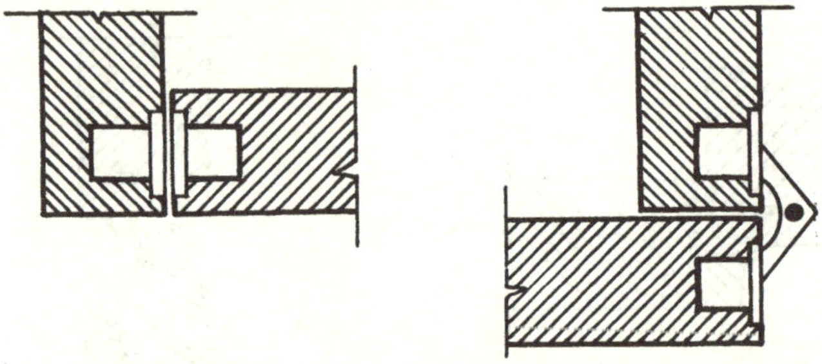

Applicazione di ante con cerniere a filo e cerniera con fermo a 180 gradi. Entrambe usate per piani di tavoli pieghevoli.

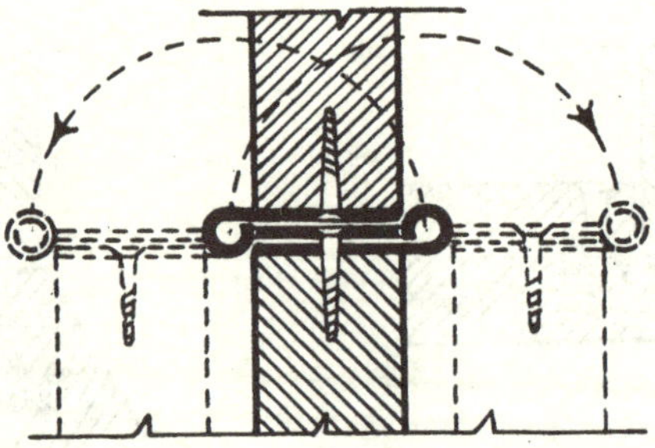

CERNIERA A DOPPIA AZIONE

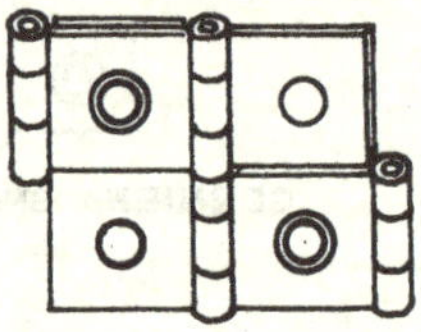

Anta applicata con cerniera a doppia apertura: permette la completa rotazione dell'anta da entrambi i lati; particolarmente usata per porte a ventola.

CERNIERA A FILO

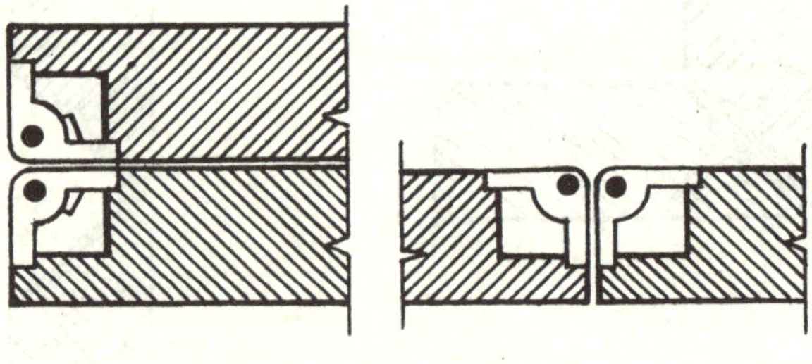

Anta applicata con cerniere invisibili. Sistema usato per lavori accurati.

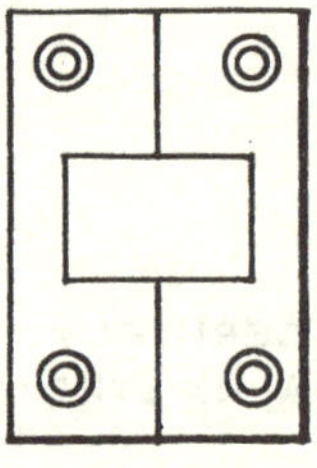

CERNIERA CON FERMO A 180 GRADI

CERNIERE PER TAVOLI A RIBALTA

A. Piano di tavolo pieghevole; è applicato con apposita cerniera standard per tavoli.

B. Altro tipo di cerniera per coperchio pieghevole. Si noti che il piano ribaltabile risulta a filo, sia quando il tavolo è aperto che quando è chiuso.

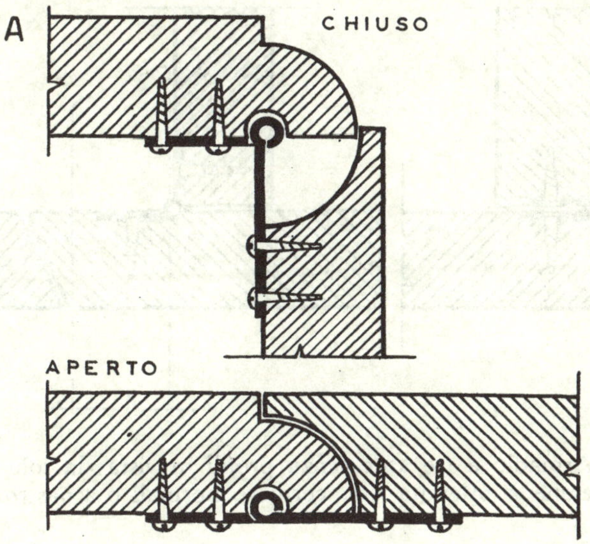

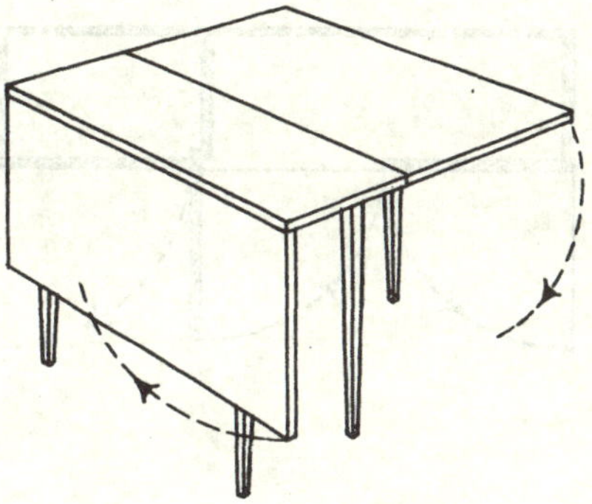

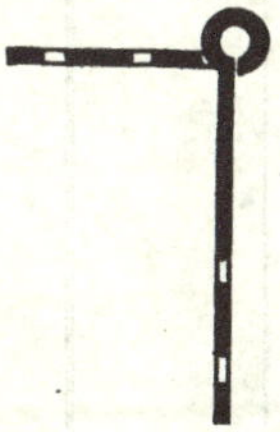

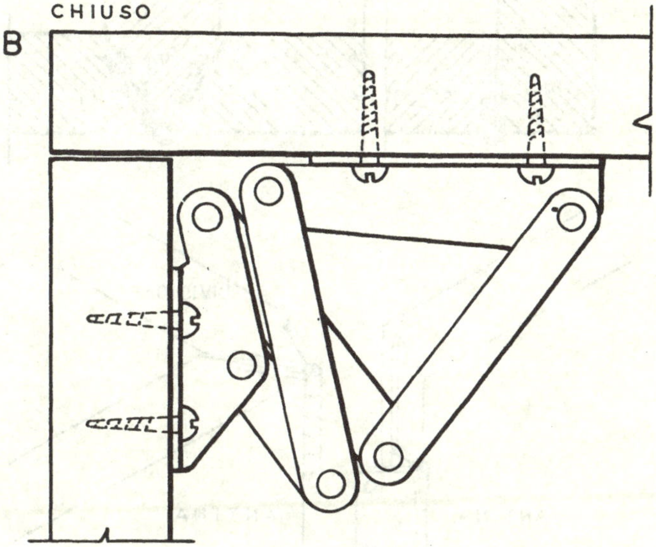

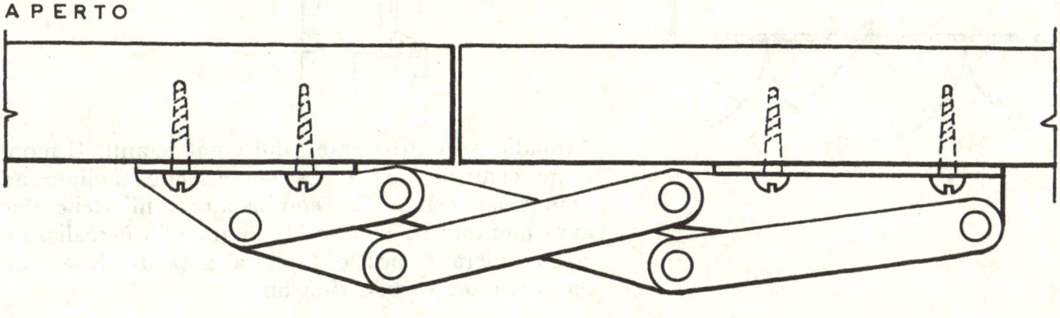

CERNIERE SPECIALI

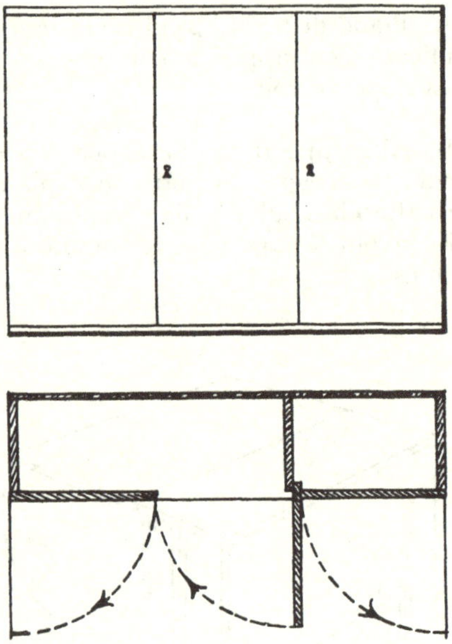

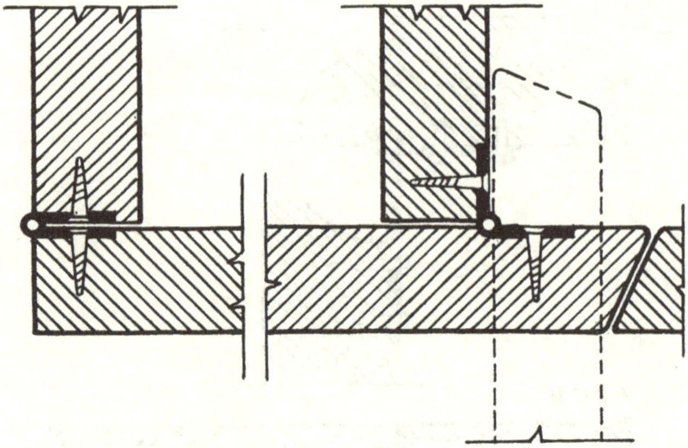

Armadio a tre ante senza profili in vista: la soluzione è ottenuta con cerniere normali o a nastro.

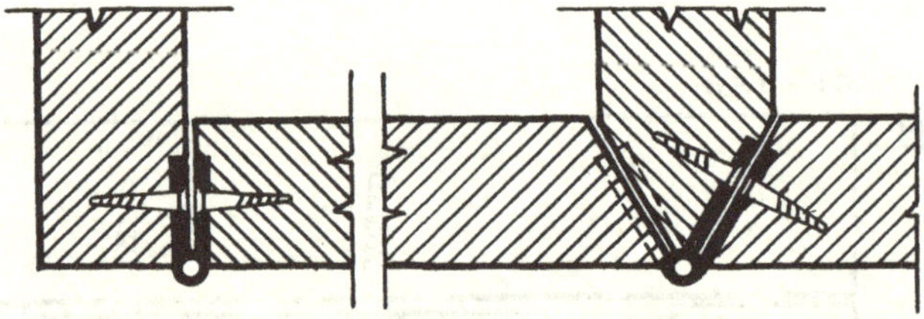

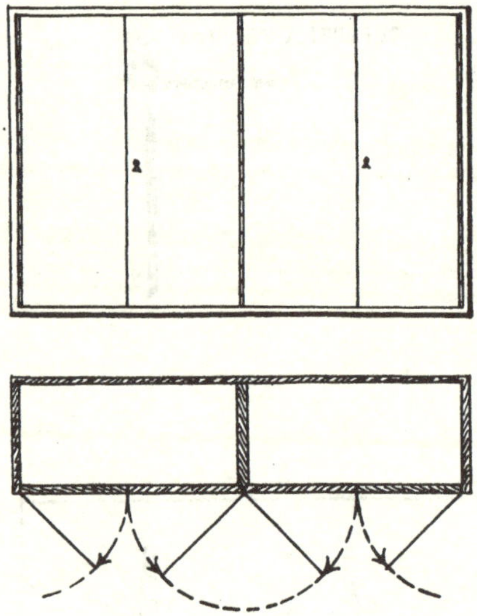

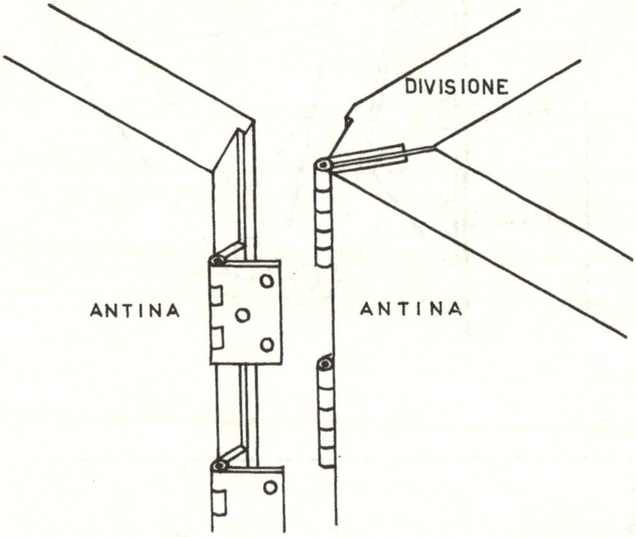

Armadio a quattro ante a fili combacianti. Il montante centrale non è visibile essendo tagliato ad ugnatura, così da far combaciare i fili delle due ante montate su di esso. Il montaggio è realizzato con cerniera a nastro tagliata a pezzi, fissati alternativamente sulle due antine.

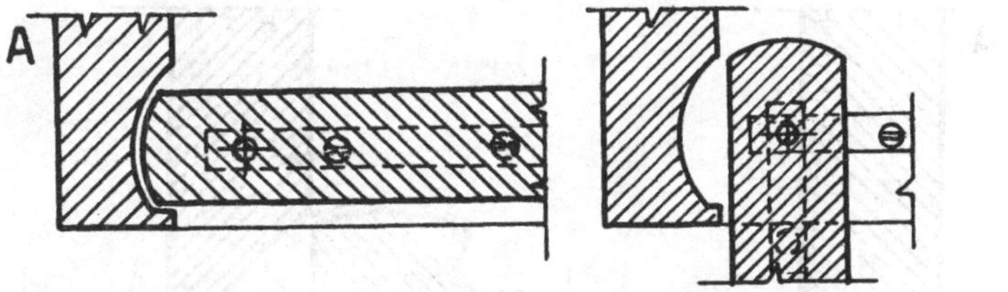

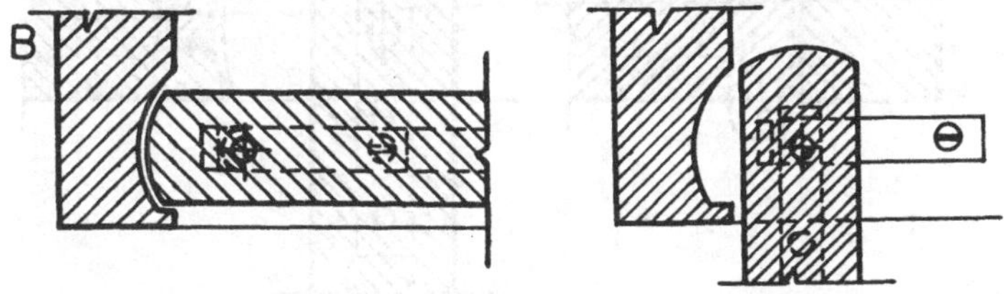

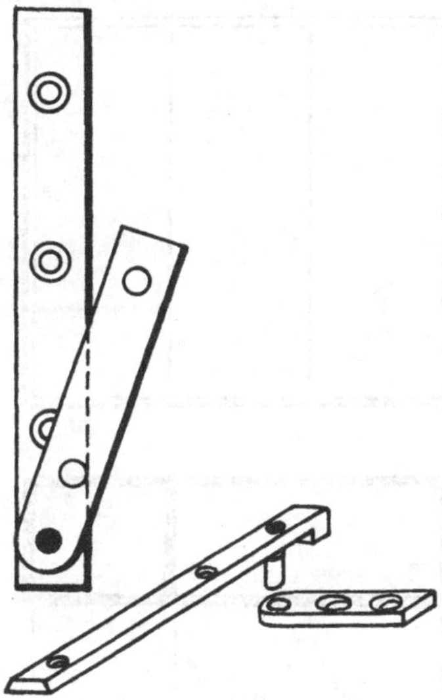

A. e B. Applicazione di ante con perni diritti con o senza arresto.

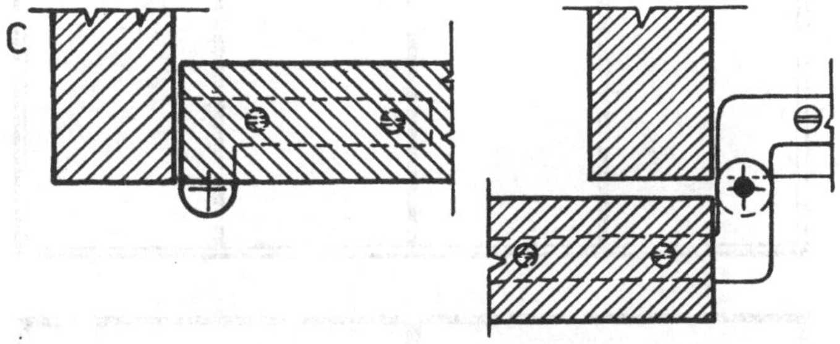

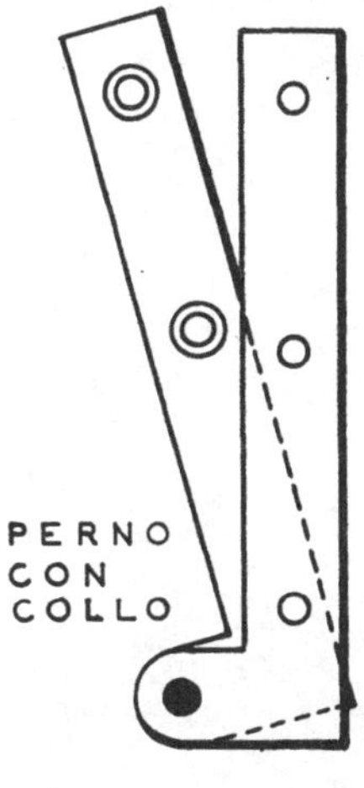

C. Anta applicata con perno a collo. Le ante si aprono con un raggio di 180 gradi.

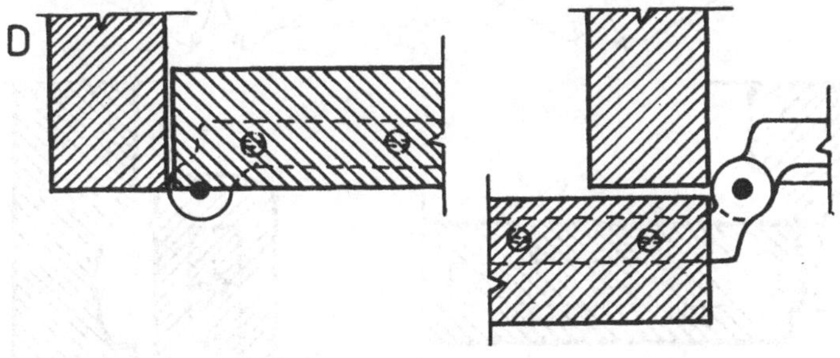

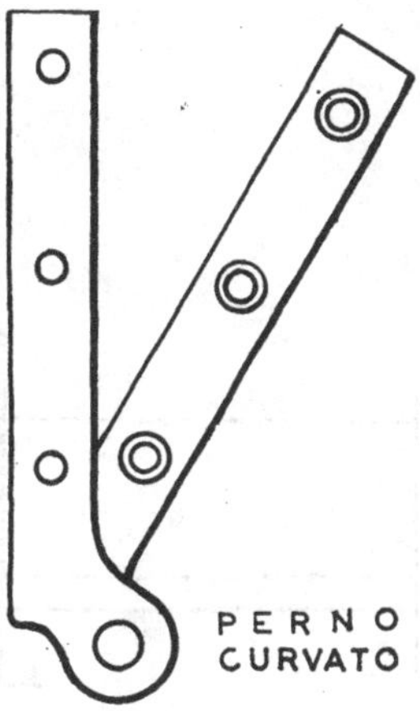

D. Perno con curva, ha le medesime caratteristiche del precedente.

CERNIERE A PERNO

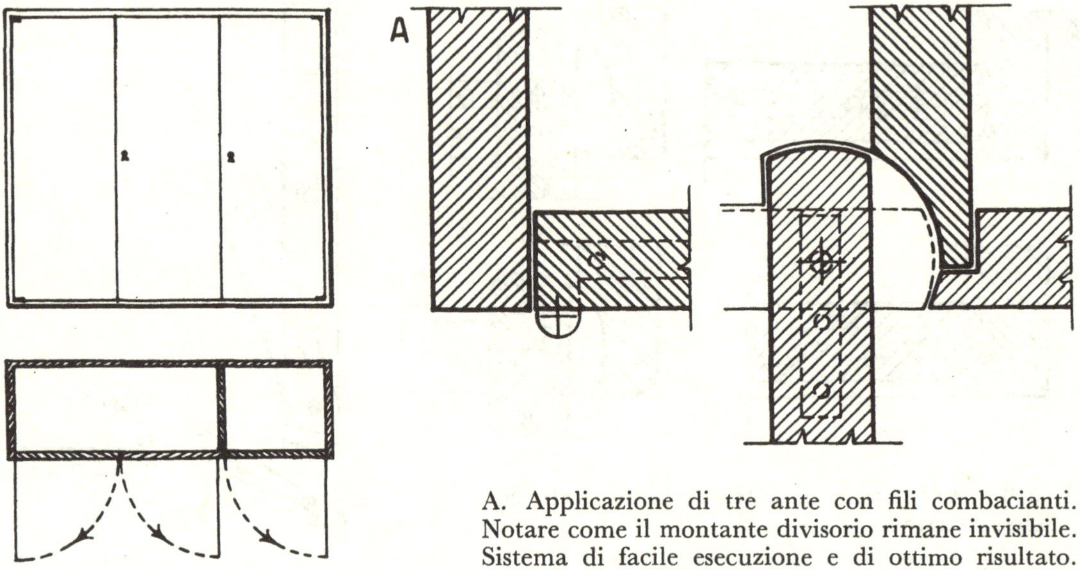

A. Applicazione di tre ante con fili combacianti. Notare come il montante divisorio rimane invisibile. Sistema di facile esecuzione e di ottimo risultato.
B. Altro metodo di applicazionc di ante con montante divisorio invisibile. Il montaggio avviene applicando perni diritti.

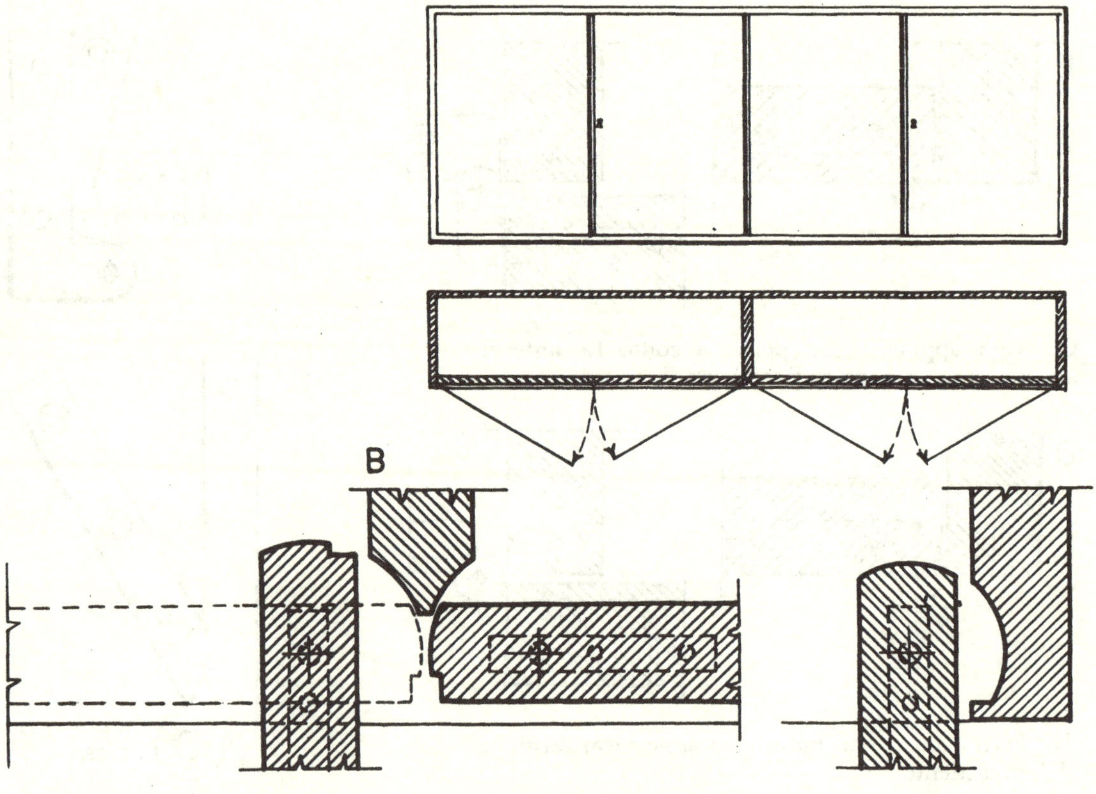

ANTE A RIBALTA

L'anta a ribalta è incernierata anzichè verticalmente, orizzontalmente, di modo che aprendosi a 90° crea un piano orizzontale, che può essere usato come piano di appoggio o come scrittoio; per bloccare l'anta nell'esatta posizione orizzontale vi sono vari metodi di arresto; illustriamo le cerniere più comunemente usate.

A. e B. Ante a ribalta applicate con cerniere normali e arrestate in posizione orizzontale mediante fermi di metallo.

C. Semplice metodo di arresto in posizione orizzontale dell'anta senza l'uso di alcun supporto.

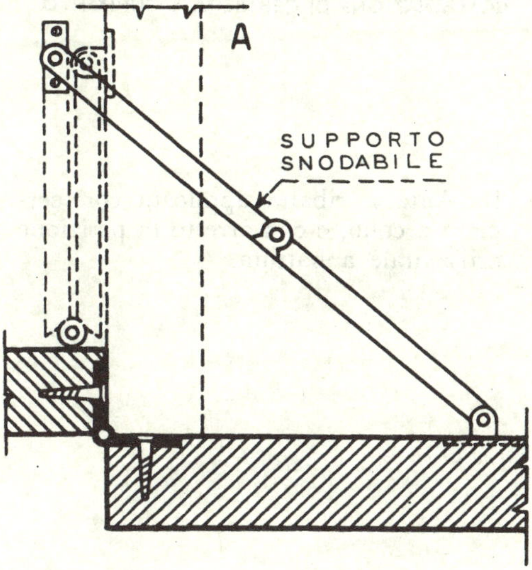

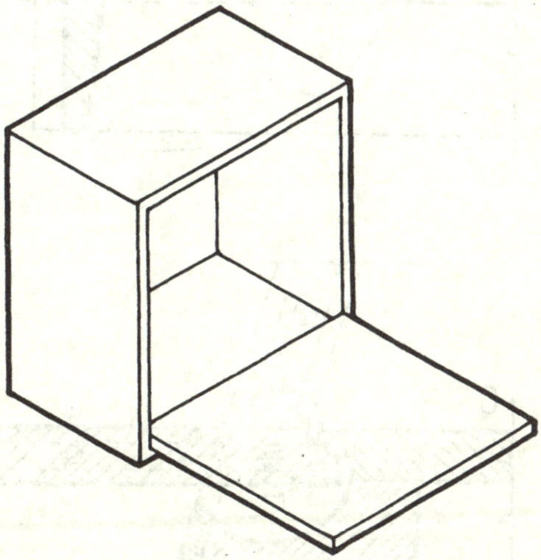

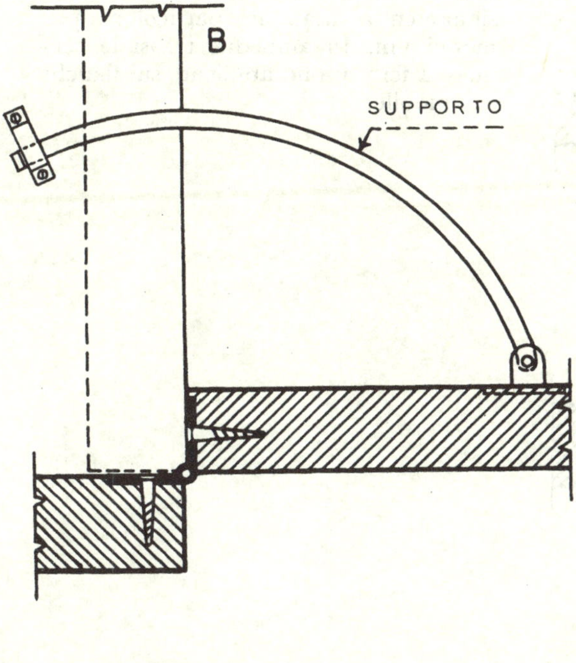

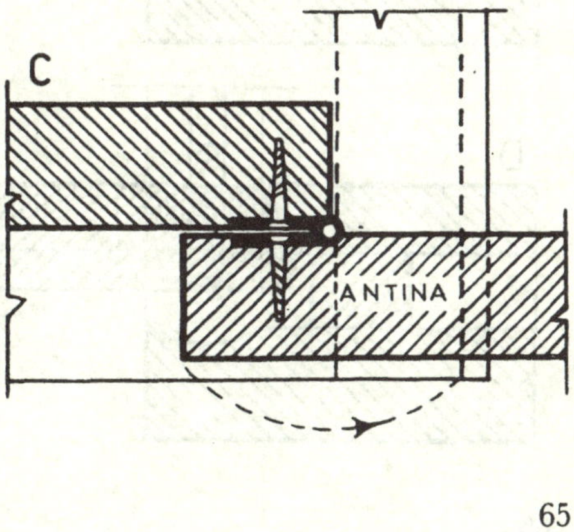

ANTE A RIBALTA

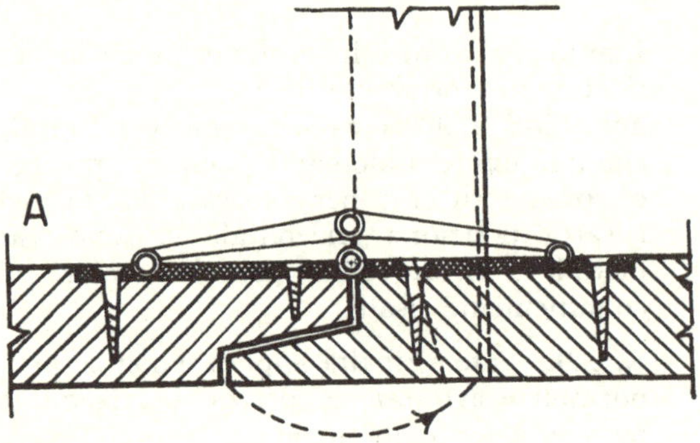

A. Applicazione di anta a ribalta con cerniera combinata con il supporto. Consigliabile solo per piccole antine.

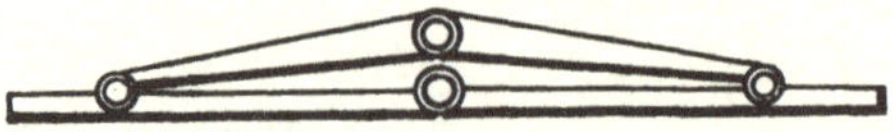

COMBINAZIONE DI CERNIERA E SUPPORTO

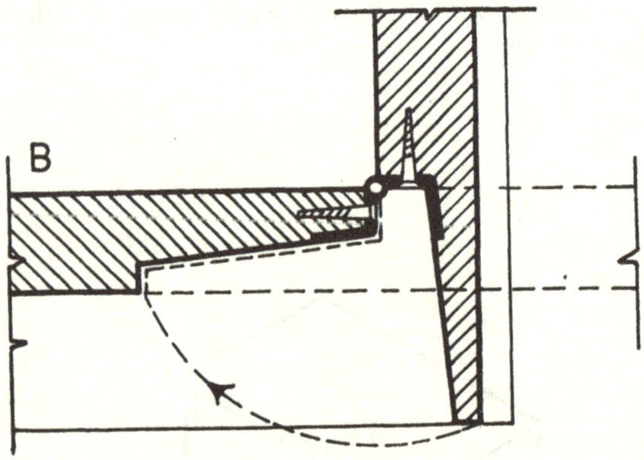

B. Anta a ribalta applicata con cerniera a collo, e con arresto in posizione orizzontale a battuta.

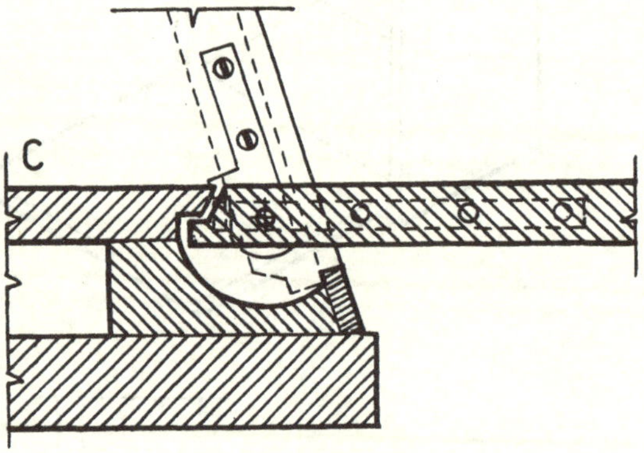

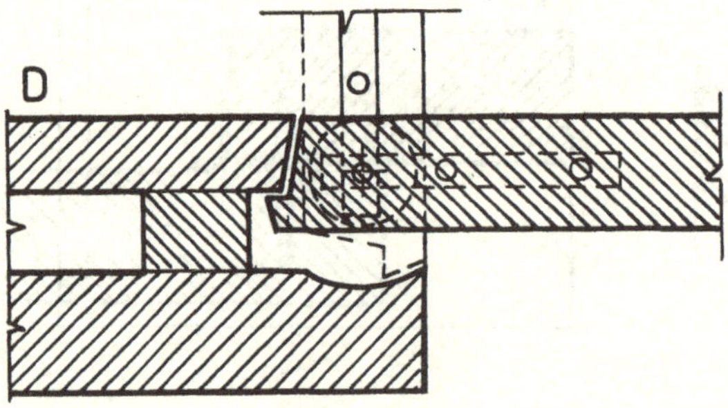

C. e D. Due metodi di applicazione di ante a ribalta. Entrambi di ottimo funzionamento, usati in particolare per mobili fini. In ambedue i casi le cerniere a fermo sono applicate sui fianchi del mobile.

ANTE A RIBALTA

A. Semplice applicazione di anta a ribalta con perni diritti e fermo per la posizione orizzontale; la differenza di livello fra l'anta e il piano interno del mobile, in molti casi non è comoda.

B. Applicazione di anta a ribalta a filo con il piano. Sistema usato per piani ribaltabili di toeletta.

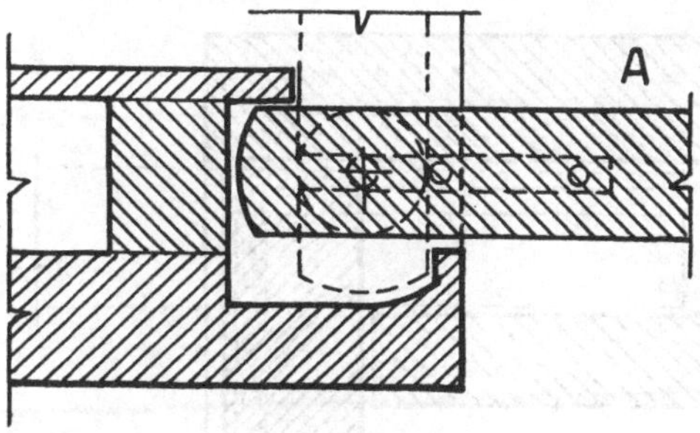

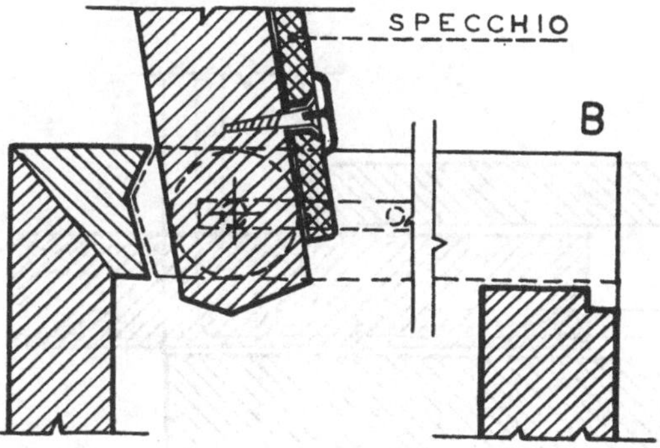

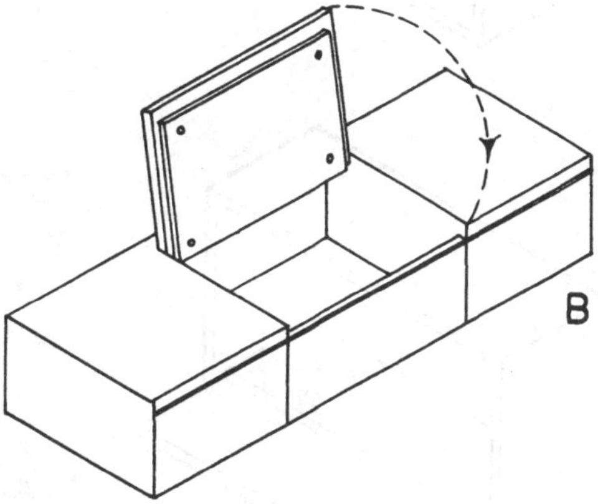

ANTE PIEGHEVOLI

Le ante a libro possono essere a due o più elementi e vengono fissate fra loro con cerniere. Sono semplici da eseguire. La costruzione deve essere accurata, possono funzionare libere o mediante l'applicazione di perni di guida.

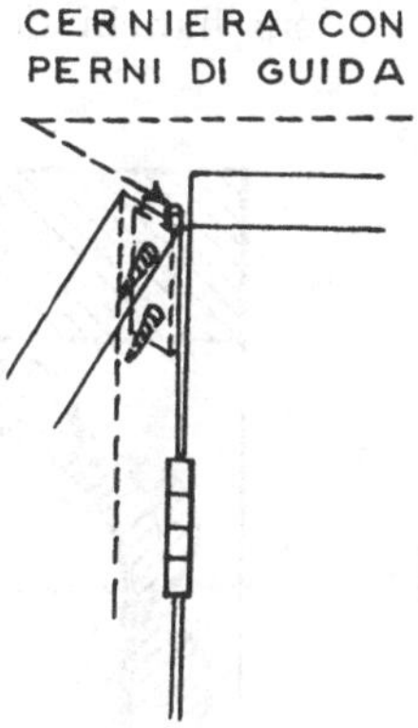

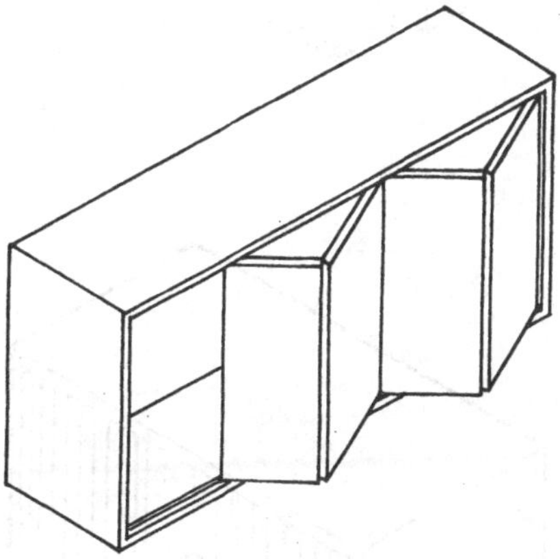

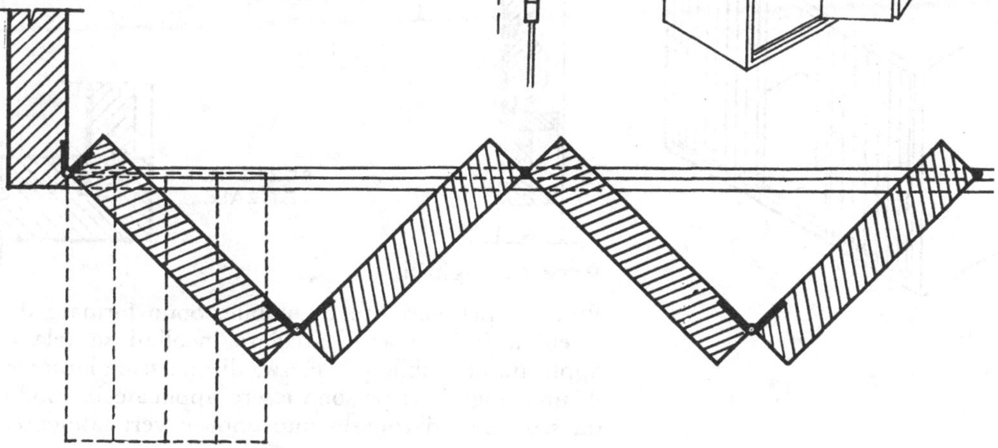

ANTE SPECIALI

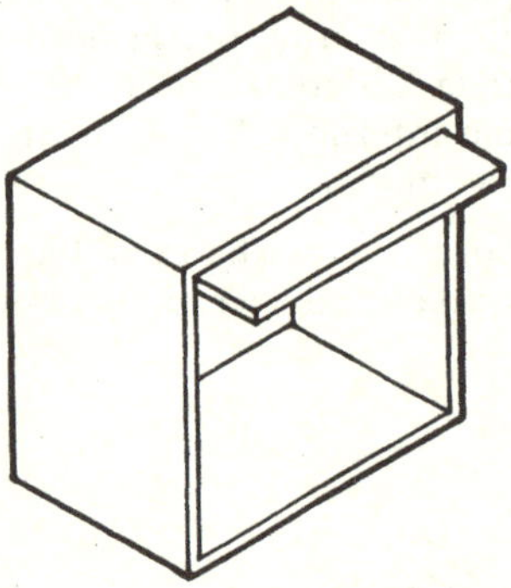

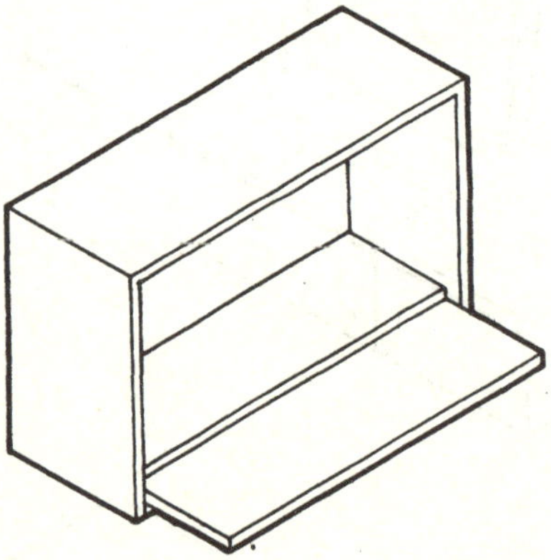

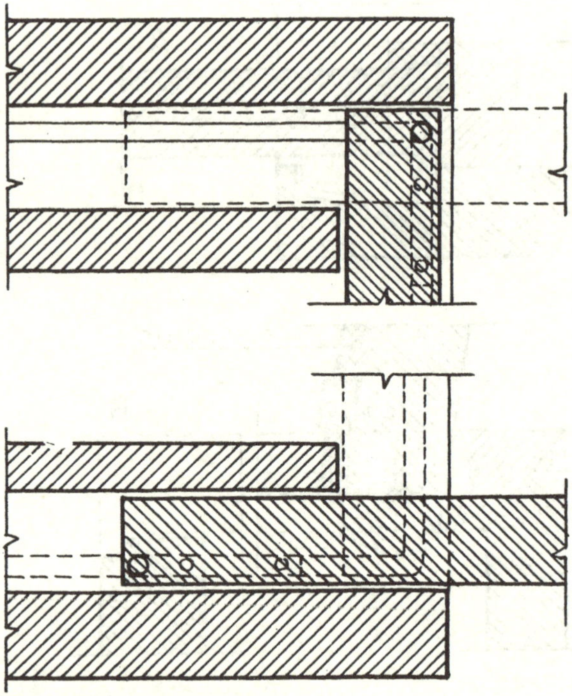

Ante a ribalta intilabili

L'applicazione di queste ante al mobile è ottenuta con perni diritti scorrevoli entro guide applicate sui fianchi del mobile.

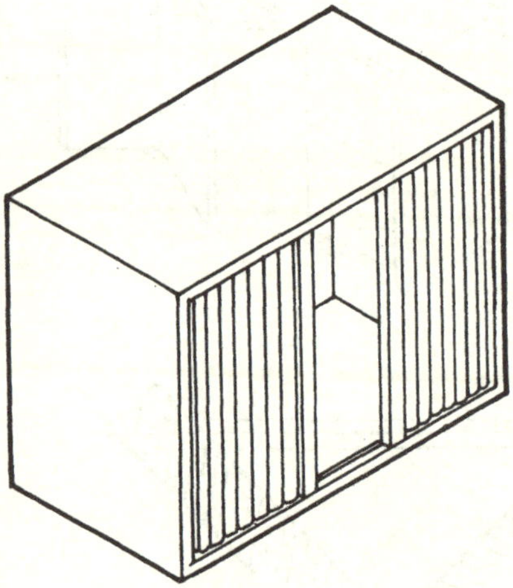

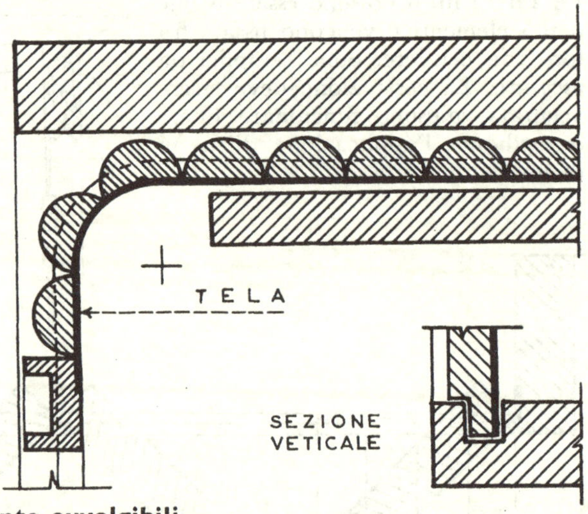

Ante avvolgibili

Pratiche per vari tipi di mobile. Sono formate da listelli a sezione semi circolare incollati su tela e applicate al mobile per mezzo di una scanalatura e di una linguetta; possono essere applicate in modo da scorrere orizzontalmente oppure verticalmente.

ANTE A COULISSE

Le ante a coulisse sono usate in particolare quando lo spazio di fronte al mobile è limitato, oppure per ragioni di estetica ma non permettono un'utilizzazione del mobile così completa come le ante a libro o le avvolgibili. Si noti che tanto per il montaggio quanto per rimuovere le ante è necessario prevedere un margine di spazio nella guida superiore. Le ante a coulisse, sia di legno, metallo o cristallo, possono essere applicate al mobile con vari sistemi. La scelta dipende dalle esigenze di scorrevolezza.

A. Ante a coulisse con scanalatura, scorrevoli su listelli riportati.

B. Ante a coulisse con linguette, scorrevoli entro scanalature.

C. Semplice metodo d'applicazione di ante a coulisse con listelli riportati.

D. e E. Applicazione di ante a coulisse con guide di metallo o di materia plastica.

F. Cristalli e compensati di sottile spessore possono essere applicati in scanalatura. Si noti lo spazio lasciato superiormente per poter applicare e rimuovere le ante.

A

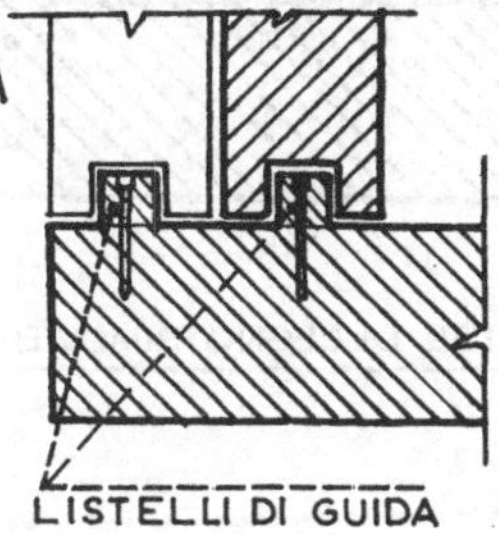

B

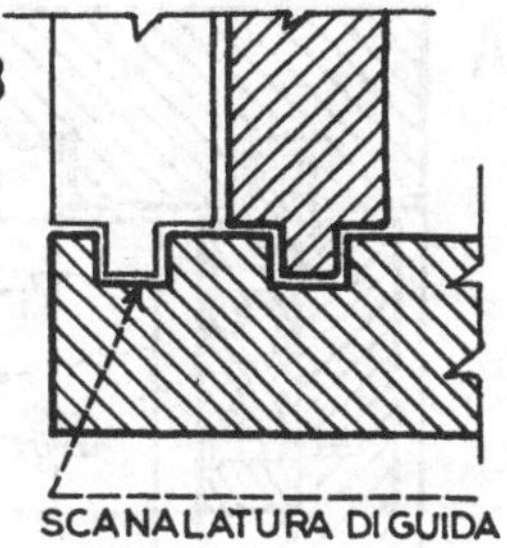

C

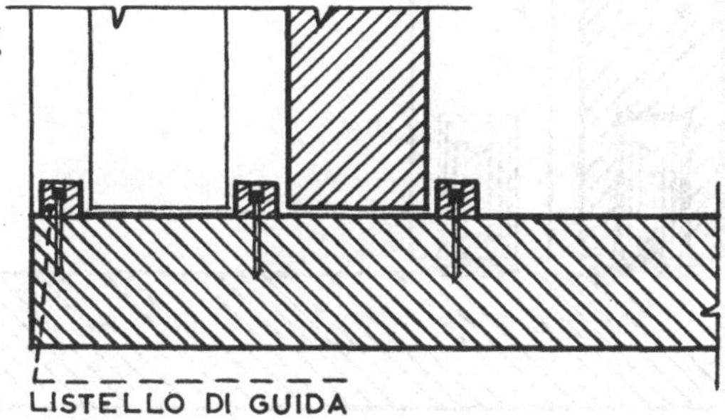

D

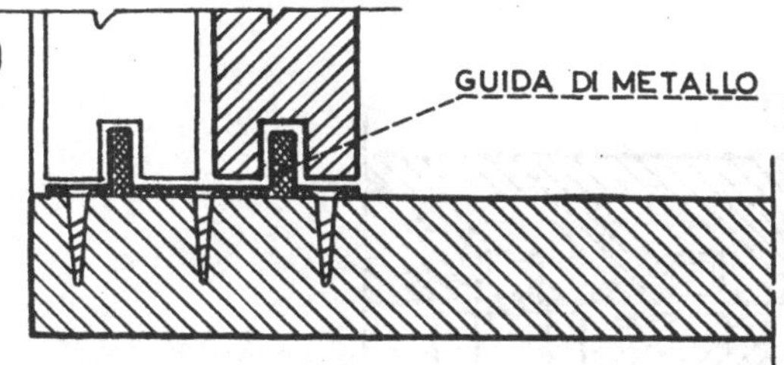

E

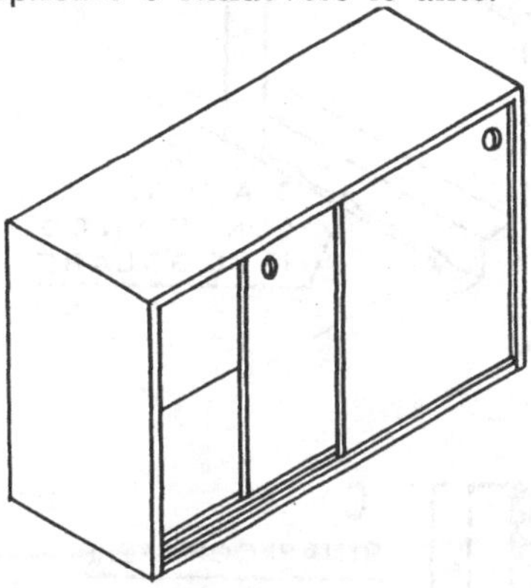

F

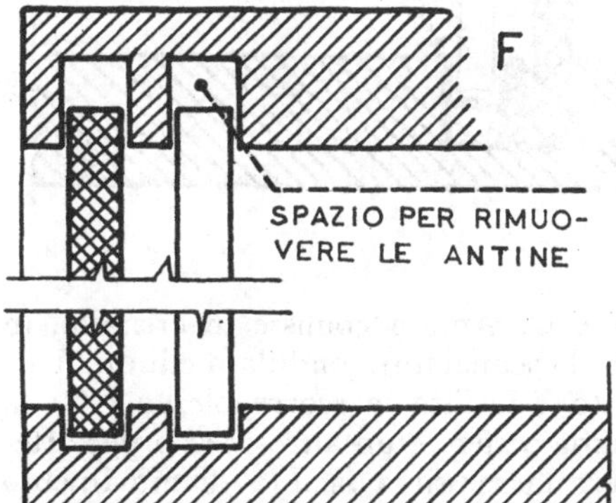

ANTE A COULISSE

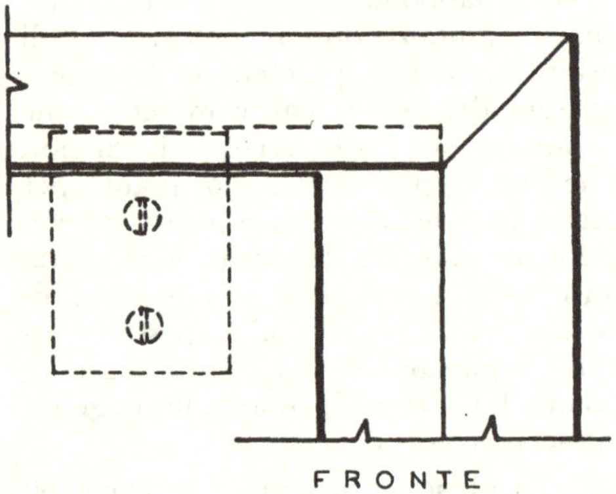

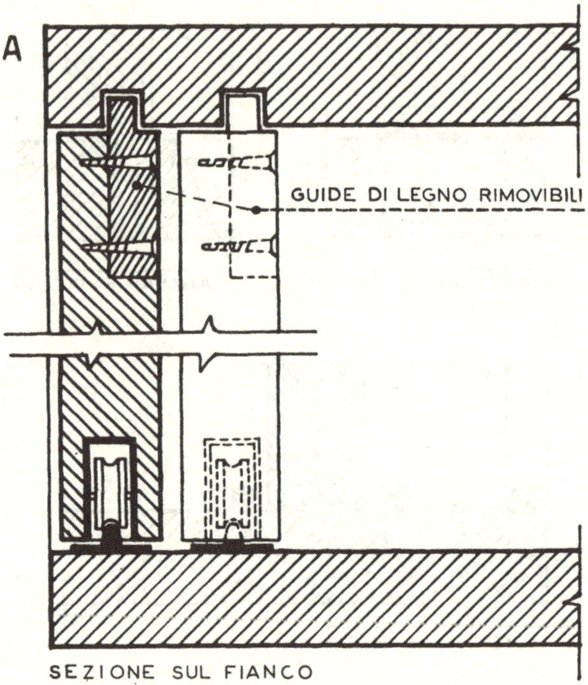

A. e D. Ante a coulisse con rotelle incassate. Le rotelle facilitano la scorrevolezza delle ante, che vengono montate sul mobile applicando sul filo superiore dell'anta tasselli in legno o catenaccioli.

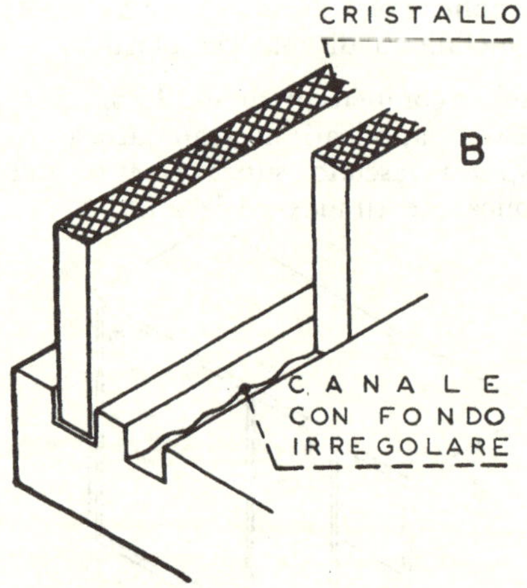

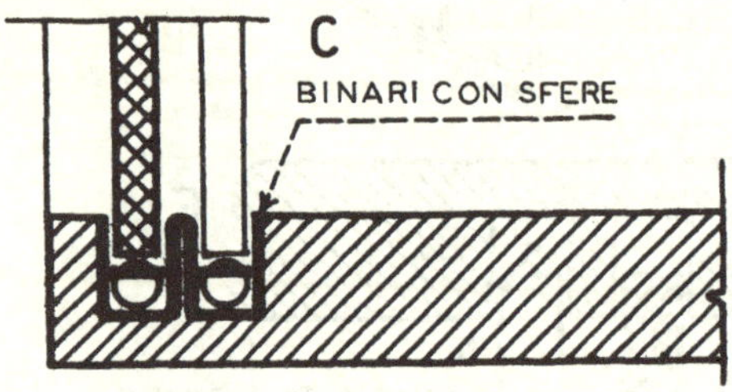

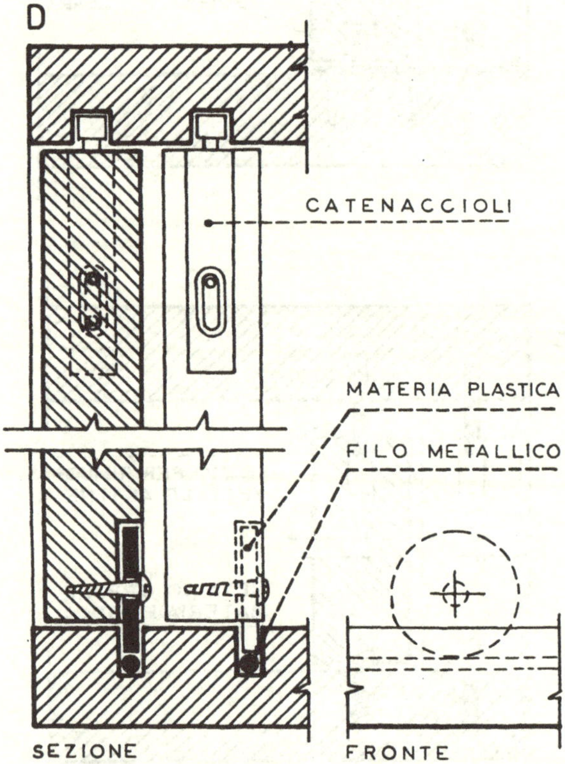

B. e C. Ante a coulisse in cristallo, in (B) la scanalatura ondulata elimina l'attrito e facilita la scorrevolezza, (C) la guida a sfere è un altro mezzo per ottenere la massima facilità di movimento delle ante.

CHIUSURA DELLE ANTE

La chiusura delle ante si distingue in due tipi: chiusura con fermo a semplice scatto, ottenuta con cricchetti o magnete; chiusura fissa, ottenuta per mezzo di serrature con chiave. A questi due tipi si possono aggiungere i catenaccioli che vanno considerati dei tipi di chiusura fissa. Il commercio offre una notevole varietà di sistemi di chiusura; illustriamo gli esempi più comuni.

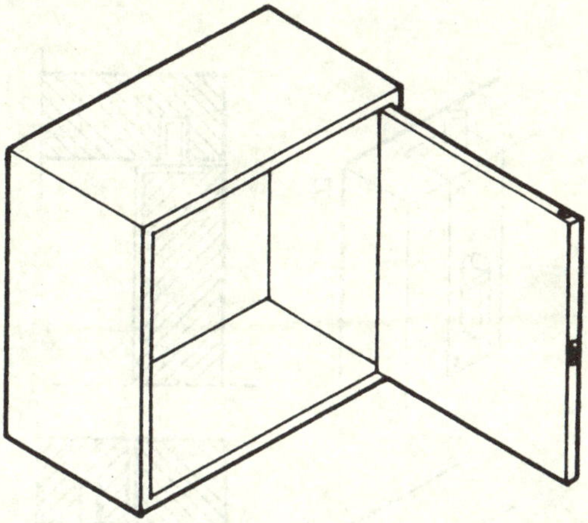

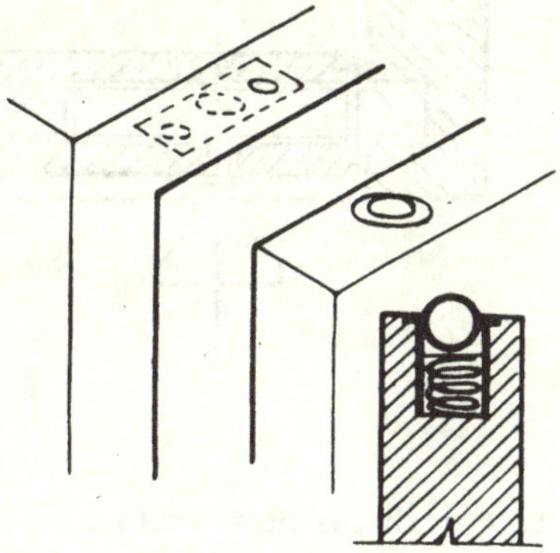

CRICCHETTO A SFERA

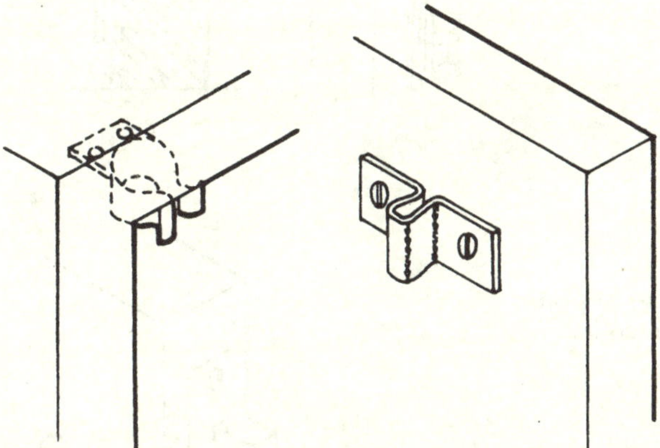

CRICCHETTO A FRIZIONE

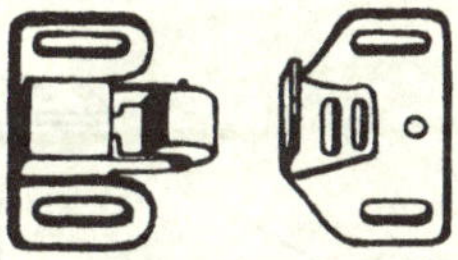

CRICCHETTO A ROTELLA

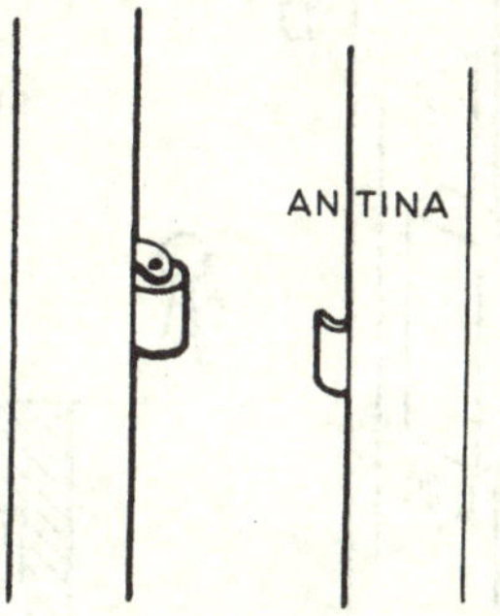

ARRESTO A MAGNETE

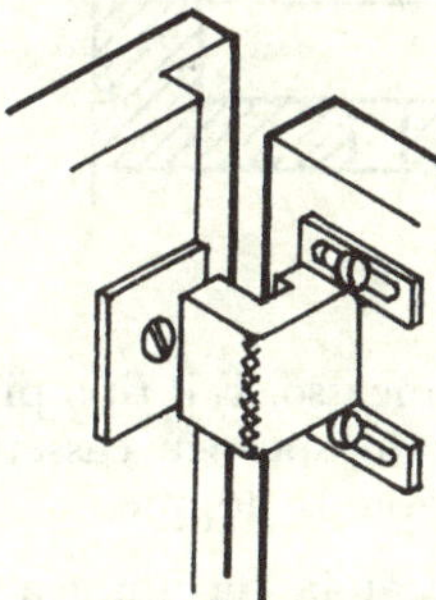

ARRESTO A MAGNETE DA INCASSARE

CHIUSURA DELLE ANTE

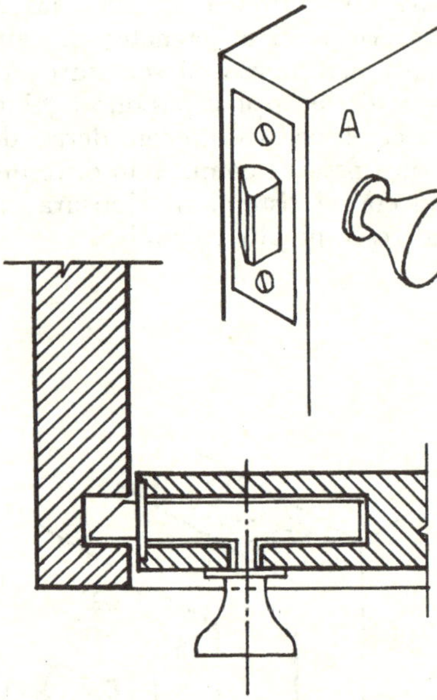

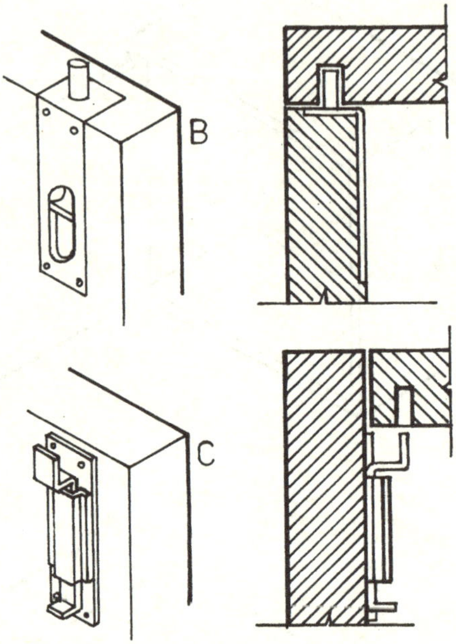

A. Cricchetto manovrato con pomolo.
B. e C. Catenaccioli da applicarsi su ante doppie, (B) esemplare a filo, (C) esemplare con collo.

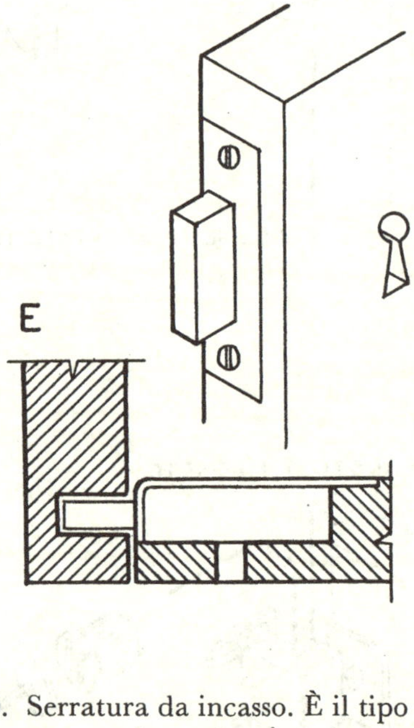

SERRATURA DA INCASSARE

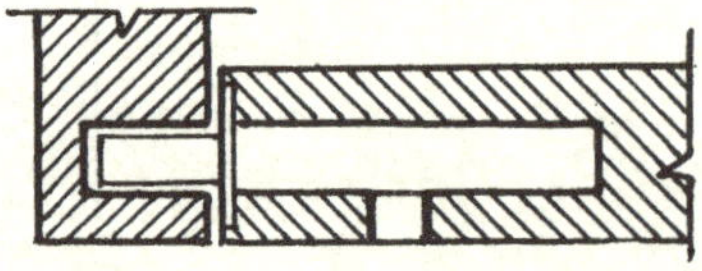

D. Serratura da incasso. È il tipo più comunemente usato sia per cassetti che per ante singole o doppie.

E. Serratura a scatola da applicare all'interno del frontale del cassetto; è meno usata della precedente.

CHIUSURA DELLE ANTE

A. Serratura a cilindro. Sistema americano di chiusura con sicurezza.

B. e C. Chiusura per ante a coulisse. Vedi la sua applicazione nell'esempio (B). Può essere usata per ante ad apertura normale come illustrato nell'esempio (C).

A

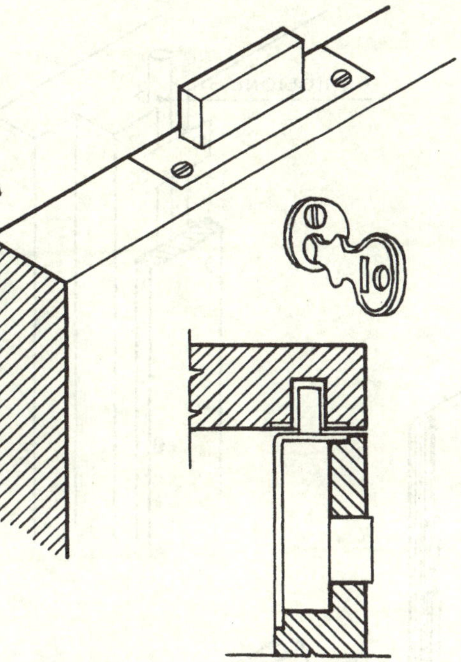

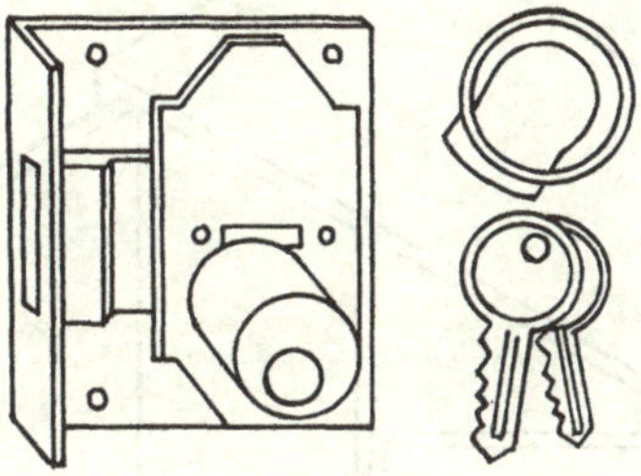

SERRATURA A CILINDRO

B

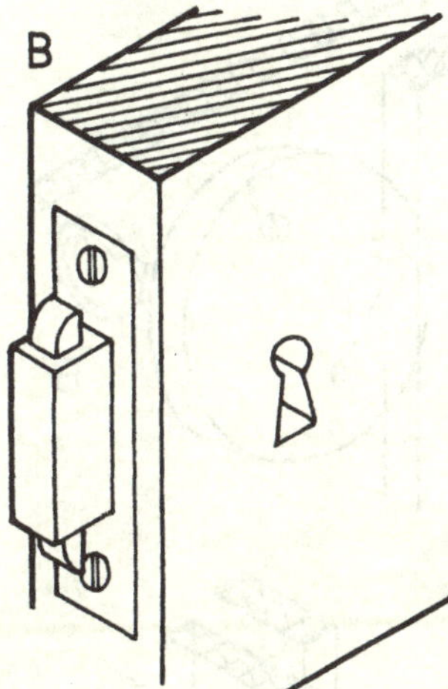

SERRATURA PER ANTE A COULISSE

C

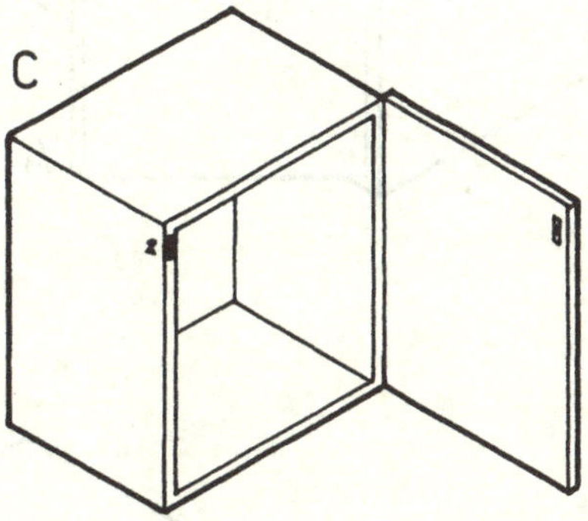

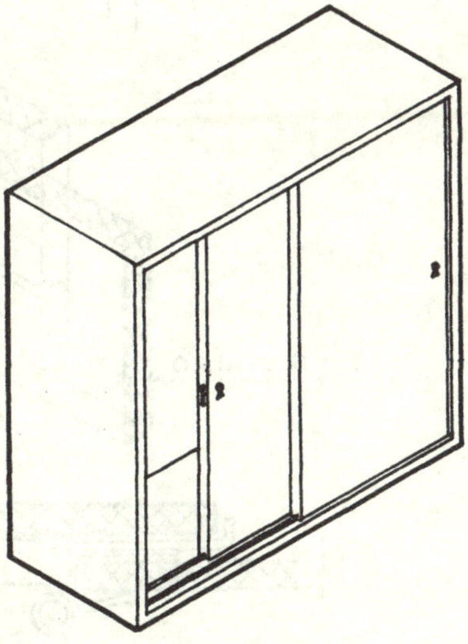

B

C

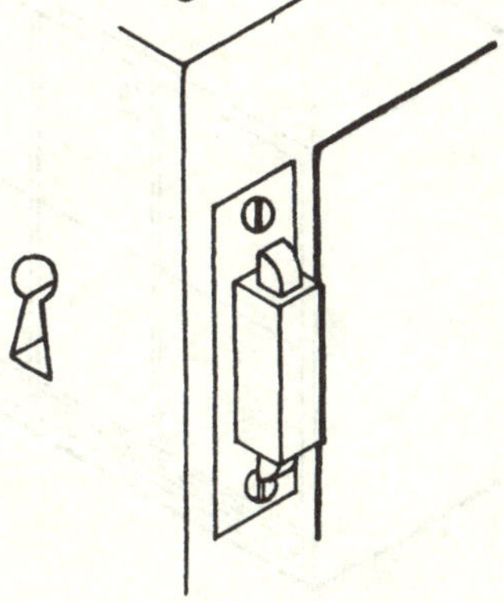

CHIUSURA DELLE ANTE

A. Chiusura a cariglione: ha la caratteristica di chiudere contemporaneamente due ante con battuta senza bisogno di catenaccioli.

B. e C. Due esemplari di chiusura di ante a coulisse in cristallo. (B) L'applicazione della serratura è eseguita con viti che attraversano il cristallo. (C) La serratura è infilata alla base del cristallo.

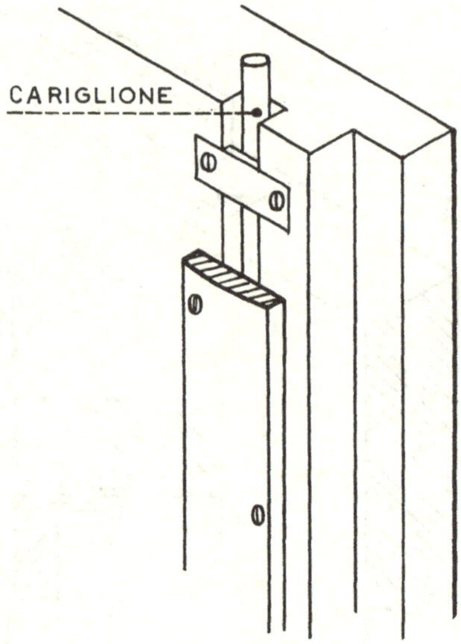

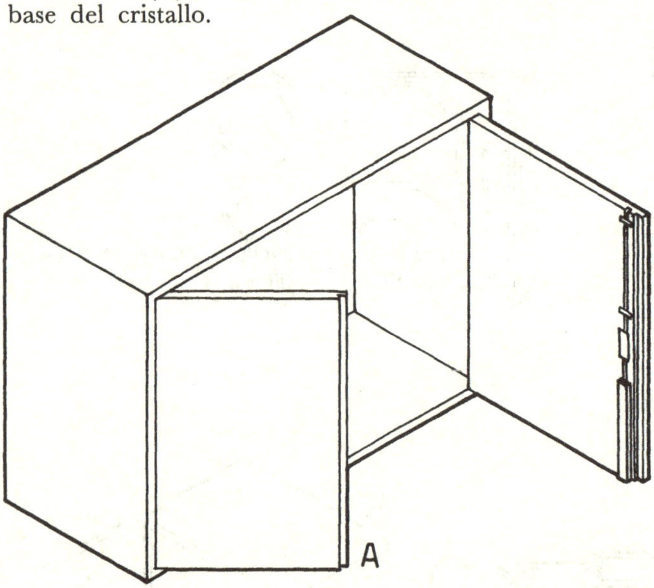

A

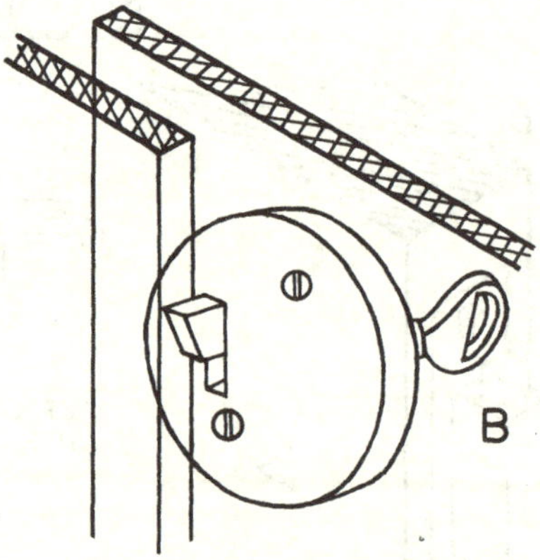

B

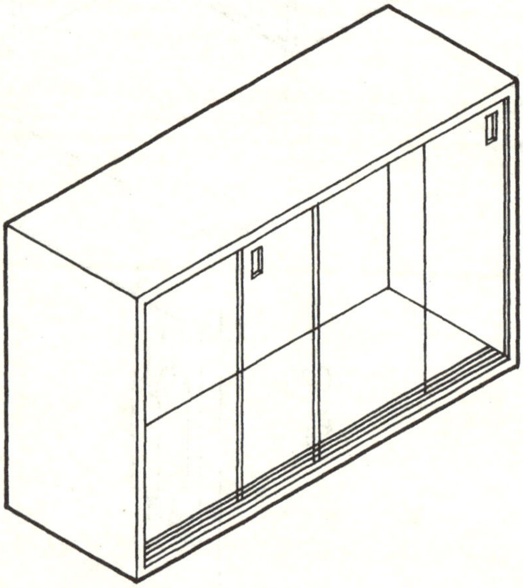

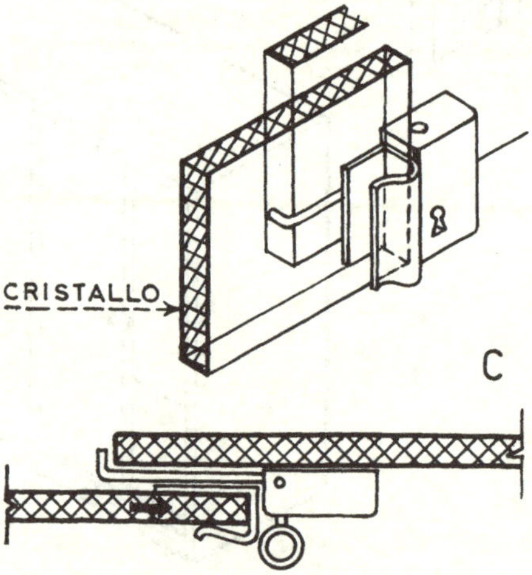

C

MANIGLIE

In commercio esistono numerosissimi tipi di pomoli e di maniglie, particolari tipi di maniglie incassate vengono eseguite appositamente su disegno.

A. fino a D. Sono illustrati i metodi base per l'applicazione di pomoli o di maniglie sporgenti, di legno o metallo.

E. Maniglie ricavate sui fianchi dei cassetti nella base di una scrivania.

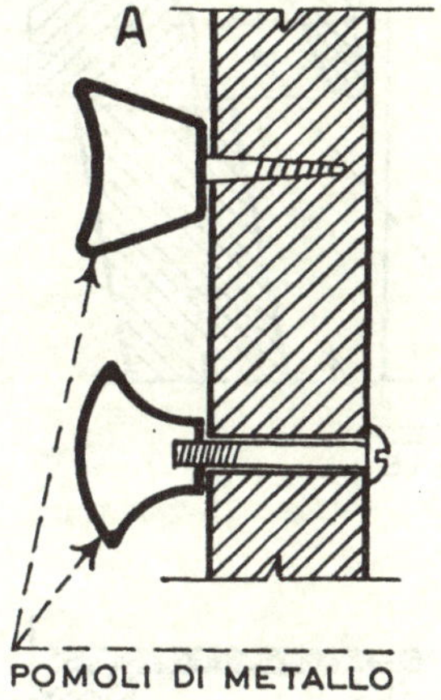

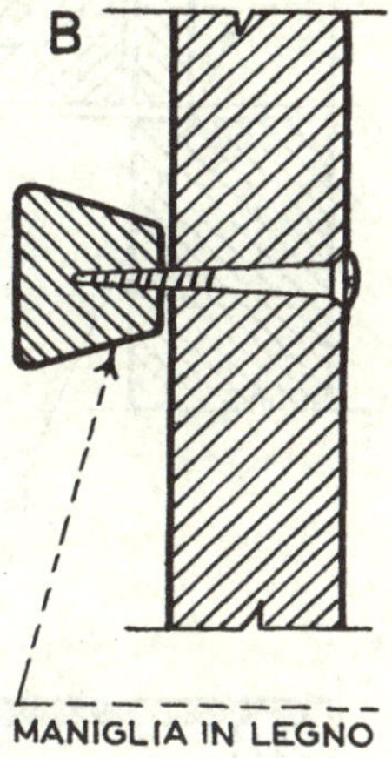

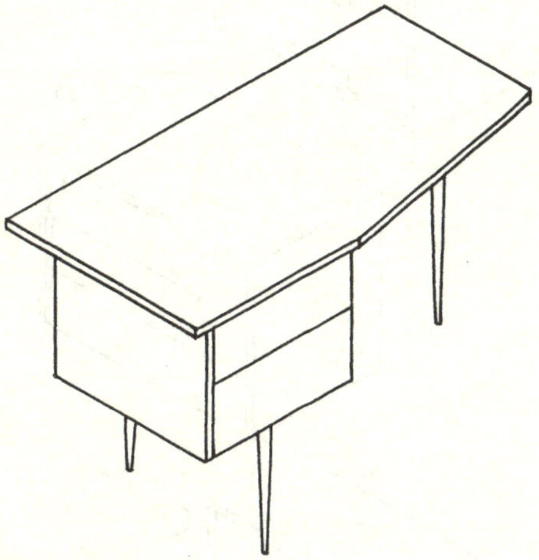

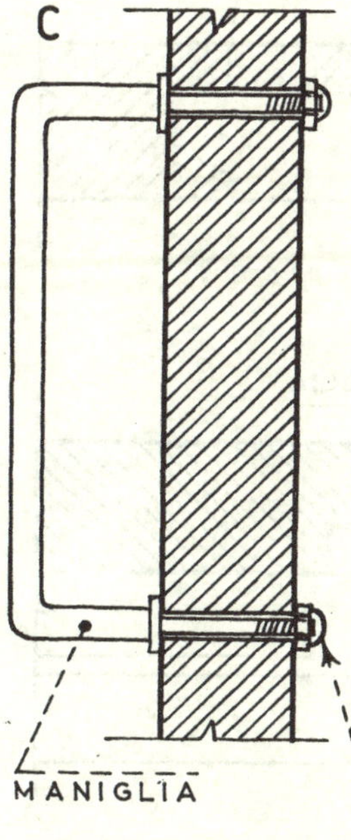

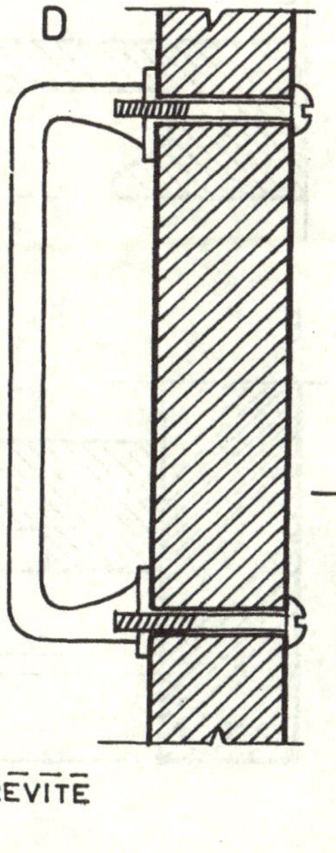

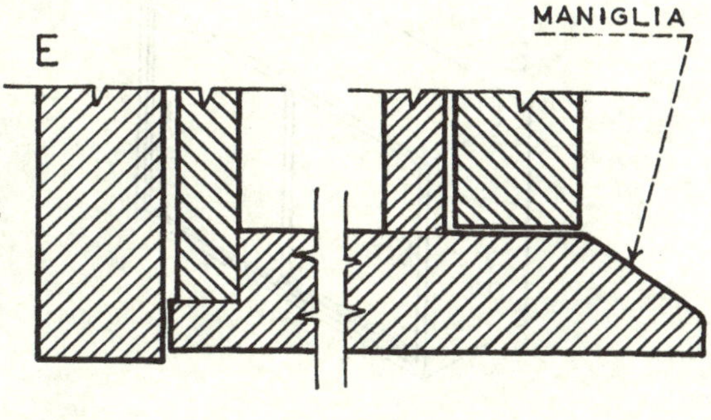

MANIGLIE

A. e B. Due esempi di maniglie incassate ricavate sul filo inferiore del cassetto.

C. e D. Maniglie incassate ricavate nelle ante ad apertura normale del mobile.

E. Maniglia per porta scorrevole in legno. Un tipo simile è usato per le ante scorrevoli in cristallo.

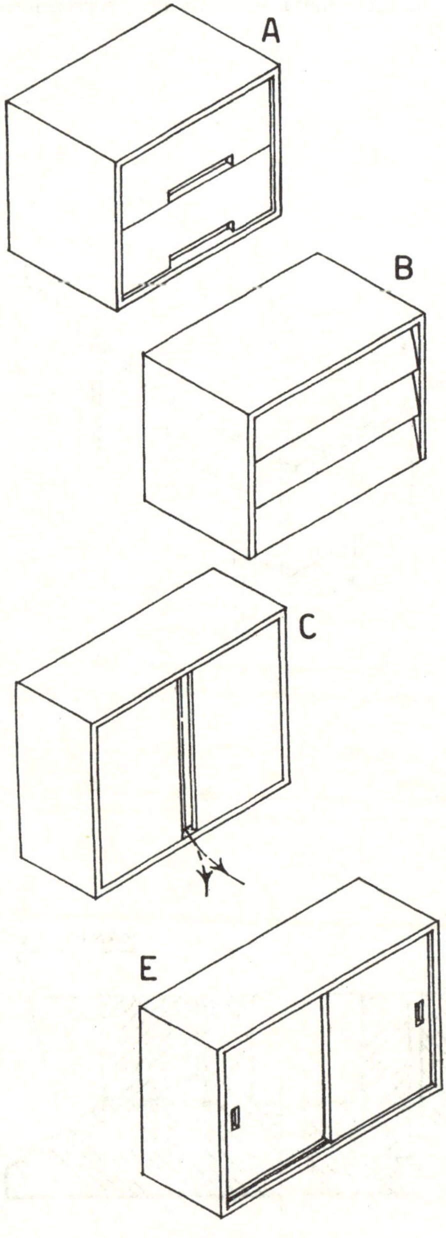

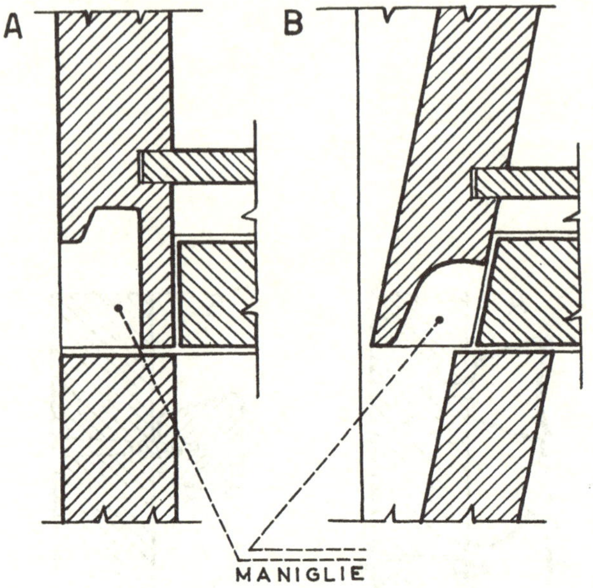

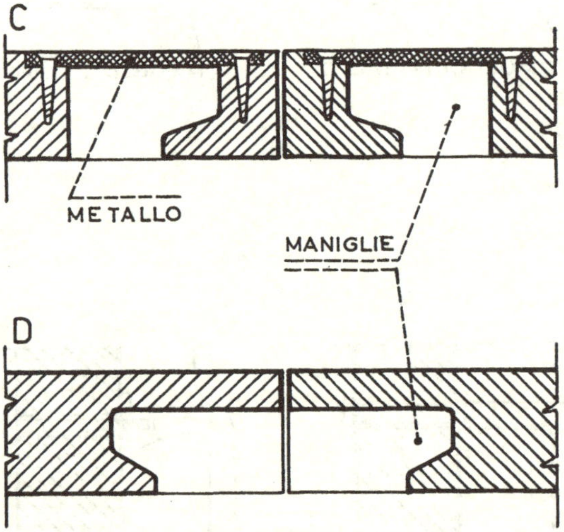

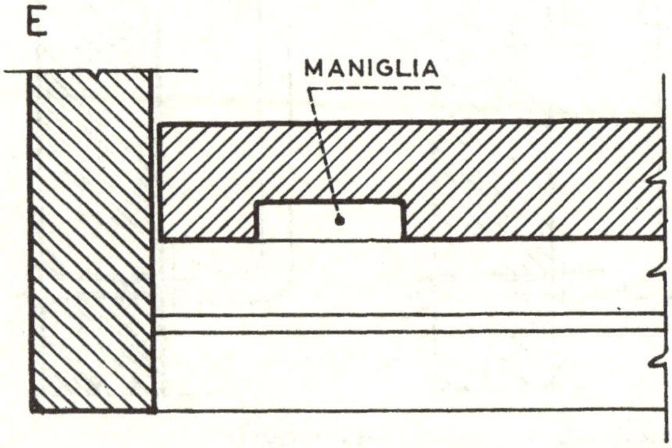

RIPIANI SPOSTABILI

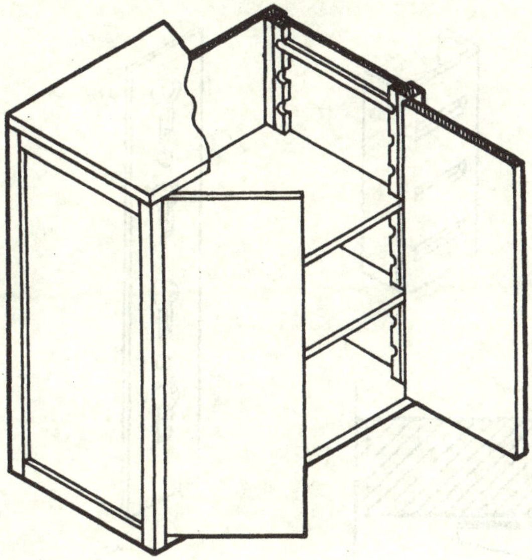

Il ripiano spostabile è largamente usato per la sua praticità, soprattutto per librerie, armadi, mobili per cucina e sale da pranzo. La possibilità di variare la posizione del piano a seconda degli oggetti da disporre permette di sfruttare in modo razionale e completo lo spazio interno del mobile. Illustriamo alcuni sistemi che permettono lo spostamento dei ripiani. L'esempio (D) è fra i più comunemente applicati con ottimo risultato.

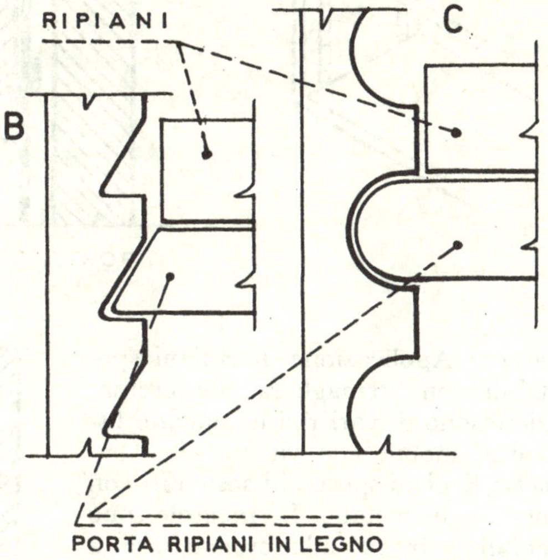

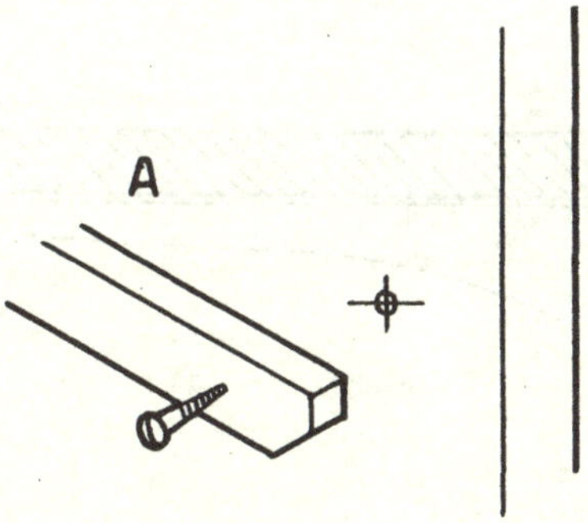

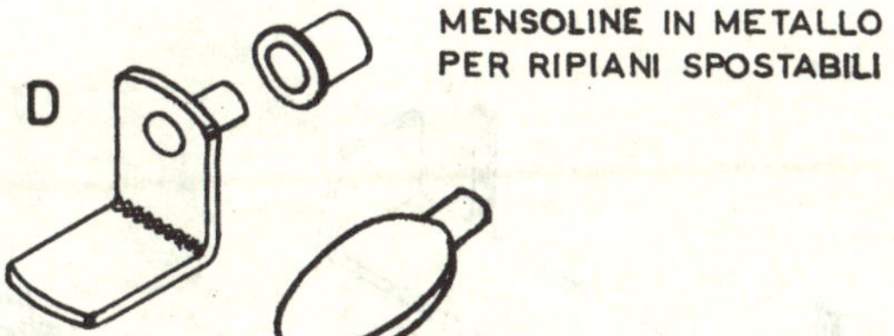

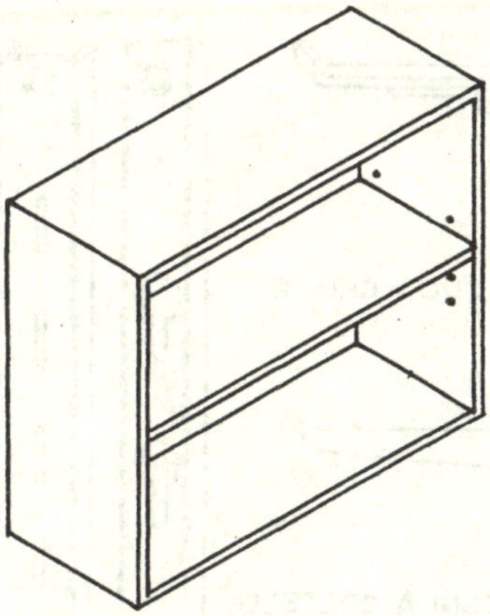

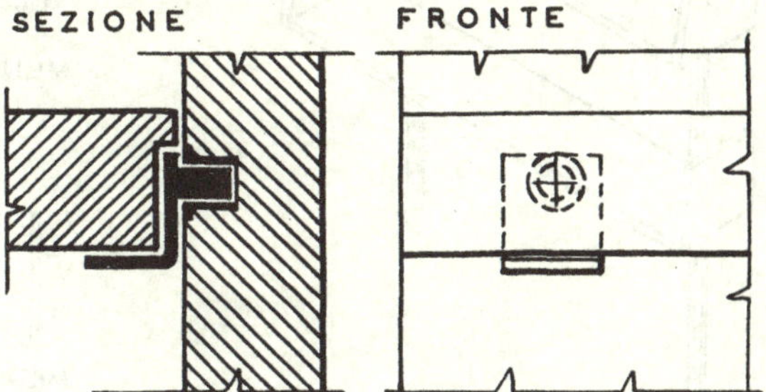

RIPIANI SPOSTABILI

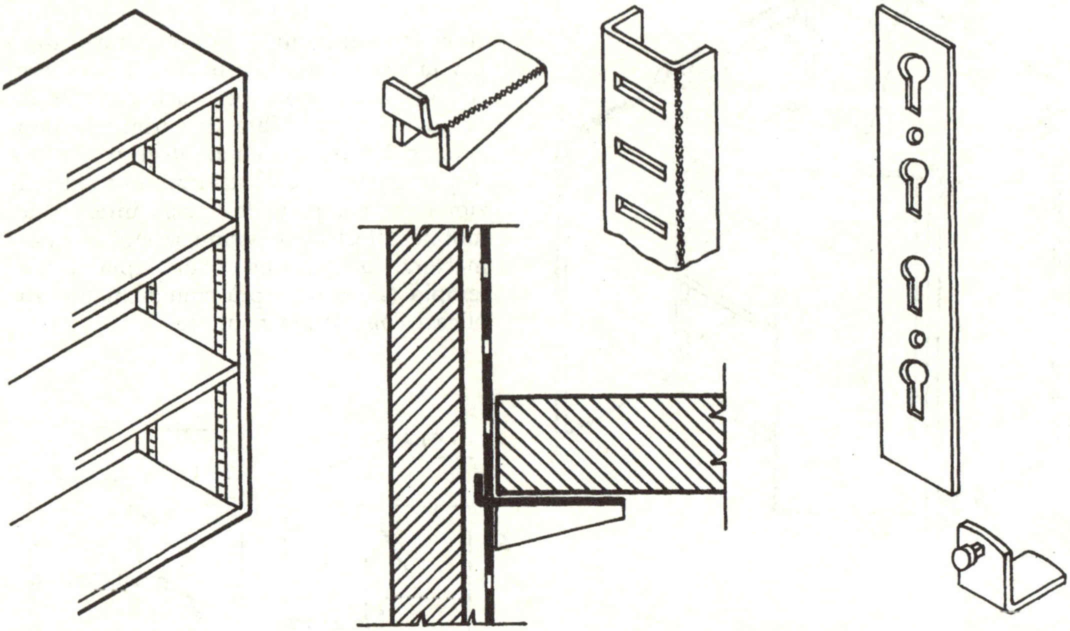

PORTA RIPIANI A CREMAGLIERA

In alto: Applicazione di ripiani spostabili con cremagliera. Le cremagliere sono di vari tipi e vengono fissate al mobile con viti.
Sotto: Ripiani spostabili sostenuti con mensole di metallo. Le mensole sono mobili e fissate alla cremagliera a chiave o a coltello.

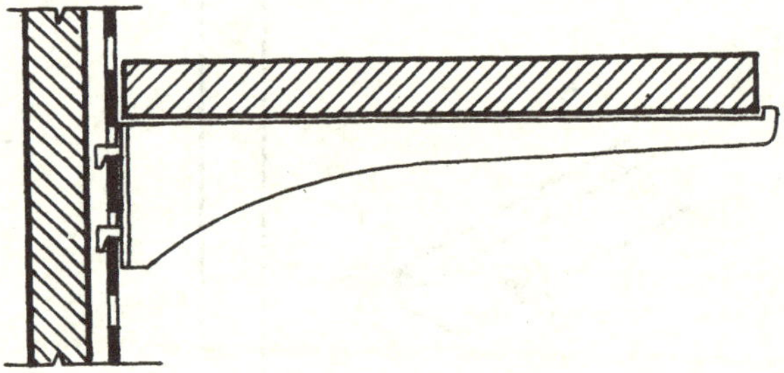

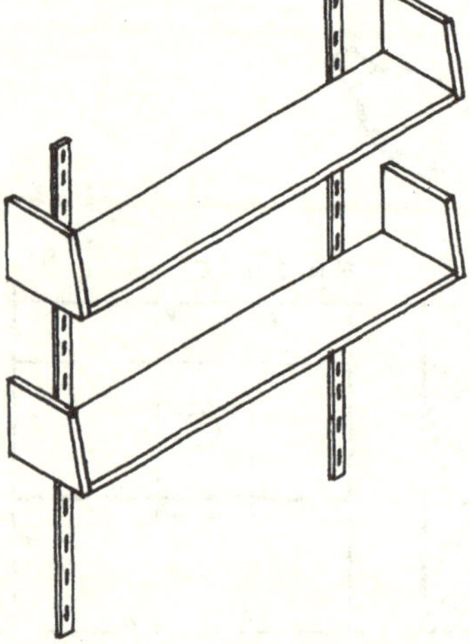

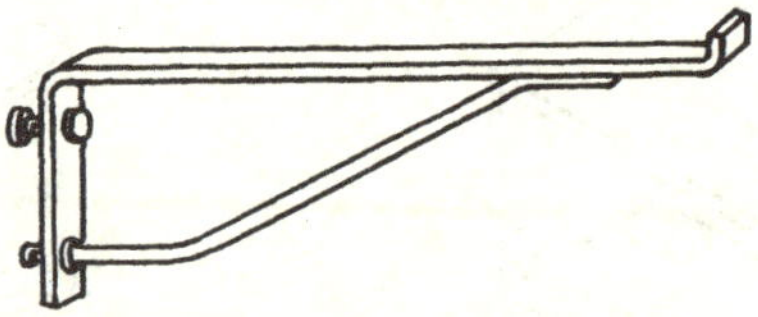

MENSOLA CON SOSTEGNO A CHIAVE

MENSOLA CON SOSTEGNI A COLTELLO

CASSETTI

Il cassetto è uno degli elementi più utili ed importanti nella costruzione del mobile; dal suo funzionamento si può stabilire la più o meno accurata esecuzione di un mobile. I cassetti si distinguono in esterni od interni: esterno, cioè in vista sul fronte del mobile, interno quando è ricoperto dall'anta del mobile stesso. I cassetti possono essere inseriti nel mobile in varie maniere, spesso scorrono su guide di legno o di metallo. Illustriamo gli esempi comuni.

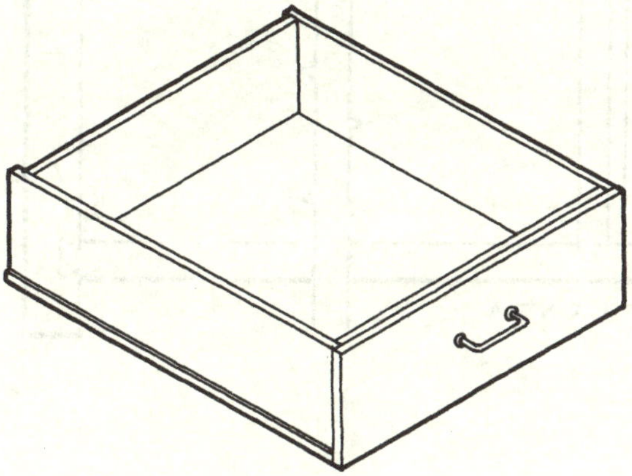

A. Costruzione semplificata di un cassetto

La costruzione di un comune cassetto può essere realizzata con un metodo molto semplice. Esempio (A): si costruisce una cassetta delle misure desiderate inchiodando o avvitando le varie parti, si applica poi sulla cassetta un frontale avvitato dall'interno, per coprire le unioni.

B. Cassetto con frontale ad incastro; è poco consigliabile essendo l'unione di resistenza relativa.

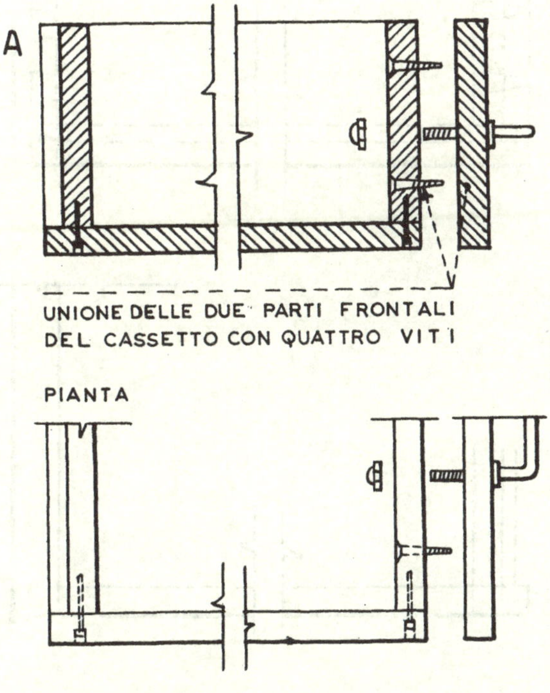

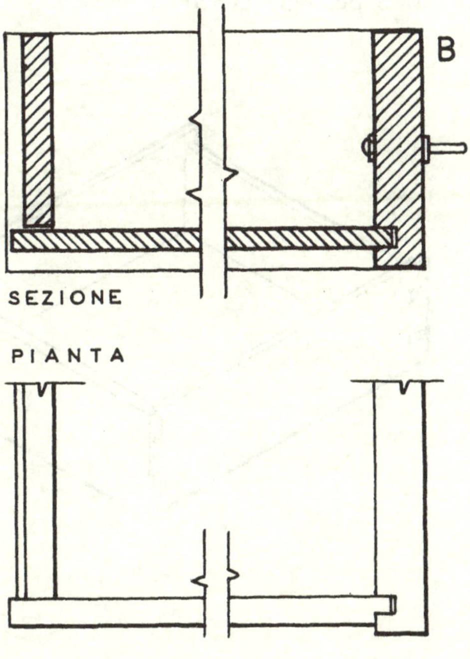

CASSETTI

A. Cassetto con unione a coda di rondine verticale. Di largo uso per produzione normale, con ottimo risultato.

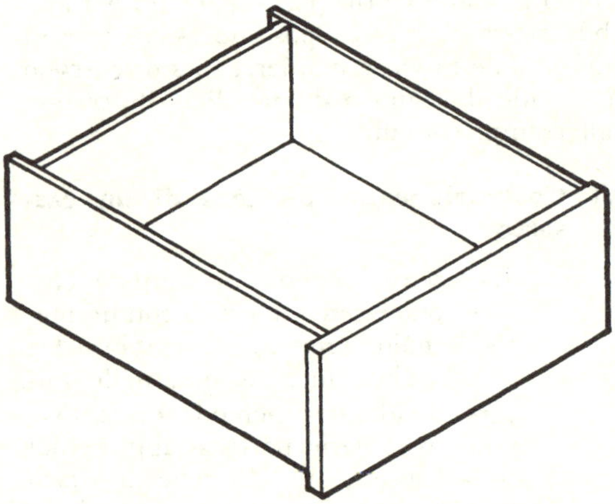

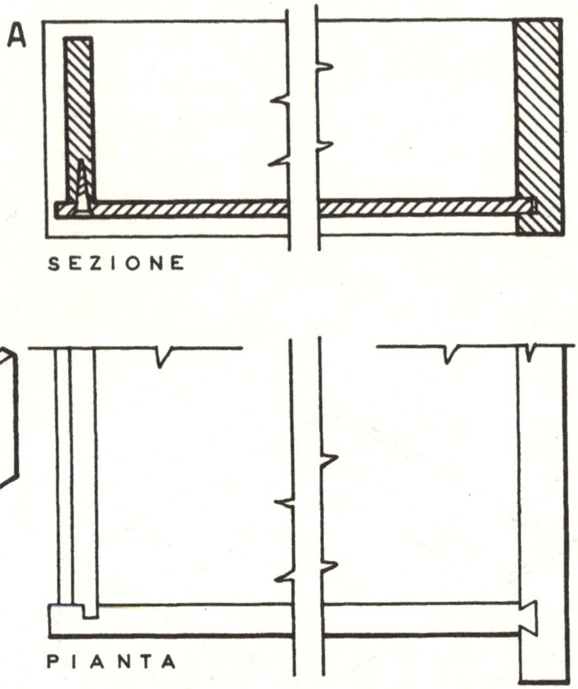

B. Cassetto con unione a coda di rondine visibile sui fianchi. È il migliore metodo di costruzione, largamente usato per ogni genere di lavoro.

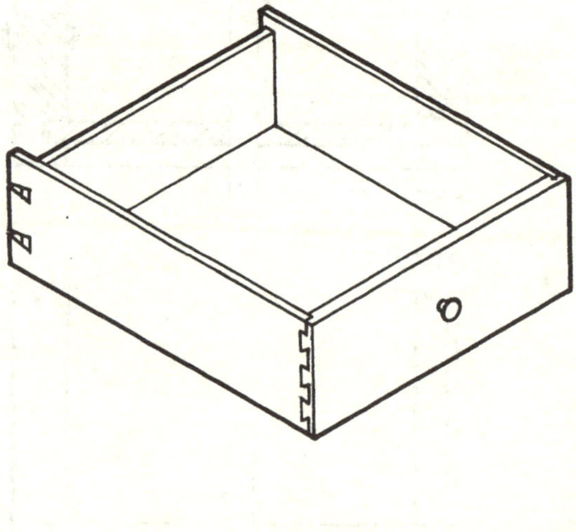

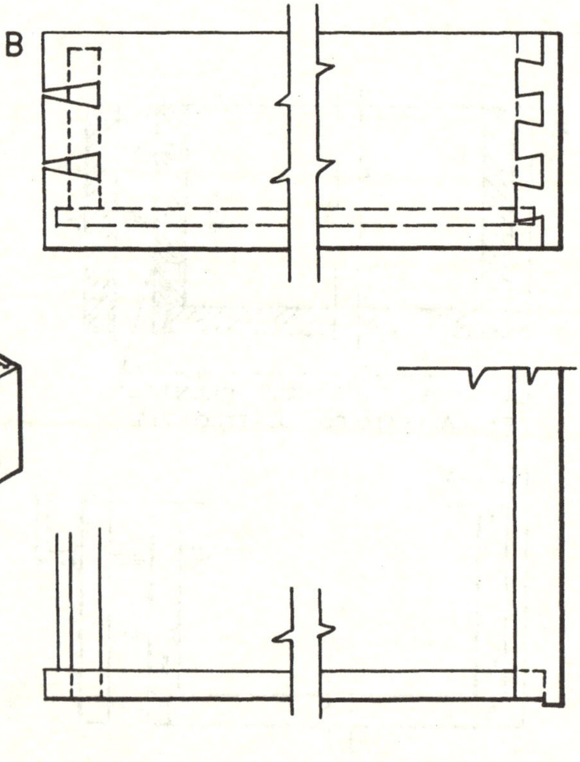

A. e B. Due esempi di cassetti con piani divisori disposti fra cassetto e cassetto. (A) Il traverso divisorio è in vista sulla fronte del mobile. In (B) i traversi divisori sono arretrati e coperti dal frontale del cassetto. Entrambi i metodi sono largamente usati per ogni tipo di mobile.

C. Cassetto con frontale a ribalta, usato per mobili d'ufficio.

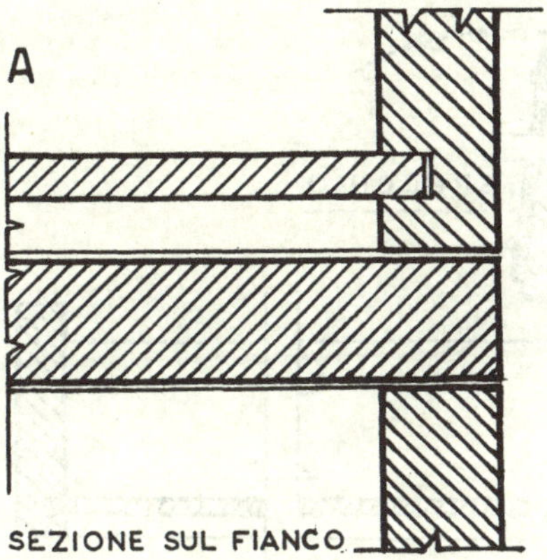

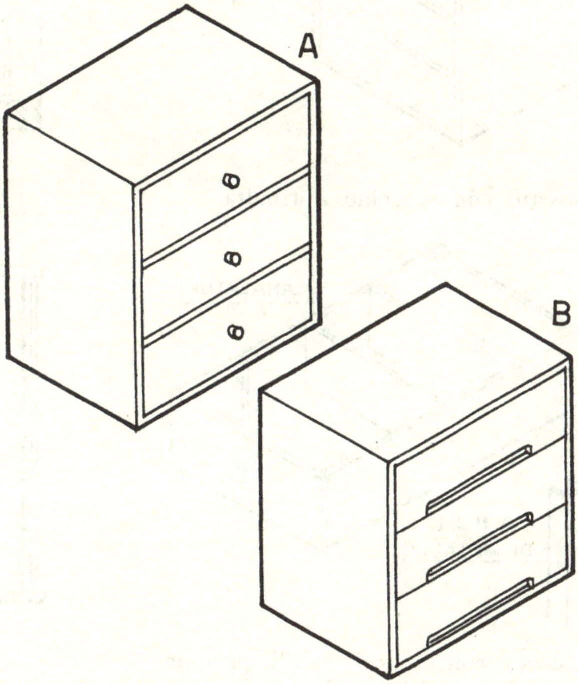

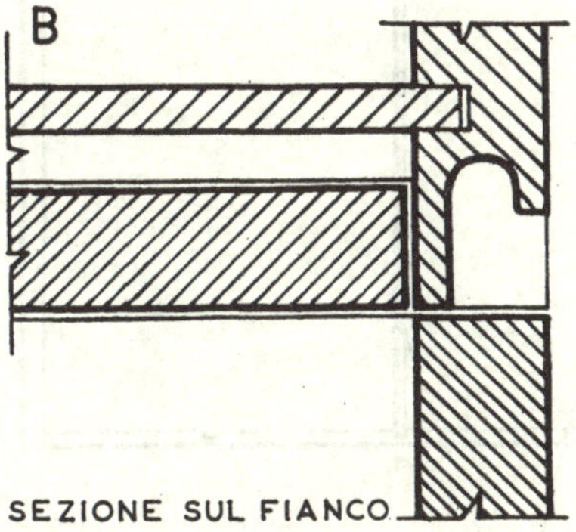

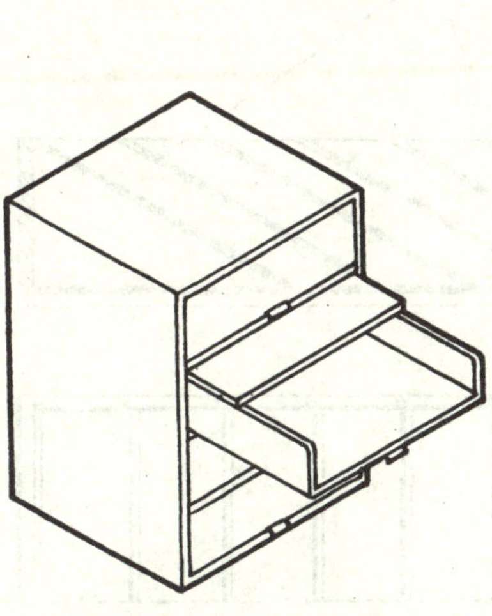

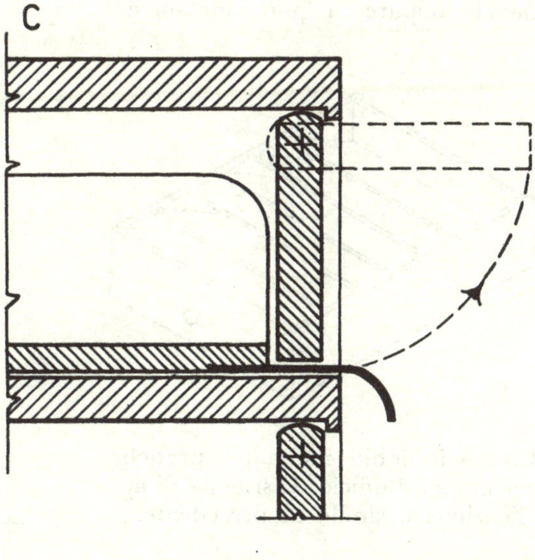

CASSETTI DI PARTICOLARE IMPIEGO

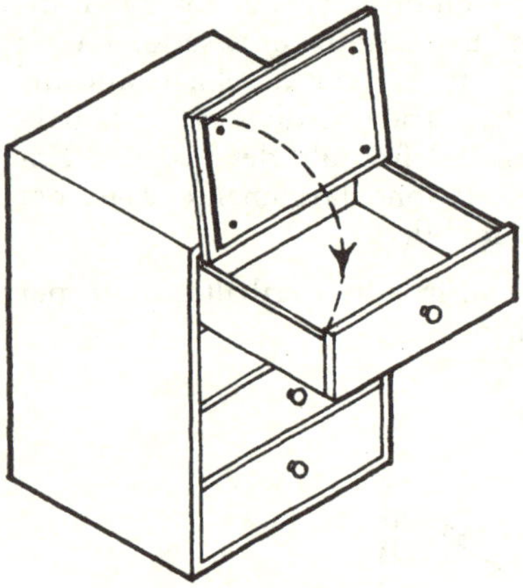

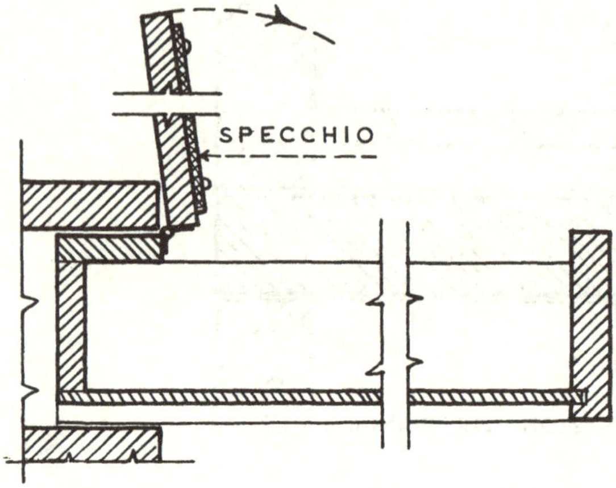

Cassetto con specchio a ribalta.

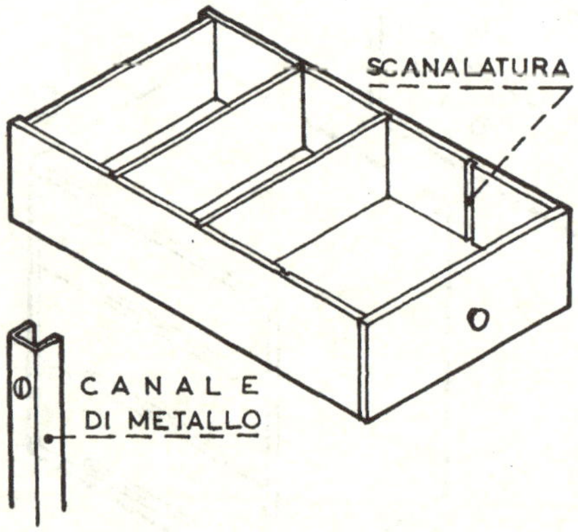

Cassetto con divisori mobili: possono essere inseriti in scanalature fatte sui fianchi oppure in guide metalliche.

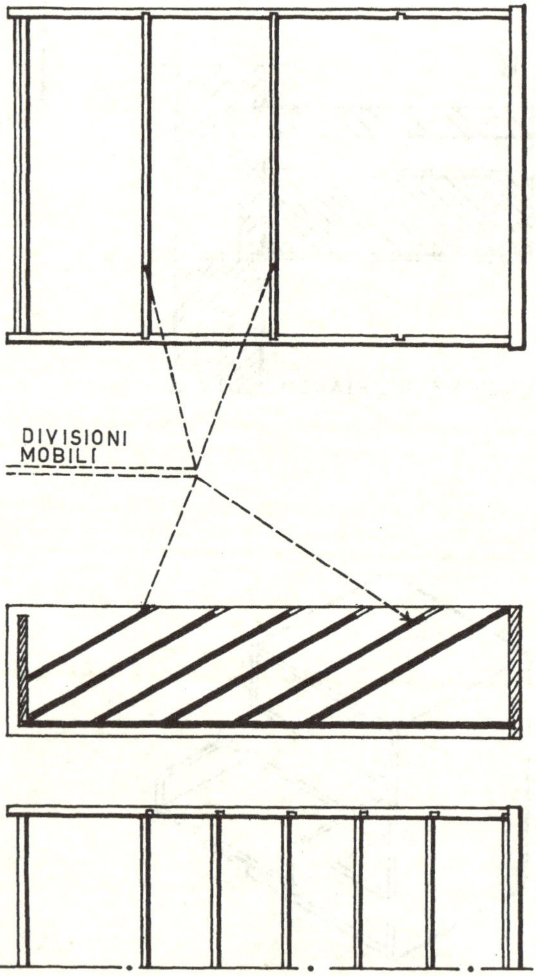

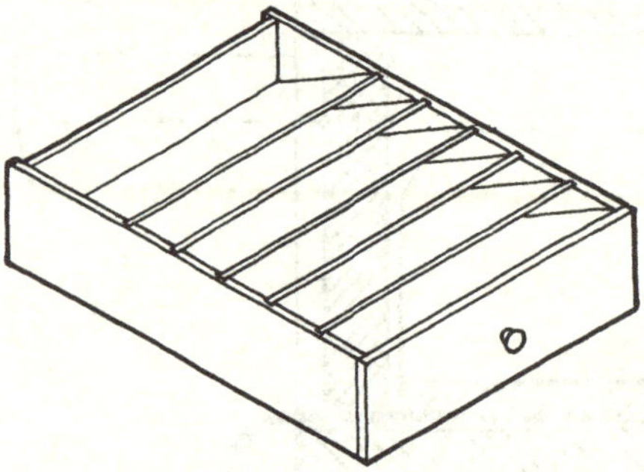

Divisioni mobili inclinate: pratiche per mobili d'ufficio. Il sistema di applicazione è simile al precedente.

CASSETTI DI PARTICOLARE IMPIEGO

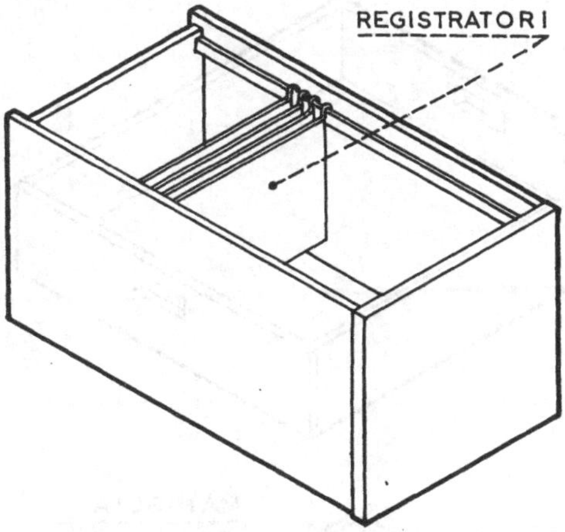

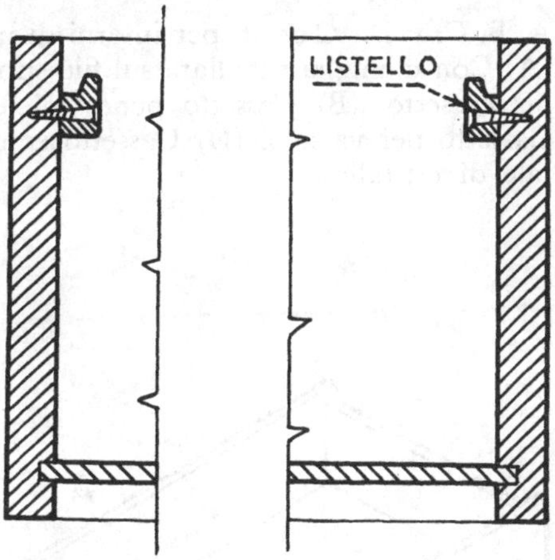

Cassetto con registratori per la corrispondenza. I registratori sono appesi su listelli di legno fissati ai fianchi.

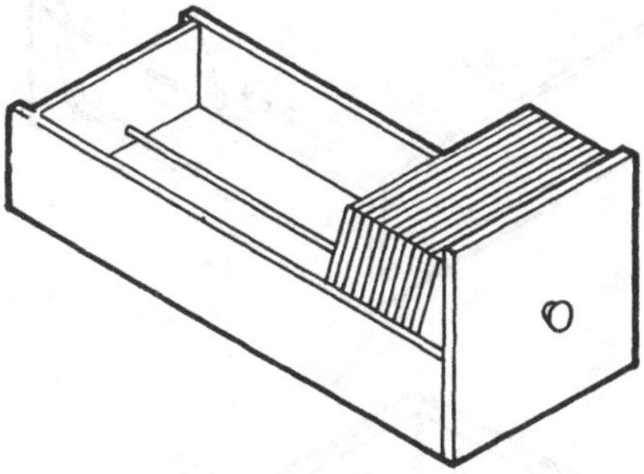

Cassetto con registratori per ufficio.

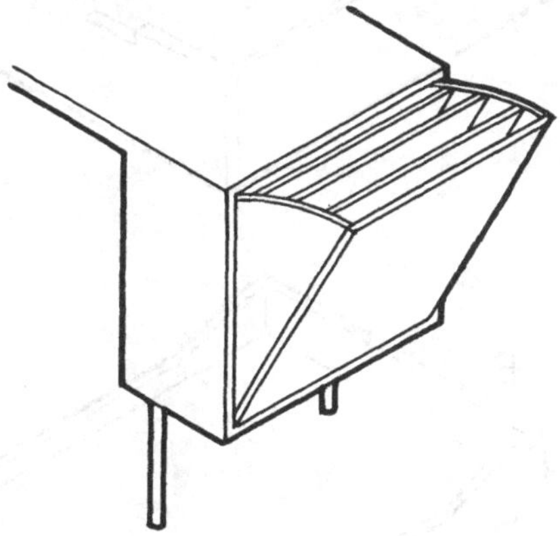

Cassetto con apertura a ribalta, pratico per scrittoio.

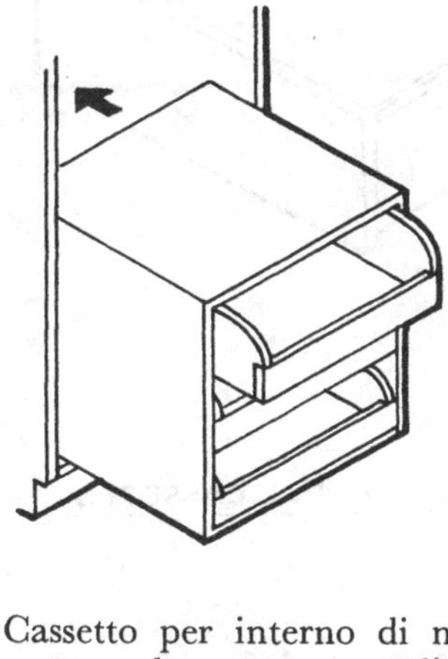

Cassetto per interno di mobile, particolarmente adatto per armadi.

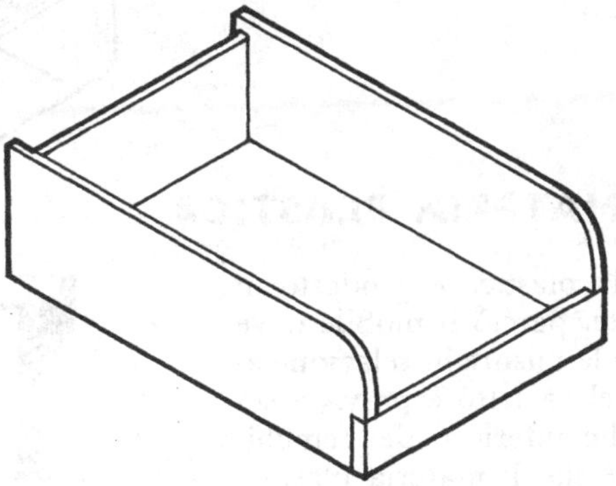

CASSETTI DI PARTICOLARE IMPIEGO

A. B. C. e D. Cassetti per interni di mobili. (A) Con maniglia ritagliata sul filo superiore del cassetto. (B) Cassetto per camicie. (C) Cassetto per vassoio. (D) Cassetto con frontale di cristallo.

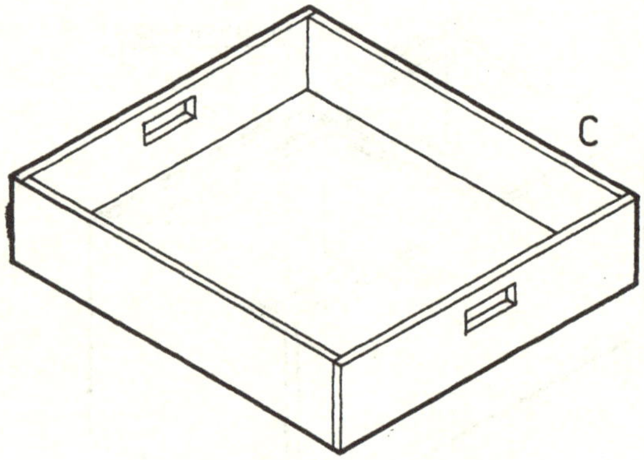

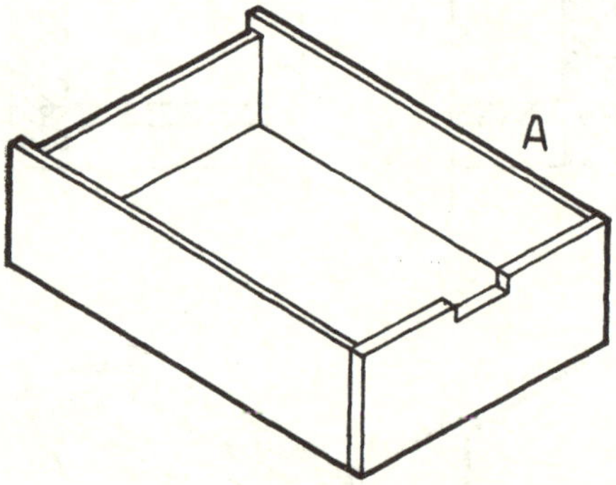

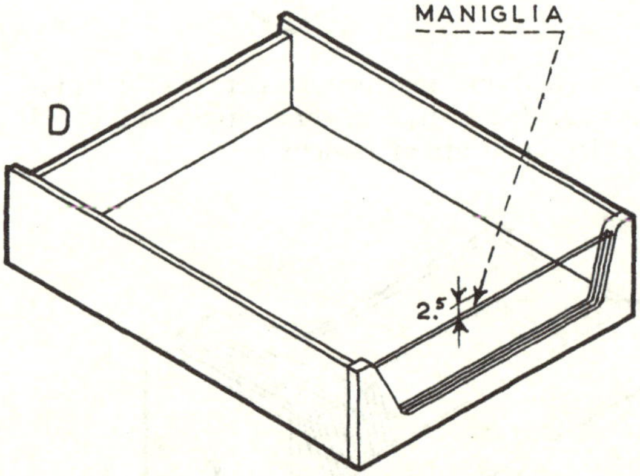

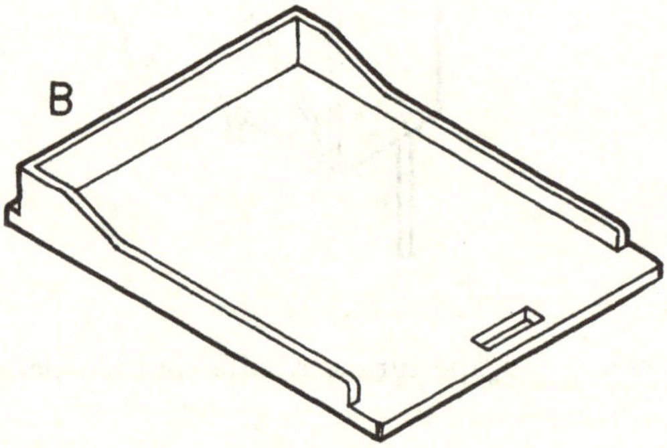

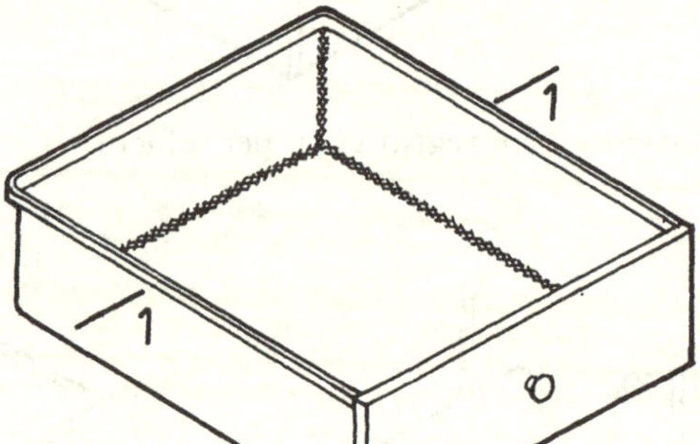

CASSETTI DI MATERIA PLASTICA

Il cassetto di materia plastica è prodotto in misure standardizzate, perciò il mobile deve essere progettato con le misure in relazione al cassetto. La guida del cassetto è prevista sia sul lato superiore che inferiore dei fianchi. Il frontale può essere sia di materia plastica che di legno. Le maniglie si applicano come ai cassetti di legno.

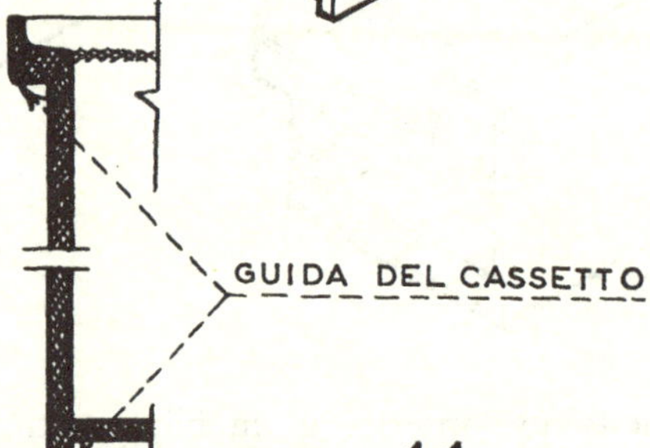

SEZIONE 1-1

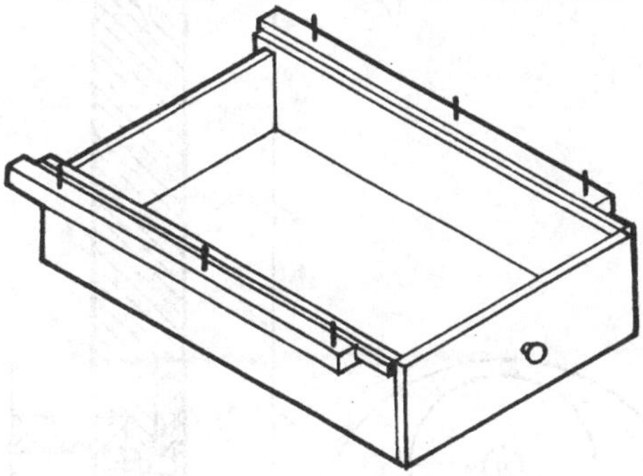

Cassetto con guide applicate al filo superiore del fianco, realizzate con listelli avvitati al cassetto e al mobile.

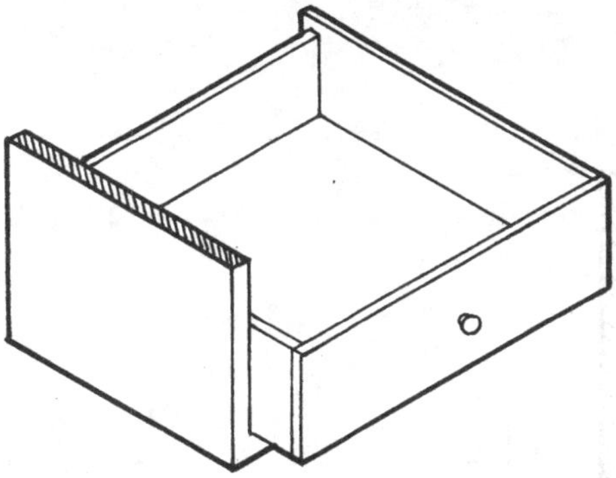

Cassetto con guida applicata nella parte inferiore; di facile esecuzione e di ottimo risultato.

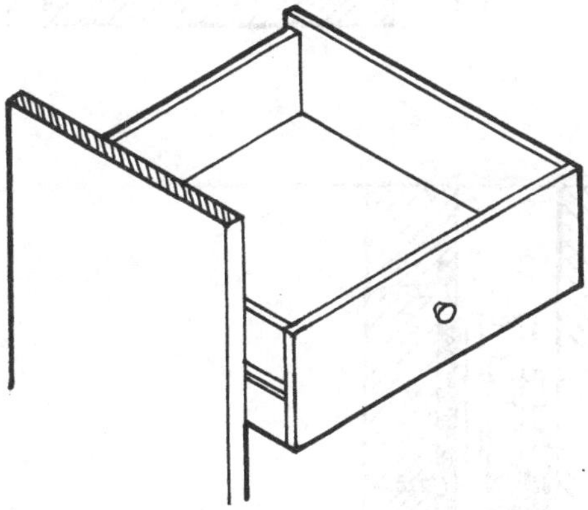

Guida del cassetto realizzata con una scanalatura tagliata sui fianchi dello stesso e listelli avvitati sui fianchi interni del mobile. Sistema di facile esecuzione e di pratico funzionamento.

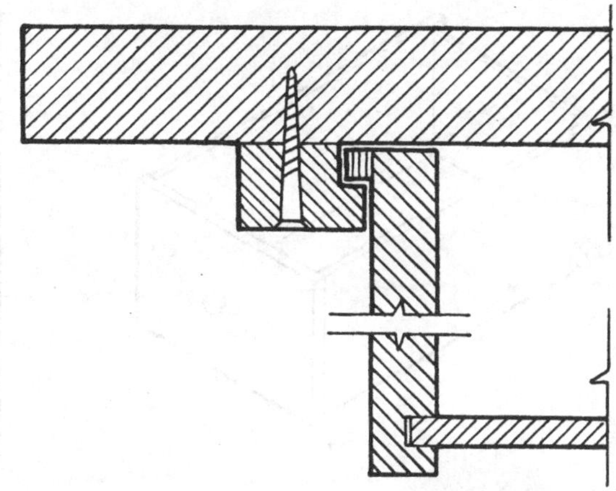

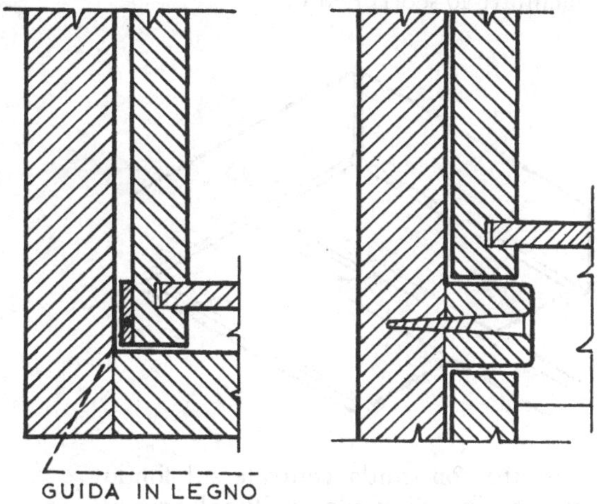

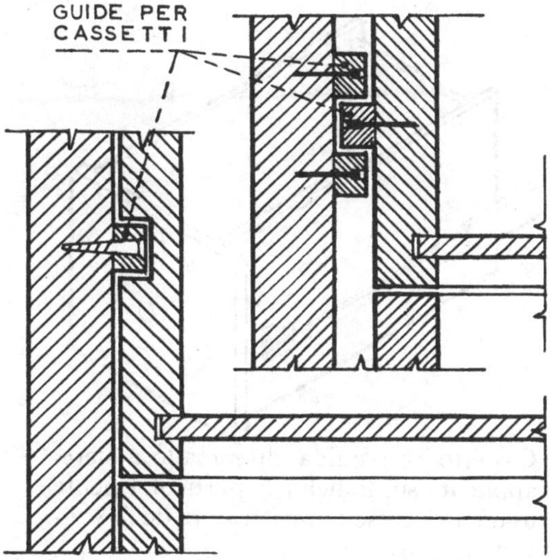

GUIDE PER CASSETTI

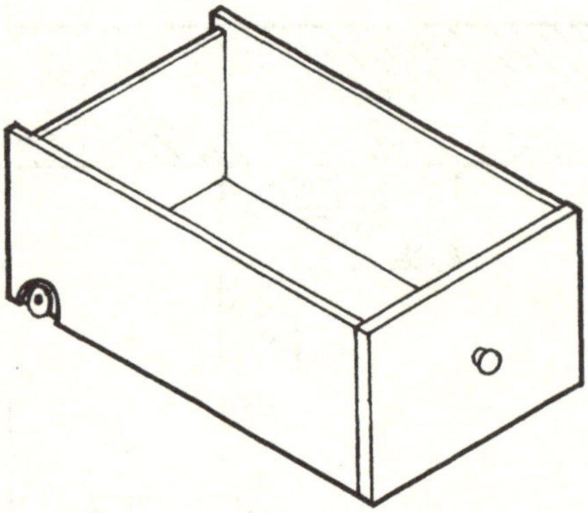

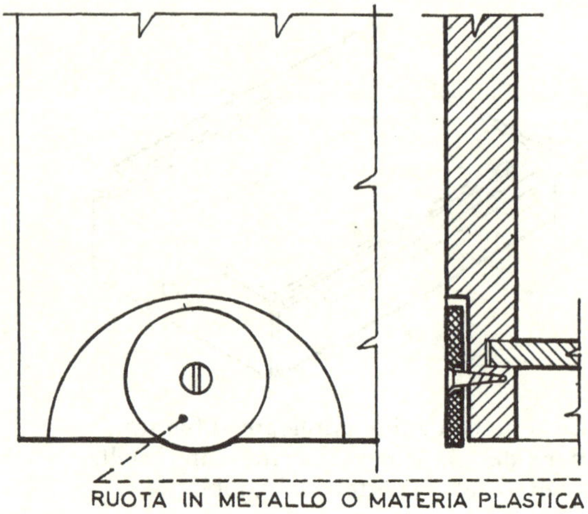

Rotelle applicate a cassetti pesanti per facilitare lo scorrimento.

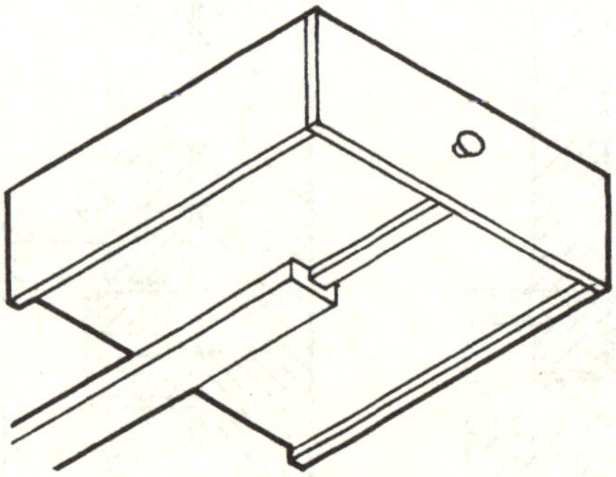

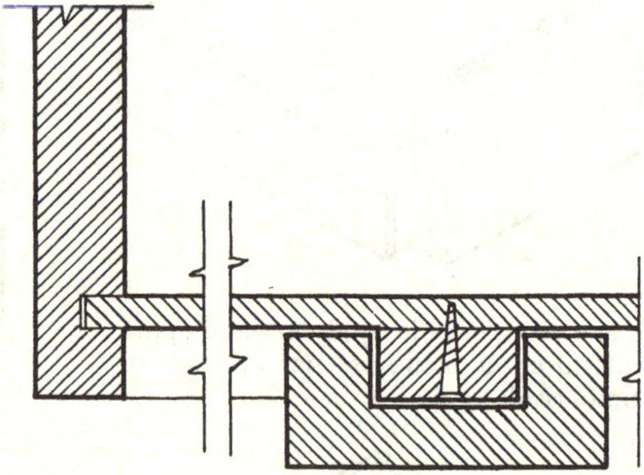

Cassetto con guida centrale sul fondo; questo tipo di guida facilita lo scorrimento del cassetto ed è di facile applicazione.

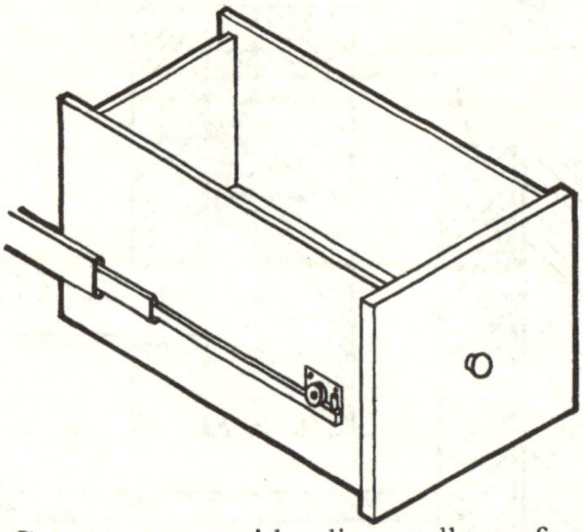

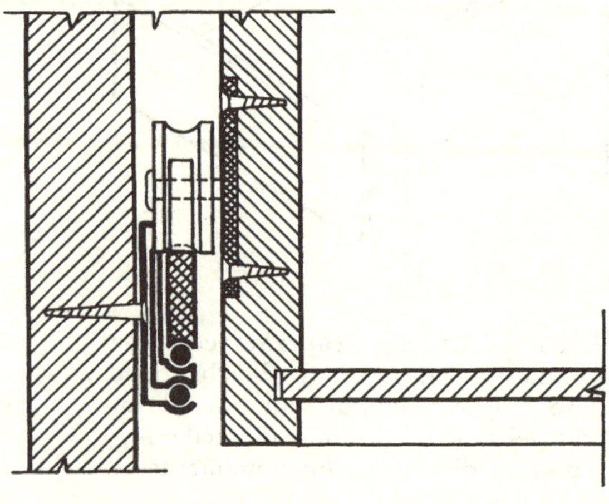

Cassetto con guida di metallo a sfere, applicata sui fianchi. È particolarmente usata per cassetti registratori delle scrivanie.

GUIDE PER CASSETTI

Cassetto con guida di metallo a sfere, applicata sul fondo. Con caratteristiche simili alla precedente, però usata per cassetti di uso normale.

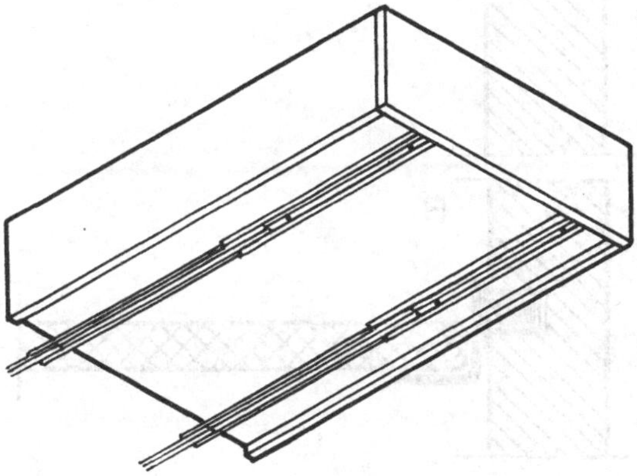

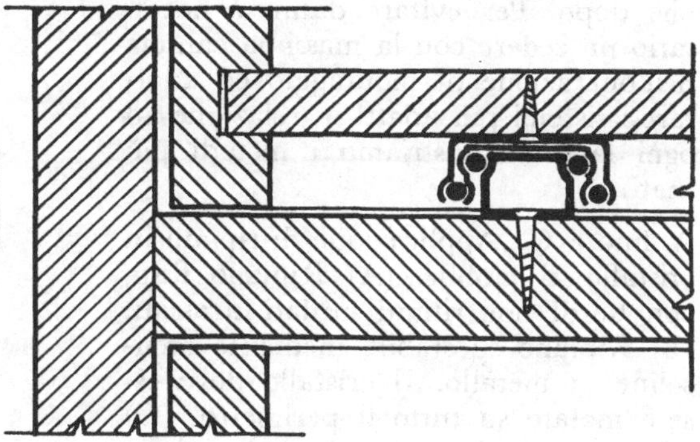

FERMI PER CASSETTI

Due esempi di fermi per cassetti. Il fermo nei cassetti è consigliabile, ma deve essere applicato solo in cassetti di una certa profondità.

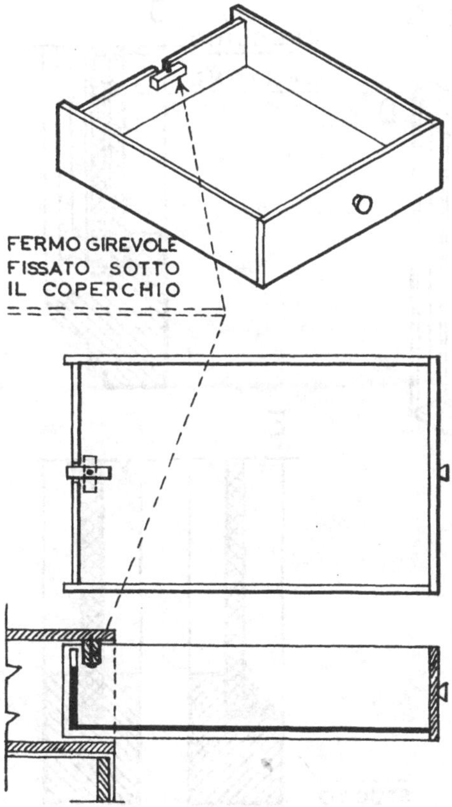

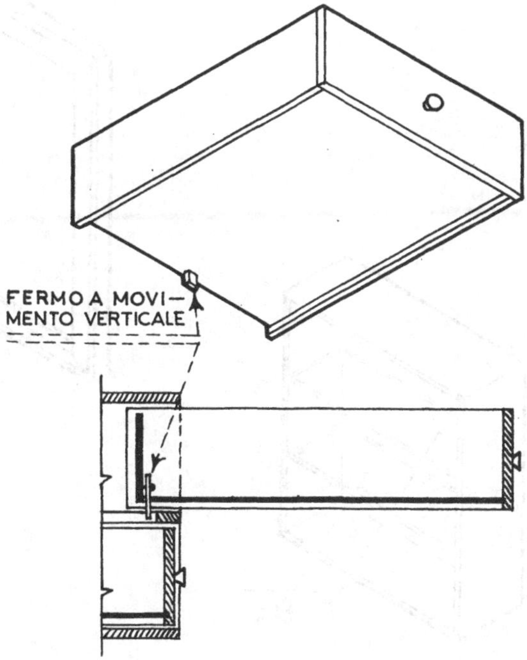

APPLICAZIONI DI CRISTALLI

L'applicazione dei cristalli o di specchi è una delle operazioni più delicate nella costruzione di un mobile, per la facilità di rottura sia durante l'applicazione che dopo. Per evitare danni è necessario procedere con la massima cautela nell'operazione di montaggio ed adottare i sistemi più adatti in relazione ad ogni lavoro. Illustriamo i metodi più usati.

A. fino a C. Applicazione di ripiani in cristallo al mobile. (A) Ripiano fisso, con bordi non rifiniti sui lati incassati. (B) Ripiano spostabile mediante mensoline di metallo. Il cristallo deve essere molato su tutto il perimetro. (C) Altro sistema di applicazione di ripiano spostabile in cristallo, con caratteristiche simili al precedente.

D. Metodo d'applicazione di un vetro o di un cristallo entro una cornice.

E. e F. Applicazione del vetro nel telaio, (E) per mezzo di stucco, (F) in scanalatura. Entrambi i sistemi sono largamente usati per infissi.

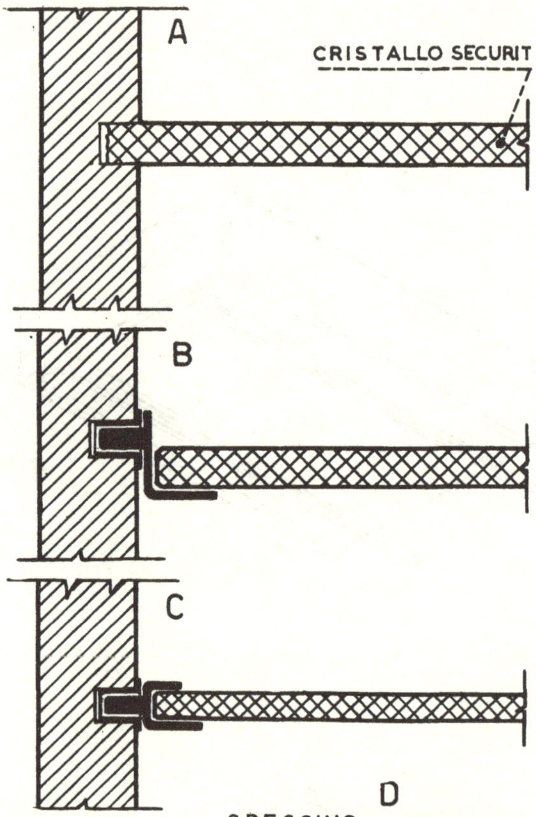

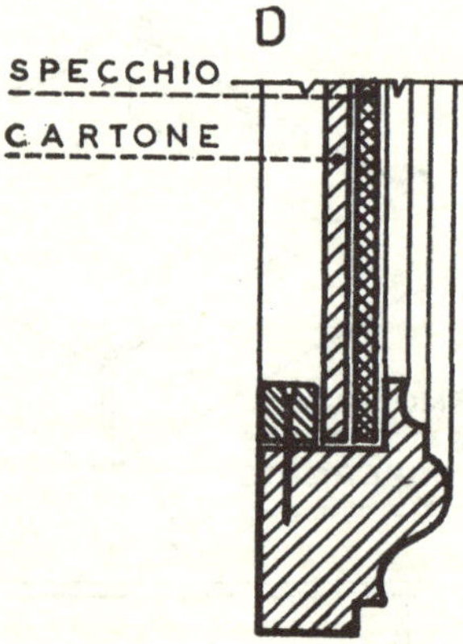

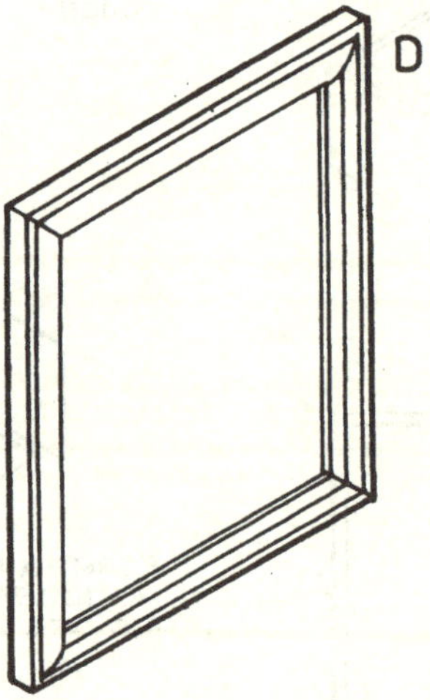

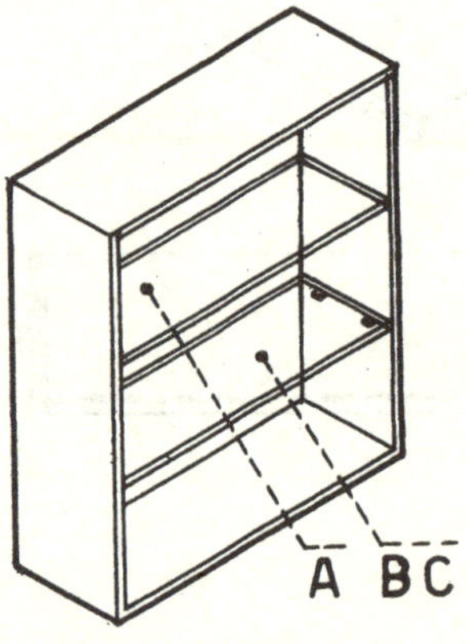

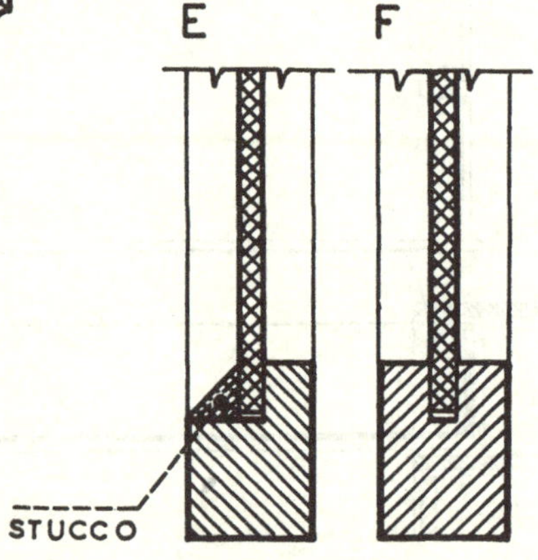

APPLICAZIONI DI CRISTALLI

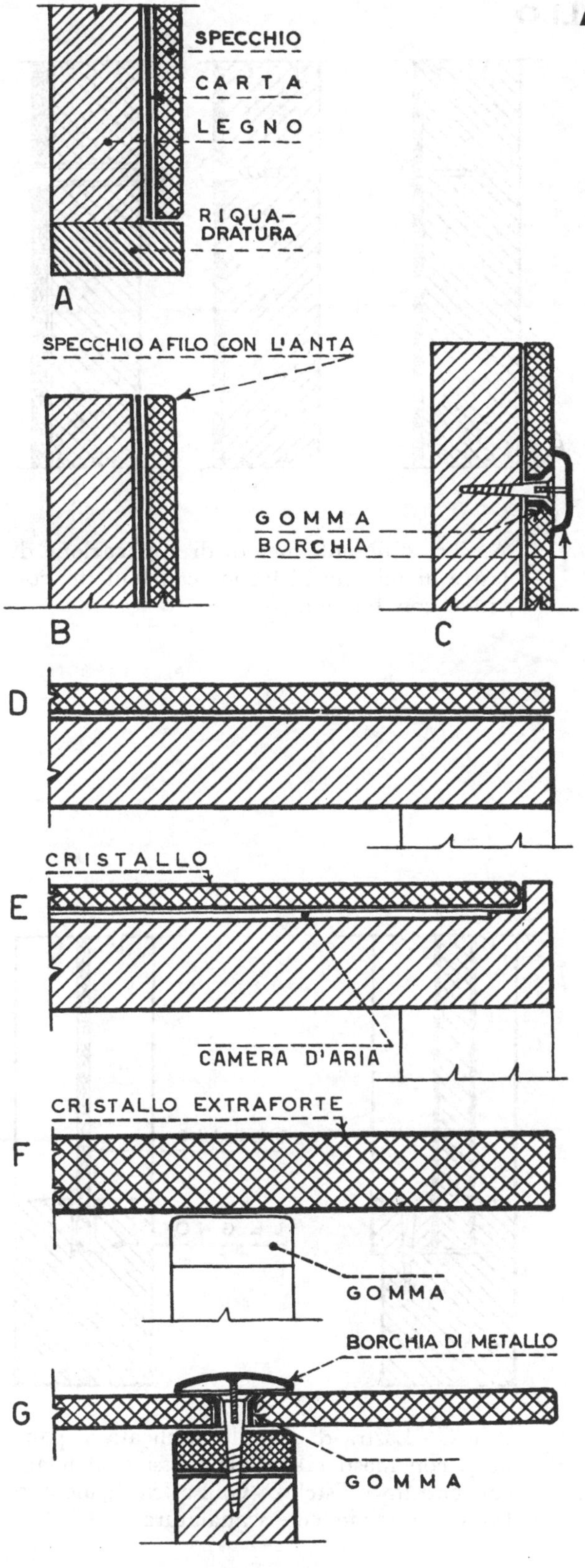

A. B. e C. Vari sono i sistemi di applicazione di cristalli o di specchi su piani verticali; i secondi sono largamente usati sia all'interno che all'esterno di ante per armadi. (A) Applicazione di specchio su piano verticale per mezzo di speciale mastice o con colla da falegname (se si usa la colla da falegname occorre incollare fra lo specchio ed il legno un foglio di carta ruvida). Per grandi specchi è consigliabile rendere più solido l'attacco con una battuta. (B) Sistema simile al precedente ma senza battuta e adatto solo per l'applicazione di piccoli specchi. (C) Applicazione di specchi con viti ricoperte da borchie; per sicurezza fra le viti e lo specchio è interposto un rivestimento di gomma.

D. fino a G. Applicazione di cristalli su piano orizzontale. (D) Solo per grandi cristalli è indicata l'applicazione del cristallo a filo, perchè la stabilità è garantita dal peso stesso della lastra. (E) Cristallo applicato in battuta; si noti il rialzo del cristallo, per evitare macchie nei punti di contatto con il legno. (F) Applicazione di cristallo extraforte con anello di gomma di separazione fra legno e cristallo. (G) Applicazione di cristallo con vite ricoperta da borchia.

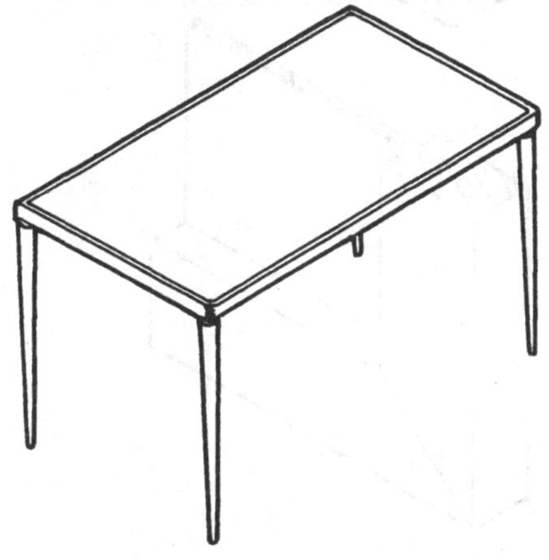

UNIONI DI LEGNO E METALLO

Nella costruzione del mobile spesso è necessario unire delle parti di metallo al legno. Vari sono i metodi di unione ed ogni tipo è in relazione alla forma del metallo da applicare: le lastre sono applicate al legno per mezzo di bullette o con mastice speciale; i tubi di metallo sono applicati per mezzo di viti o a incastro.

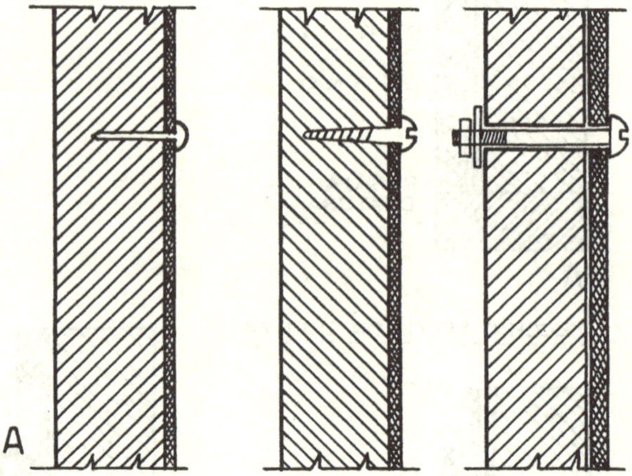

A. Tre differenti metodi di applicazione di lastre di metallo al legno: con bullette, con viti e con bulloni.

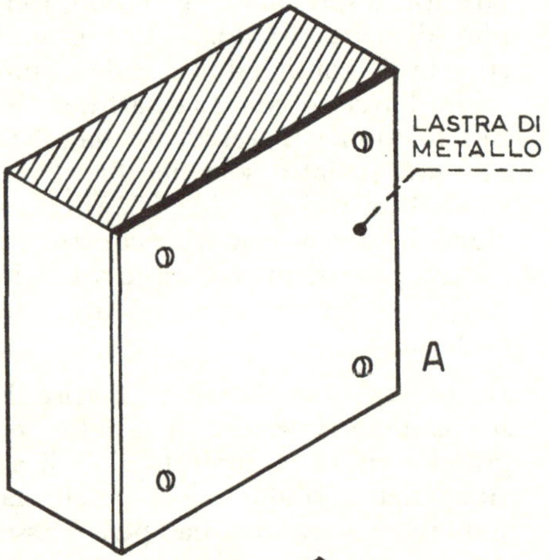

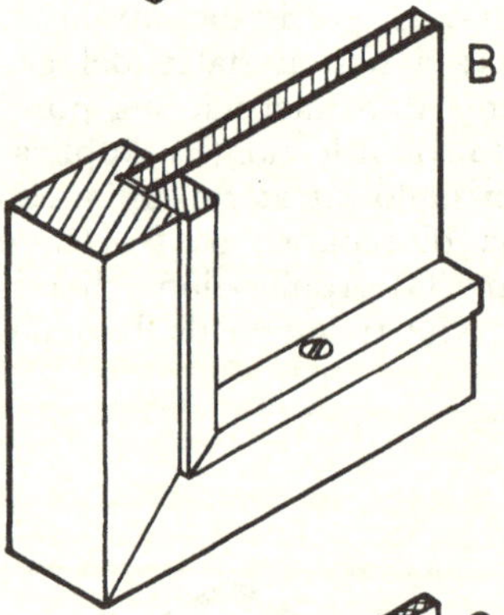

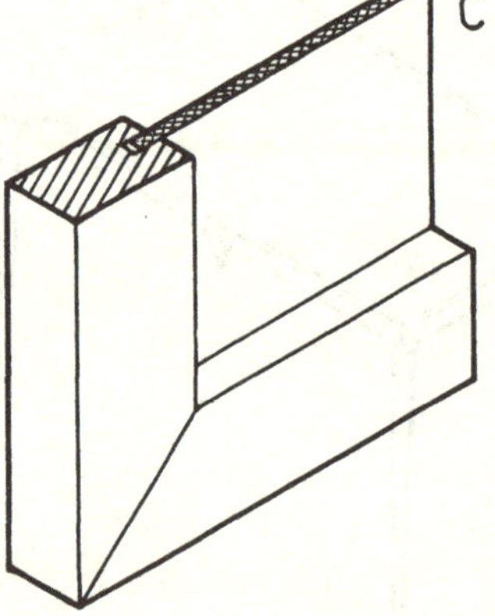

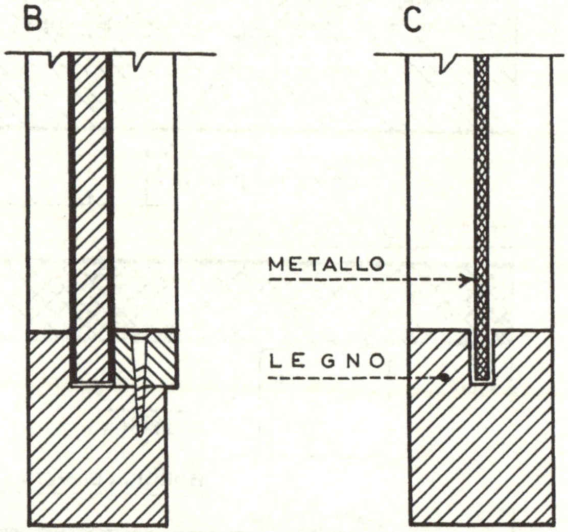

B. e C. Lastra di metallo applicata al pannello con mastice speciale e fissata al telaio con battuta e listello. (C) Lastra di metallo fissata al telaio con scanalatura.

UNIONI DI LEGNO E METALLO

A

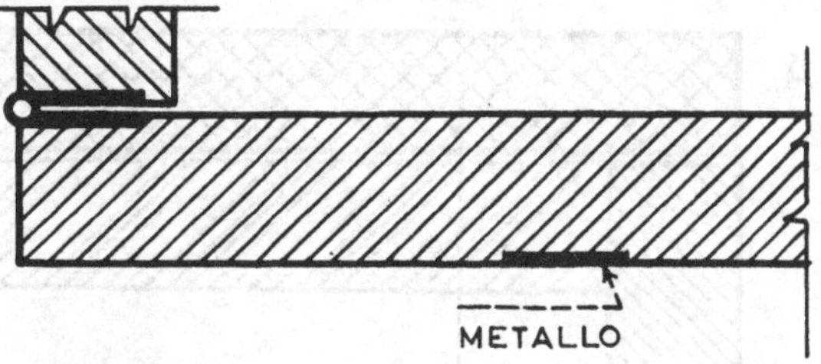

B

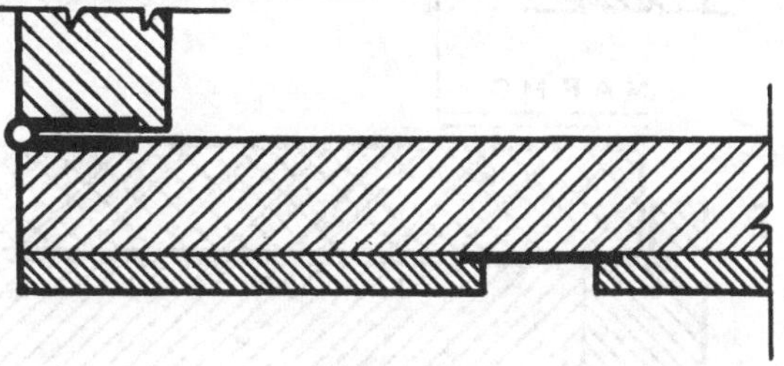

A. e B. Due differenti metodi di applicazione di fasce di metallo ad una superficie di legno. (A) Applicazione a filo: le fasce sono incollate con mastice speciale; (B) con fasce arretrate in battuta: questo ultimo metodo dà una maggiore garanzia di stabilità.

C. Bracciolo di legno fissato alla struttura metallica tubolare della sedia.

D. Tubi di metallo infilati in un telaio di legno.

C

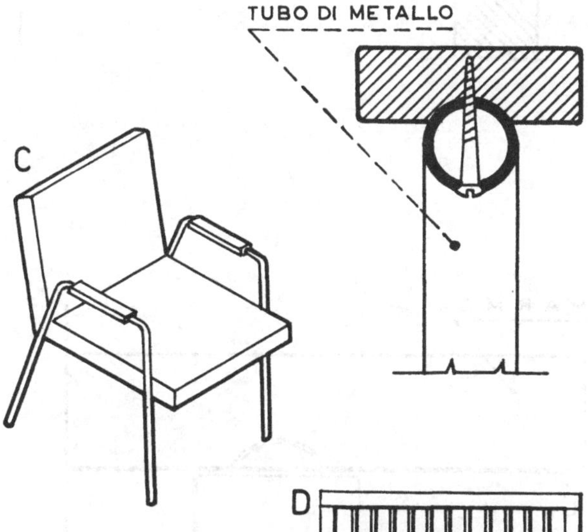

D

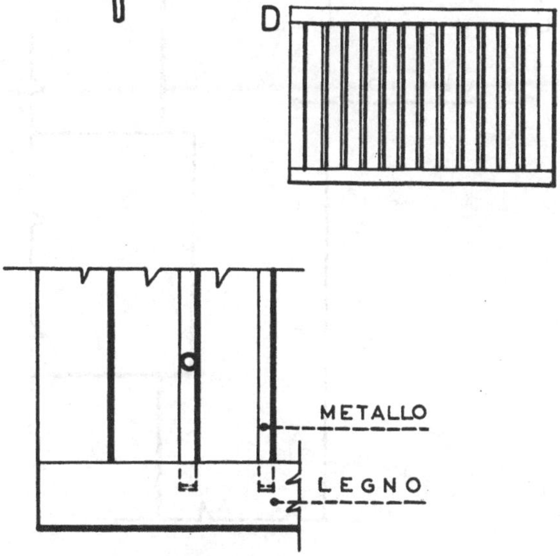

UNIONI DI LEGNO E MARMO

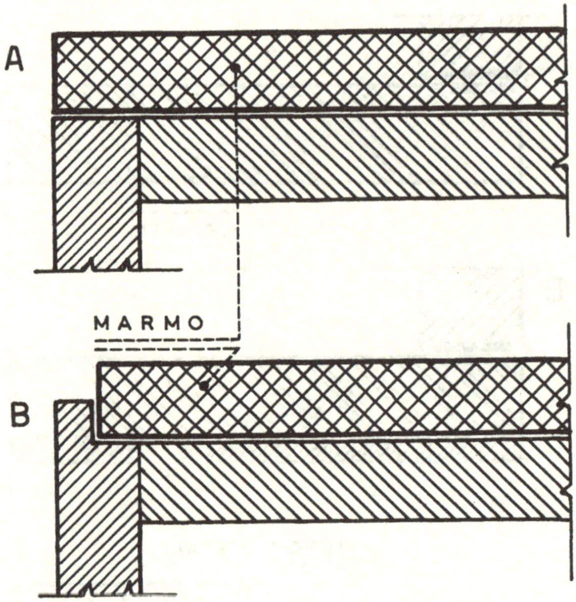

Legno e marmo vengono accoppiati in vari tipi di mobili: tavoli, cassettoni e mobili per pranzo, soggiorno, cucina. L'applicazione del marmo al legno è analoga a quella dei piani di cristallo. I sistemi più usati sono i seguenti:

A. e B. Due semplici tipi di unione di marmo al legno (A) con il piano a filo del legno, il peso stesso del marmo mantiene la stabilità. (B) Per piccoli piani l'unione in battuta è più indicata.

C. Nei tavoli, il piano di marmo è reso stabile da sporgenze applicate sulla base, che si inseriscono in incassature praticate nel marmo.

D. L'applicazione di un cuscinetto di gomma fra le gambe di metallo e il piano di marmo, evita lo spostamento del marmo.

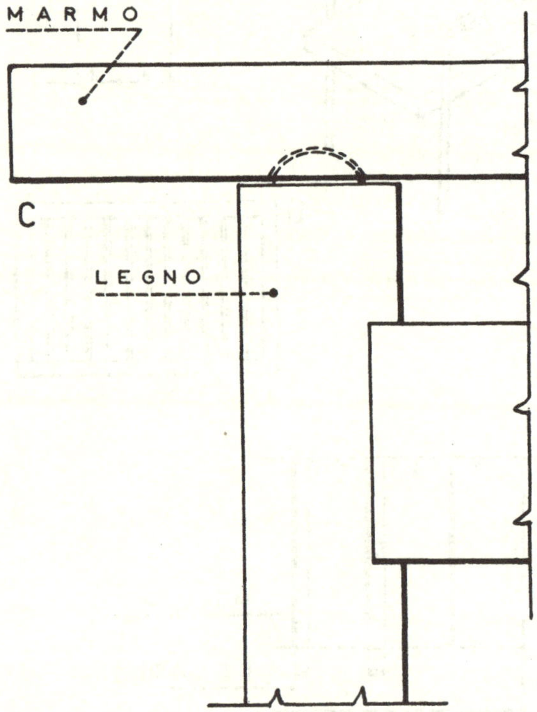

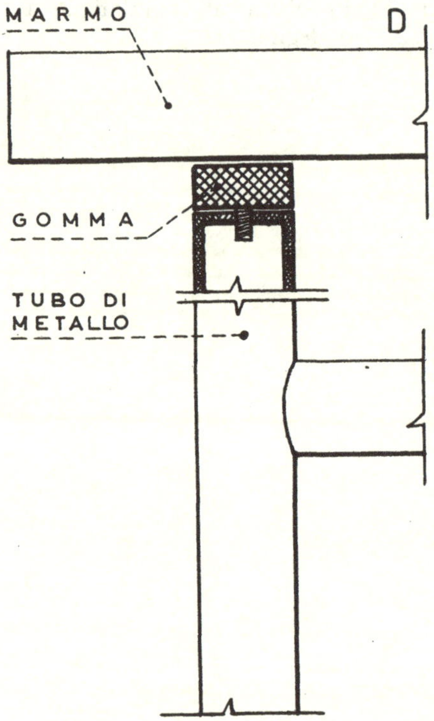

UNIONI DI LEGNO E GOMMA

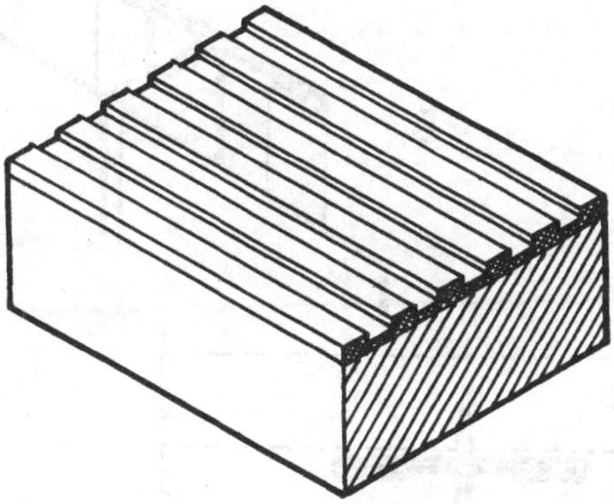

La gomma è un ottimo materiale da rivestimento per mobili. Può essere applicata al legno con mastice o viti a seconda dei casi.

A. e B. Due differenti tipi di gomma liscia e rigata, applicati a un piano di legno con mastice speciale.

C. Applicazione di cuscinetti di gomma con viti sotto i tavoli sovrapponibili; protegge il legno da strisciature.

D. Cuscinetti di gomma, applicati a porte come fermi protettivi.

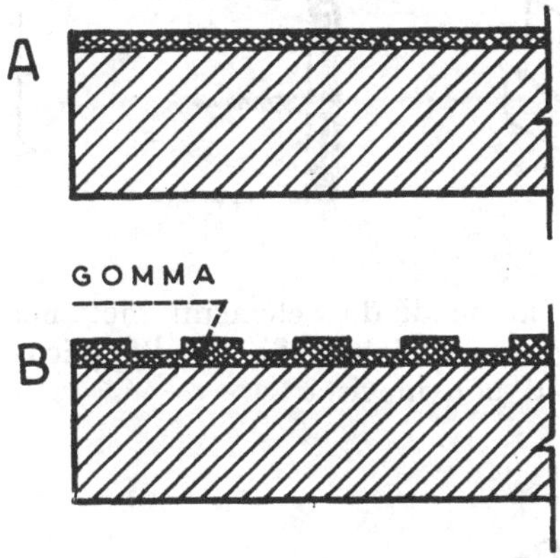

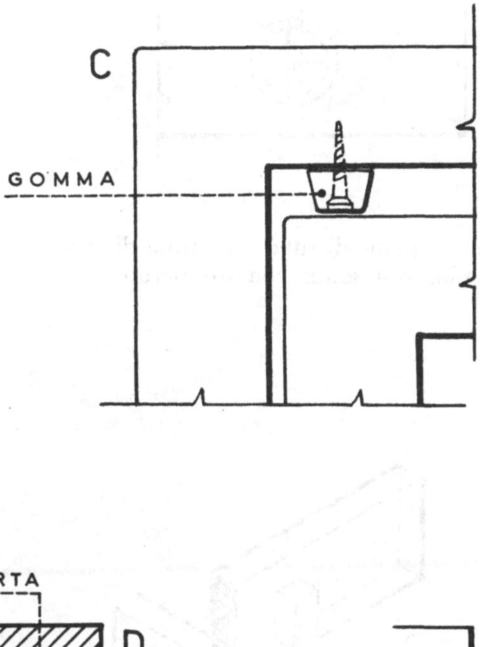

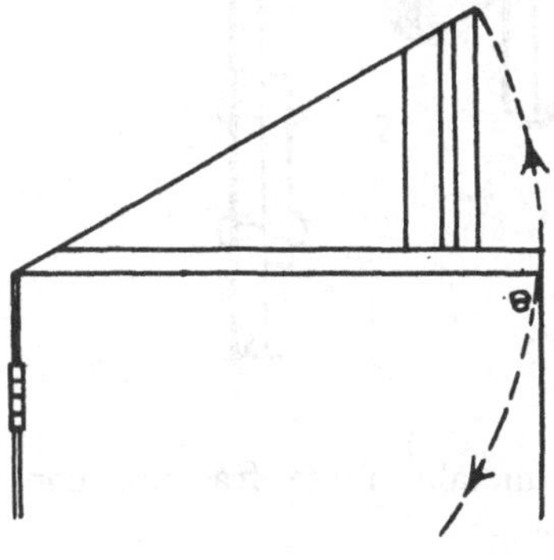

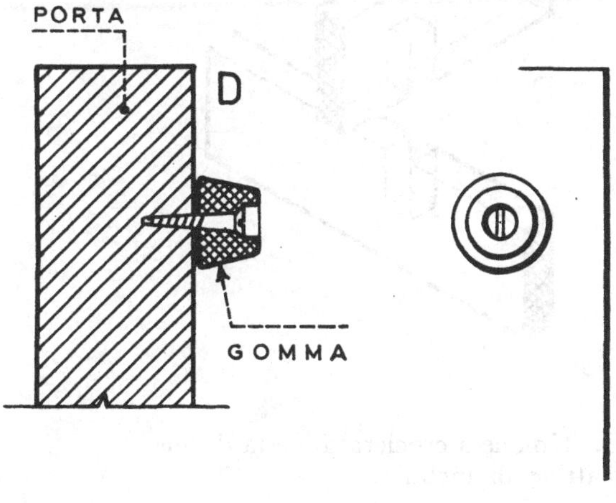

UNIONI DI METALLO

L'unione di vari elementi metallici è molto frequente nella costruzione del mobile moderno. Illustriamo i tipi più comuni di unioni.

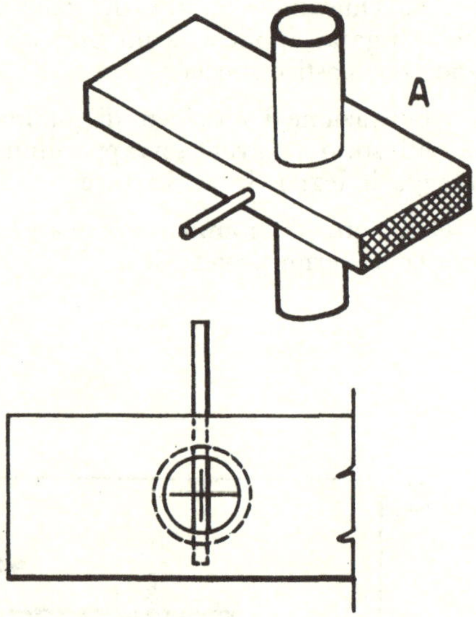

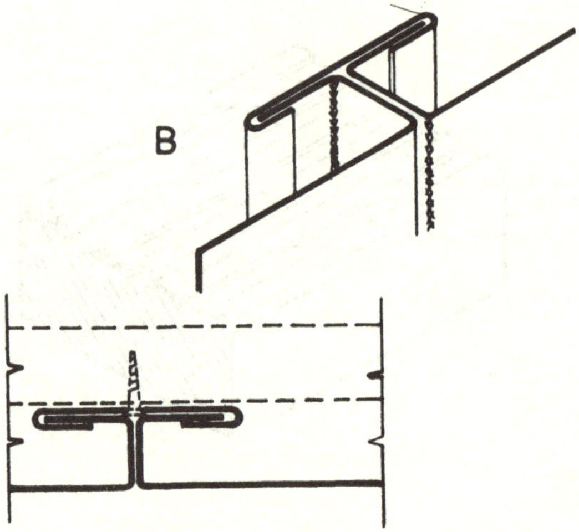

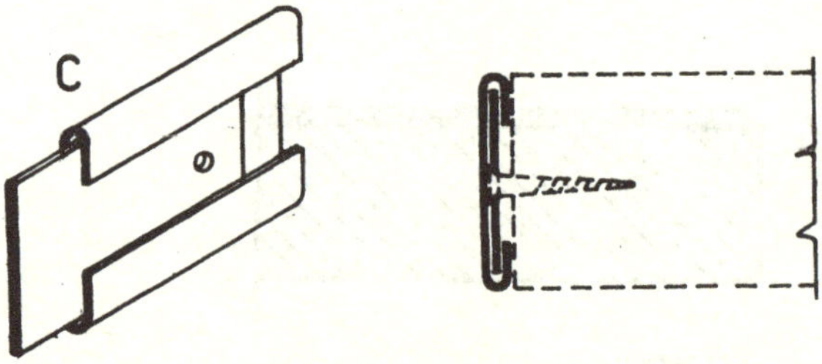

A. Unione di tubo e piattina di metallo, resi solidi con un perno.

B. e C. Unione di due elementi metallici con coprigiunto infilabile. Si noti l'applicazione di viti non in vista.

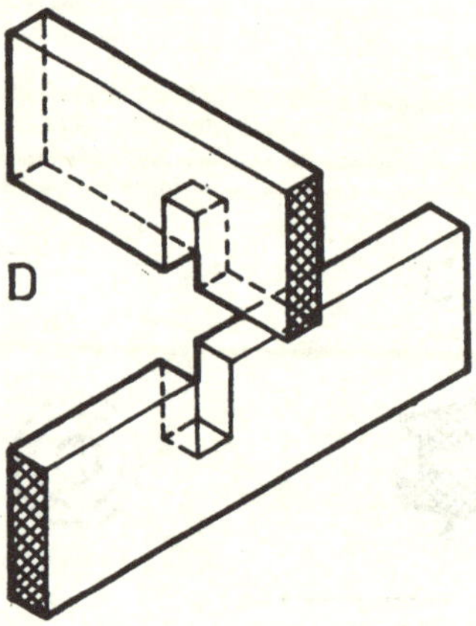

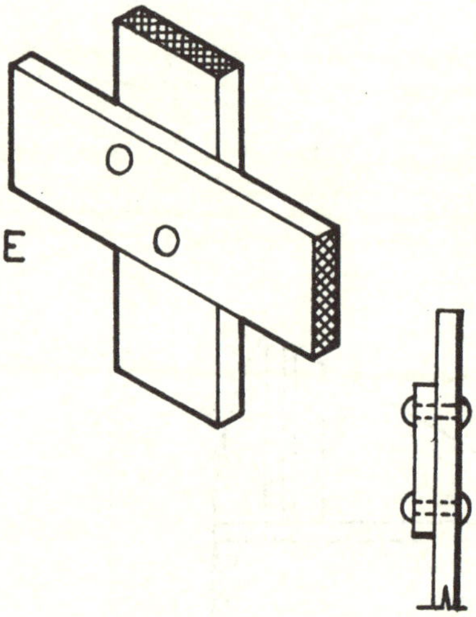

D. Unione a crociera di costa di due piattine di metallo.

E. Piattine di metallo unite fra loro con chiodi ribattuti.

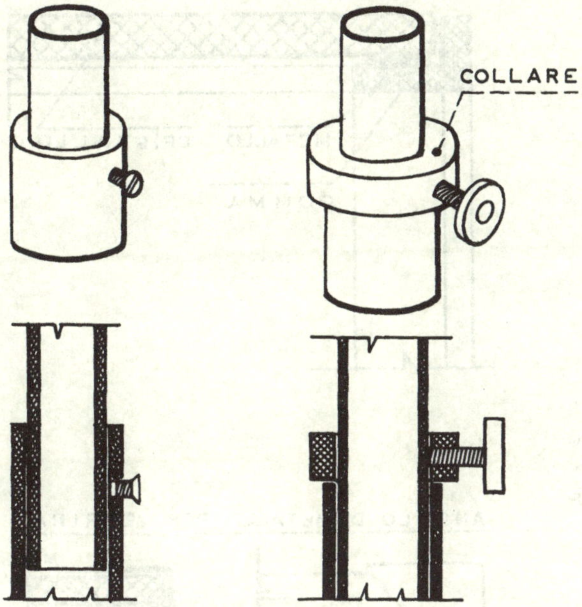

A. Giunto mobile fra due tubi di metallo, fissati fra loro con viti.

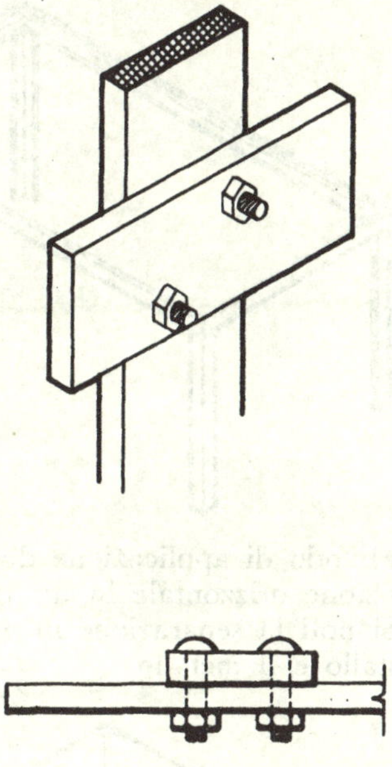

B. Piattine di metallo unite da bulloni.

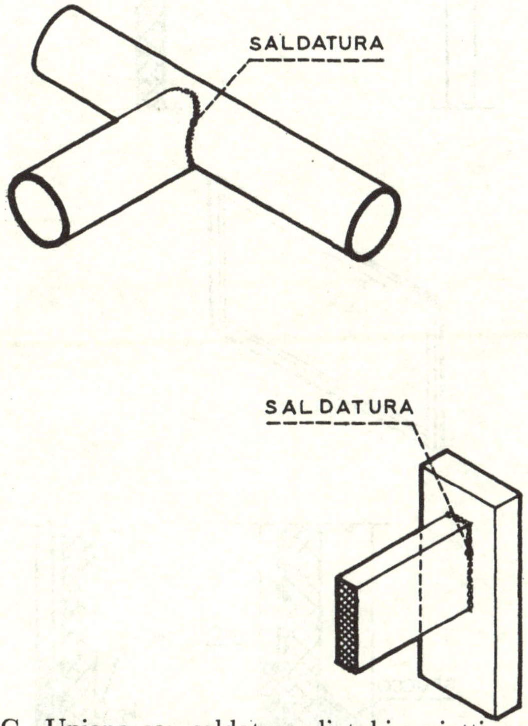

C. Unione con saldatura di tubi e piattine di metallo.

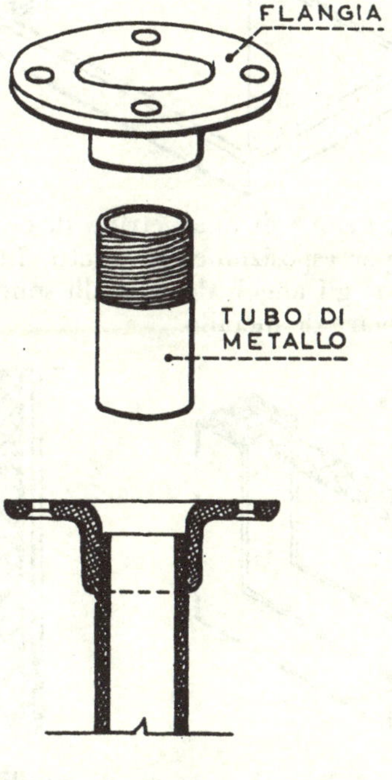

D. Tubo di metallo avvitato in testata su una flangia.

UNIONI DI METALLO E CRISTALLO

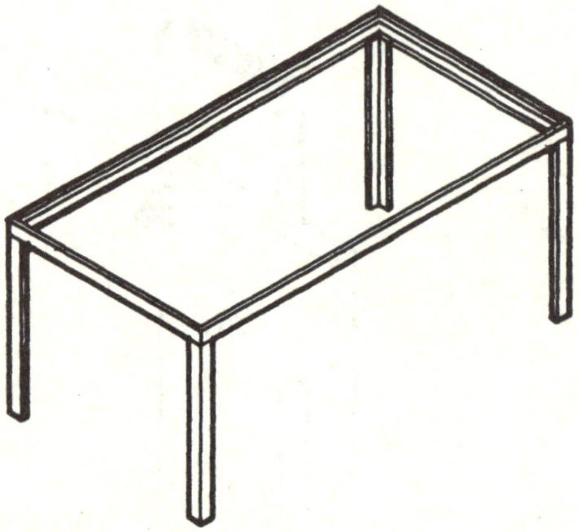

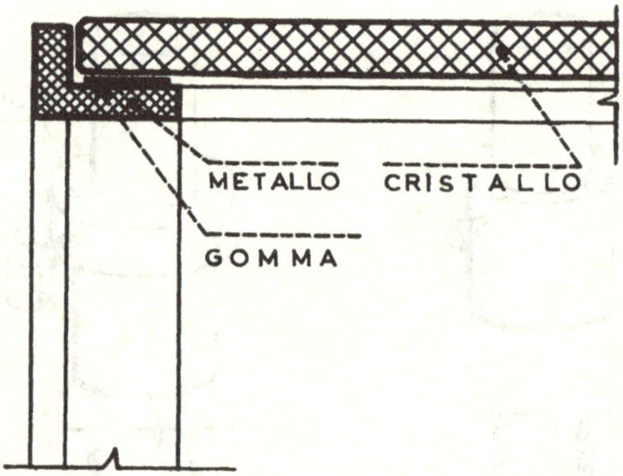

Metodo di applicazione del cristallo in posizione orizzontale in un telaio di metallo. Si noti la separazione in gomma fra il cristallo e il metallo.

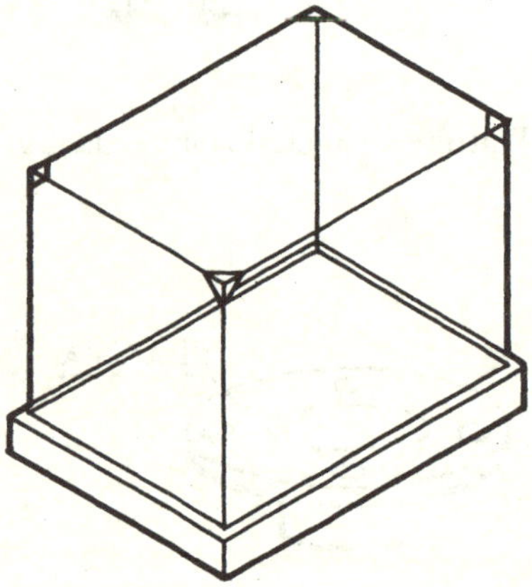

Costruzione di una vetrina di cristallo o vetro per esposizione di oggetti. La base è in legno; gli angoli dei cristalli sono fissati con angolari di metallo.

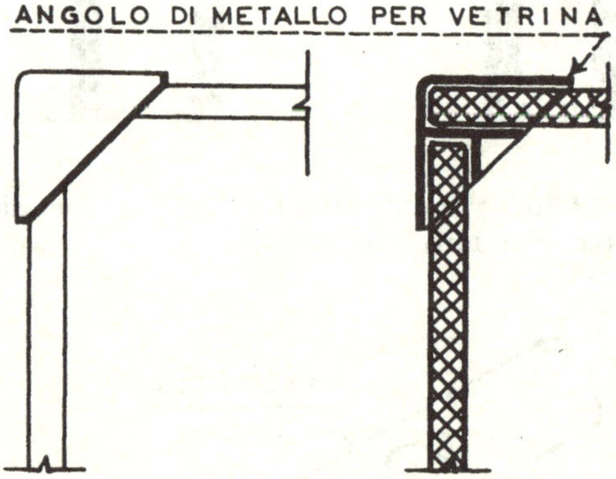

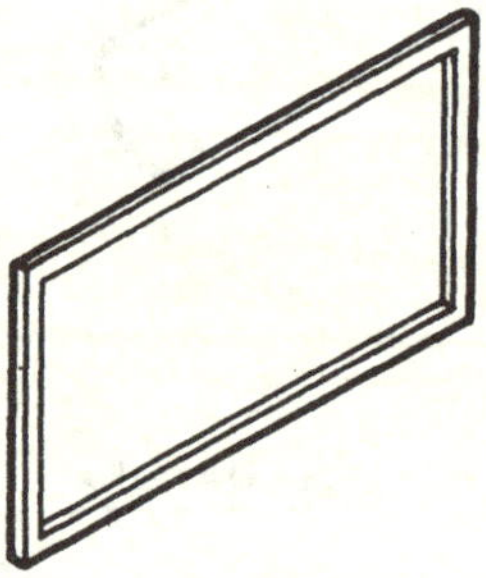

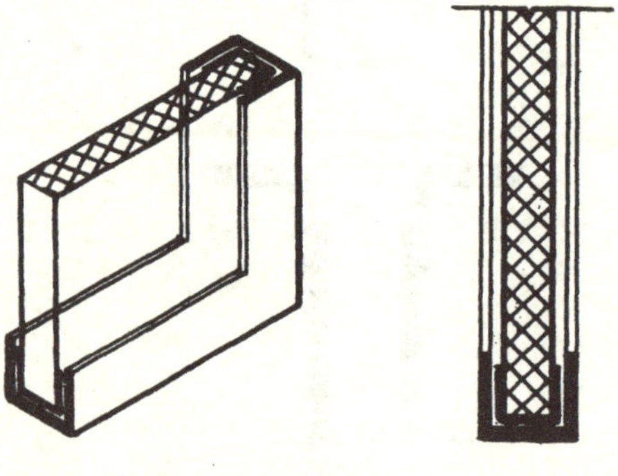

Due differenti metodi di applicazione di cristalli a telai in metallo.

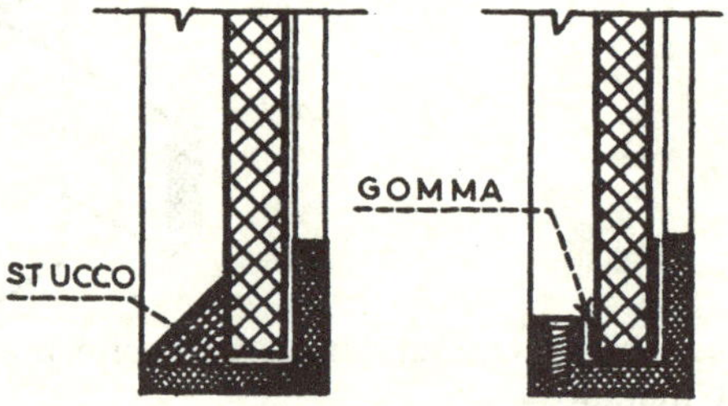

UNIONI DI METALLO E GOMMA

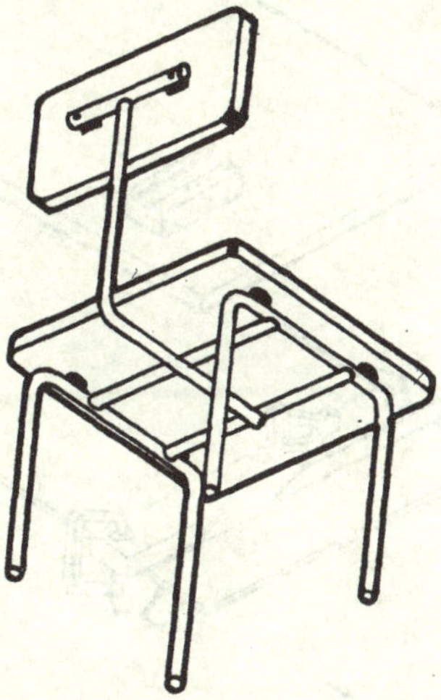

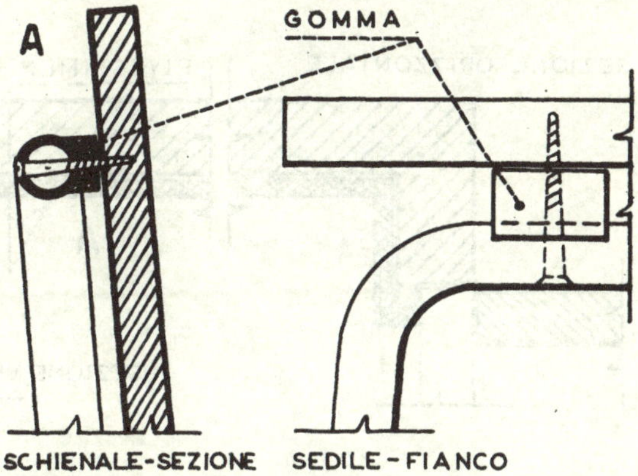

A. Applicazione di cuscinetti di gomma a schienali e sedili di sedie. I cuscinetti restano fissati fra il telaio metallico e le parti in legno, quando queste vengono avvitate al telaio.

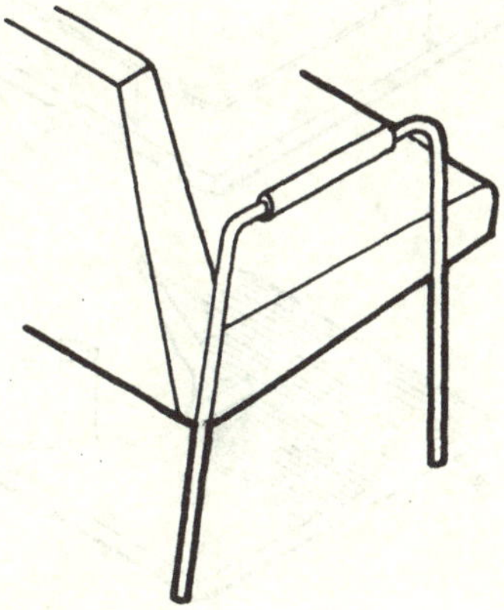

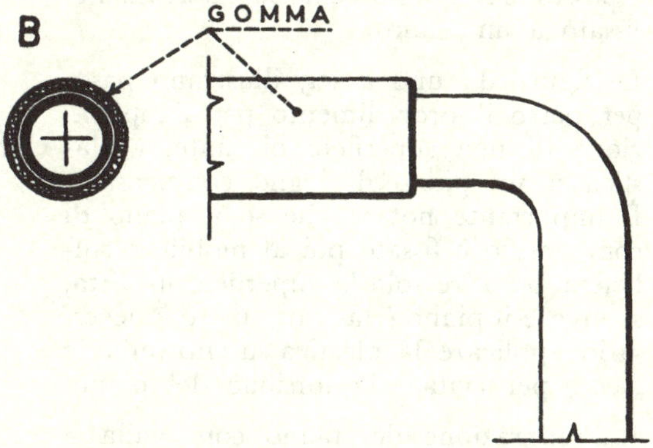

B. Tubo di gomma applicato ai braccioli di metallo di una poltroncina.

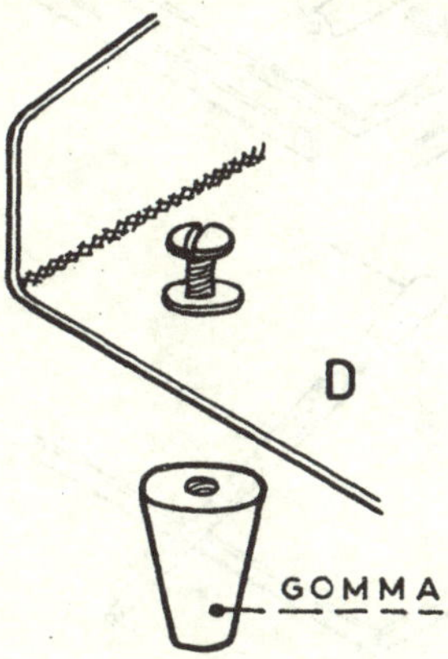

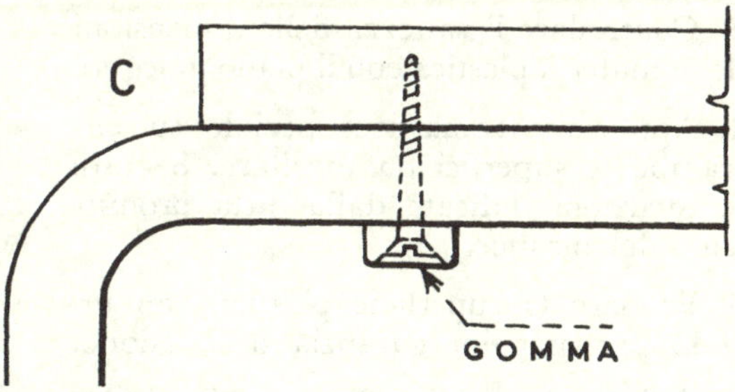

C. Cuscinetti di gomma applicati a vassoi di metallo.

D. Applicazione di cuscinetti di gomma sotto i tavoli sovrapponibili per proteggere la superficie del tavolo da strisciature.

UNIONI DI MATERIA PLASTICA E COMPENSATO

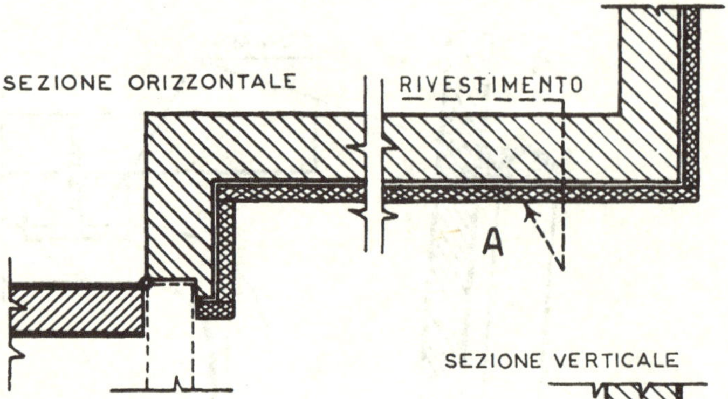

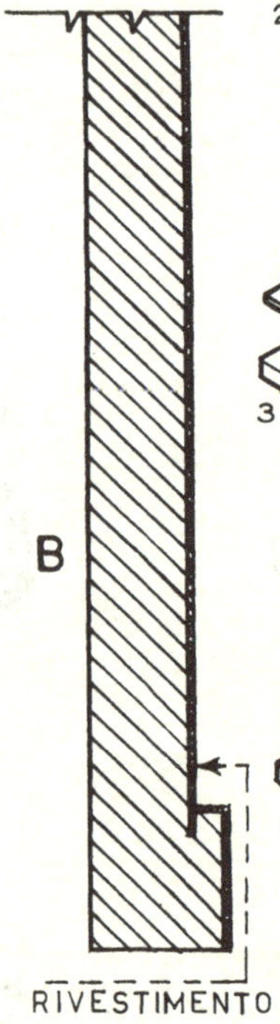

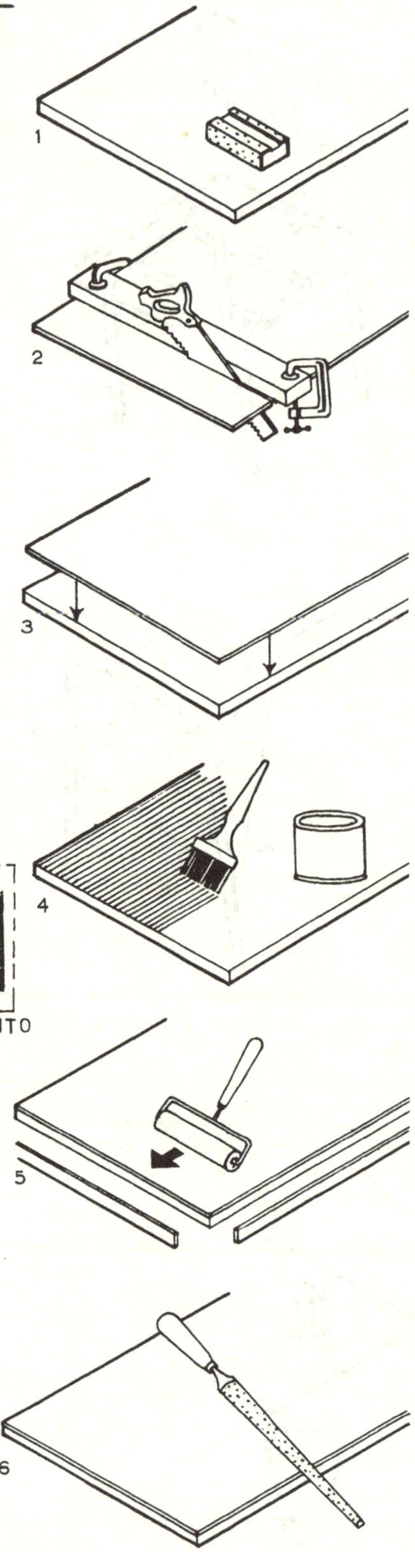

A. e B. L'applicazione di materia plastica soltanto su una faccia del compensato, è possibile se questo viene successivamente fissato a un telaio.

Le figure da uno a sei, illustrano passo per passo il procedimento per l'applicazione di una superficie di materia plastica a un piano di legno compensato. È importante notare che se il piano di compensato è fissato poi al mobile è sufficiente coprire solo la superficie in vista, se invece il piano è lasciato libero è necessario applicare la plastica su entrambe le facce, per evitare la torsione del piano.

1. Preparazione del piano con pialla a denti e carta vetrata ruvida.

2. Segare la materia plastica nelle giuste misure; per un taglio sicuro si deve usare una guida di legno.

3. Controllare l'esattezza delle dimensioni della materia plastica con il piano di legno.

4. Applicare il mastice speciale su entrambe le superfici da incollare. Seguire le istruzioni indicate dalla ditta produttrice del mastice.

5. Pressare la superficie plastica con un rullo per maggior garanzia di adesione.

6. Rifinire i profili della superficie plastica con la lima.

I profili possono essere ricoperti con materia plastica seguendo il medesimo procedimento usato per i piani.

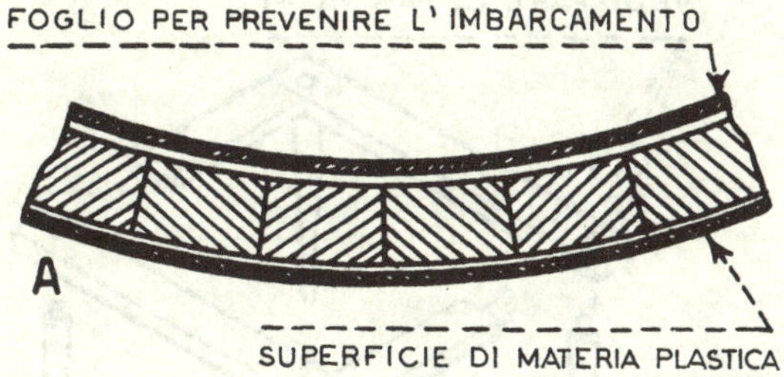

A. Superfici di materia plastica possono essere incollate pure su piani in curva seguendo il medesimo procedimento indicato a pagina 98. In questo caso è consigliabile tenere pressata la plastica al piano con controsagoma di legno.
B. C. e D. Differenti metodi di applicazione di materia plastica al legno.

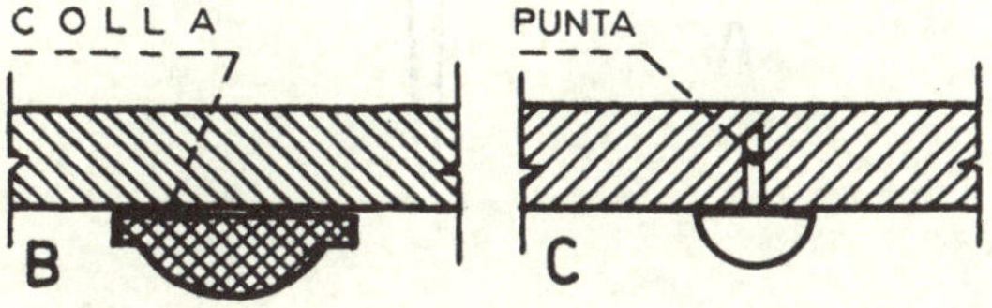

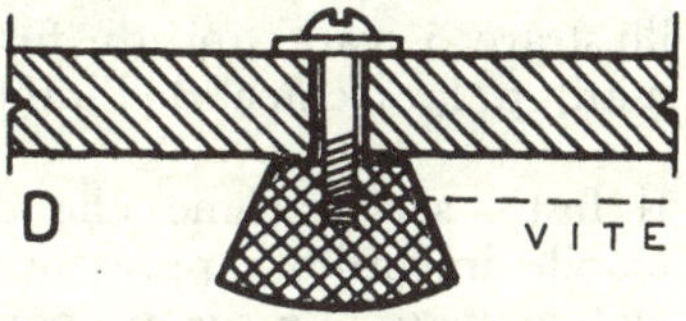

MATERIA PLASTICA MODELLATA

Recentemente l'industria delle materie plastiche ha prodotto elementi in plastica stampata, largamente impiegati nella costruzione del mobile, per usi svariati: sedie, cassetti, cerniere, vari tipi di maniglie ecc. I tipi di materie plastiche conosciuti sono numerosissimi, le composizioni più resistenti raggiungono una durezza equivalente a quella dei metalli. Inoltre il settore delle materie plastiche è in piena evoluzione e certamente in futuro questo materiale avrà un larghissimo impiego.

Prima di disegnare un mobile con parti in plastica stampata, è bene consultare un tecnico della produzione di materie plastiche per avere tutte le informazioni necessarie relative al pezzo da eseguire. L'uso di materiale plastico è particolarmente indicato per produzioni di larga serie come mobili radio, mobili per televisori e sedie; in ogni caso si può arrivare a soluzioni interessanti per la varietà di forma e colore possibili.

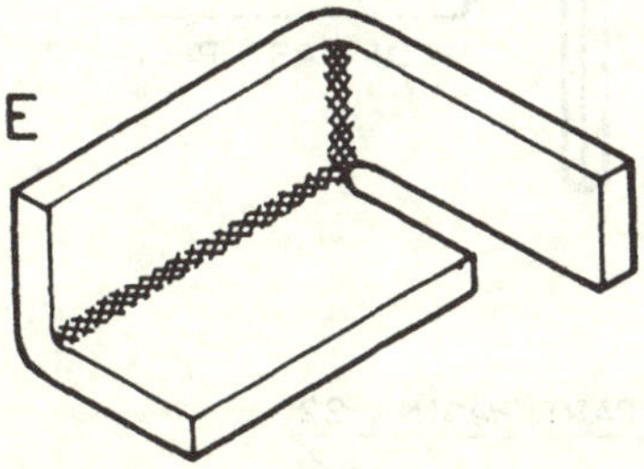

E. Dimostrazione di come è possibile curvare una superficie di materia plastica.

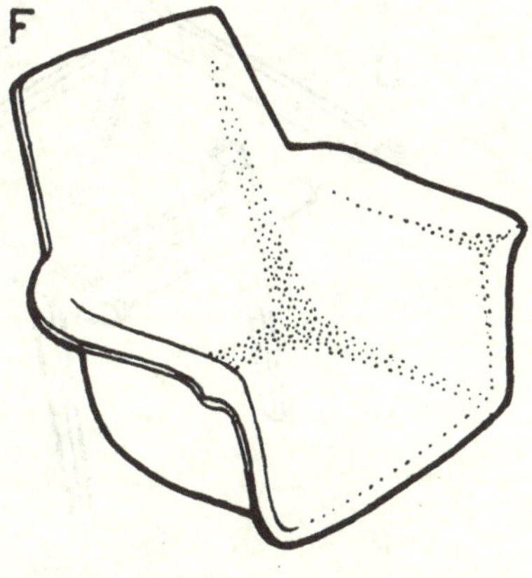

F. Poltroncina di materia plastica stampata. Con la materia plastica si può ottenere, con uno spessore sottilissimo, qualsiasi forma.
Per una produzione limitata di pezzi in generale è usata solo una controforma in gesso « positiva », il retro del pezzo viene lisciato a mano. Per grandi produzioni le controforme sono in acciaio, positiva e negativa, fra le quali viene introdotta la materia plastica liquida, la quale solidifica rapidamente nella esatta forma del pezzo progettato.

IMBOTTITURA

L'imbottitura costituisce un settore a parte nella lavorazione del mobile e conserva in generale il sistema di lavorazione artigianale (contrariamente a quanto è avvenuto per la produzione del mobile in legno, ormai organizzata in serie). Ogni artigiano per raggiungere l'abilità necessaria per imbottire una poltrona o un divano (particolarmente se di forma complicata) deve avere alcuni anni di preparazione come apprendista. Teoricamente è impossibile spiegare il procedimento di imbottitura di un mobile; il metodo più chiaro e più facilmente comprensibile è illustrare i vari tipi di fusti, i materiali usati, e la tecnica dell'imbottitura.

Il fusto, sia di legno che di metallo, del mobile imbottito rappresenta l'ossatura del mobile stesso. Le sue proporzioni e la solidità della costruzione sono basi fondamentali per il confort e la durata del mobile stesso.

A. e B. Due tipi differenti di telai in legno per panchetta da imbottire.

C. Telaio circolare in legno per sgabello da imbottire.

D. Telaio per panchetta con sedile in cinghie.

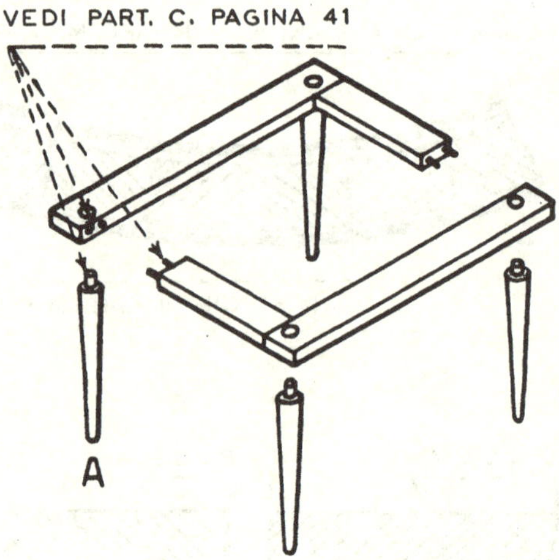

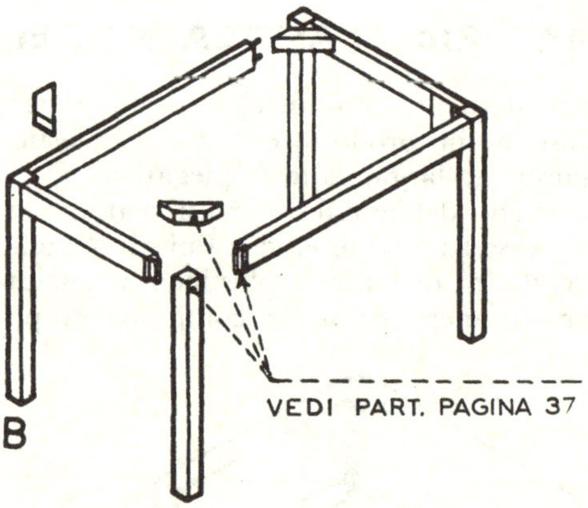

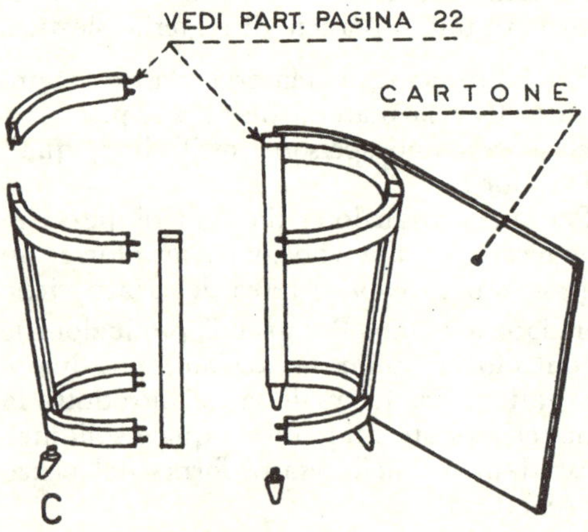

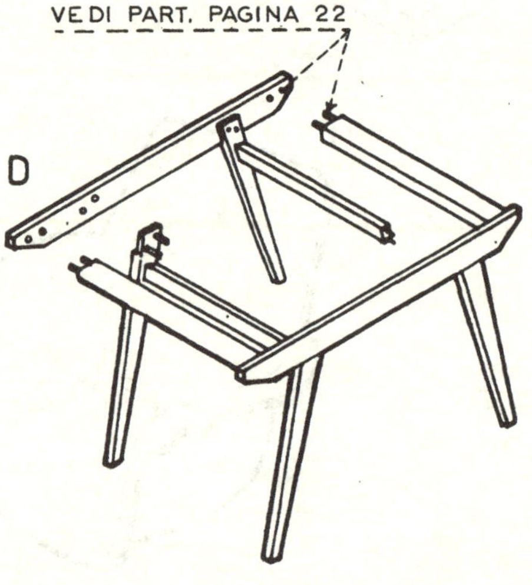

TELAI O FUSTI PER MOBILI DA IMBOTTIRE

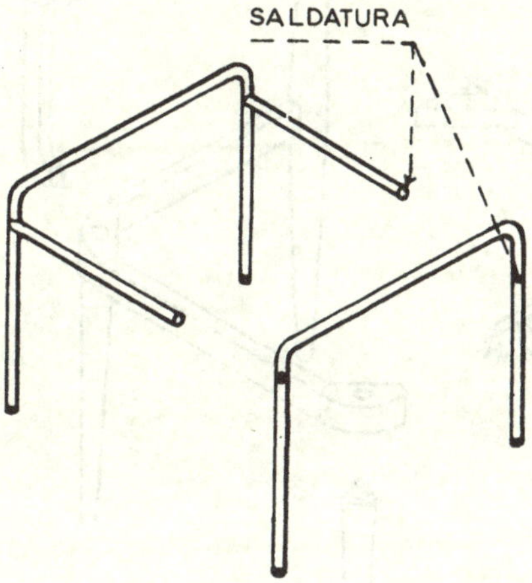

Fusto di metallo per sgabello con sedile in corda o tela

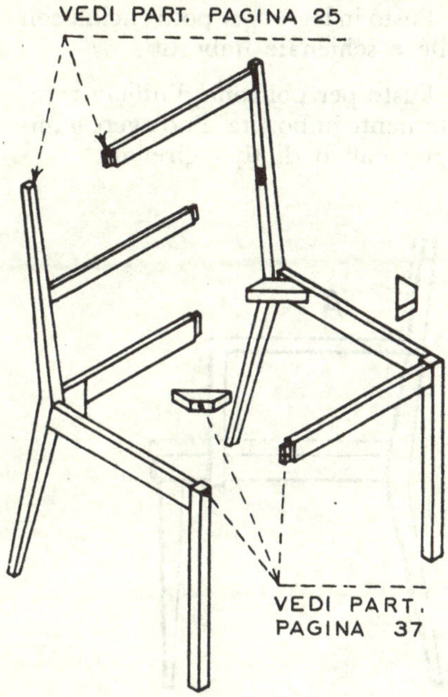

Comune tipo di fusto per sedia con sedile e schienale imbottiti

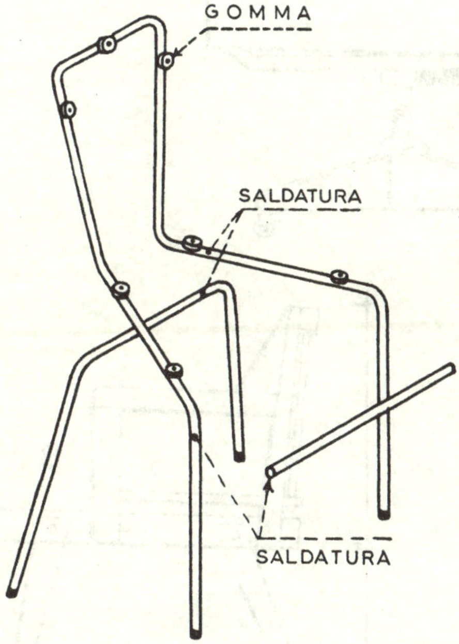

Fusto in metallo per sedia

I cuscinetti di gomma aggiungono elasticità al sedile ed allo schienale.

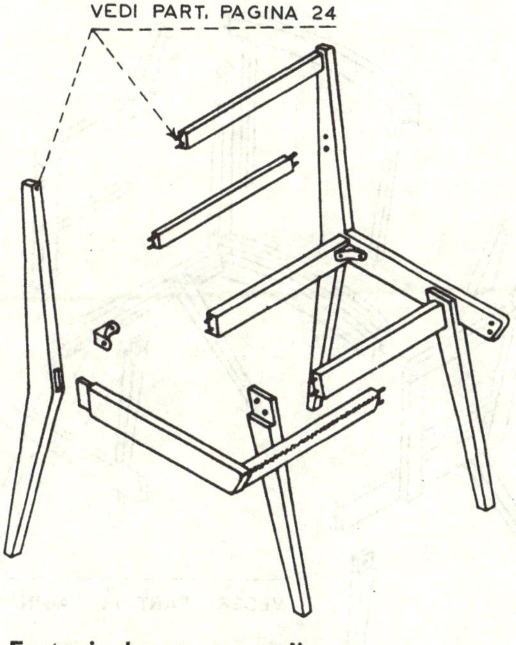

Fusto in legno per sedia

Sedile e schienale possono essere imbottiti, ricoperti con cinghie di canapa o corda. (Vedere pag. 37 per l'unione d'angolo).

FUSTI PER POLTRONCINE

A. Fusto in legno per poltroncina con sedile e schienale imbottiti.

B. Fusto per poltrona d'ufficio completamente imbottita. Può avere gambe normali o di tipo girevole.

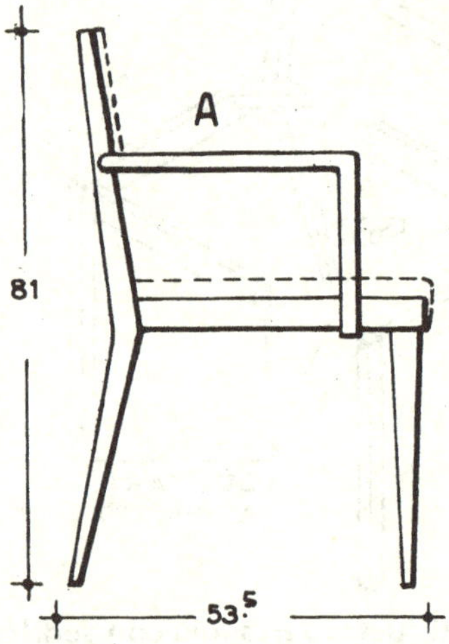

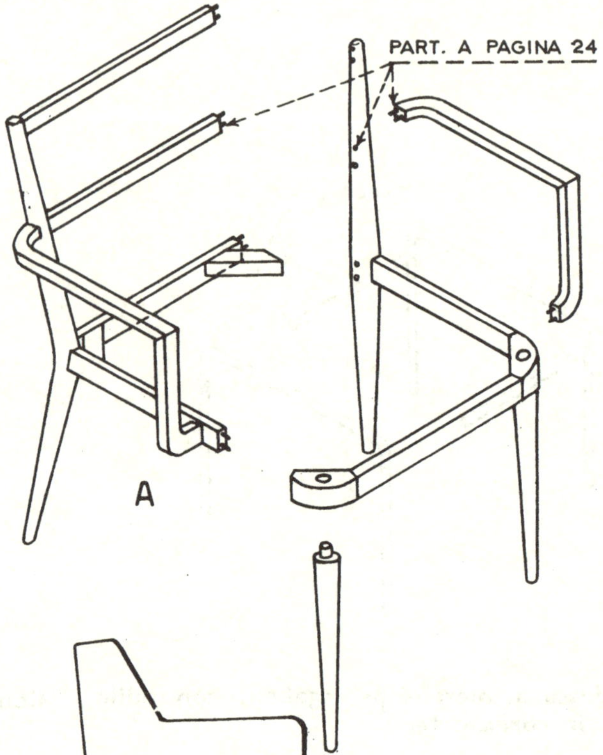

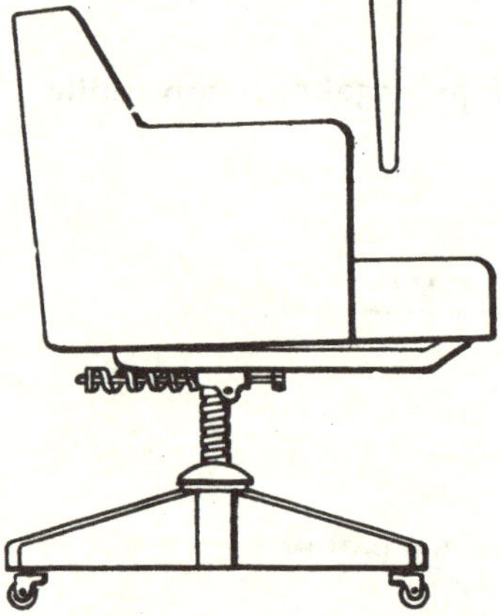

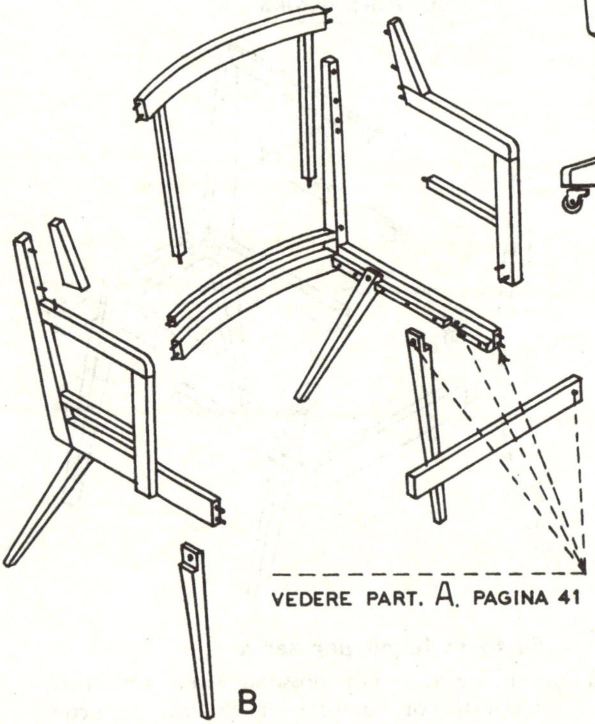

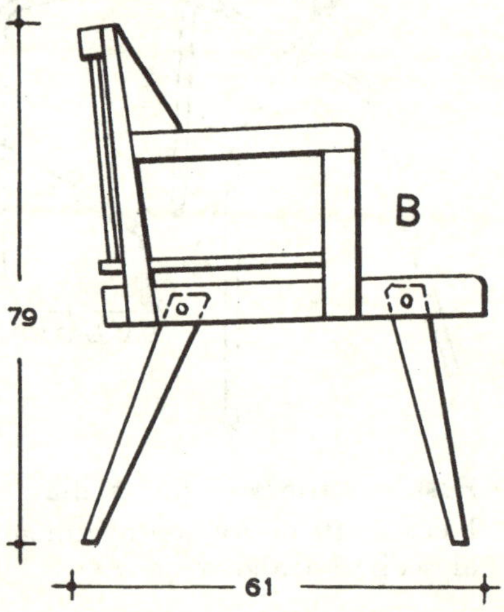

FUSTI PER POLTRONCINA E DIVANO

A. Telaio per poltroncina da imbottire. Il sedile è di costruzione normale, lo schienale e i braccioli sono in compensato curvato.

B. Fusto di tipo analogo a quello della poltroncina, usato per la costruzione del divano. Si notino i traversi intermedi concavi aggiunti per aumentare la resistenza.

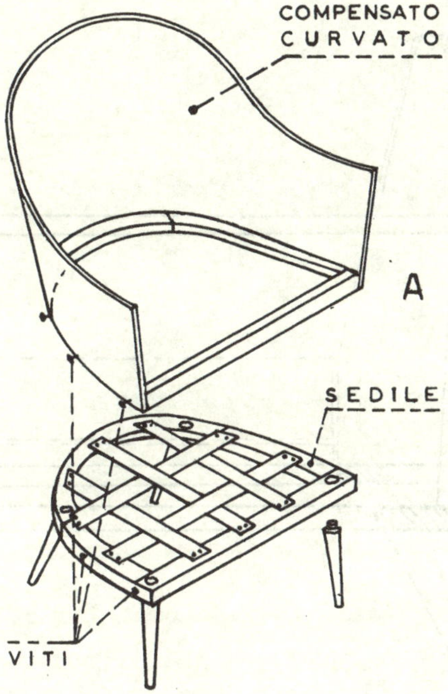

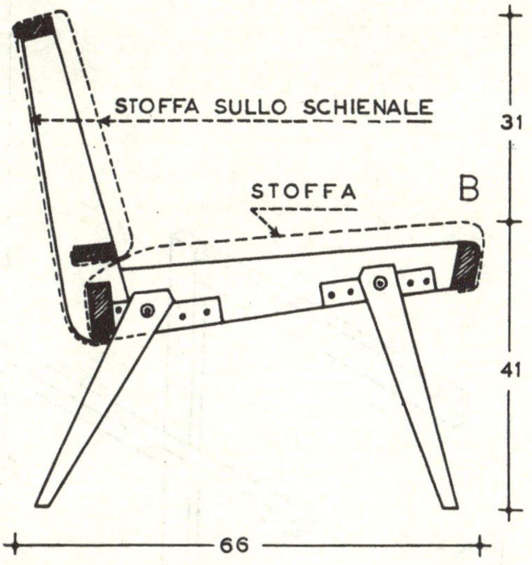

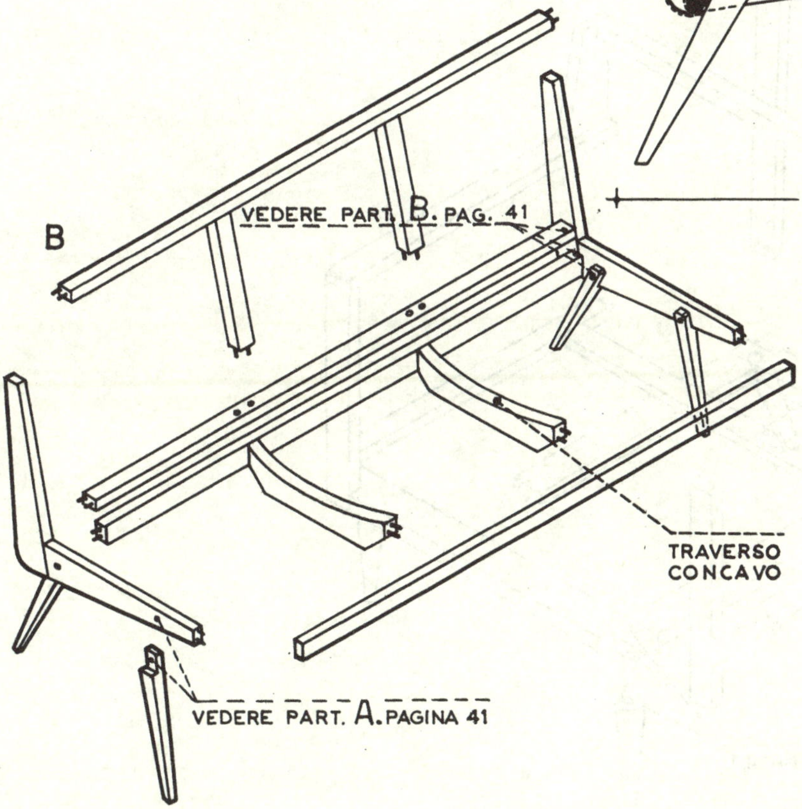

FUSTI PER POLTRONA

Fusto per poltrona imbottita; la costruzione del fusto per il divano avviene aumentando la lunghezza del telaio. Il sedile è realizzato con cuscino mobile.

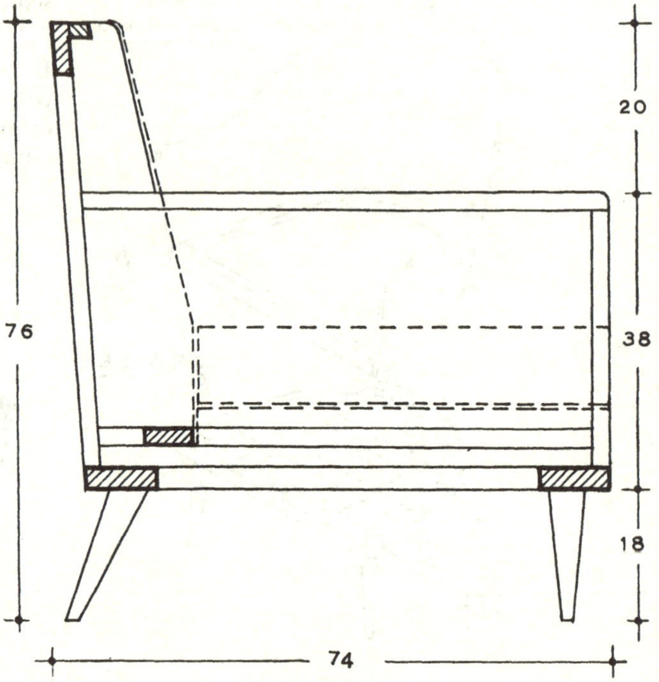

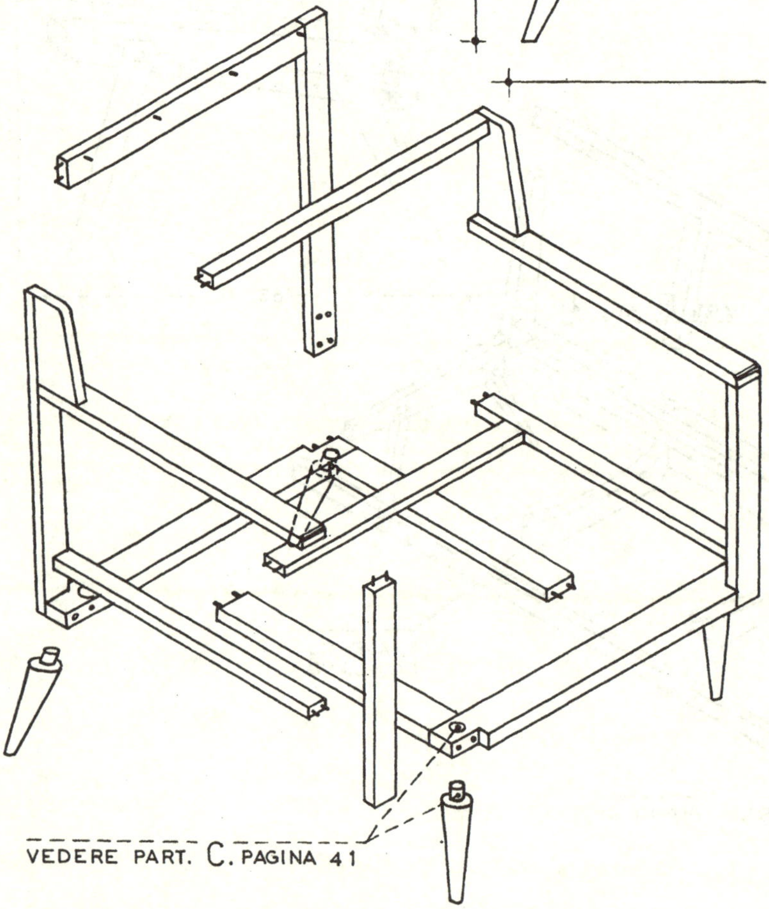

ATTREZZI PER IMBOTTITURA

Abbiamo illustrato, con i relativi nomi, gli attrezzi usati più comunemente per l'imbottitura.

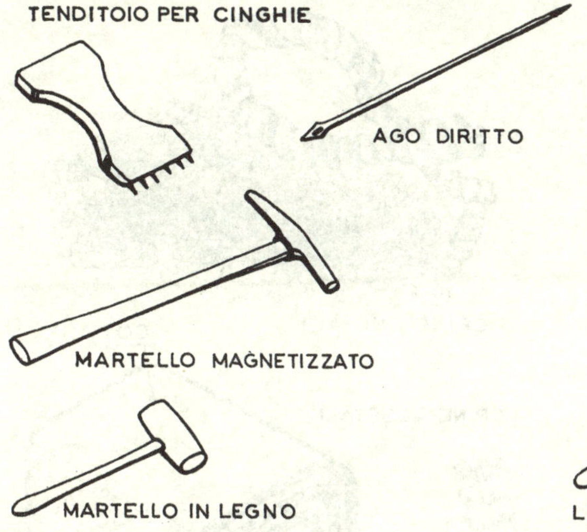

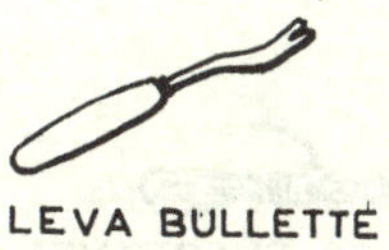

MATERIALI PER IMBOTTITURA

Principali tipi di molle usate per l'imbottitura; nella pagina seguente sono illustrati i materiali di uso più comune.

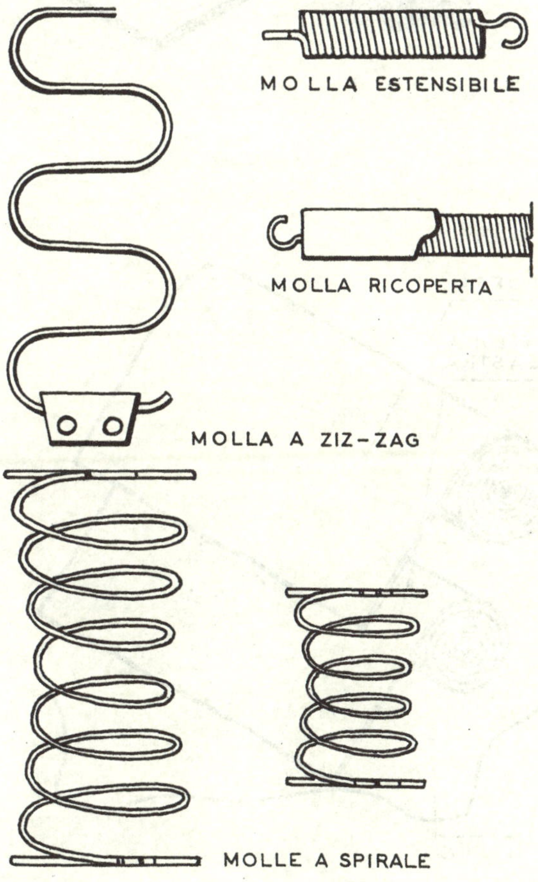

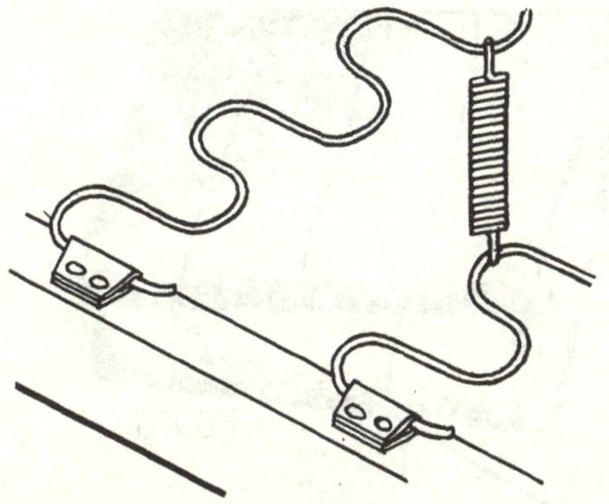

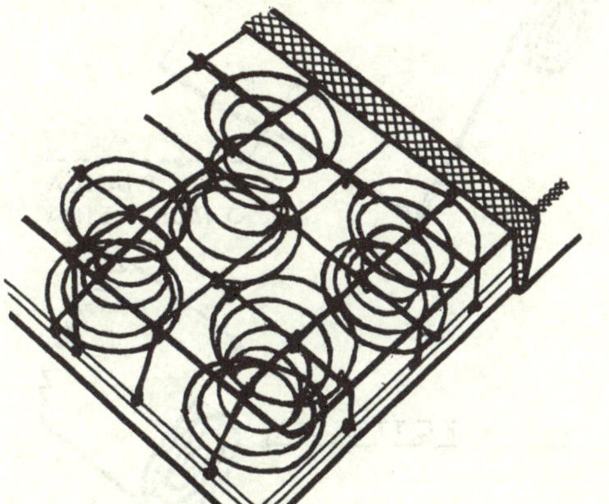

MATERIALI PER IMBOTTITURA

CINGHIA DI JUTA

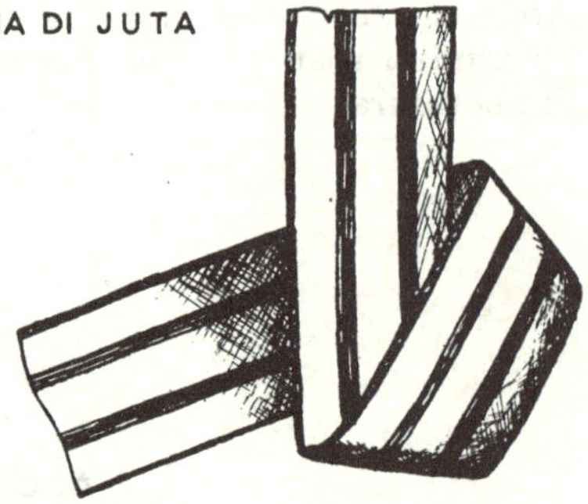

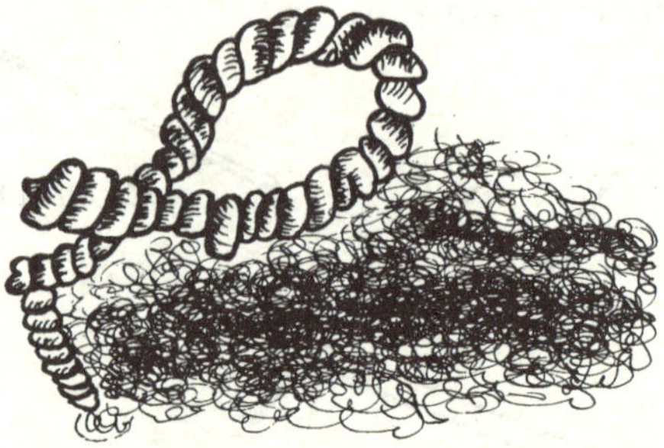

CRINE ANIMALI

COTONE

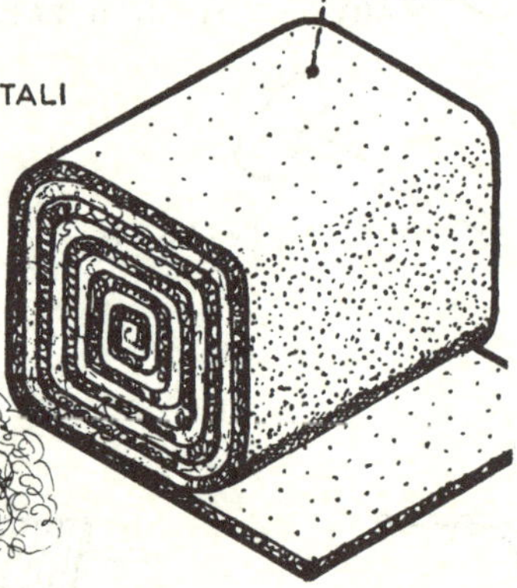

CRINE VEGETALI

SPAGO DI CANAPA

SPAGO DI COTONE

SPAGO DI LINO

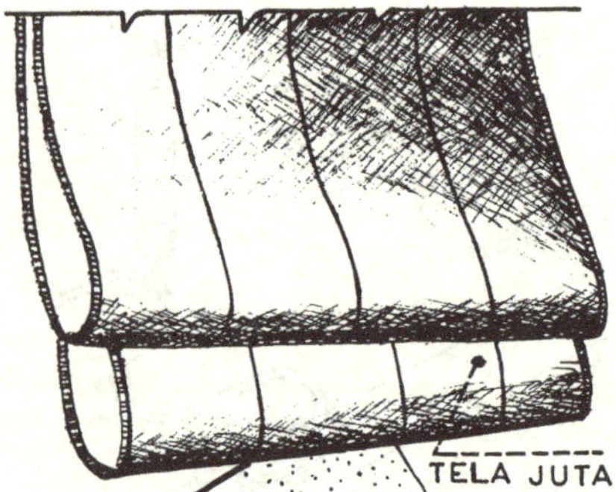

TELA JUTA

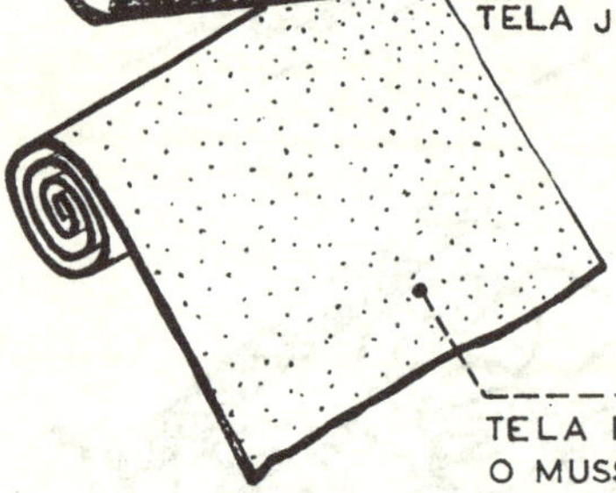

TELA BIANCA O MUSSOLINA

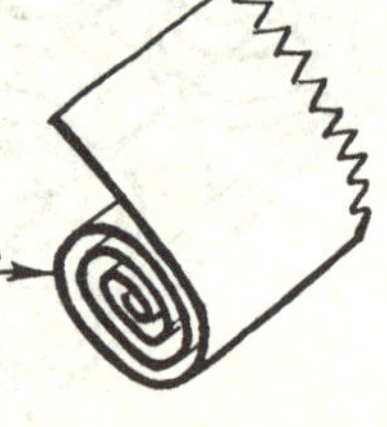

FETTUCCIA

STOFFA

MATERIA PLASTICA

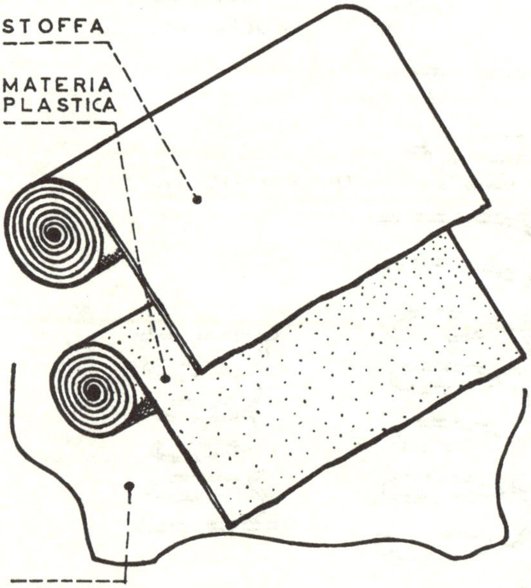

CUOIO

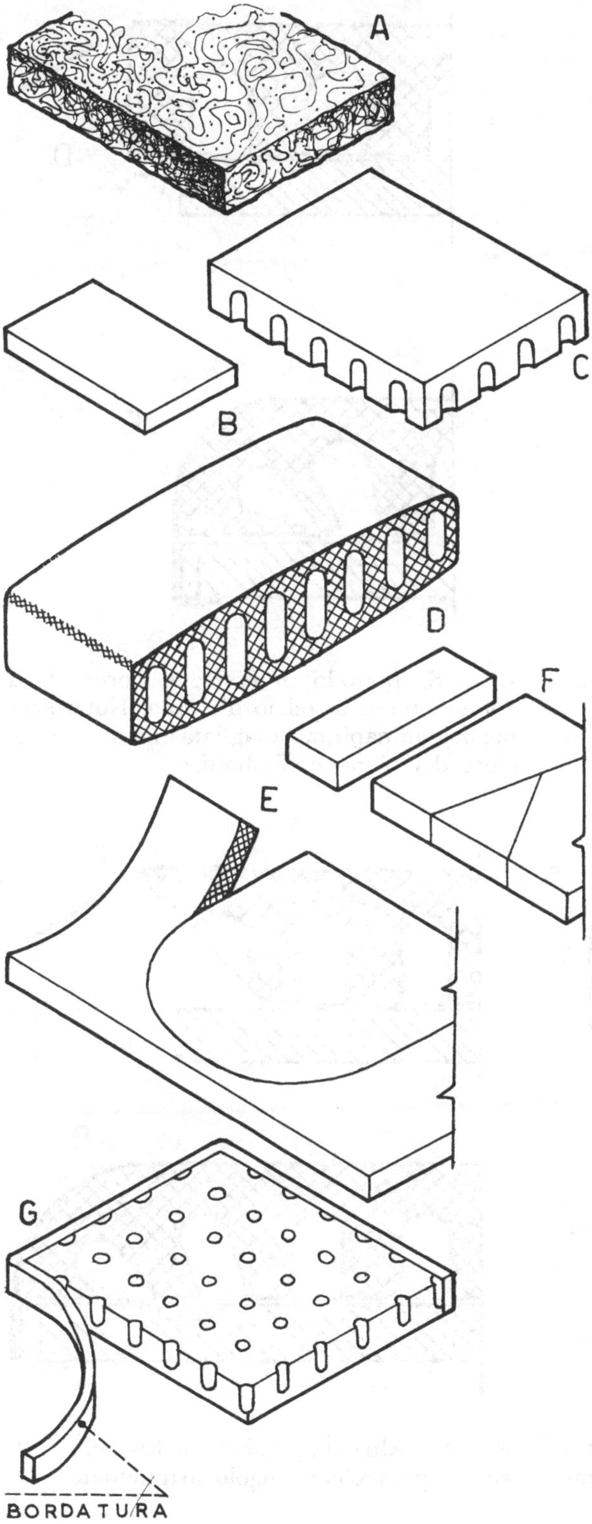

MATERIALI PER IMBOTTITURA

A. Crine impregnato di gomma; è un materiale di basso prezzo con caratteristiche simili alla gommapiuma, facile da applicare e di buon risultato per ogni genere di mobile imbottito.

Gommapiuma ®

La gommapiuma è in commercio in diverse misure, e differenti spessori. È largamente usata nel lavoro d'imbottitura con eccellente risultato sia per la facilità della sua applicazione che per la confortevolezza che dà al mobile imbottito. Praticamente ha sostituito il tradizionale sistema d'imbottitura di crine.

B. e C. Due differenti tipi di gomma piuma in commercio. (B) Foglio uniforme, pratico per piccoli spessori (C) per spessori maggiori si impiega la gommapiuma a struttura alveolare.

D. Cuscini in gommapiuma per divani o letti: si trovano in commercio in diverse misure.

E. La gommapiuma può essere tagliata con sega a nastro o con forbici. Il taglio risulta più facile se le forbici sono state prima immerse nell'acqua calda.

F. I ritagli di gommapiuma possono essere uniti fra loro mediante un mastice speciale.

G. Al profilo della gommapiuma a struttura alveolare può essere applicato con mastice un bordo pieno.

H. I cuscini possono essere preparati a mano incollando due strati di gommapiuma fra loro, inserendo al centro uno strato parziale per la sagomatura del cuscino.

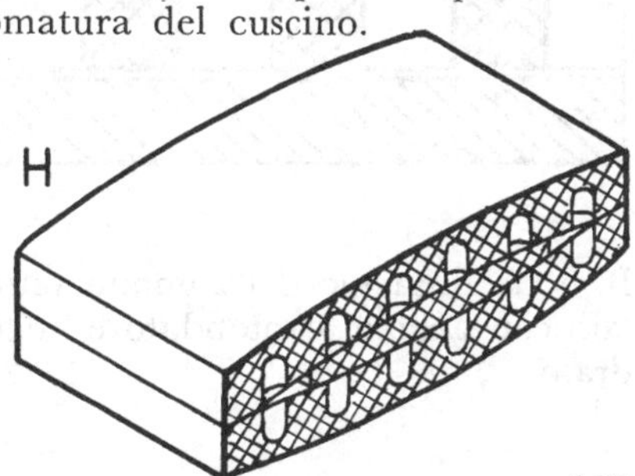

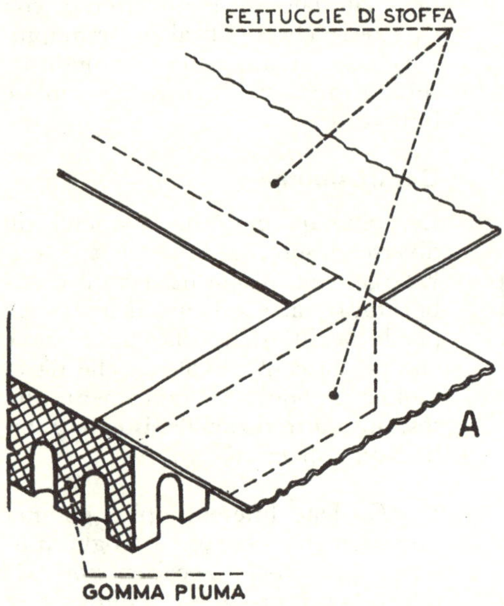

A. Applicazione di fettucce di tela con mastice sui bordi della gommapiuma.

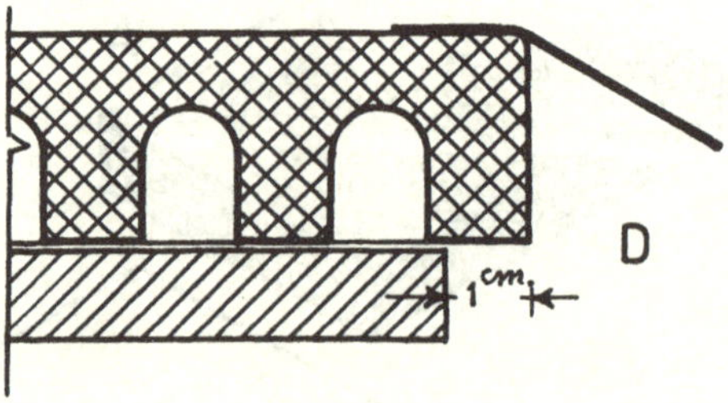

D

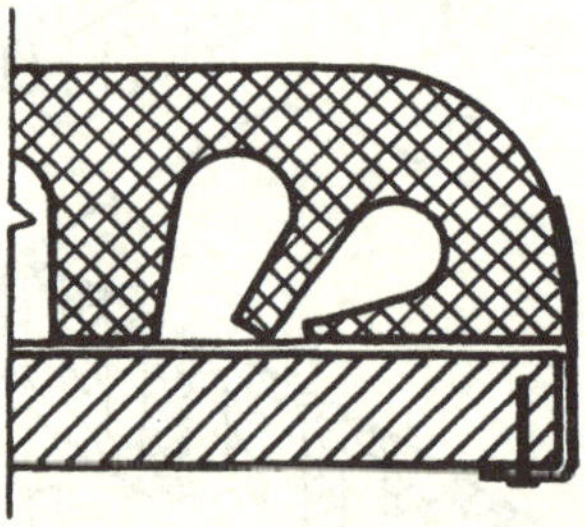

E

D. e E. Metodo di fissare il bordo della gommapiuma al telaio di legno. Notare come la gommapiuma è tagliata in misura maggiore del piano da imbottire.

B

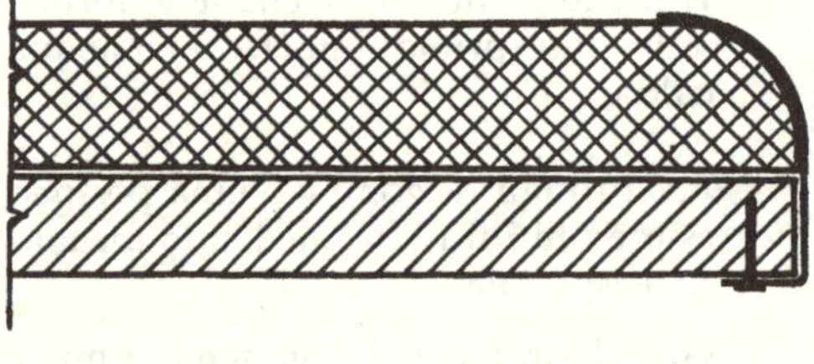

C

B. e C. Fissaggio della gommapiuma al telaio con angolo arrotondato e angolo squadrato.

F

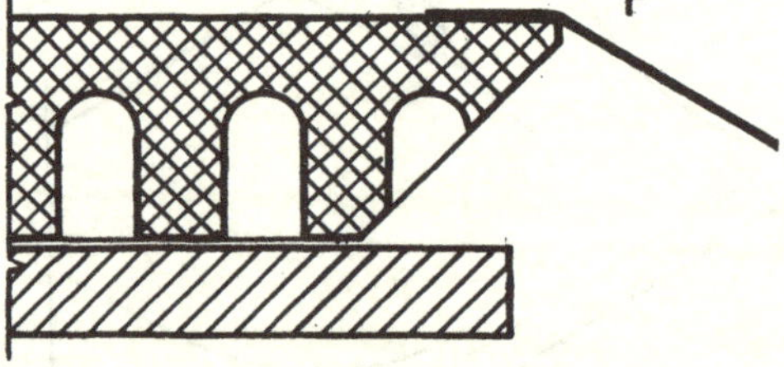

G

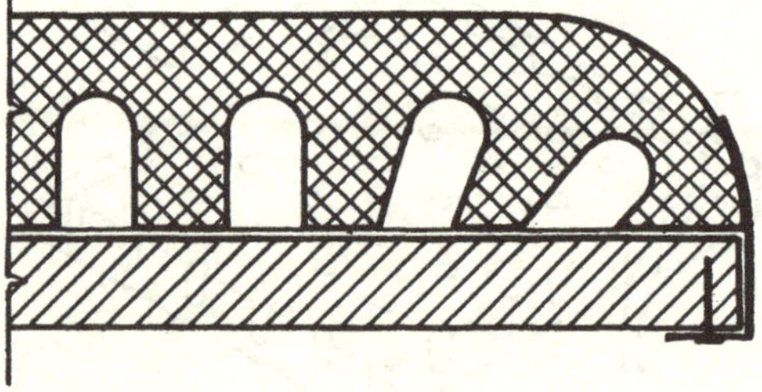

F. e G. Altri due sistemi di fissaggio della gommapiuma con angolo arrotondato.

SEDILI

Il sedile è molto importante nel lavoro di imbottitura in particolare per raggiungere il giusto grado di confortevolezza in relazione al tipo di sedia o di divano. I sedili possono essere fissi o mobili, duri o soffici e la loro costruzione è ottenuta con materiali di differenti qualità.

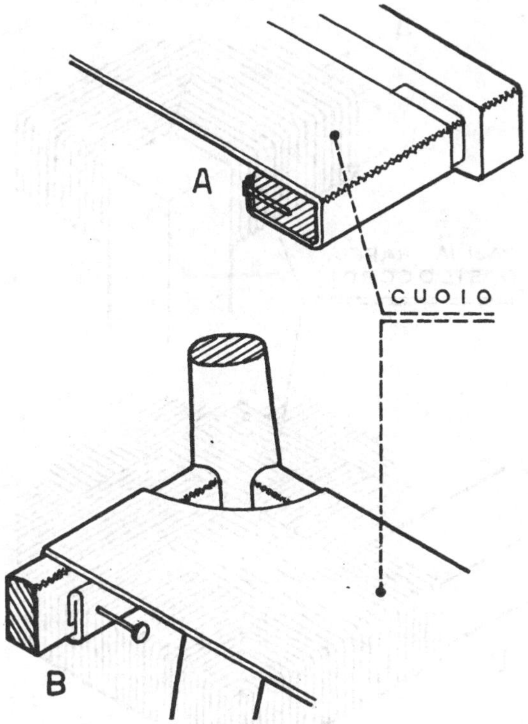

A. e B. Semplice sedile in cuoio, di facile applicazione, come è indicato nel particolare.

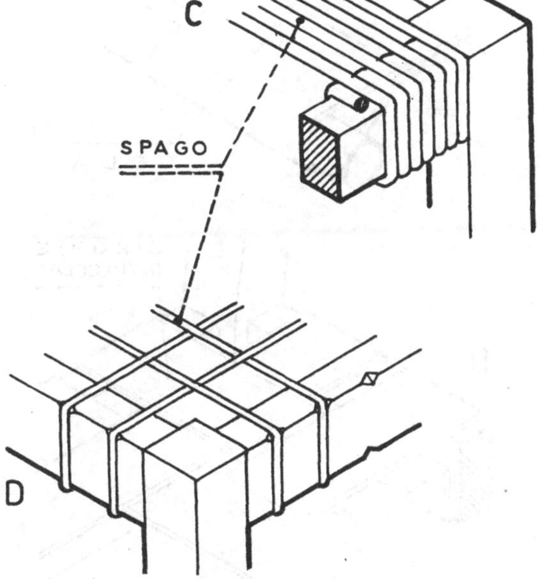

C. e D. Sedili in corda: si adattano col tempo alla forma anatomica.

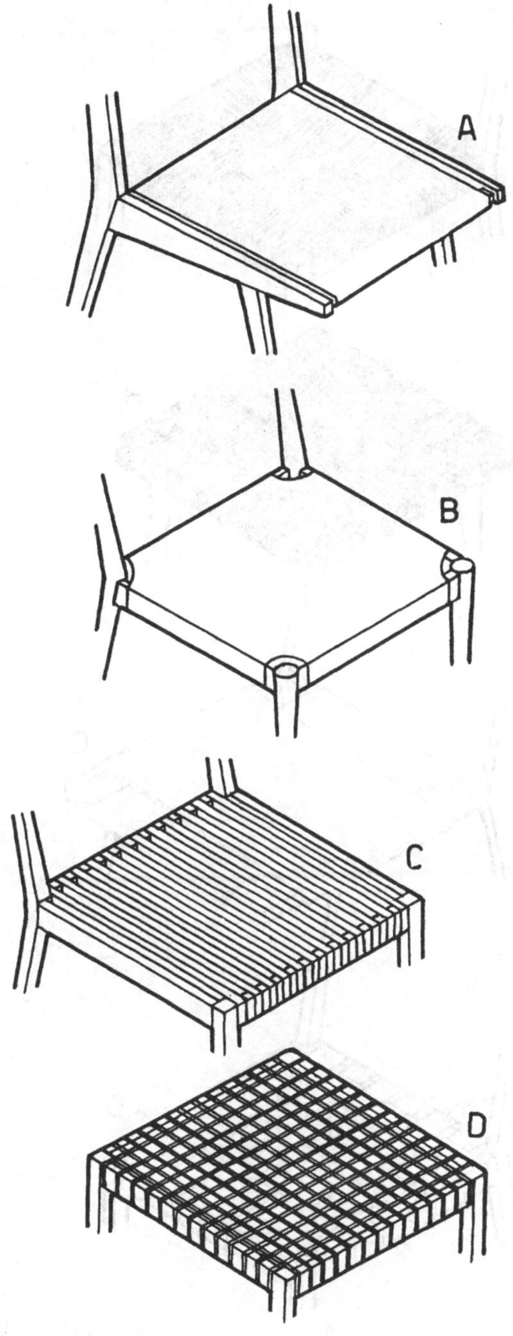

SEDILI

A. e B. Sedili eseguiti con paglia, rafia o silocorda a differenti disegni.

C. Sedile di tela, in generale usato per mobile da giardino, di metallo o di legno.

D. Sedili con cinghie; possono essere di tela, cuoio o materiale plastico.

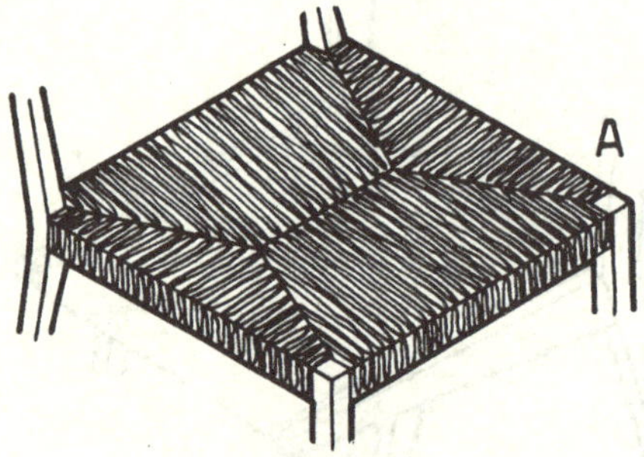

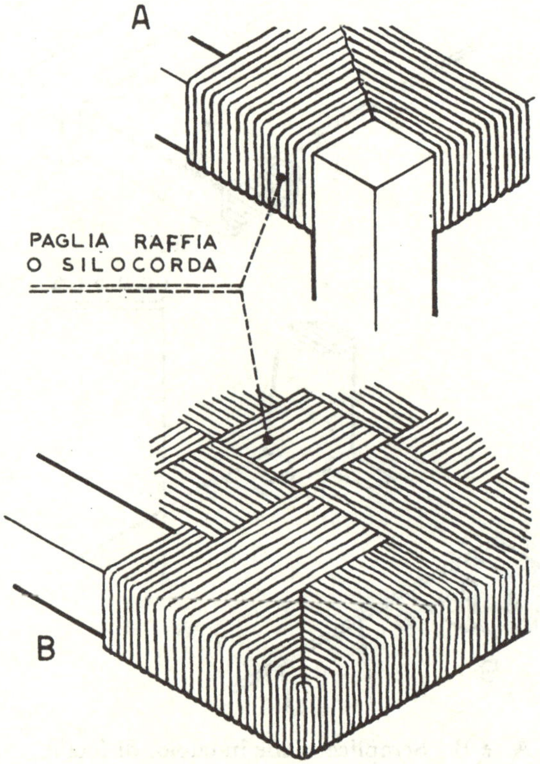

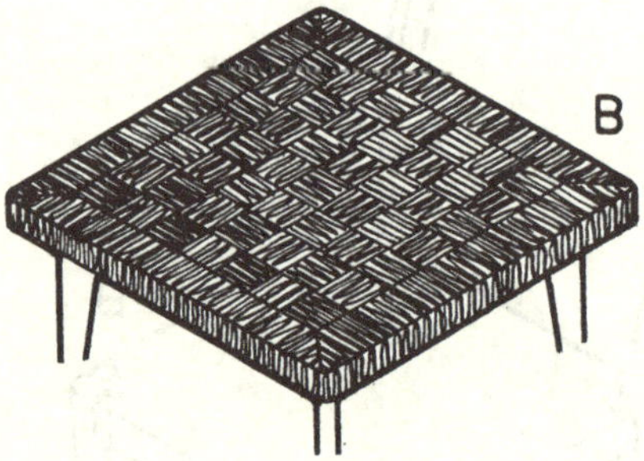

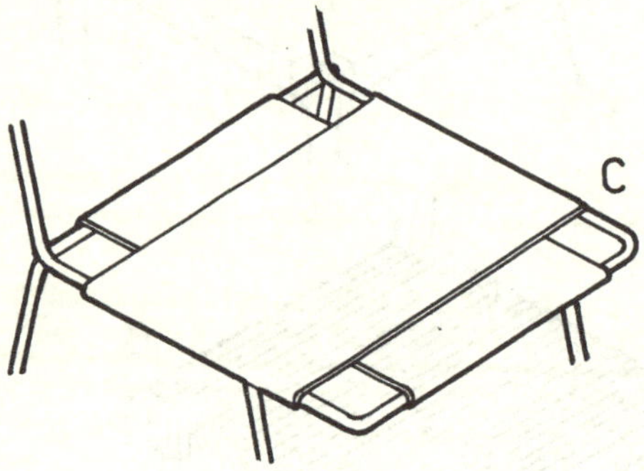

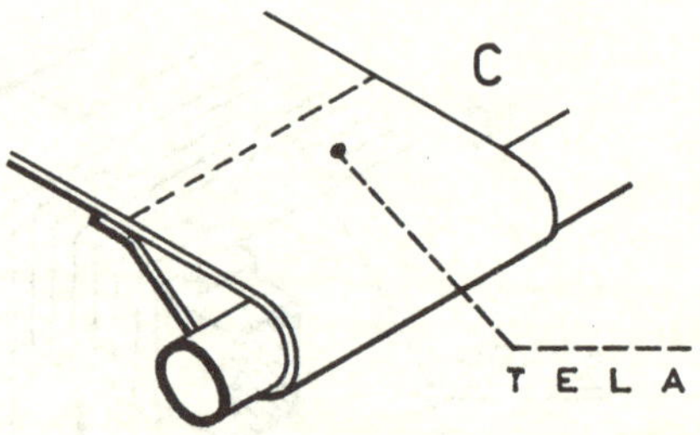

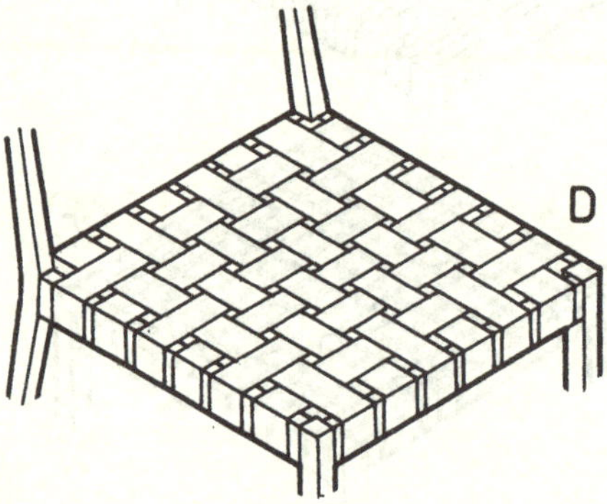

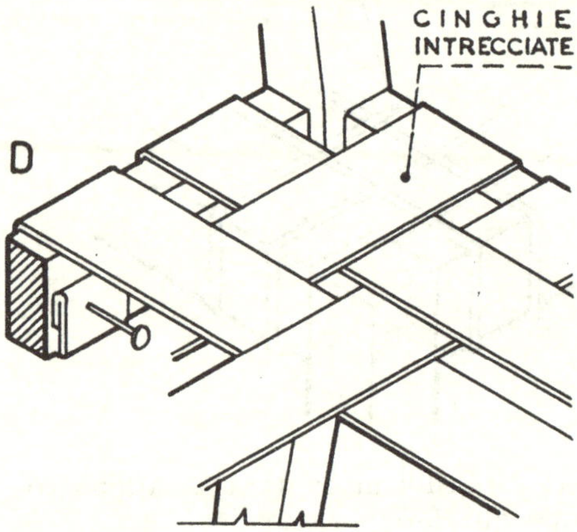

A. e B. Sedili in canna, ottimi sotto ogni aspetto. Notare i due differenti metodi di applicazione.

C. e D. Due differenti tipi di sedili con imbottitura fissa.

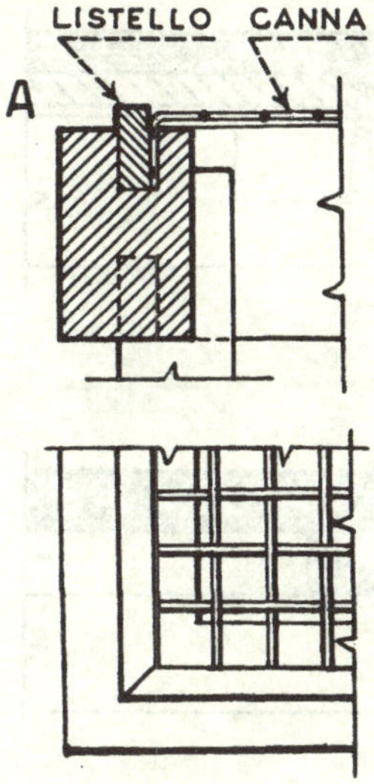

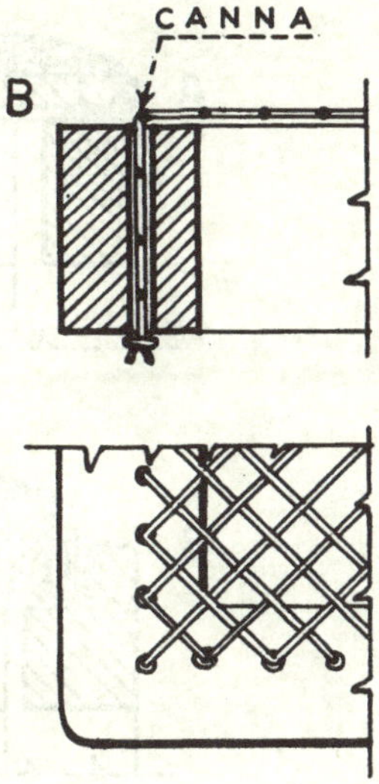

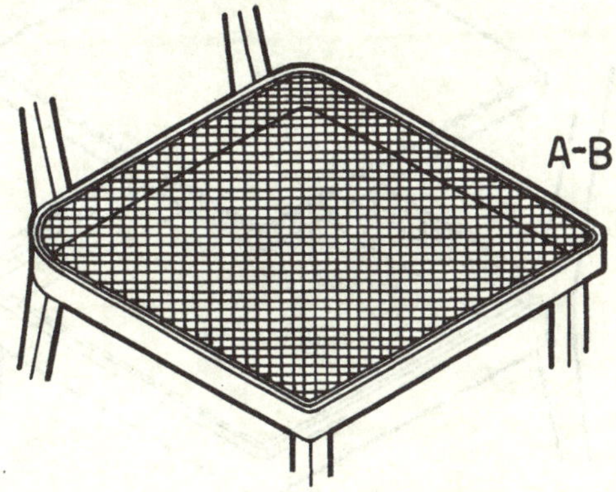

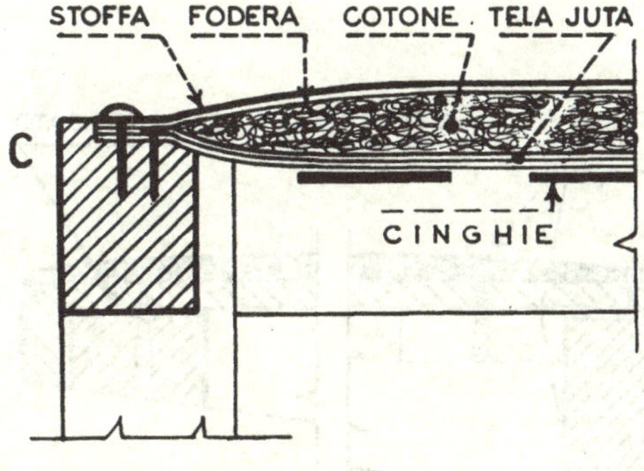

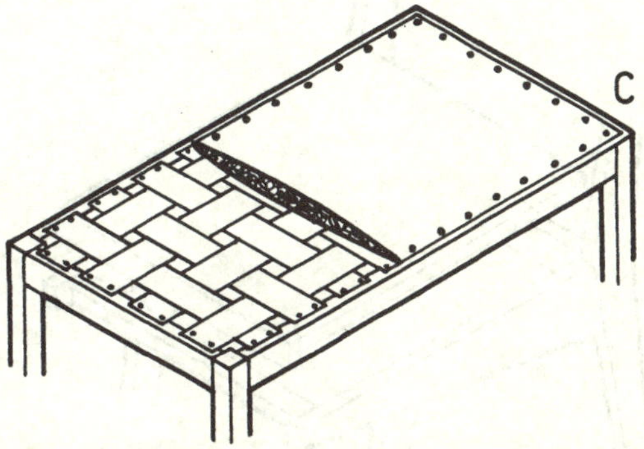

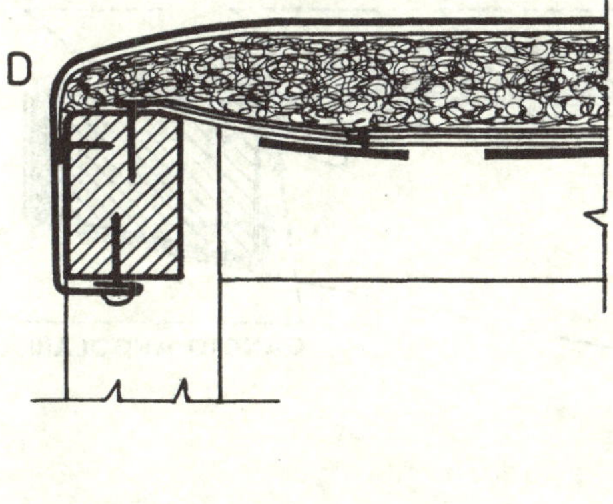

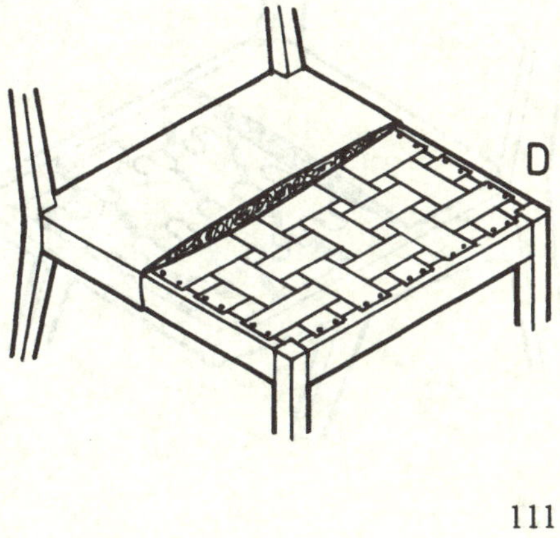

SEDILI

Quattro tipi di sedili imbottiti indipendenti dalla sedia. Sistemi di largo uso commerciale perchè permettono una rapida esecuzione.

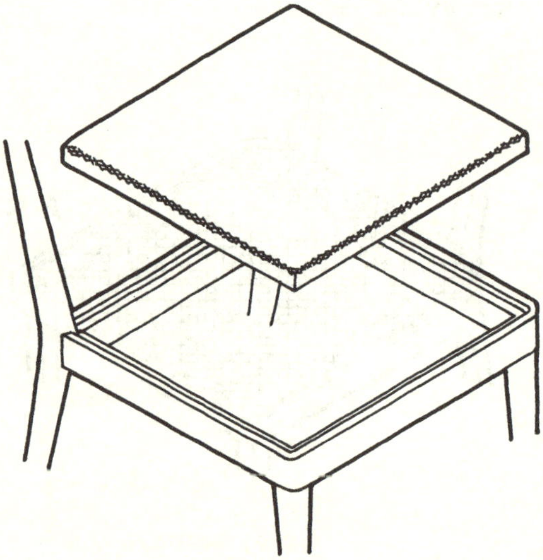

A

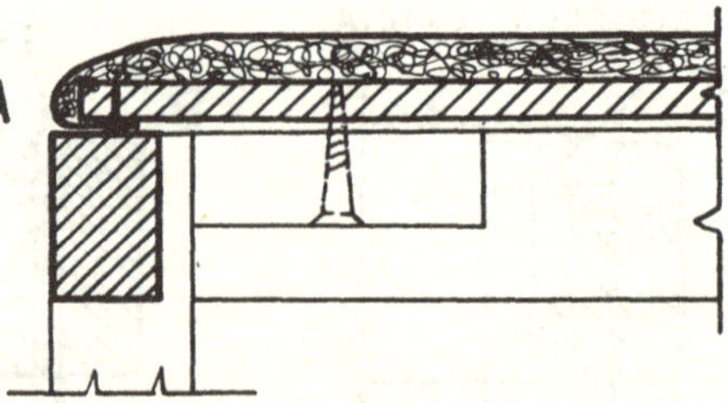

B

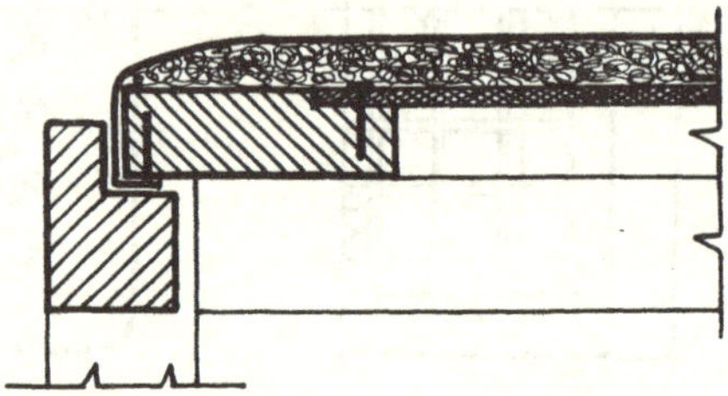

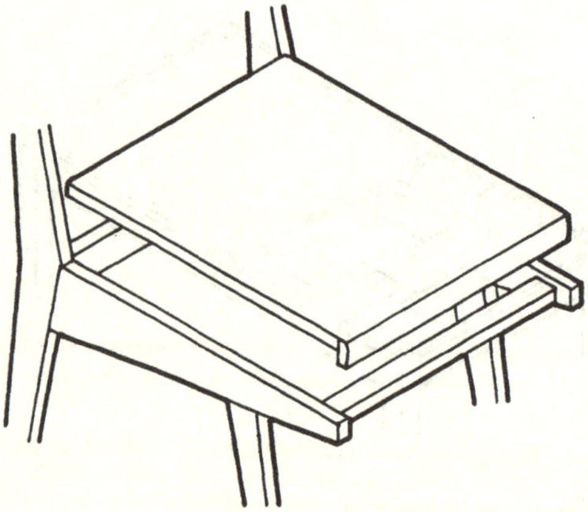

C

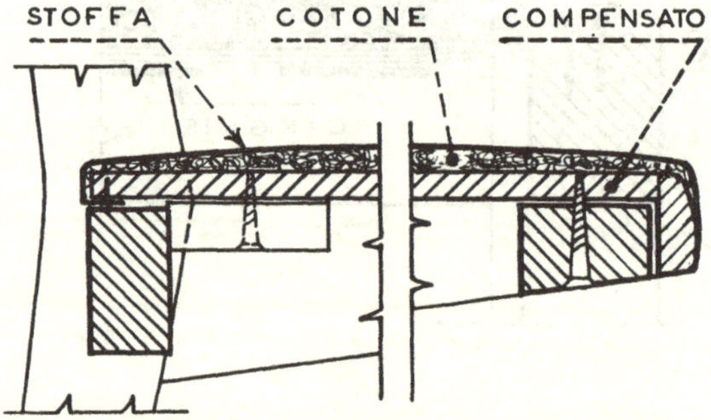

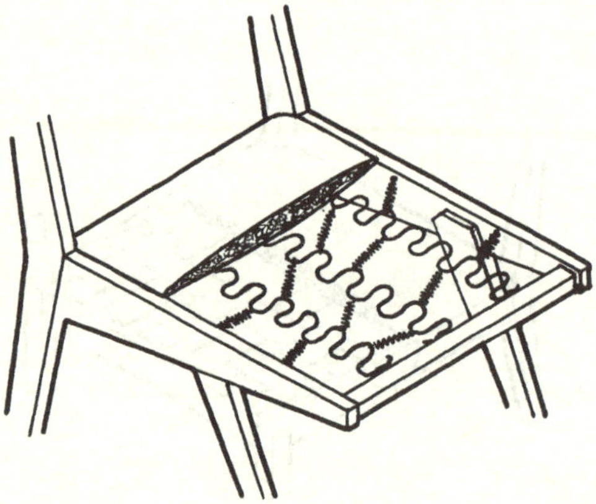

D

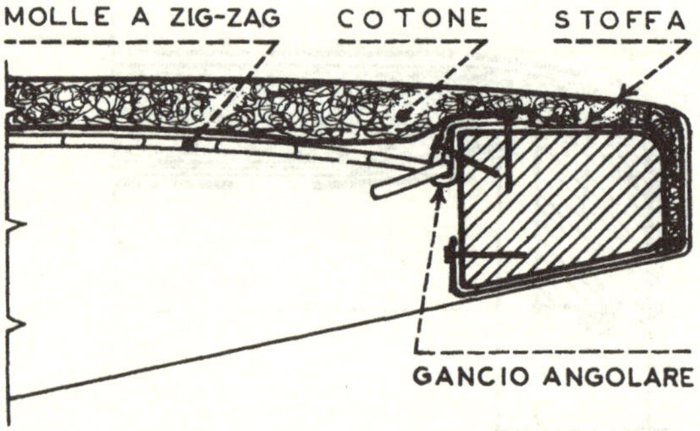

SEDILI

Nell'esecuzione dei sedili la gommapiuma può essere applicata su vari tipi di materiale, compensato perforato o cartone, come indicato in (A) e (B) oppure sopra cinghie, vedi esempio (C).

A

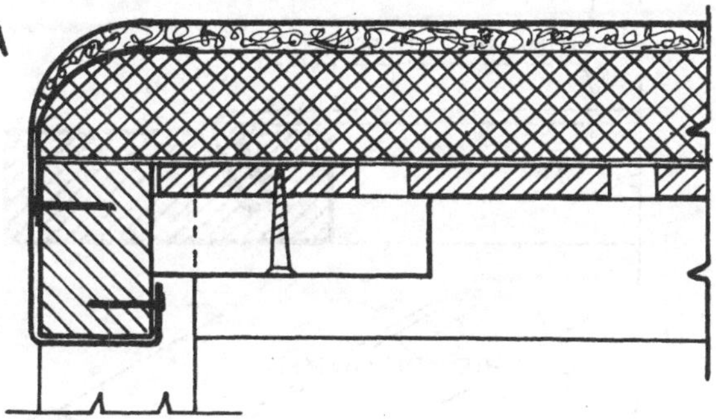

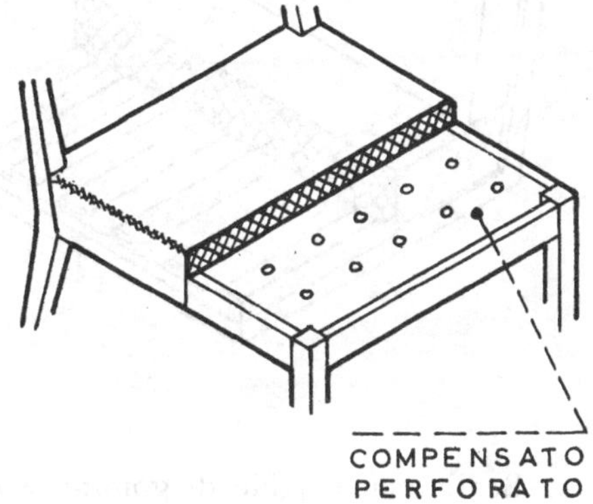

B

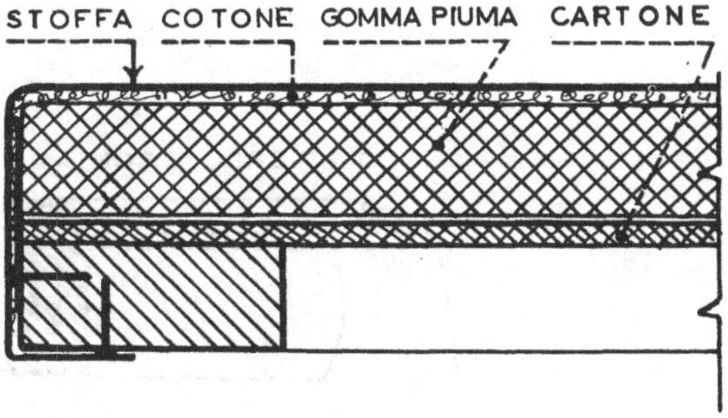

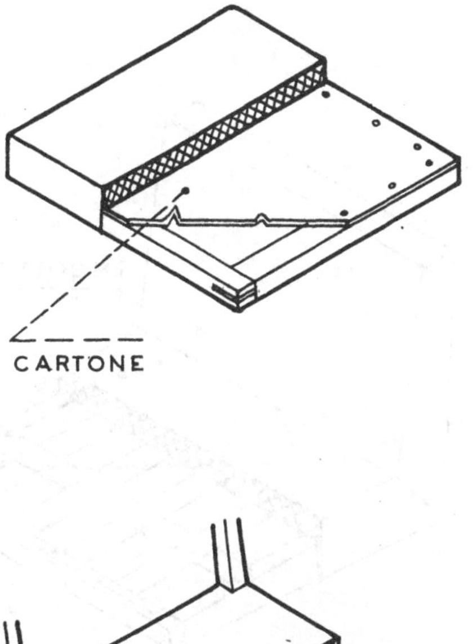

C

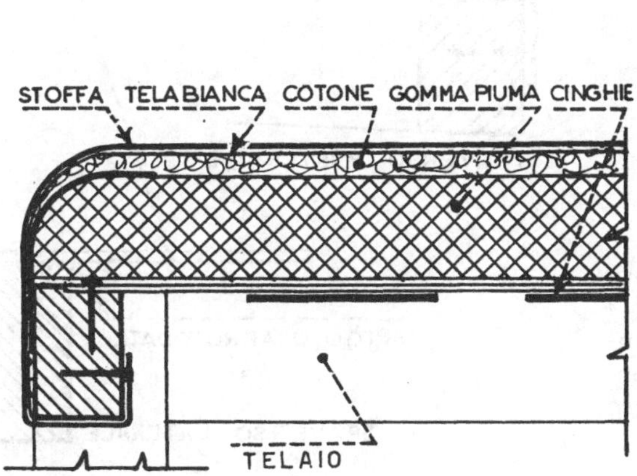

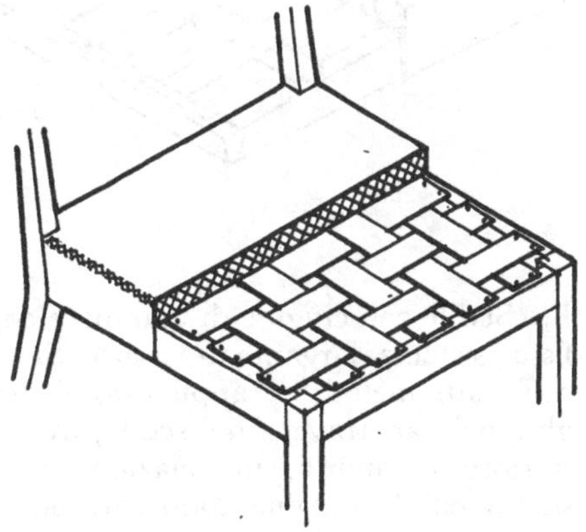

SEDILI

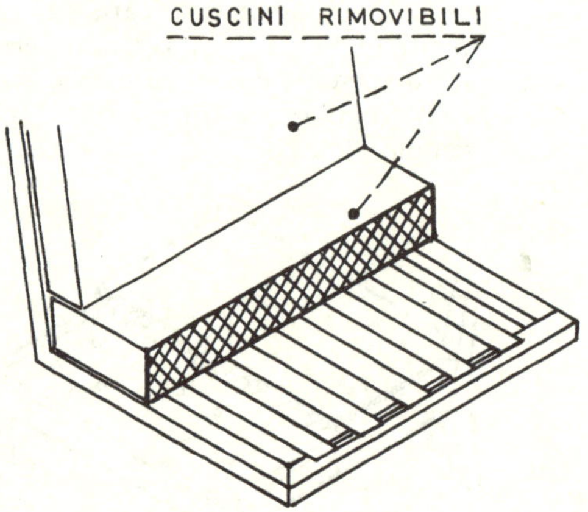

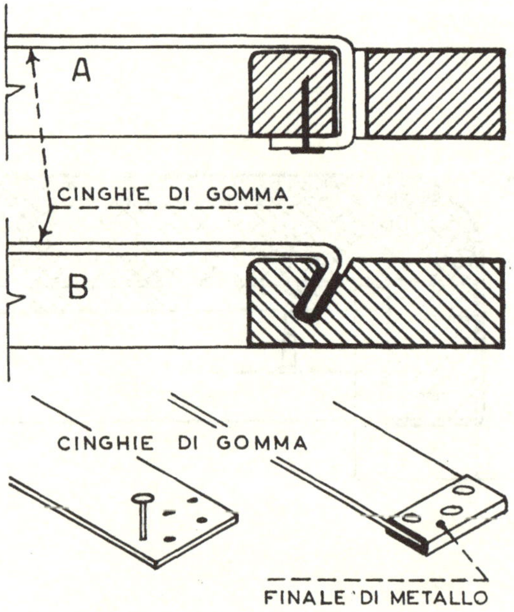

A. Sedile con cinghie di gomma e cuscino mobile, di facile costruzione e di ottimo risultato.

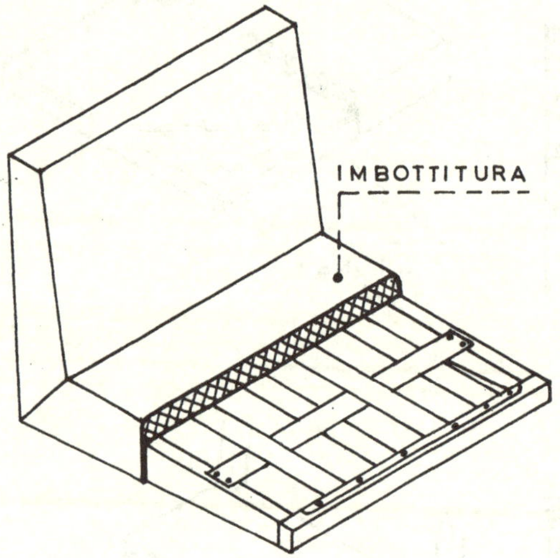

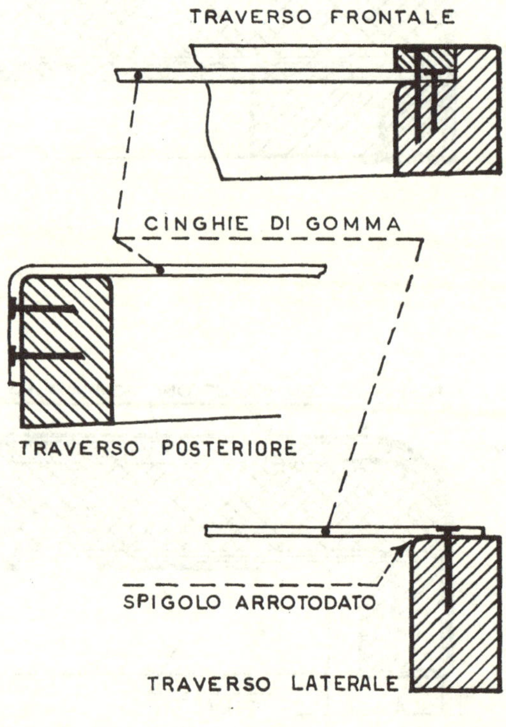

B. Sedile con cinghie di gomma e copertura fissa, sistema largamente usato. Si notino i differenti metodi di applicazione delle cinghie nei vari traversi del sedile, frontale, posteriore e laterali, in relazione al diverso sforzo cui le cinghie sono sottoposte.

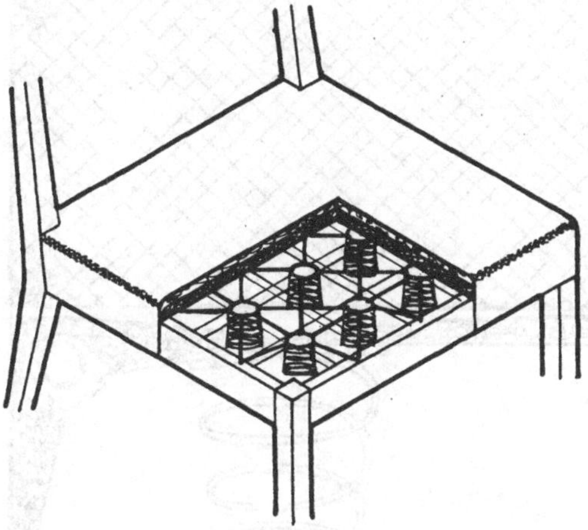

Sedili con molle a spirale e copertura in gommapiuma (A) per sedile leggero, da usarsi per sedie o poltroncine, (B) per sedile pesante, pure fisso da usarsi per poltrone o divani.

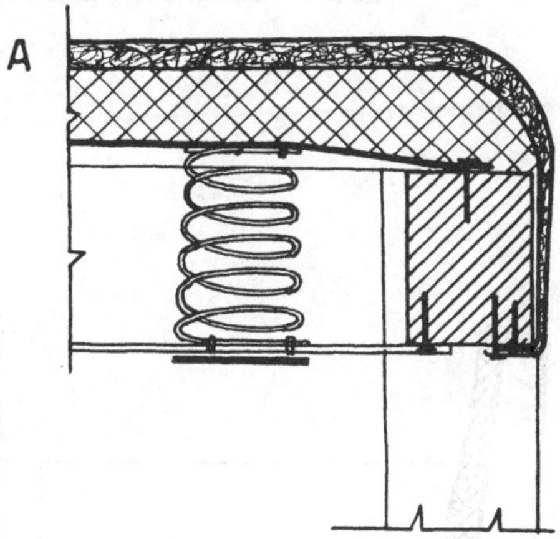

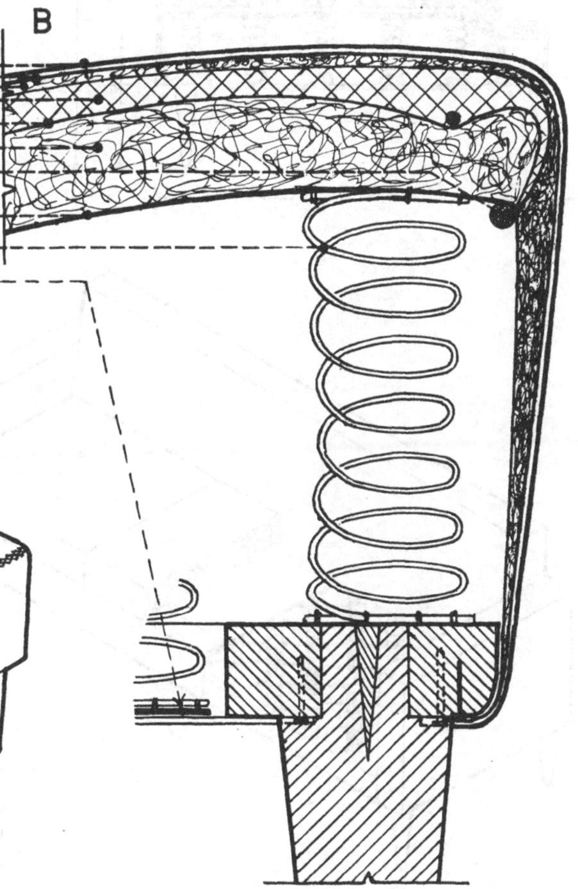

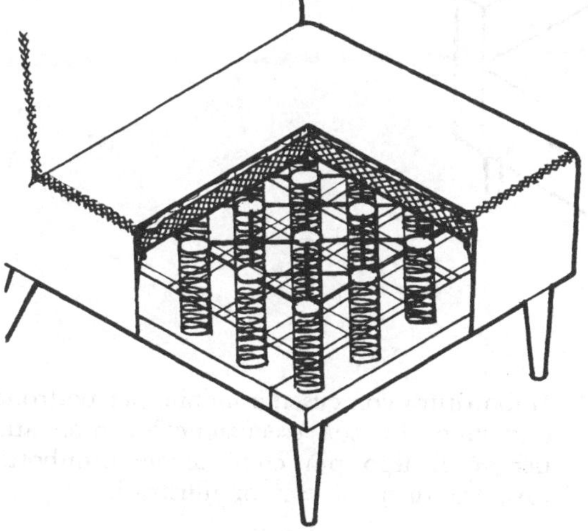

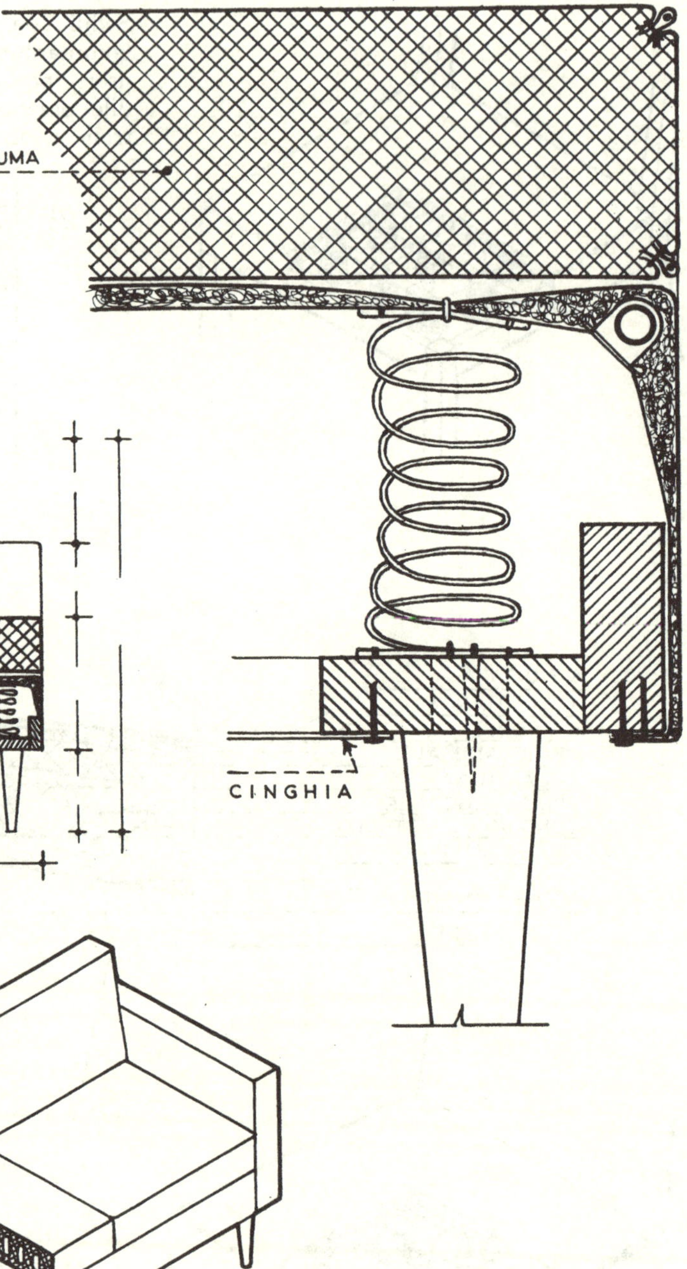

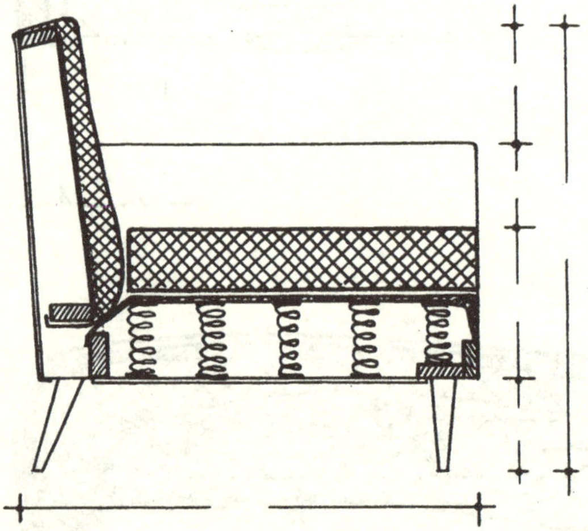

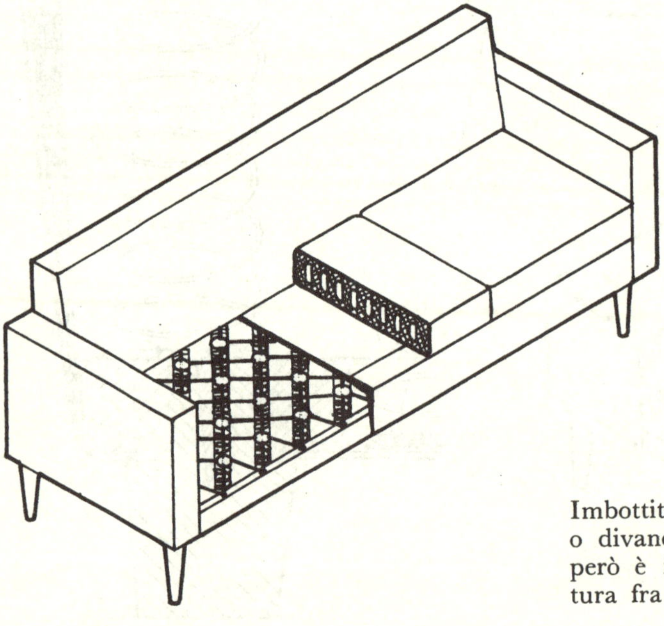

Imbottitura con cuscino mobile per poltrona o divano. La sua esecuzione è complicata, però è il tipo più confortevole d'imbottitura fra tutti gli esempi illustrati.

SCHIENALI

Lo schienale in linea generale è più leggero e più rigido del sedile, sia per sedie che per poltrone e divani. Gli schienali spesso sono decisamente diversi dal sedile; il sedile di una sedia può essere imbottito e lo schienale in legno, paglia, canna o altro materiale. Illustriamo gli esempi più comuni.

A. Schienale in legno curvato fissato con viti.

B. Schienale in tela, di largo uso nei mobili da giardino.

C. Schienale in cinghie, possono essere in canapa, cuoio o materiale plastico.

D. Esempio di schienale in canna.

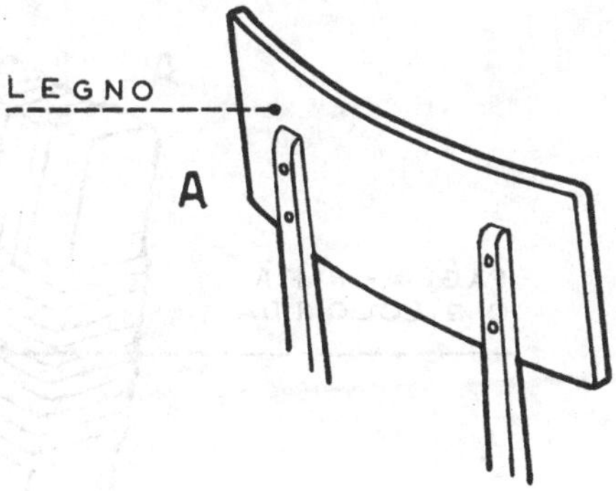

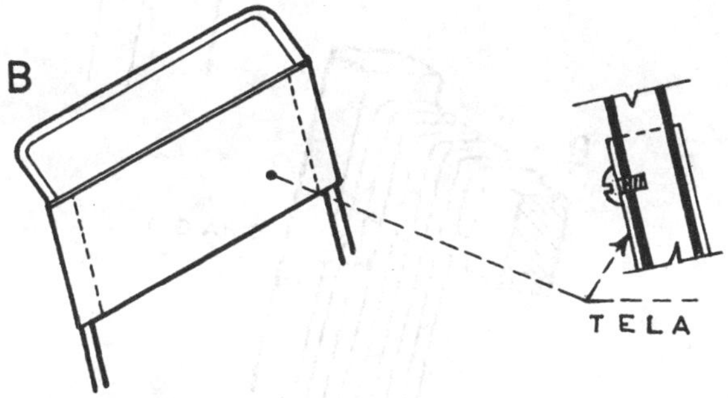

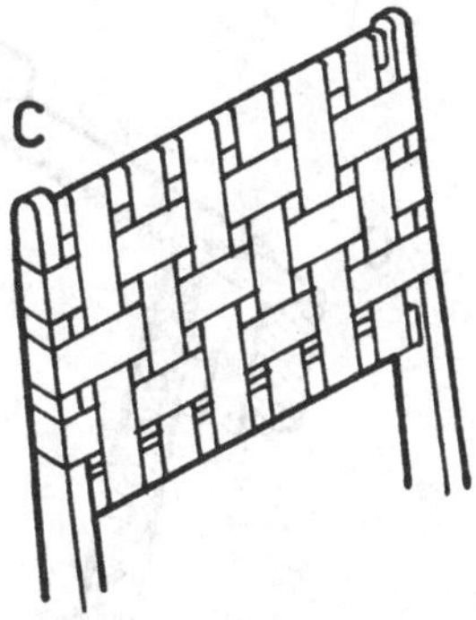

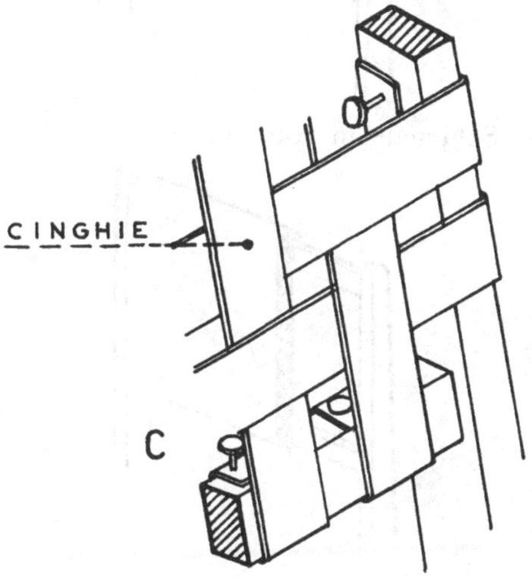

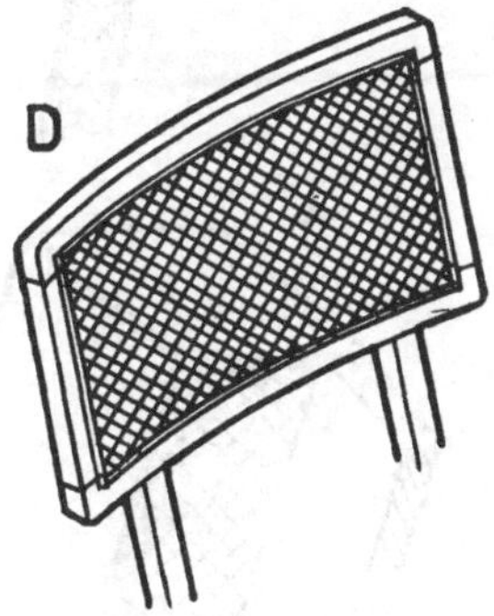

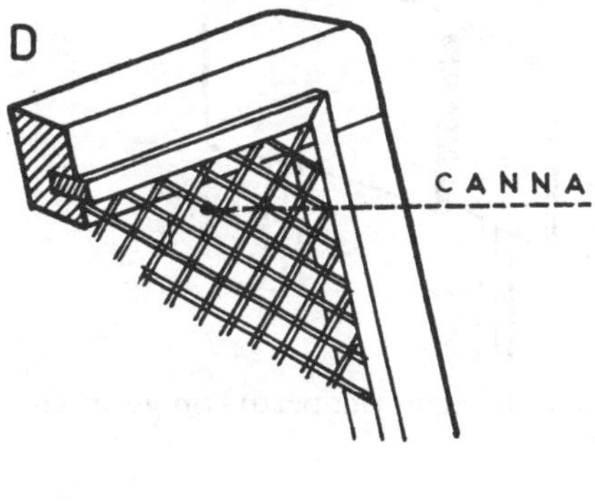

SCHIENALI

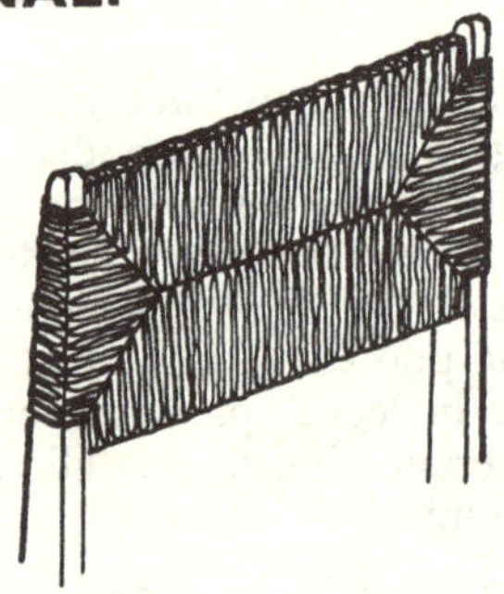

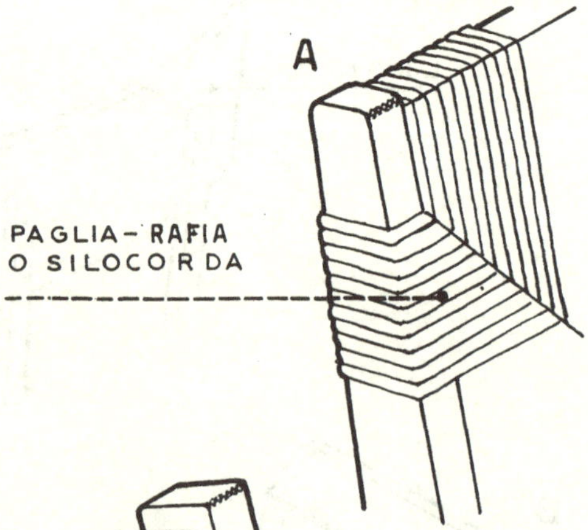

A. Paglia, rafia o silocorda sono materiali comuni per l'esecuzione di schienali.

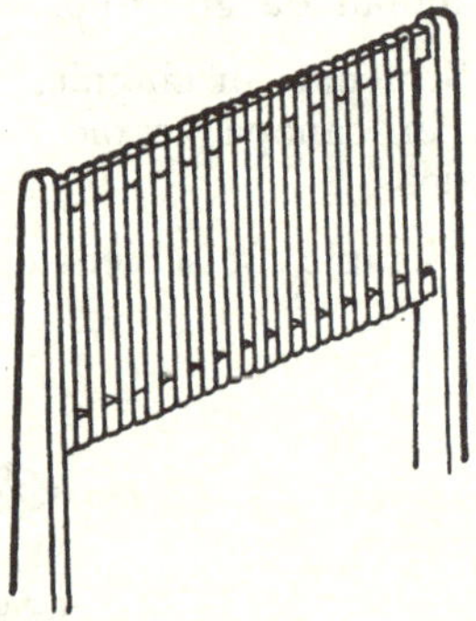

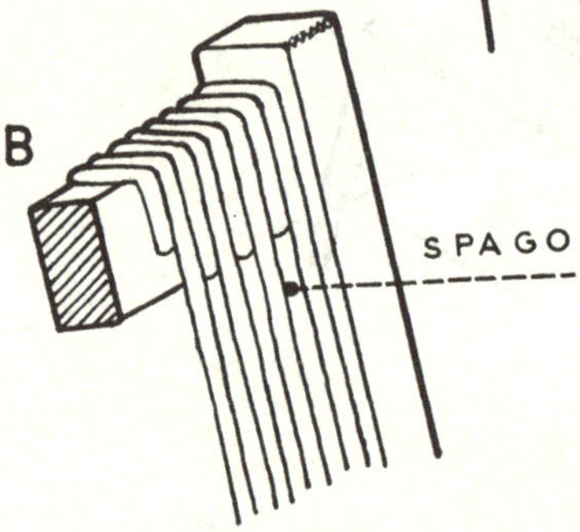

B. Schienale in cordino.

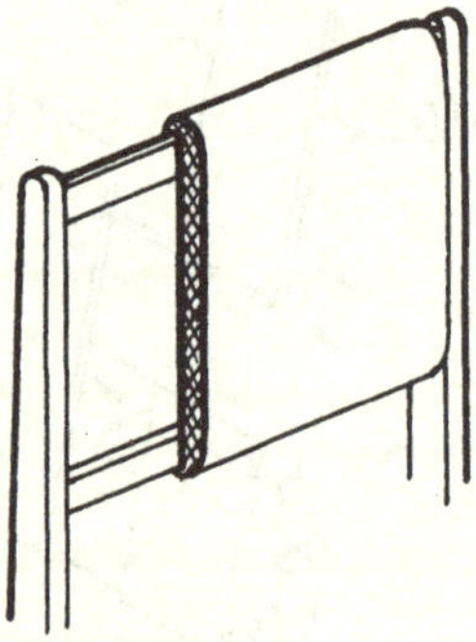

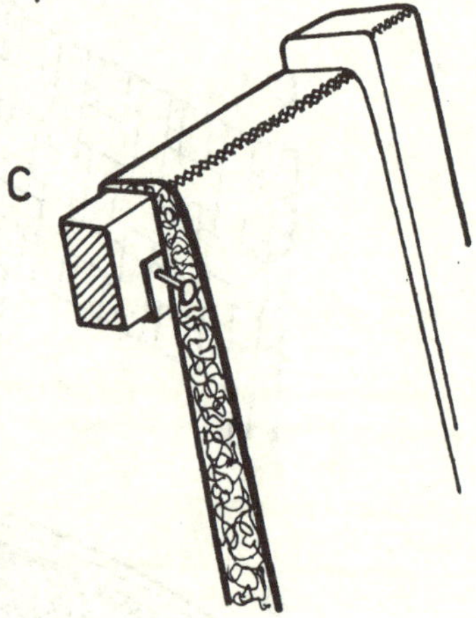

C. Semplice esempio di schienale imbottito.

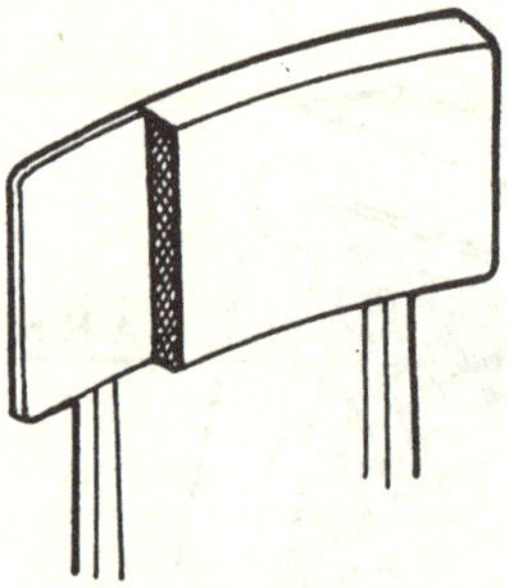

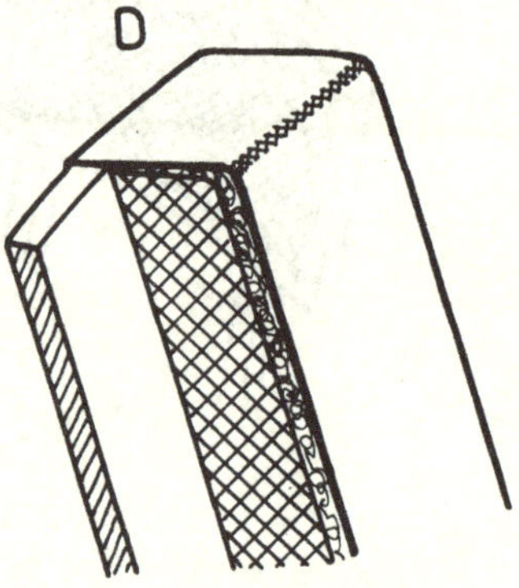

D. Schienale di legno ricoperto con gommapiuma.

SCHIENALI

A. Schienale di gomma piuma applicata sopra cinghie.

B. Altro esempio di schienale di gomma piuma applicato sopra molle a zig-zag. Si noti che le molle sono fissate in (B) con cavallotti piani in (C) con cavallotti ad angolo; questi ultimi hanno una maggiore resistenza.

A

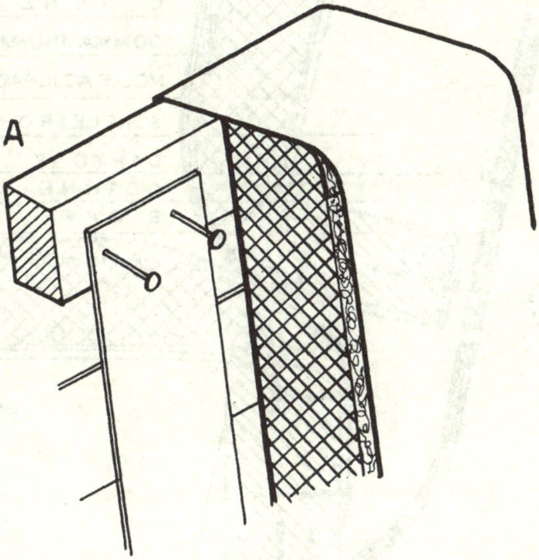

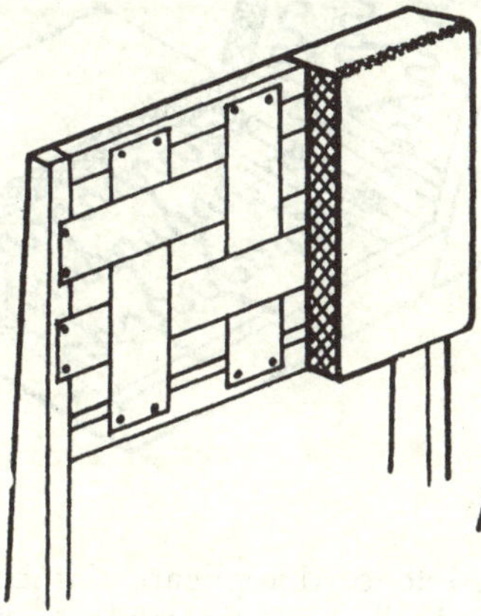

A

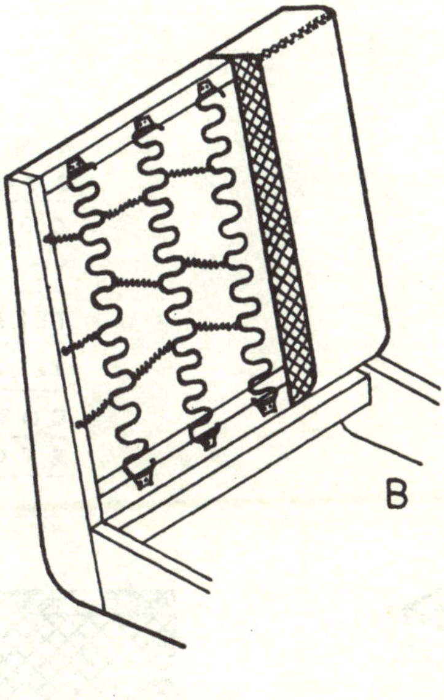

B

B

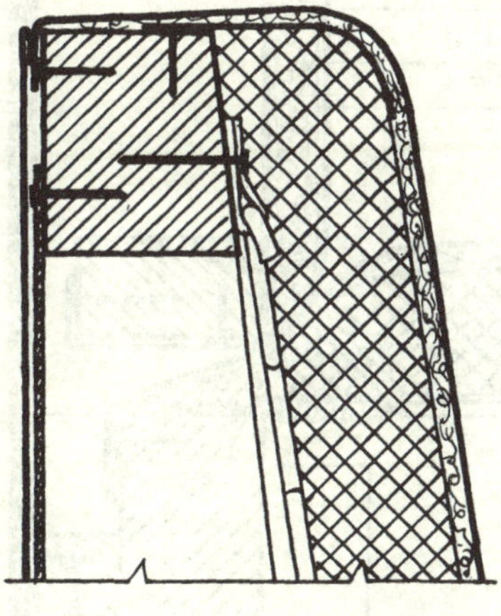

C

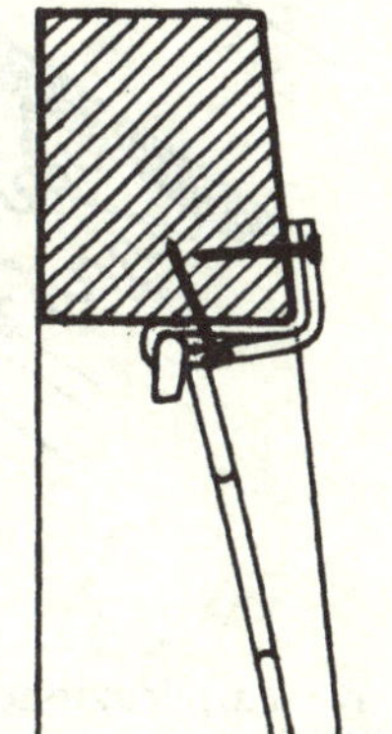

SEDILI, SCHIENALI E BRACCIOLI

A

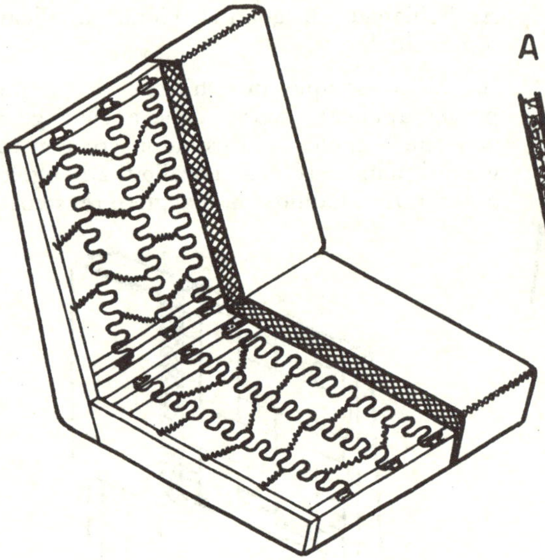

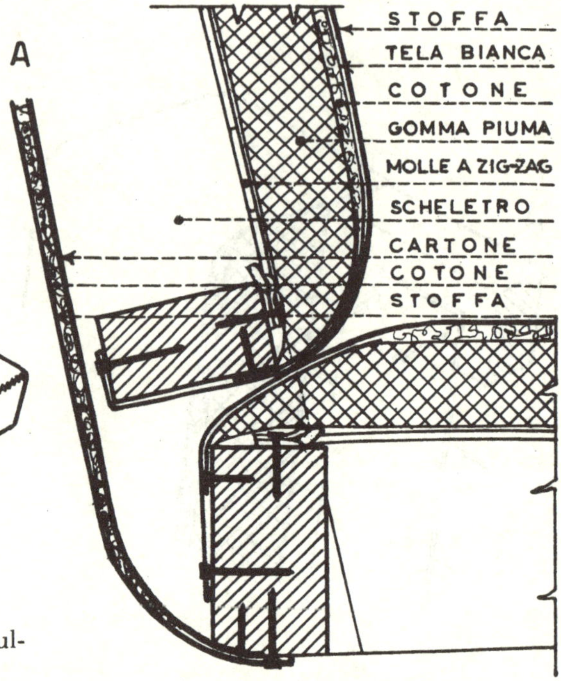

A. Metodo d'applicare l'imbottitura sull'angolo d'unione fra sedile e schienale.

B

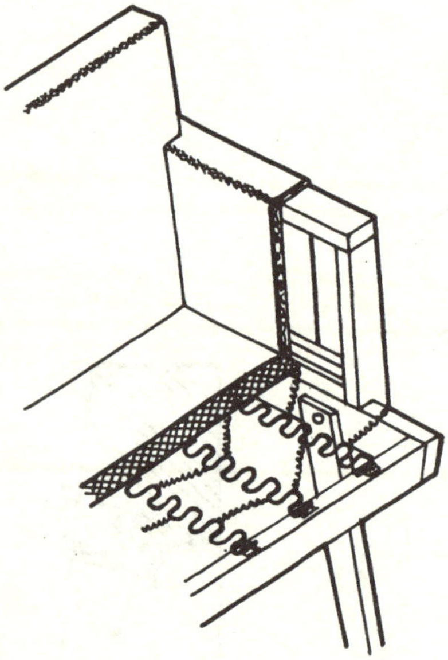

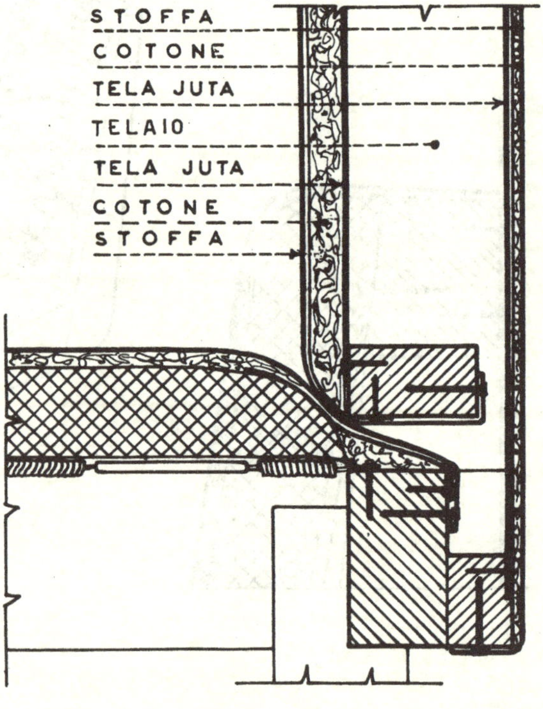

B. Applicazione dell'imbottitura sull'angolo di unione fra sedile e bracciolo.

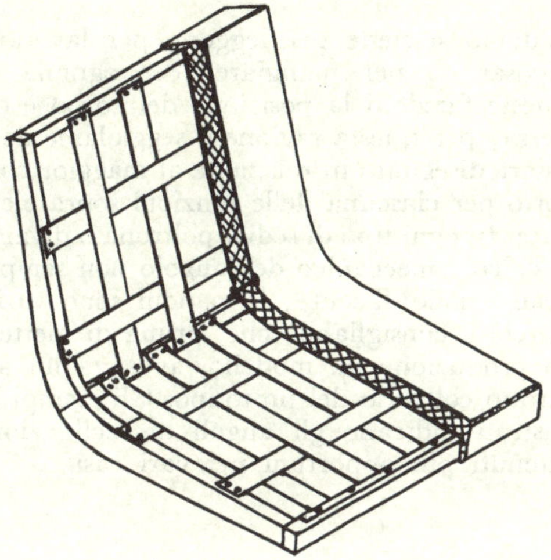

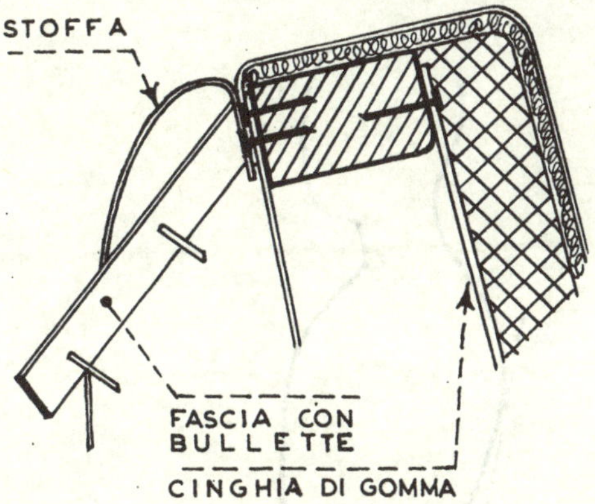

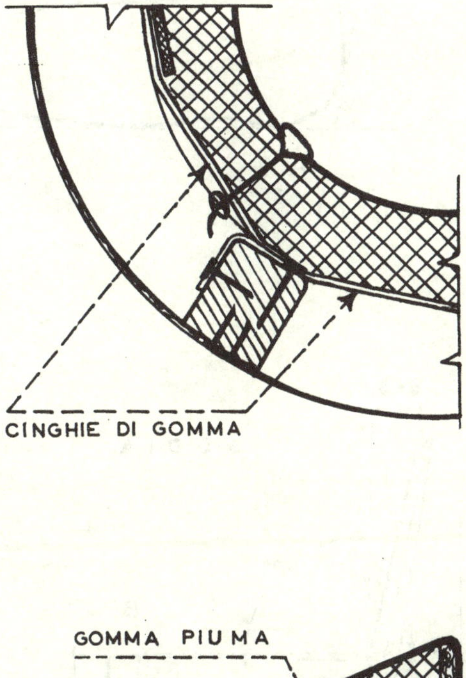

A. Sedile e schienale ottenuti con un solo pezzo di gomma piuma, fissata sull'angolo di unione fra sedile e schienale con bottoni. Notare la striscia di metallo con bullette usata per l'applicazione della stoffa sullo schienale (metodo largamente impiegato nella produzione di serie).

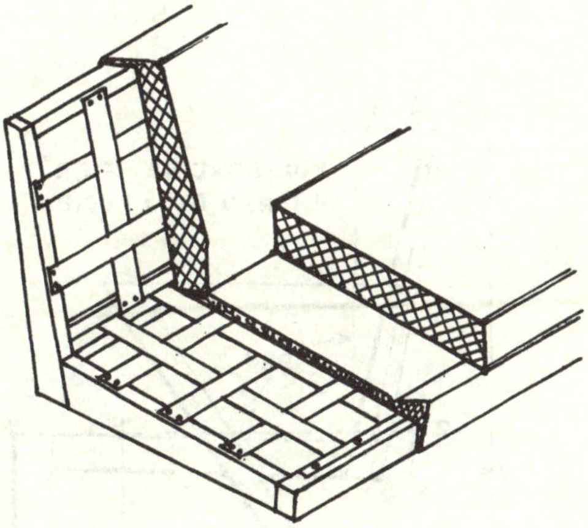

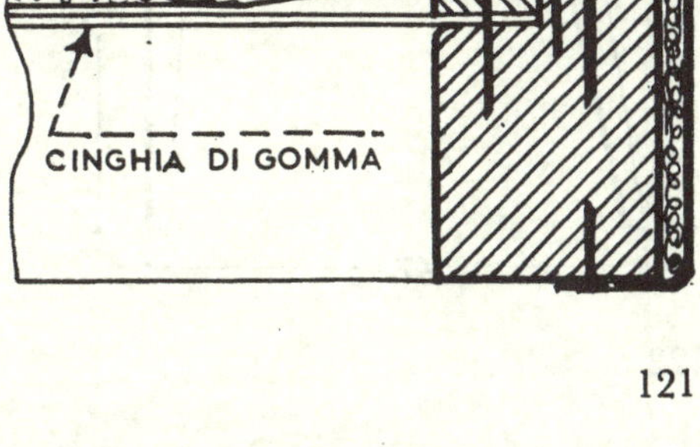

B. Imbottitura per poltrona o divano. L'aggiunta sul profilo frontale di una striscia di gommapiuma rende più confortevole il sedile.

ANGOLI PER SEDILI

L'uomo si siede per leggere, per lavorare, riposare o per mangiare. Per ognuna di queste funzioni la posizione del corpo è diversa; per questa ragione il seggiolame deve essere disegnato in relazione al maggior conforto per ciascuna delle funzioni sopra elencate. In ogni tipo di sedia, poltrona o divano, il calcolo meccanico dell'angolo non sempre risulta soddisfacente; le ragioni sono varie, perciò è consigliabile che, prima di mettere in produzione un modello, avvenga un accurato collaudo del prototipo. Gli esempi illustrati indicano gli angoli di inclinazione ritenuti più opportuni nei vari casi.

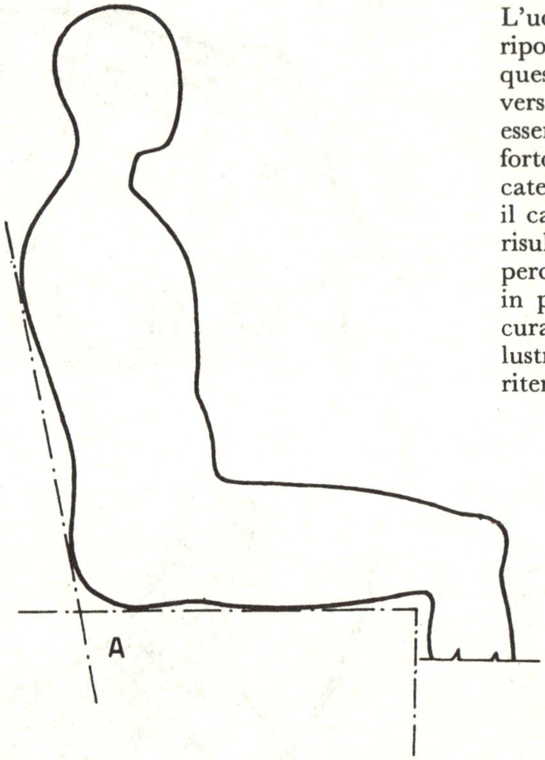

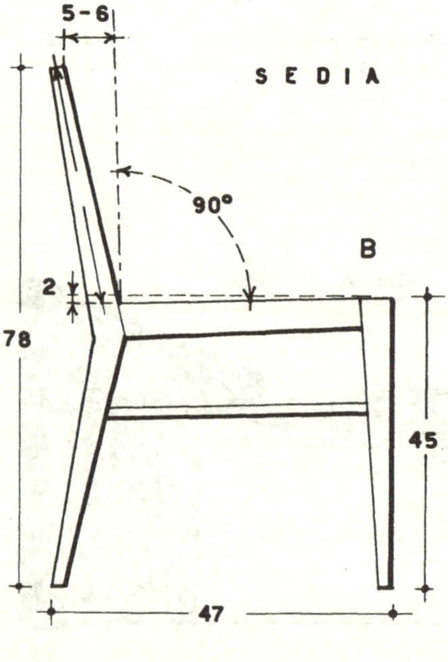

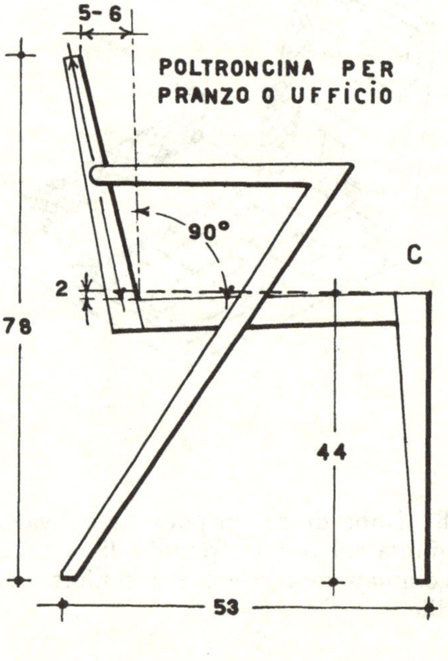

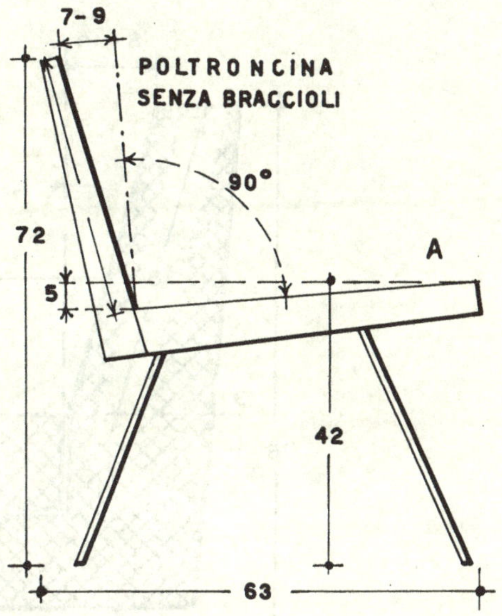
7-9
POLTRONCINA
SENZA BRACCIOLI
90°
72
A
5
42
63

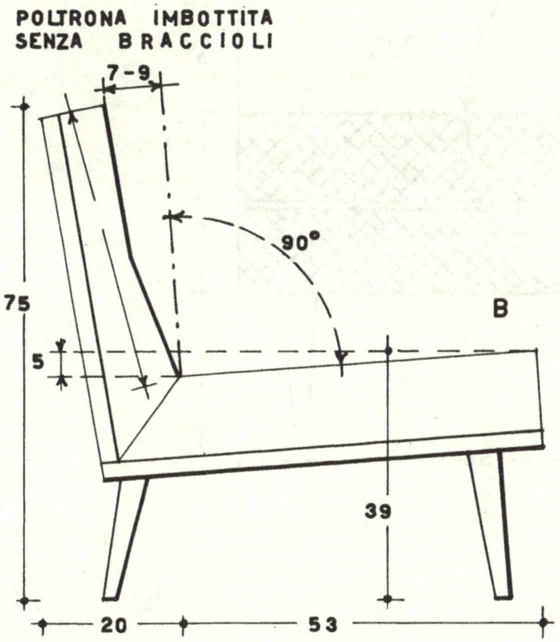
POLTRONA IMBOTTITA
SENZA BRACCIOLI
7-9
90°
75
B
5
39
20
53

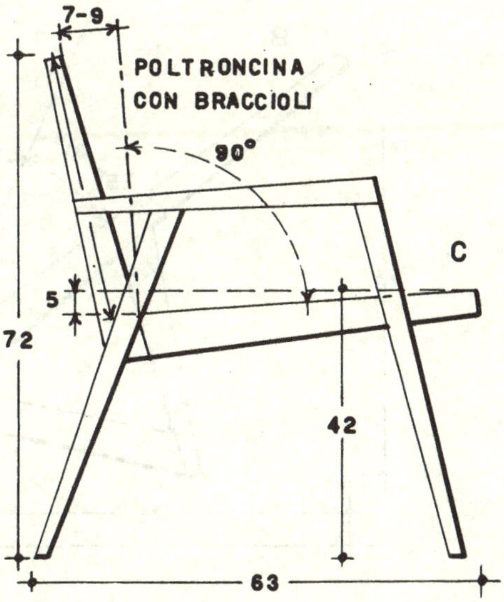
7-9
POLTRONCINA
CON BRACCIOLI
90°
C
5
72
42
63

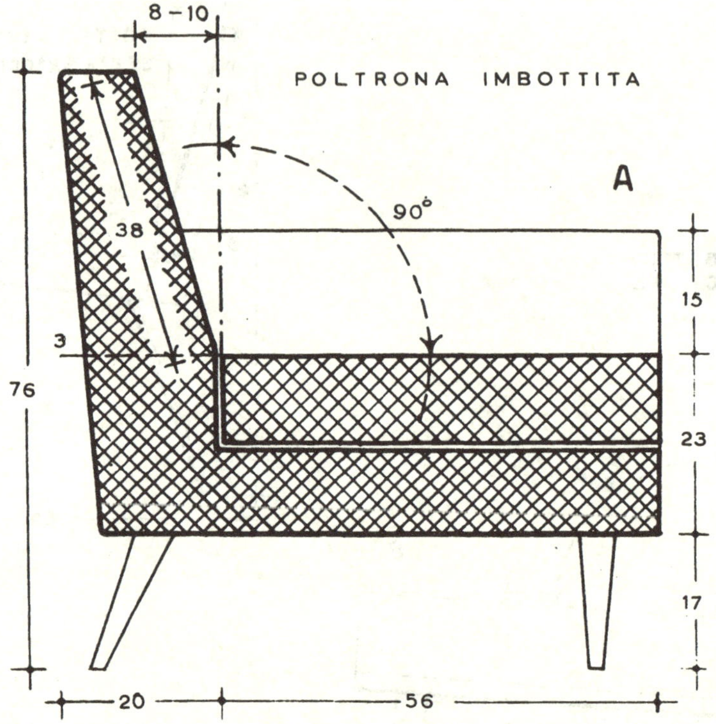

8 – 10
POLTRONA IMBOTTITA
A
90°
38
3
76
15
23
17
20
56

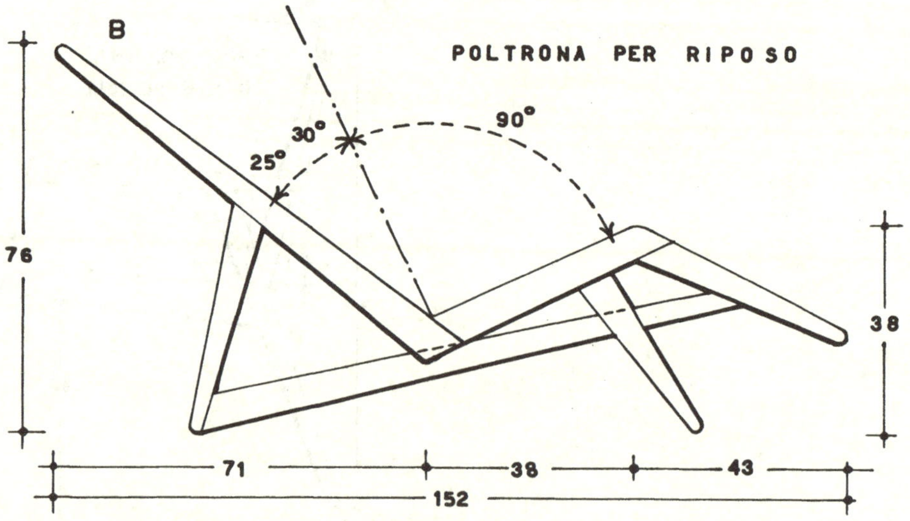

B
POLTRONA PER RIPOSO
90°
30°
25°
76
38
71
38
43
152

PARTE II PROGETTI DI MOBILI

ISTRUZIONI PER LA LETTURA DEI PROGETTI

Uno degli scopi principali per i progetti dei mobili presentati in questo volume è la chiara presentazione dei medesimi, i quali possono essere facilmente compresi da allievi di scuole o da apprendisti che si dedichino alla costruzione del mobile. Ogni progetto include: (A) una prospettiva del mobile finito, (B) viste quotate del fronte, fianco, pianta, sezioni, seguendo gli schemi usati professionalmente, (C) proiezione assonometrica, con tutte le parti che compongono il mobile contraddistinte da lettere, (D) particolari costruttivi in sezione o in proiezione assonometrica, che illustrano i vari tipi di unioni (dei quali alcuni valgono per più mobili, altri invece in un solo caso), (E) lista del materiale, con l'indicazione di tutte le misure di ogni pezzo del mobile, (F) istruzioni progressive per l'esecuzione (vedi spiegazione generale a pag. 6) e per il montaggio, concludendo con il tipo di lucidatura adatta, caso per caso (vedi pag. 7 per il procedimento). Tutto ciò facilita la preparazione degli studenti o dei principianti, per una rapida e graduale comprensione della tecnica di costruzione del mobile.

Variazioni

Molti dei progetti esposti nel volume possono essere variati a seconda delle esigenze personali. Per esempio, si possono aggiungere o eliminare delle ante, dei ripiani, aggiungere delle modanature, ma, in particolare per i principianti, non è consigliabile apportare modifiche alla costruzione del mobile.

BANCO PER FALEGNAME MOBILE TIPO PER AMATORI

Materiali

PARTI	N.	FUNZIONE	DIMENSIONI IN CENTIMETRI spessore	× larghezza	× lunghezza
A	1	coperchio	3,8	61	122
B	1	schienale	0,6	68,6	90
C	1	fondo	2	56	87,6
D	2	fianchi	2	56	70
E	1	traverso	3,8	5	87,6
F	2	traversi	2	7,5	87,6
G	2	antine	2	43,8	48,2
H	1	partizione	2	14	53,5
J	2	zoccoli	2	7,6	50
K	1	zoccolo	2	7,6	83
L	1	ripiano	2	40,7	87,6
M	2	fondi dei cassetti	0,6	41,8	52
O	2	fronti	2	14	43,8
P	2	schienali	1	12,7	41,8
Q	4	fianchi	1	14	54,5
R	2	porta attrezzi	2	5	38

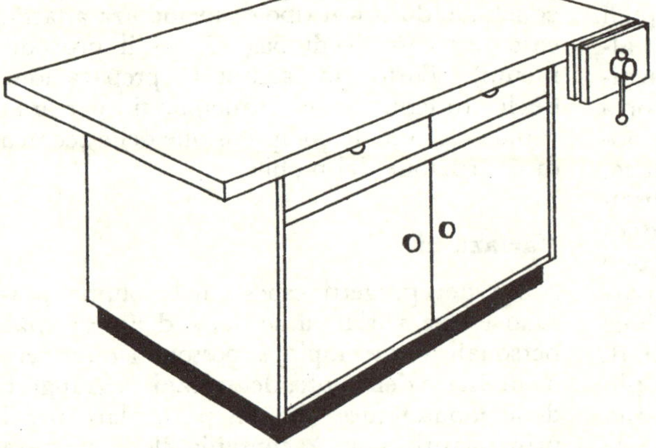

Istruzioni per l'esecuzione

1. Unire fianchi (D) con fondo (C) traversi (E) e (F) e divisione (H).
2. Fissare schienale (B) e zoccolo (J-K) al telaio.
3. Fissare porta attrezzi (R) alla anta (G).
4. Applicare ante (G) e ripiano (L).
5. Unire fianchi dei cassetti (Q) con fronte e schienale (O) e (P).
6. Applicare fondi dei cassetti (M).
7. Fissare coperchio (A).
8. Fissare la morsa al coperchio.
9. Rifinitura con carta vetrata e lucidatura con vernice a pennello.

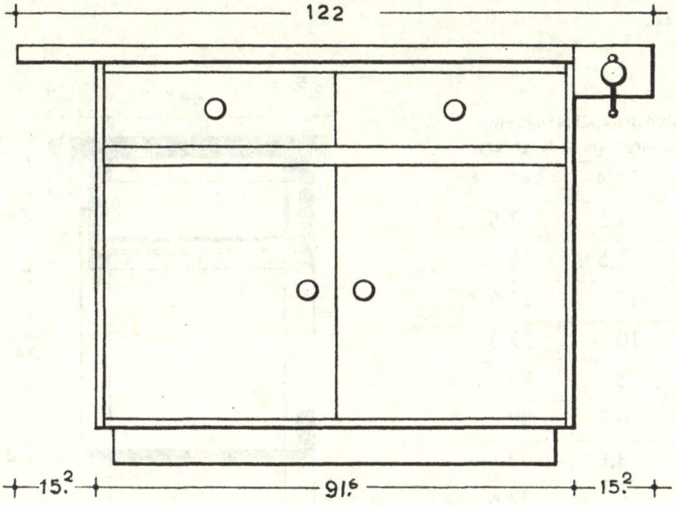
122
3.8
81.4
70
7.6
15.2
91.6
15.2

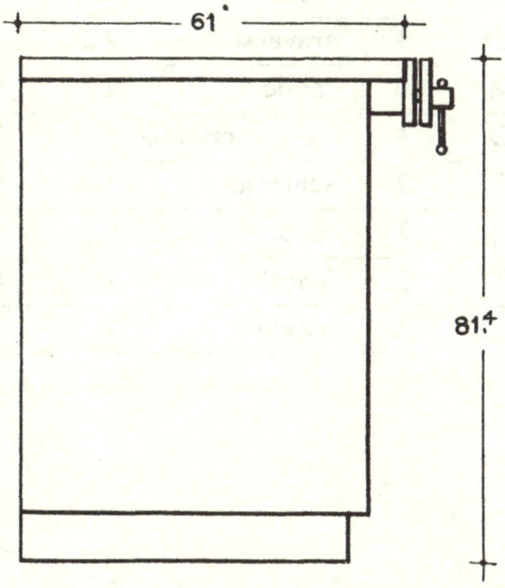
61
81.4

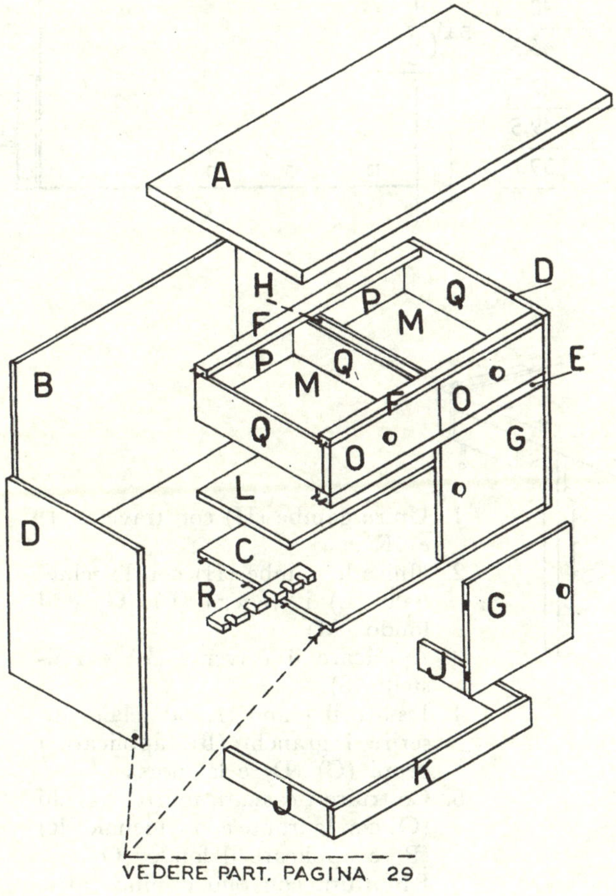
A
H
P
Q
D
F
M
E
B
O
G
L
C
R
J
K
VEDERE PART. PAGINA 29

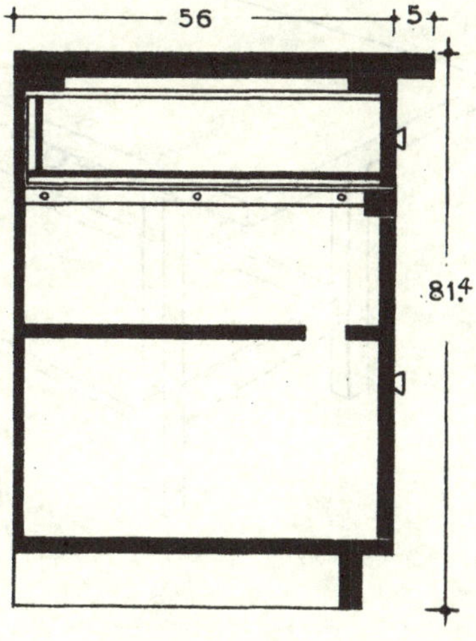
56
5
81.4

BANCO PER FALEGNAME

PARTI	N.	FUNZIONE	DIMENSIONI IN CENTIMETRI spessore ×	larghezza ×	lunghezza
A	1	coperchio	3,8	53,4	145
B	9	granchi	2,5	2,5	7,5
B′	2	granchi	2,5	2,5	15
C	1	ceppo	6,2	15	22,8
D	1	ceppo	4	10	22,8
E	1	retro	2,5	23	99
F	3	traversi	2,5	6,3	99
G	1	traversi	2,5	3,8	99
H	4	gambe	5	5	77,6
J	2	traversi	2,5	23	34,5
K	2	traversi	2,5	6,3	34,5
L	3	traversi	2,5	5	37
M	1	fondo	2,5	43,2	99
O	4	fianchi cassetti	1	14	40
P	2	schienali	1	12,7	46,5
Q	2	fondi	0,6	40	47,3
R	2	fronti	2	14	49,5
S	2	listelli	2	2,5	39

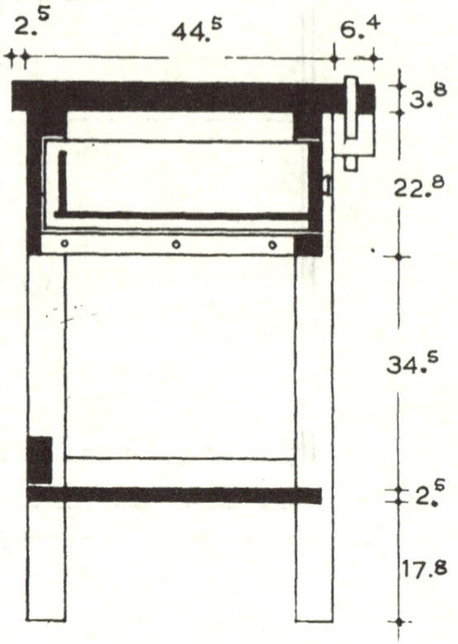

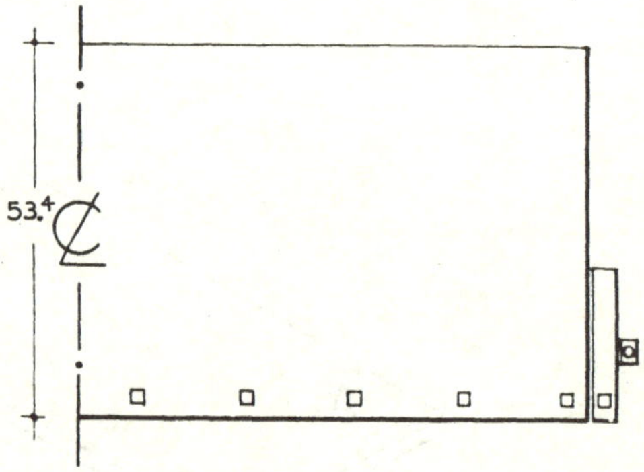

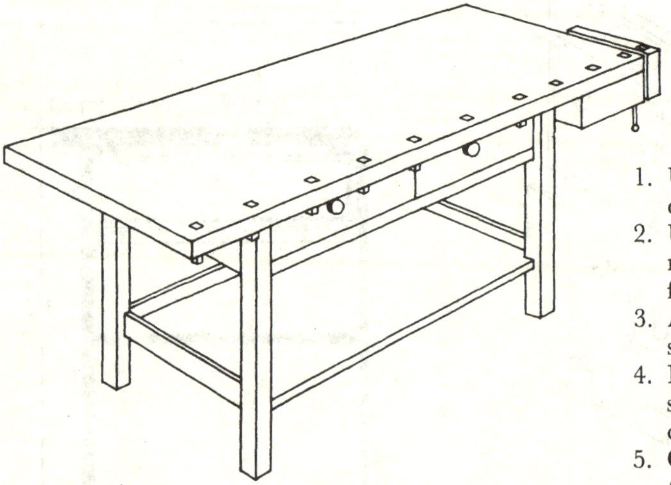

1. Unire gambe (H) con traversi (J) e (K).
2. Unire le gambe (H) con lo schienale (E) i traversi (F) (G) e il fondo (M).
3. Applicare il traverso (L) e i listelli (S).
4. Fissare il piano (A) al telaio, inserire i granchi (B), applicare i ceppi (C) (D) e la morsa.
5. Costruire i cassetti, unire i fianchi (O) con la fronte e lo schienale (R) (P) e applicare il fondo (Q).
6. Rifinitura con olio di lino cotto.

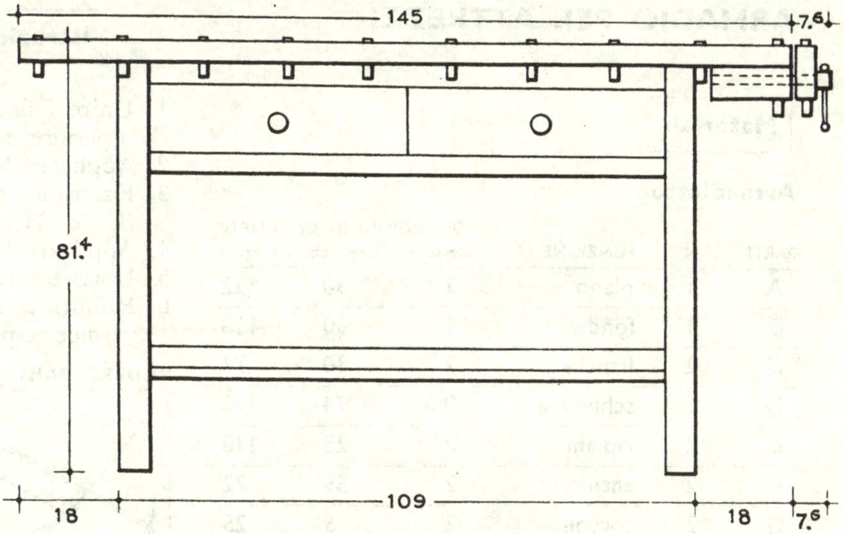
145
7.6
81.4
18
109
18
7.6

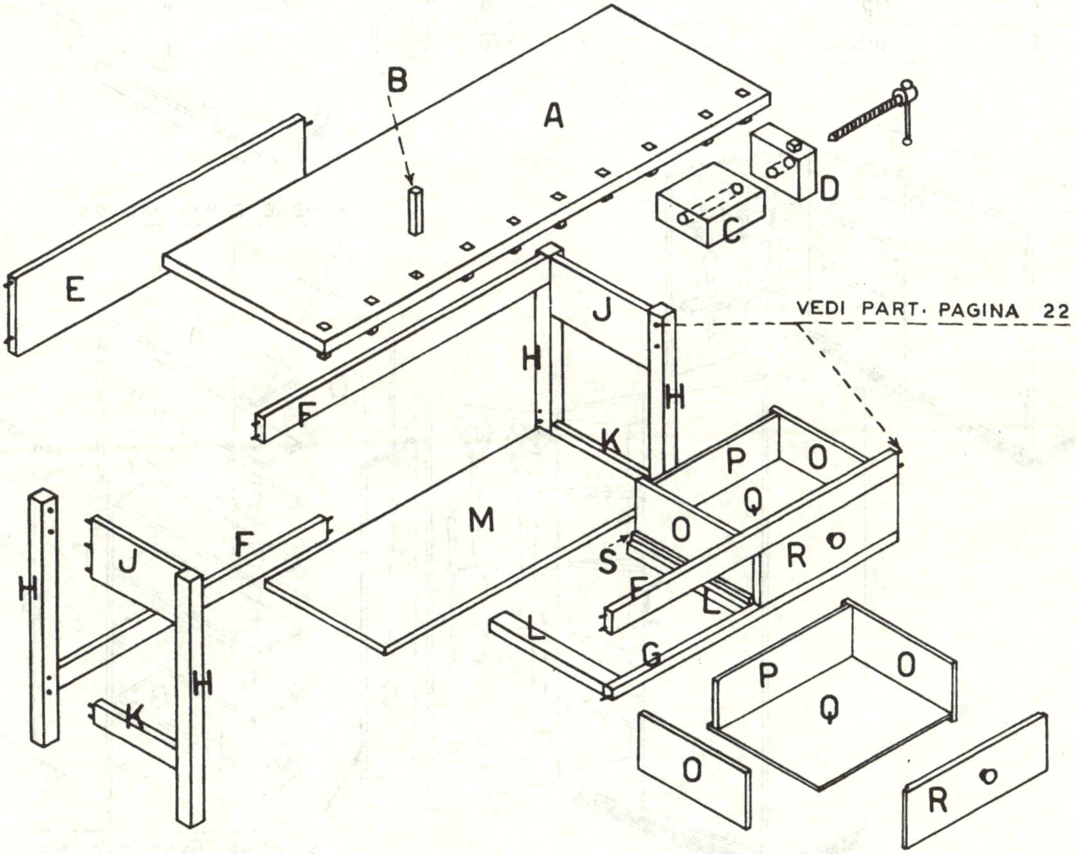
B
A
E
C
D
VEDI PART. PAGINA 22
J
H
H
F
K
P
O
Q
M
O
J
F
S
R
H
E
L
H
L
G
K
P
O
Q
O
R

ARMADIO PER ATTREZZI

Materiali

Armadietto

PARTI	N.	FUNZIONE	DIMENSIONI IN CENTIMETRI spessore ×	larghezza ×	lunghezza
A	1	piano	2	30	122
B	1	fondo	2	30	118
C	2	fianchi	2	30	74
D	1	schienale	0,6	74	120
E	2	ripiani	2	25	118
F	2	antine	2	59	72
G	2	zoccoli	2	5	25
H	1	zoccolo	2	5	117

Variazione per grande armadio

C	2	fianchi	2	30	180
D	1	schienale	0,6	120	180
E	4	ripiani	2	25	118
F	2	antine	2	59	178

Istruzioni per l'esecuzione

1. Unire i fianchi (C) con il piano superiore e il fondo (A) e (B).
2. Applicare lo schienale (D).
3. Fissare le varie parti dello zoccolo (G) e (H).
4. Applicare le ante (F).
5. Inserire i ripiani (E).
6. Rifinitura in ogni particolare e vernice a pennello.

VEDERE PART. 3 PAG 195

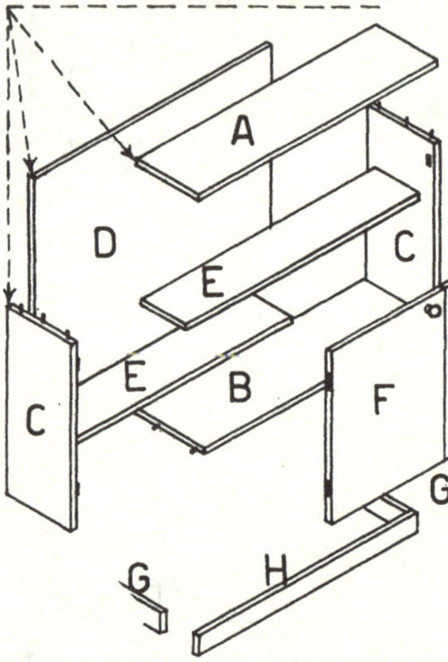

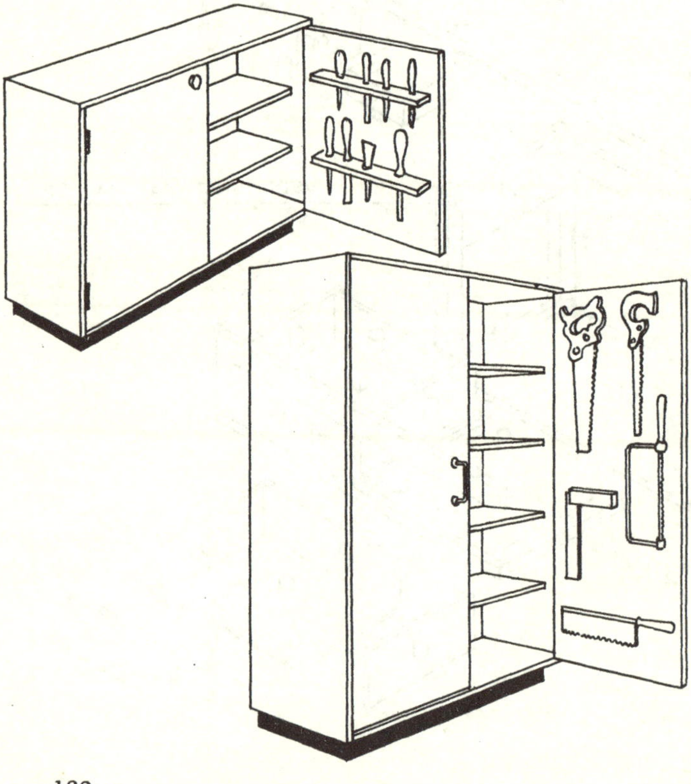

VEDERE PART. PAG 29

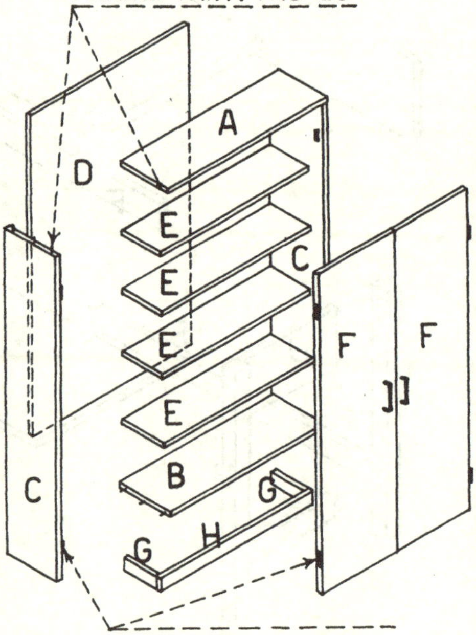

VEDERE PART. PAG. 58

PORTA-RIVISTE

Materiali

PARTI	N.	FUNZIONE	DIMENSIONI IN CENTIMETRI spessore × larghezza × lunghezza		
A	2	fianchi	1,3	33	64,7
B	1	fondo	1,3	10	64,7
C	4	gambe	2	3,2	53,4

Istruzioni per l'esecuzione

1. Unire le gambe (C) formando crociera.
2. Fissare i fianchi (A) con il fondo (B).
3. Unire le gambe (C) ai fianchi e al fondo (A-B).
4. Rifinitura con carta vetrata in ogni particolare e lucidatura.

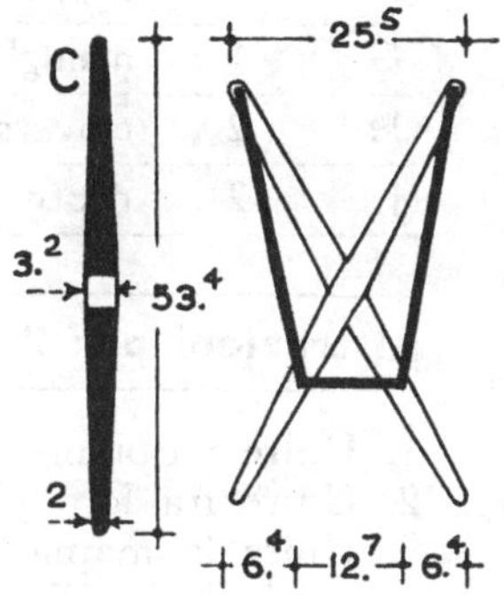

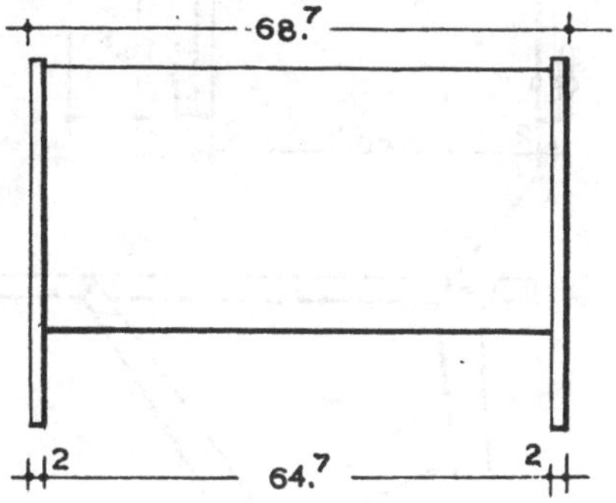

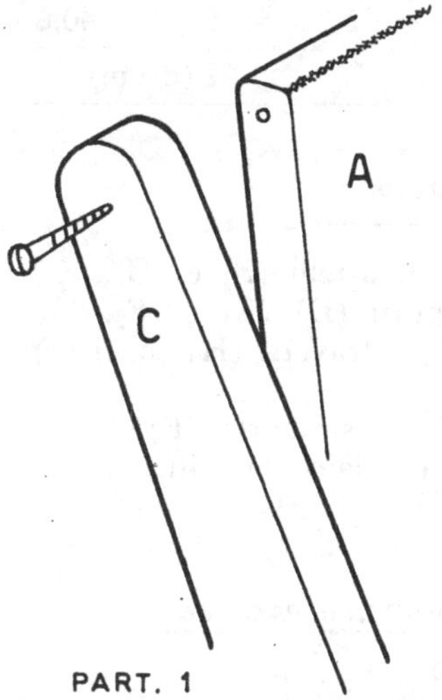

PART. 1

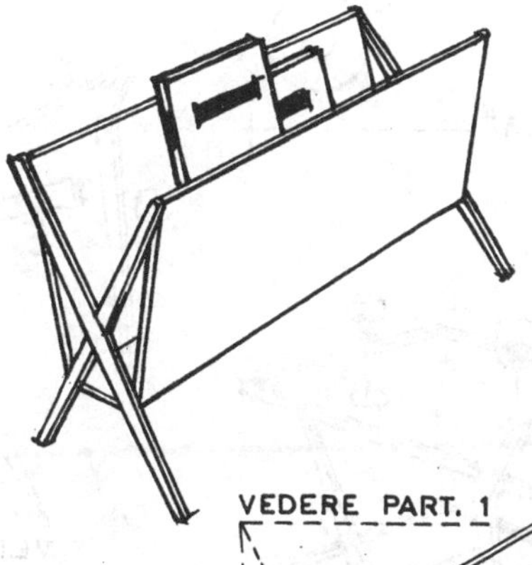

PART. 2

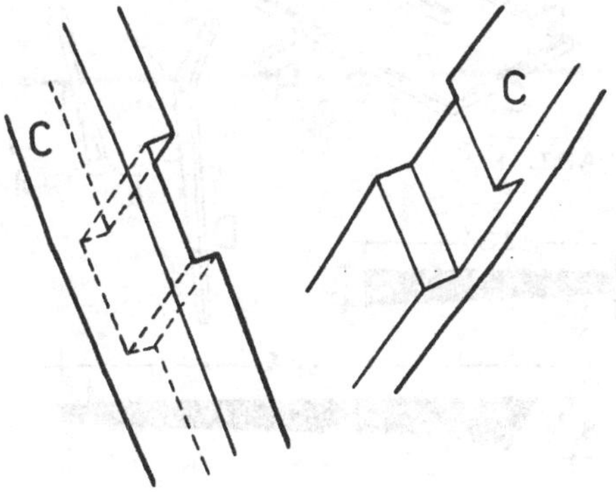

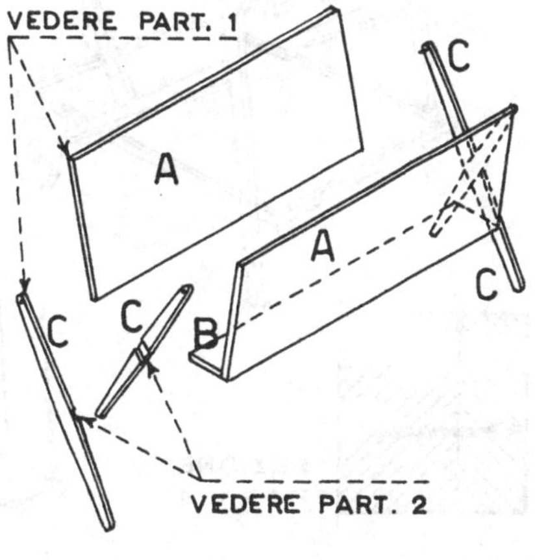

CARRELLO PER BAR

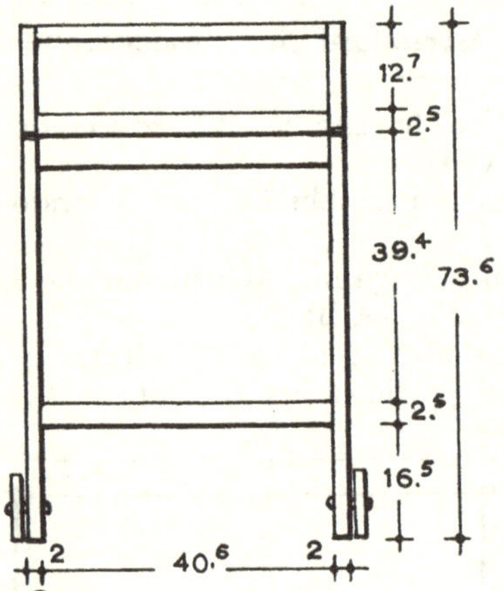

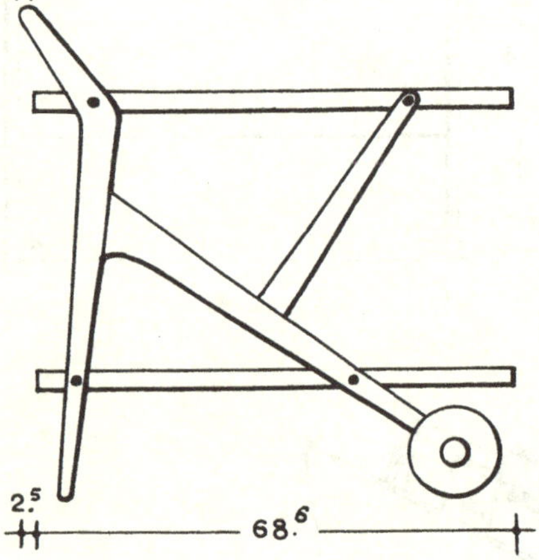

Materiali

PARTI	N.	FUNZIONE	DIMENSIONI IN CENTIMETRI spessore ×	larghezza ×	lunghezza
A	2	ripiani	1,3	38	66
B	4	listelli	1,3	2,5	66
C	4	listelli	1,3	2,5	40,6
D	2	supporti	2	15	76
E	2	supporti	2	8,7	68,5
F	2	supporti	2	5	38,7
G	1	maniglia	2 (diam.)		44,6
H	2	traversi	2	5	40,6
J	2	ruote	2	12 (diam.)	

Istruzioni per l'esecuzione

1. Unire i ripiani (A) con listelli (B) e (C).
2. Unire fra loro i supporti (D) (E) e (F).
3. Unire la maniglia (G), i traversi (H) con i supporti (D) e (E).
4. Applicare le ruote (J) al supporto (E).
5. Fissare i ripiani (A) al telaio con viti.
6. Rifinitura e lucidatura.

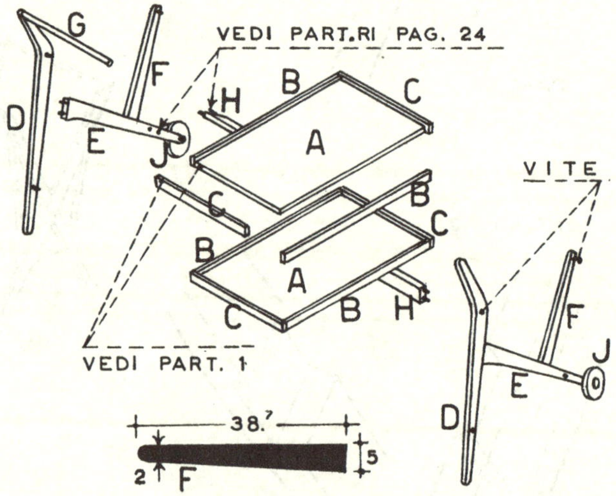

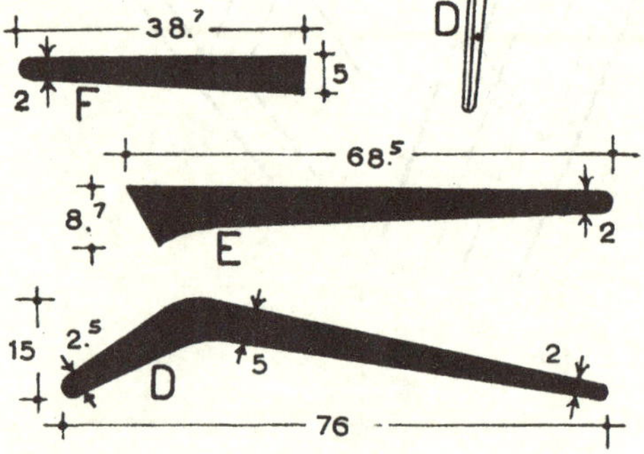

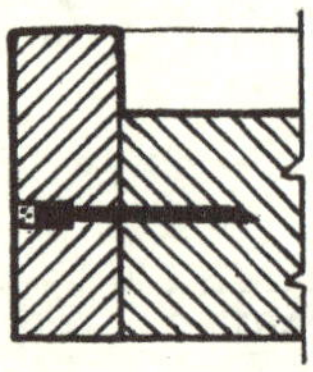

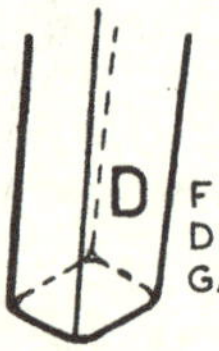

MOBILETTO PER TELEFONO

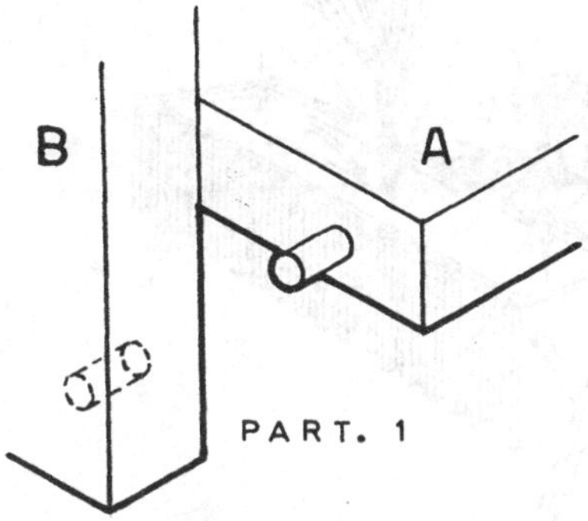

Materiali

PARTI	N.	FUNZIONE	DIMENSIONI IN CENTIMETRI spessore × larghezza × lunghezza		
A	3	ripiani	2	38	42
B	2	fianchi	2	38	51
C	1	schienale	0,6	44,5	48,5
D	4	gambe	2,2	4	61

Istruzioni per l'esecuzione

1. Unire i ripiani (A) ai fianchi (B).
2. Applicare lo schienale (C).
3. Unire le gambe (D) due a due, a crociera, applicazione delle medesime con viti ai fianchi (B).
4. Rifinitura con carta vetrata e lucidatura.

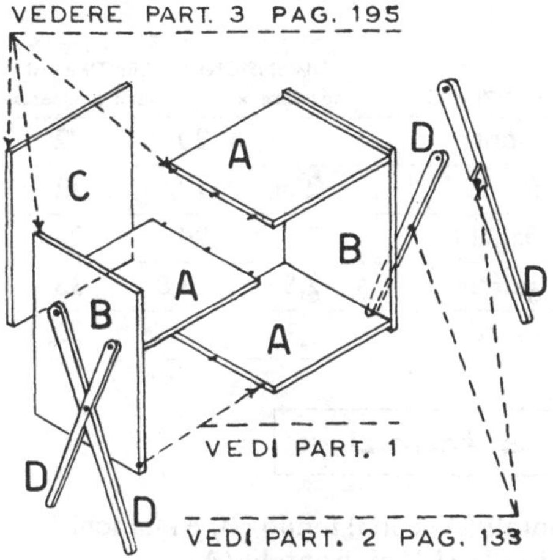

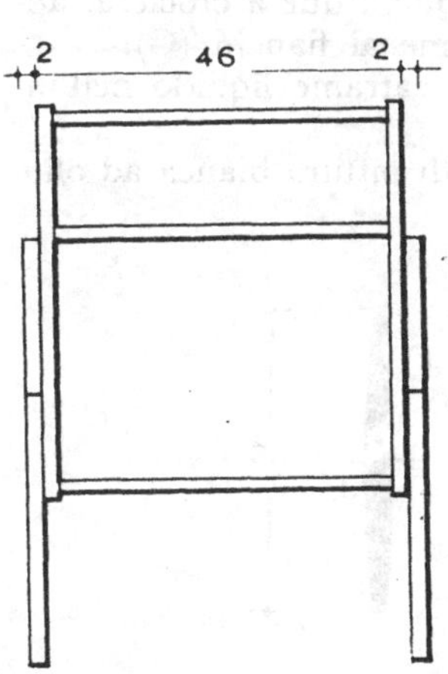

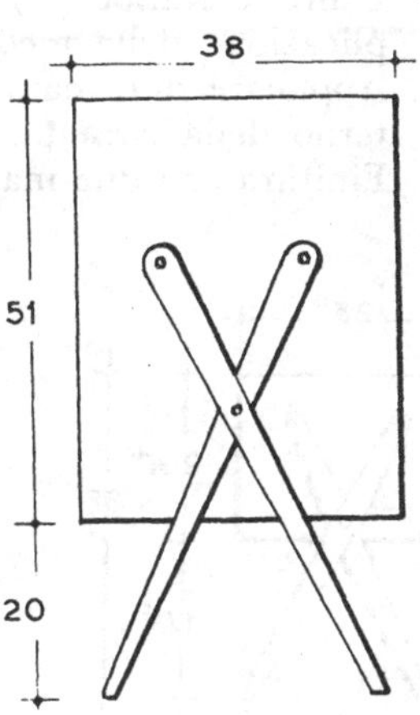

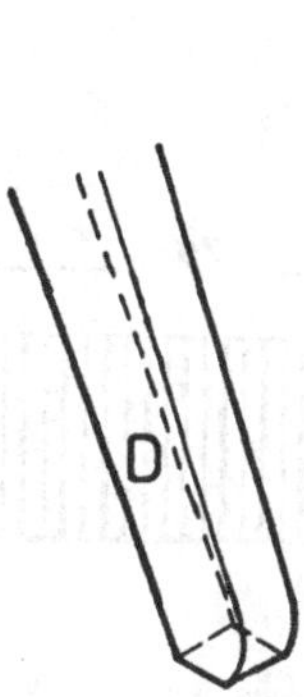

FINALE DELLA GAMBA

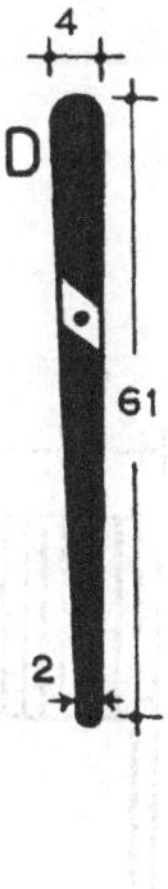

CASSETTA PER FIORI

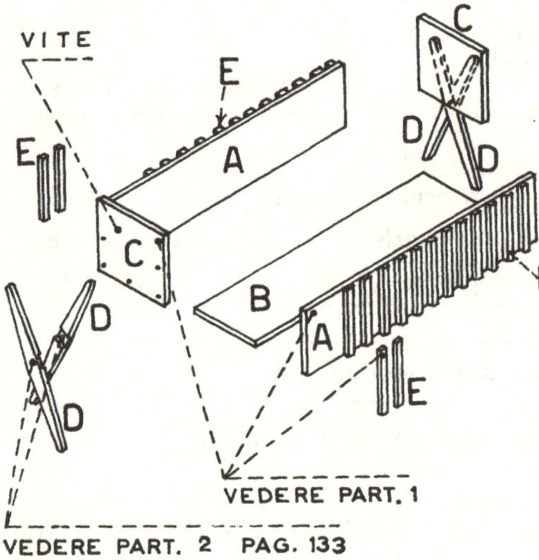

PARTICOLARE 1

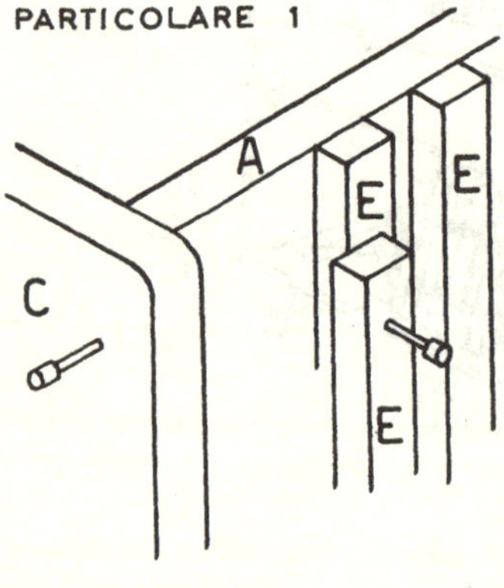

Materiali

PARTI	N.	FUNZIONE	DIMENSIONI IN CENTIMETRI spessore	× larghezza	× lunghezza
A	2	fronti	2	20	72
B	1	fondo	2	19	72
C	2	fianchi	2	20	25,6
D	4	gambe	2,5	3,8	38
E	40	listelli	1,3	2	20,4

Istruzioni per l'esecuzione

1. Unire i frontali (A) con il fondo (B) e i fianchi (C).
2. Fissare i listelli (E) ai frontali (A).
3. Unire le gambe (D) a due a due a crociera, applicazione delle medesime ai fianchi (C).
4. Applicare due mani di catrame liquido nell'interno della cassetta.
5. Finitura con due mani di pittura bianca ad olio.

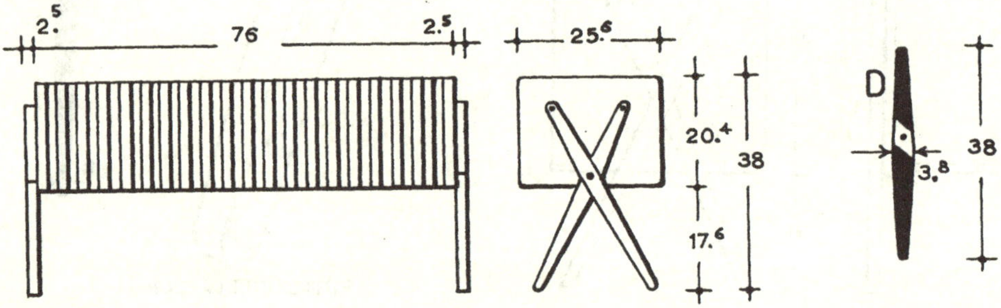

TAVOLINO PER RIVISTE

Materiali

PARTI	N.	FUNZIONE	DIMENSIONI IN CENTIMETRI spessore ×	larghezza ×	lunghezza
A	1	piano	2	33	46
B	1	piano	2	33	61
C	1	piano	2	33	76
D	2	fianchi	2	6,3	46
E	2	fianchi	2	6,3	61
F	2	fianchi	2	6,3	76
G	2	supporti	2	18	56
H	2	basi	2	6,3	56

Istruzioni per l'esecuzione

1. Fissare i fianchi (D) (E) e (F) ai ripiani (A) (B) e (C).
2. Unire i supporti (G) con la base (H).
3. Fissare i supporti (G) ai fianchi (D) (E) e (F).
4. Rifinire in ogni dettaglio e completare con la lucidatura.

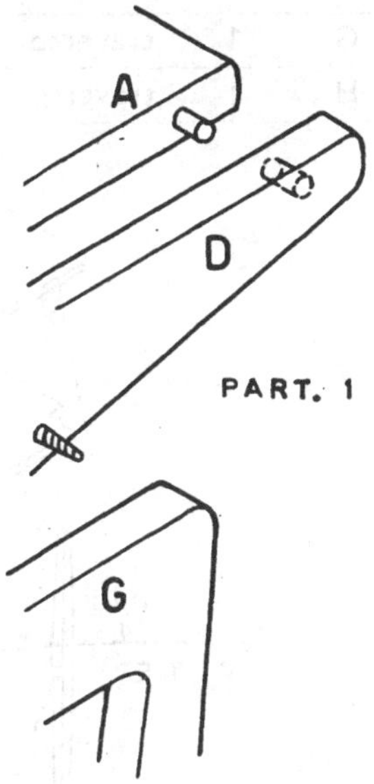

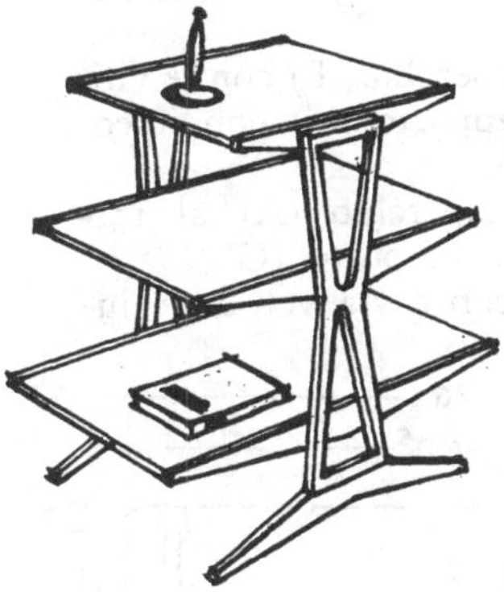

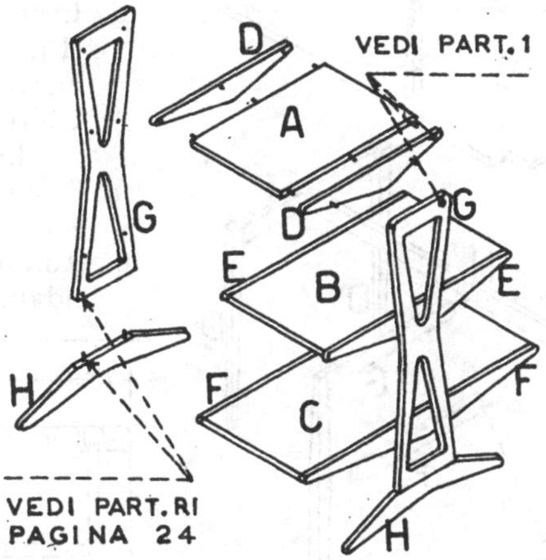

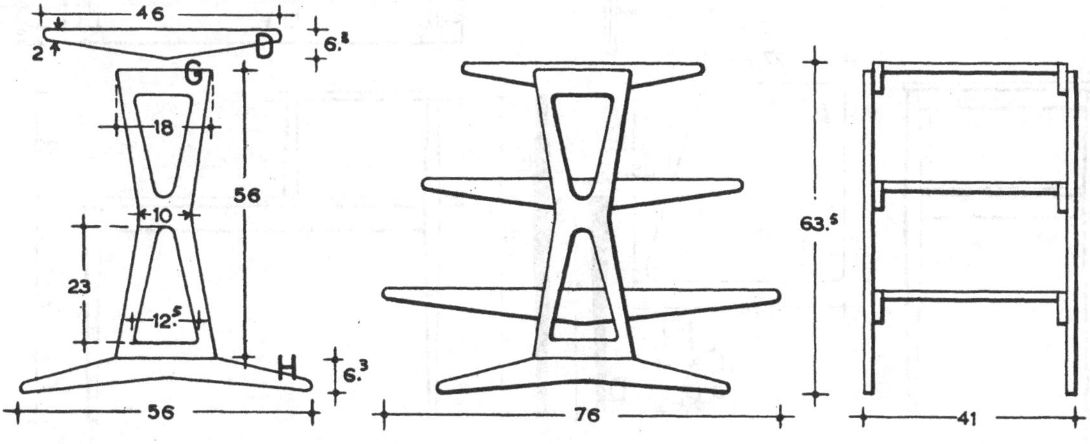

TAVOLINO A FIANCO DEL DIVANO - 1

Materiali

PARTI	N.	FUNZIONE	DIMENSIONI IN CENTIMETRI spessore ×	larghezza ×	lunghezza
A	1	coperchio	2	38	38
B	1	coperchio	2	38	76
C	1	supporto	3	3	18
D	2	gambe	3	3	41
E	2	gambe	3	3	61
F	2	traversi	2	5	32
G	1	traverso	2	4	33,2
H	1	traverso	2	5	63

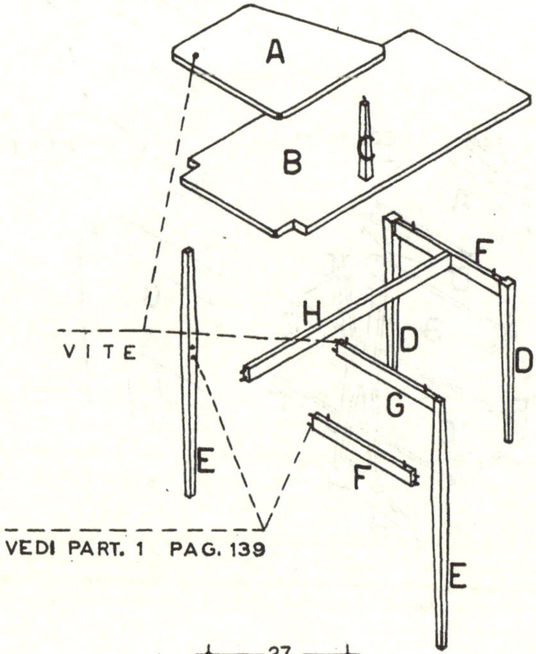

Istruzioni per l'esecuzione

1. Unire le gambe (D) e (F) con i traversi (F) e (G).
2. Unire il traverso (H) con i traversi (F).
3. Fissare il coperchio (B) con le viti.
4. Unire il supporto (C) con il coperchio (B).
5. Fissare il coperchio (A) al traverso (G) e supporto (C).
6. Rifinitura con carta vetrata e lucidatura.

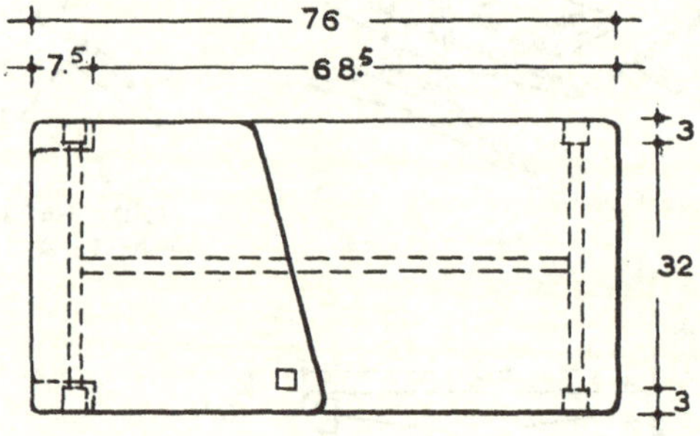

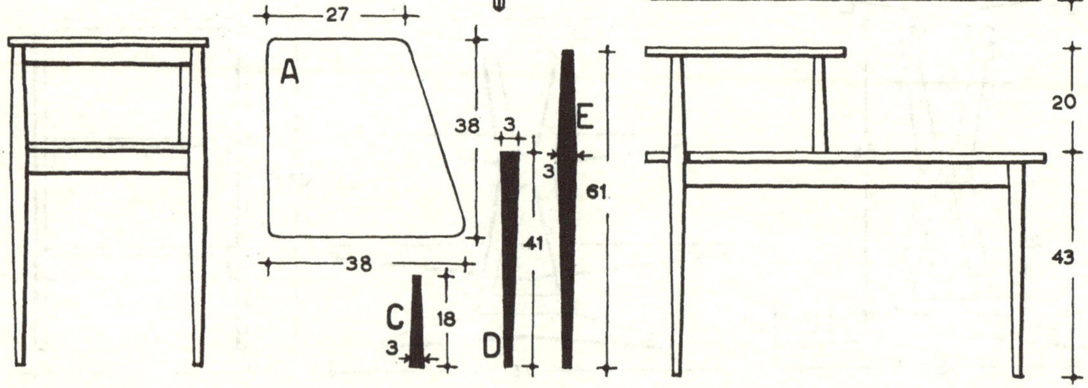

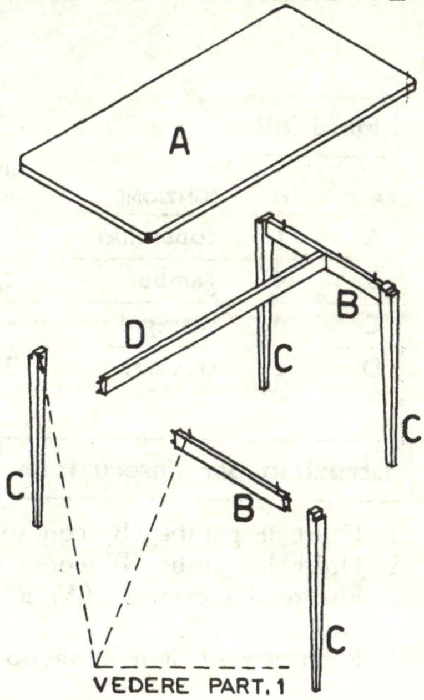

Materiali

PARTI	N.	FUNZIONE	DIMENSIONI IN CENTIMETRI spessore	× larghezza	× lunghezza
A	1	coperchio	2	38	76
B	2	traversi	2	5	32
C	4	gambe	3	3	41
D	1	traverso	2	5	63

Istruzioni per l'esecuzione

1. Unire le gambe (C) ai traversi (B).
2. Unire il traverso (D) con i traversi (B).
3. Fissare il coperchio (A) ai traversi (B) con viti.
4. Rifinitura e lucidatura.

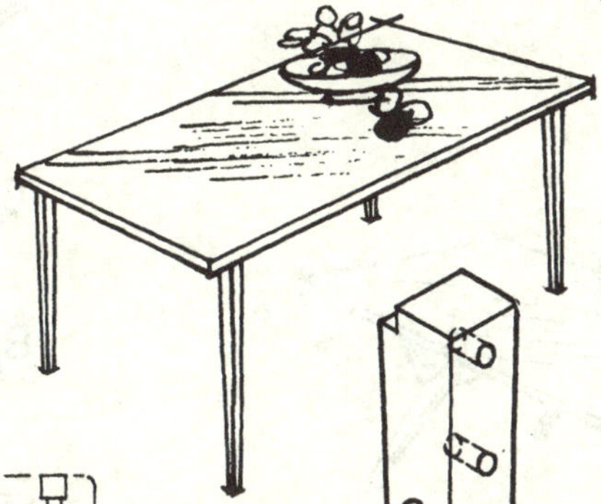

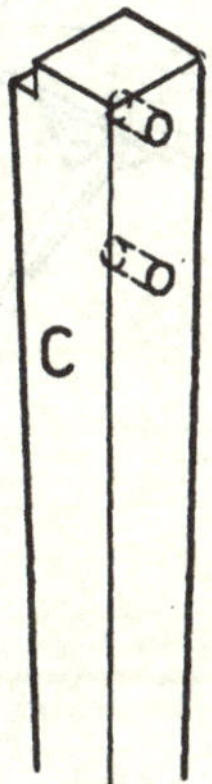

PARTICOLARE 1

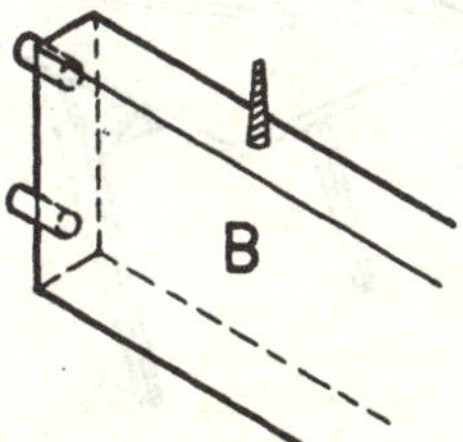

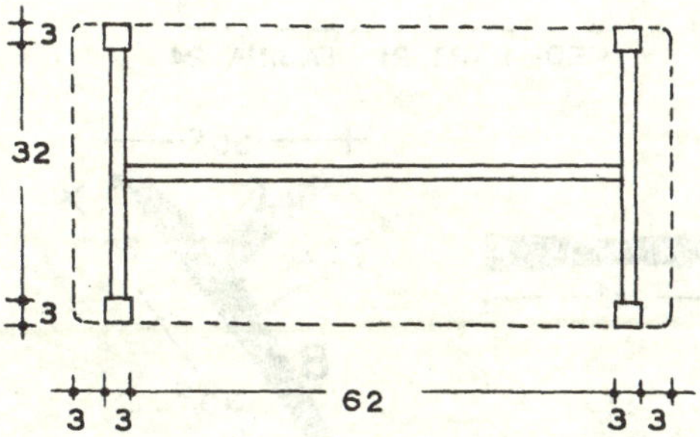

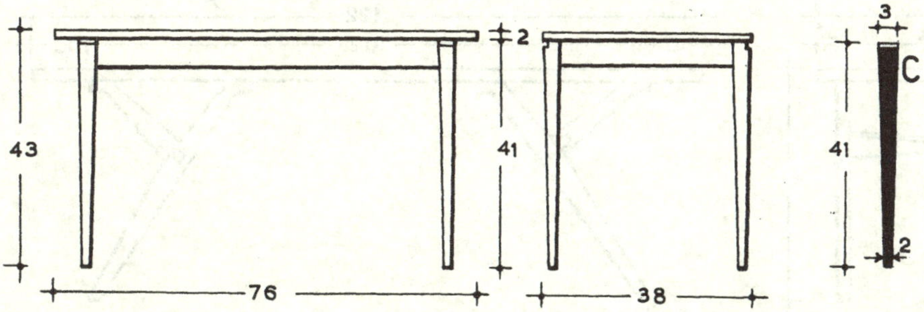

TAVOLINO PER CAFFÈ - 1

Materiali

PARTI	N.	FUNZIONE	DIMENSIONI IN CENTIMETRI spessore × larghezza × lunghezza		
A	1	coperchio	2	46	122
B	4	gambe	2,5	5	50,9
C	4	sostegni	2,5	5	20,4
D	2	traversi	2,5	5	33,4

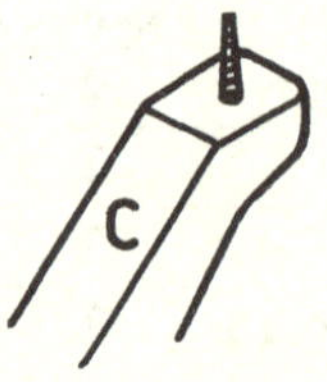

PART. 1

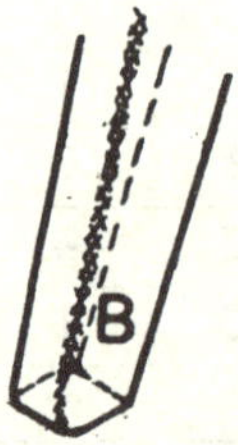

FINALE DELLA GAMBA

Istruzioni per l'esecuzione

1. Unire le gambe (B) con supporti (C).
2. Unire le gambe (B) con i traversi (D).
3. Fissare il coperchio (A) alle gambe (B-C) con viti.
4. Rifinitura in ogni dettaglio e lucidatura.

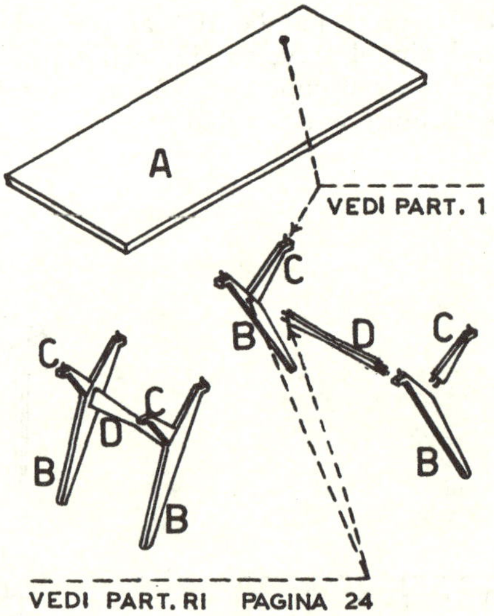

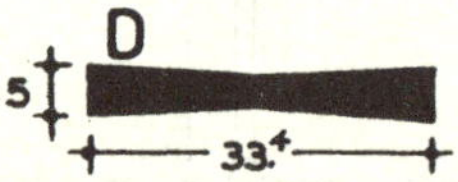

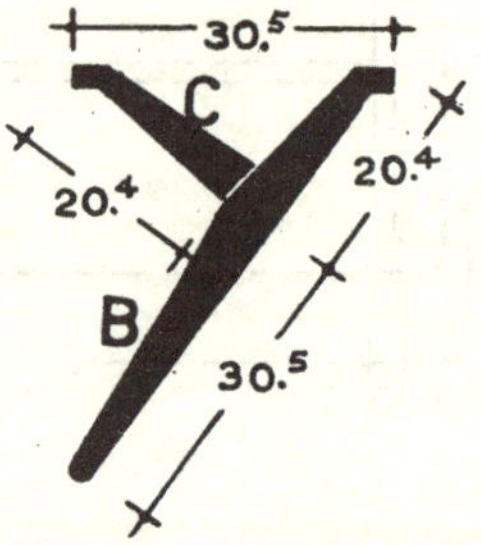

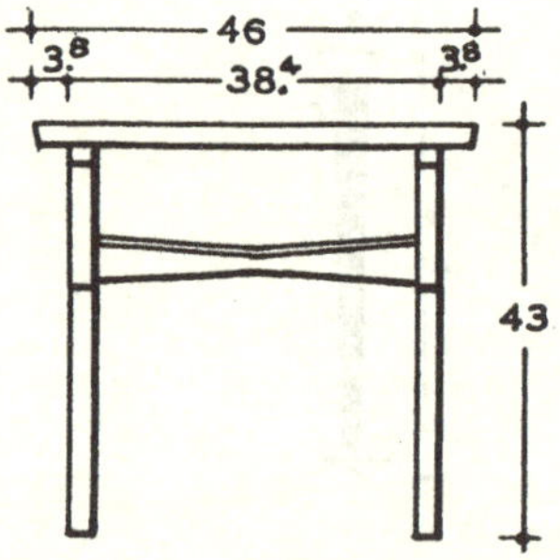

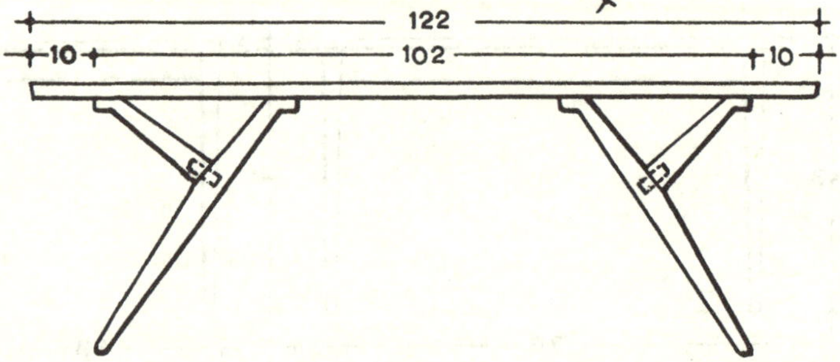

TAVOLINO PER CAFFÈ - 2

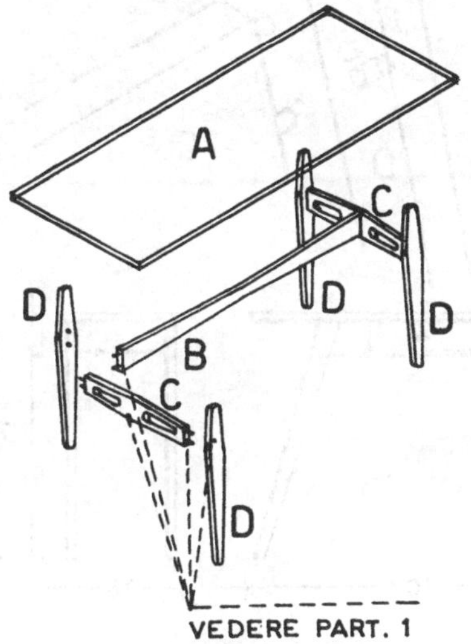

Materiali

PARTI	N.	FUNZIONE	DIMENSIONI IN CENTIMETRI spessore ×	larghezza ×	lunghezza
A	1	piano cristallo	1,2	46	107
B	1	traverso	2,5	6,3	76
C	2	traversi	2,5	6,3	33,4
D	4	gambe	2,5	5	39,3

Istruzioni per l'esecuzione

1. Unire le gambe (D) con i traversi (C).
2. Unire il traverso (B) con i traversi (C).
3. Finitura con carta vetrata e lucidatura.
4. Applicare cuscinetti di gomma e piano di cristallo Securit nella giusta posizione.

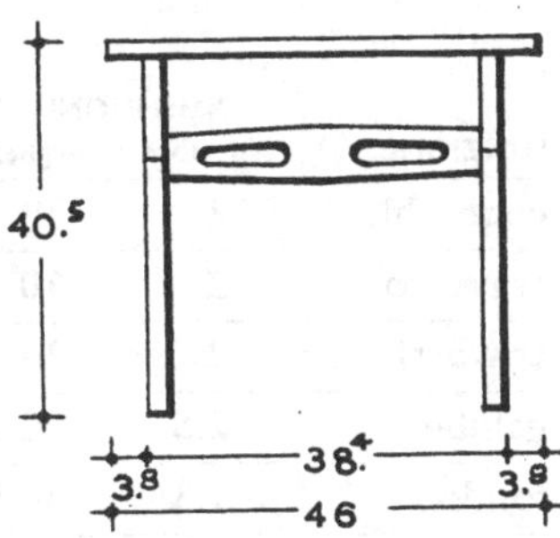

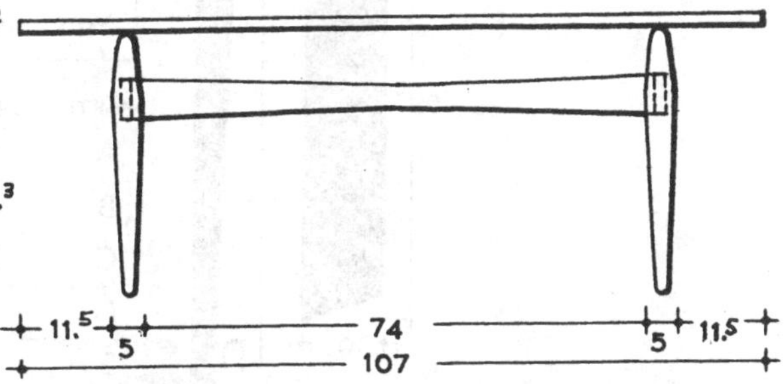

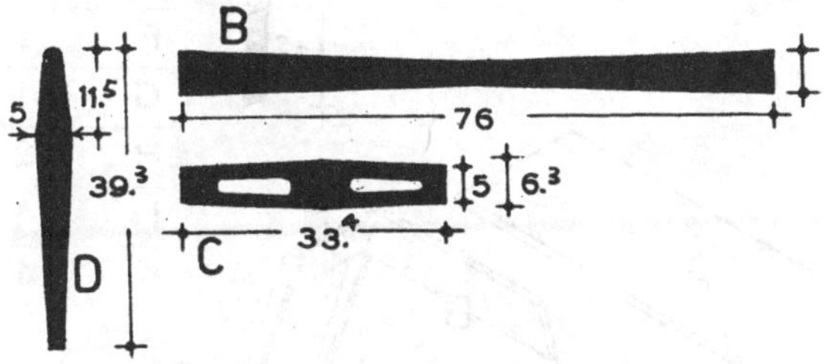

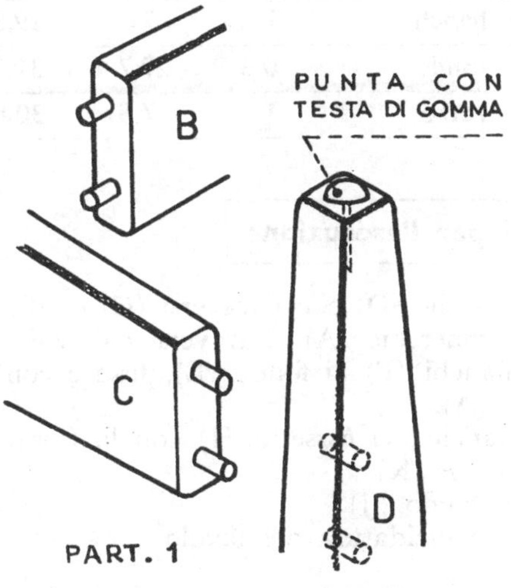

PART. 1

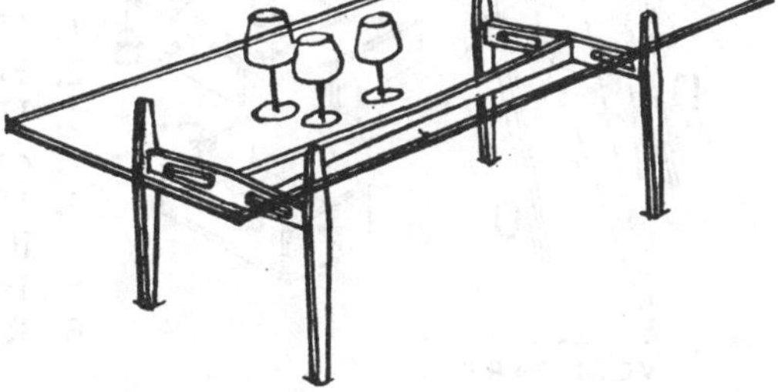

TAVOLO A MURO

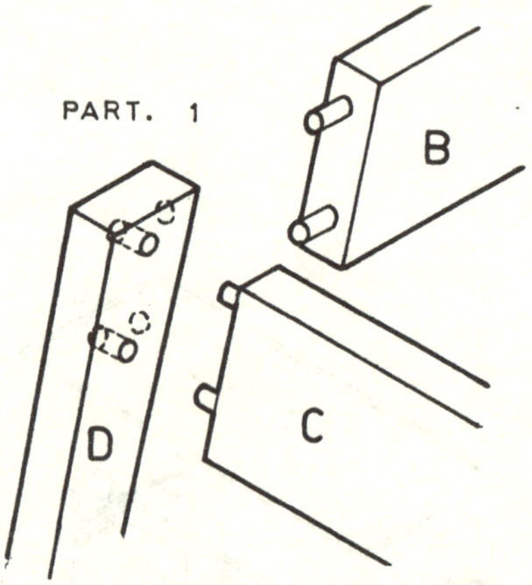

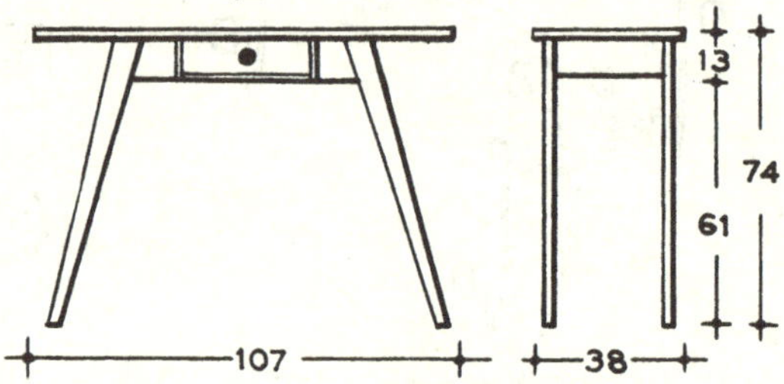

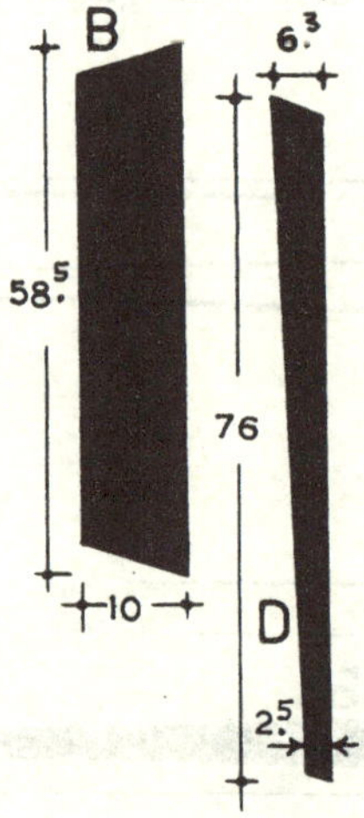

Materiali

PARTI	N.	FUNZIONE	DIMENSIONI IN CENTIMETRI spessore	× larghezza	× lunghezza
A	1	coperchio	2	38	107
B	1	traverso	2	10	58,5
C	2	traversi	2	10	28
D	4	gambe	2,5	6,3	76
E	1	fondo	1,3	30,5	33
F	2	fianchi	1,3	10	30,5
G	1	fronte cassetto	2	9	33
H	2	fianchi	1	9	29,5
J	1	fondo	0,6	29,7	31,8
K	1	retro	1	7,5	30,8

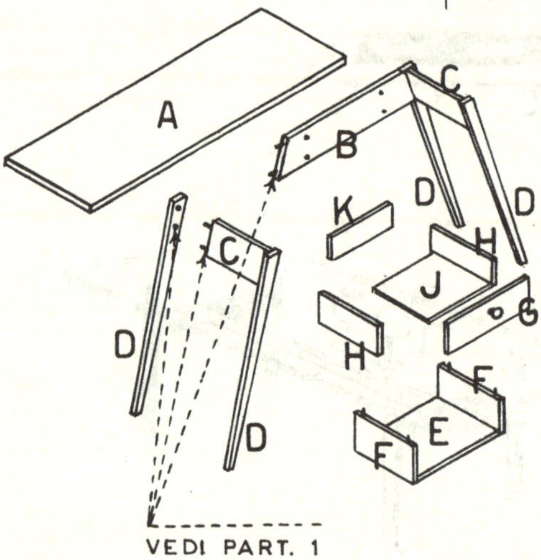

Istruzioni per l'esecuzione

1. Unire le gambe (D) con i traversi (C) e (B).
2. Fissare il coperchio (A) ai traversi con viti.
3. Unire i fianchi (F) al fondo (E), fissare con il coperchio (A).
4. Unire i fianchi dei cassetti (H) con la fronte e il retro (G) e (K).
5. Inserire il fondo (J).
6. Rifinitura e lucidatura del tavolo.

TAVOLO PER PRANZO ALLUNGABILE

Materiali

PARTI	N.	FUNZIONE	DIMENSIONI IN CENTIMETRI spessore	× larghezza	× lunghezza
A	1	coperchio	2	76	107
B	2	allunghi	2	35,5	76
C	4	gambe	5	5	72
D	2	traversi frontali	2,5	9	95
E, E′	2	traversi	2,5	9	64
F	3	traversi	2	7,6	67
G	6	guide	1,3	1,3	61
H	4	supporti	3	3	76

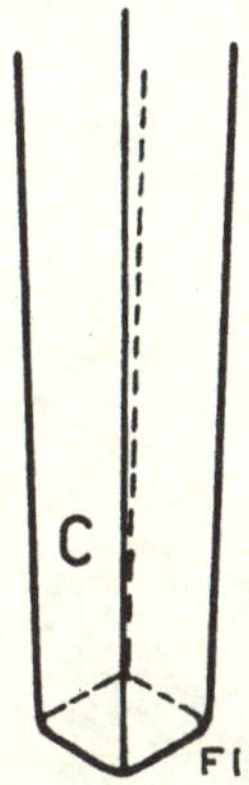

FINALE
DELLA GAMBA

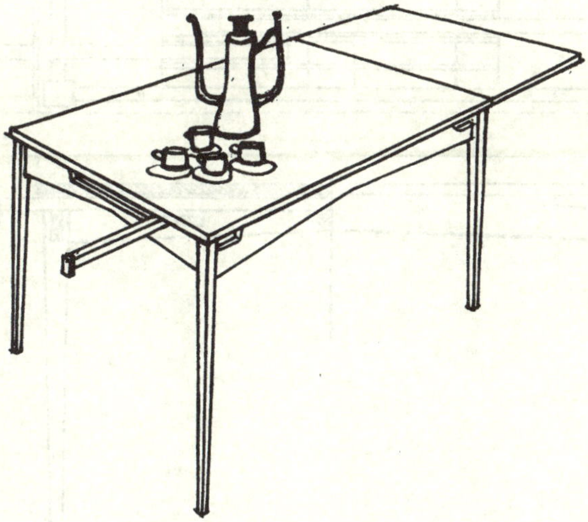

PARTICOLARE 1

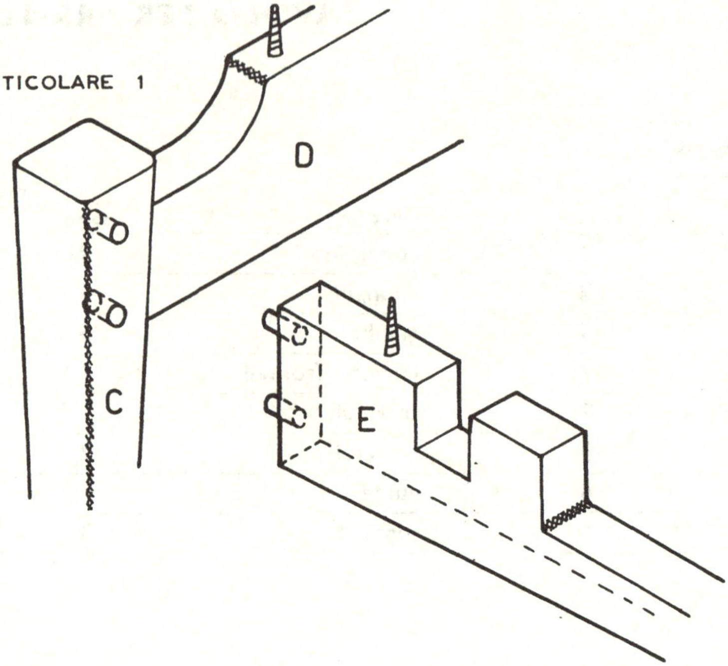

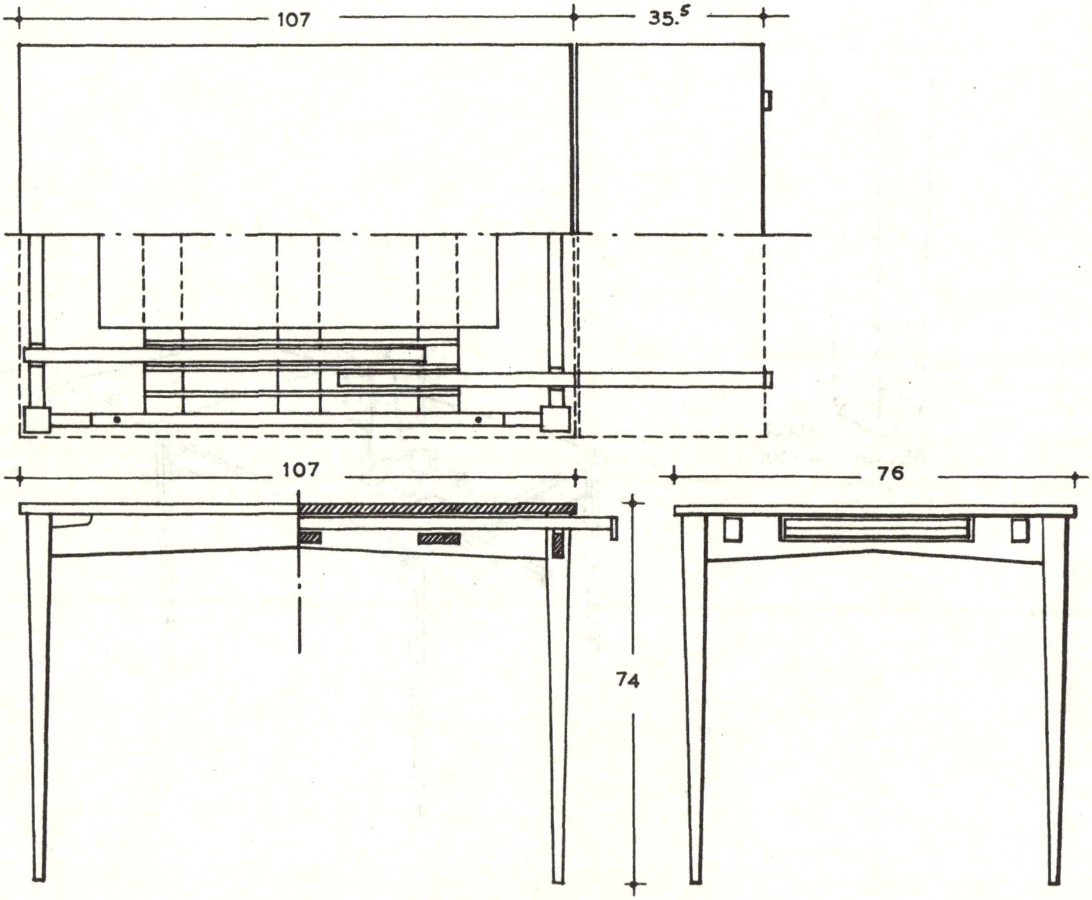

Istruzioni per l'esecuzione

1. Unire le gambe (C) con i traversi (D).
2. Unire i traversi (E) e (F) con (C-D).
3. Fissare le guide (G) e il coperchio (A) ai traversi con viti.
4. Inserire i supporti (H) per l'allungamento del coperchio (B).
5. Rifinitura in ogni particolare con carta vetrata e lucidatura.

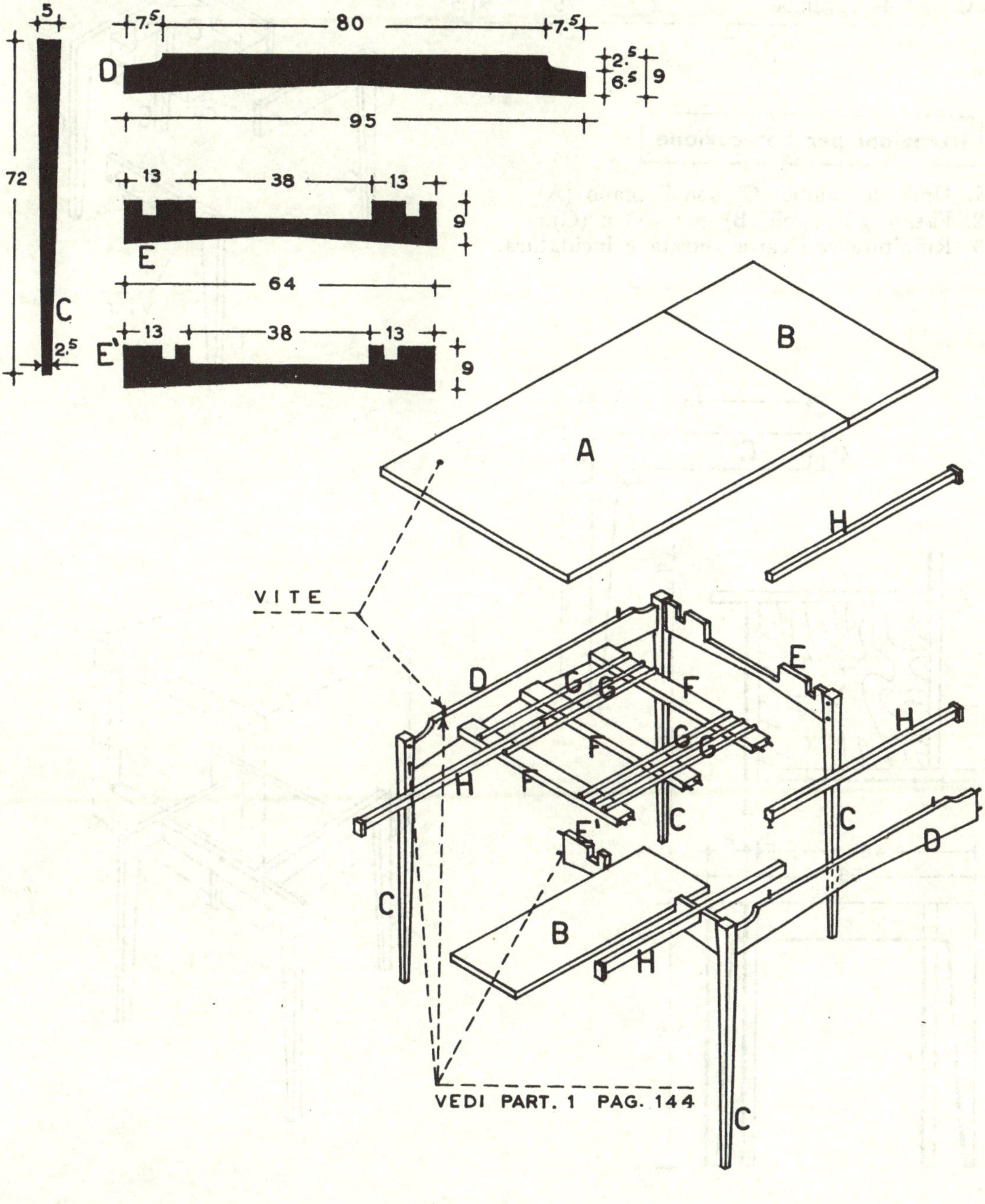

TAVOLINO PORTA-TELEVISORE

Materiali

PARTI	N.	FUNZIONE	DIMENSIONI IN CENTIMETRI spessore × larghezza × lunghezza		
A	1	piano	2	36	36
B	2	angoli	4	13	13
C	4[1]	gambe	2	76	91,5

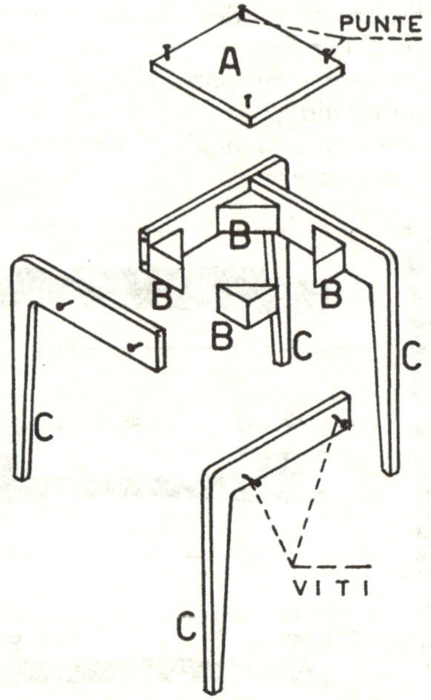

Istruzioni per l'esecuzione

1. Unire le gambe (C) con il piano (A).
2. Fissare gli angoli (B) con (A) e (C).
3. Rifinitura con carta vetrata e lucidatura.

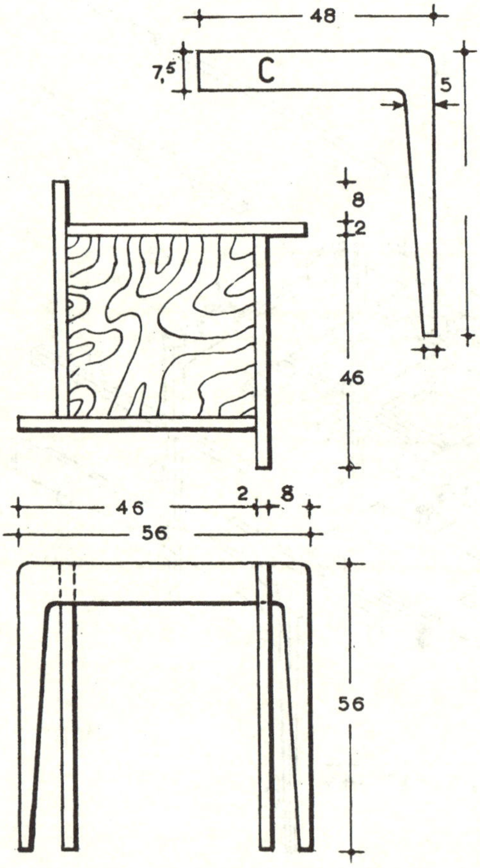

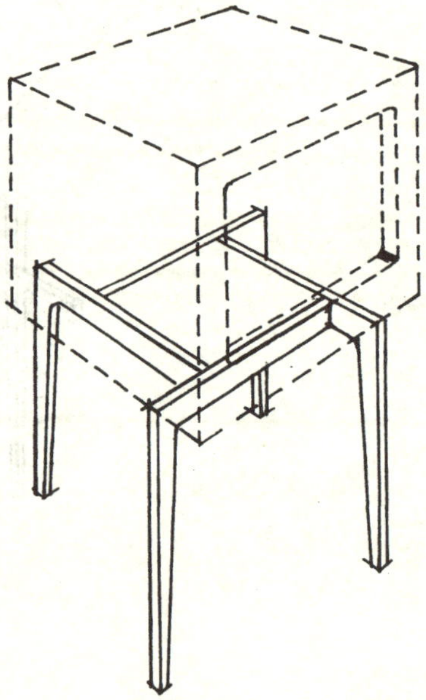

MOBILE PORTA-DISCHI

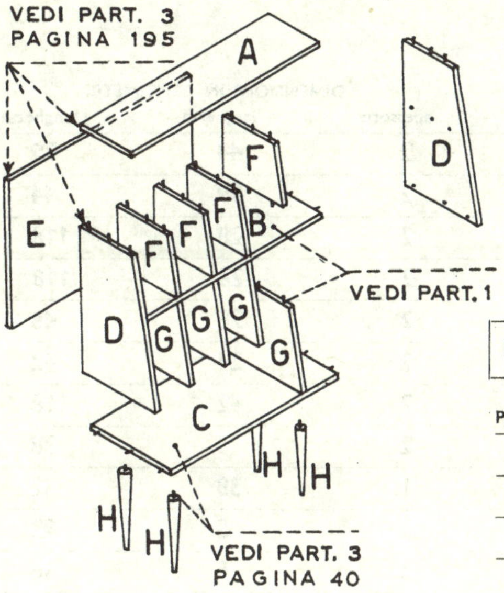

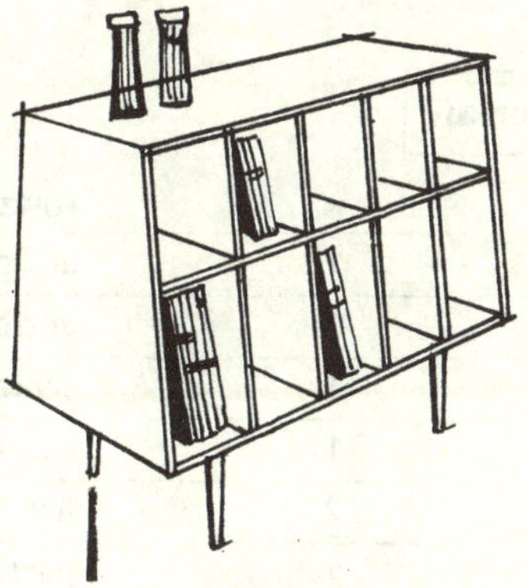

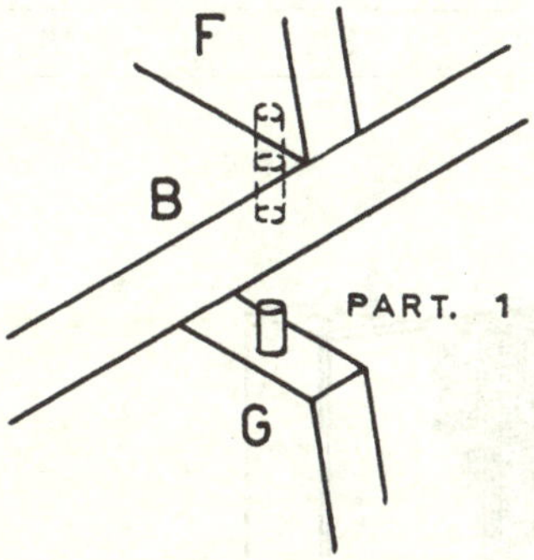

Materiali

PARTI	N.	FUNZIONE	DIMENSIONI IN CENTIMETRI spessore	× larghezza	× lunghezza
A	1	piano	2	28	91
B	1	ripiano	2	33	87
C	1	fondo	2	40	87
D	2	fianchi	2	40	64
E	1	schienale	0,6	65	90
F	4	partizioni	1,2	27	33
G	4	partizioni	1,2	33	39,5
H	4	gambe	4 (diam.)		20

Istruzioni per l'esecuzione

1. Unire il ripiano (B) con le divisioni (F) e (G).
2. Unire il fondo (C), con le divisioni (G) e i fianchi (D).
3. Applicare il coperchio (A) con (F) e (D).
4. Applicare lo schienale (E) e le gambe (H) al fondo (C).
5. Rifinitura con carta vetrata e lucidatura.

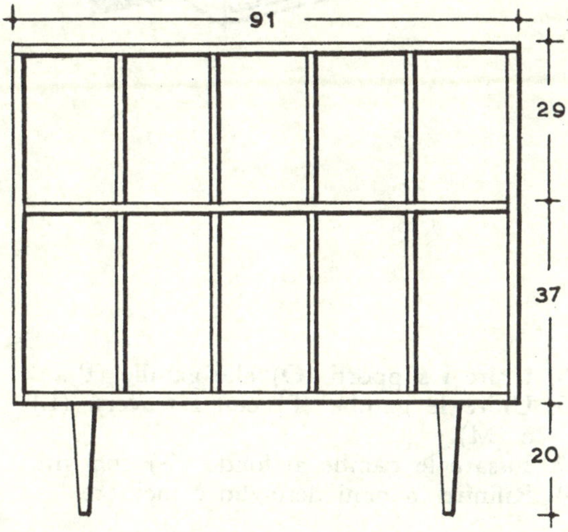

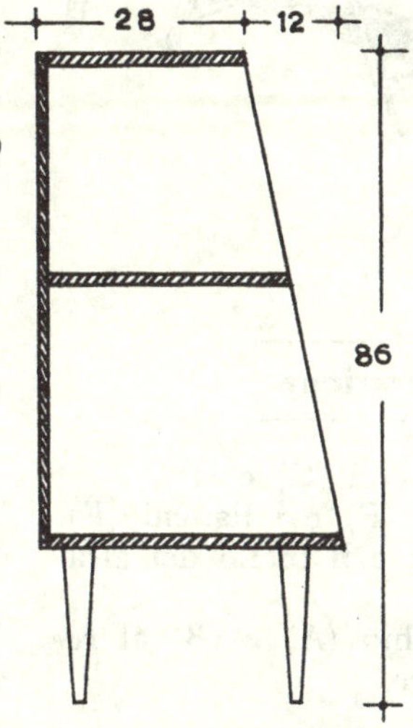

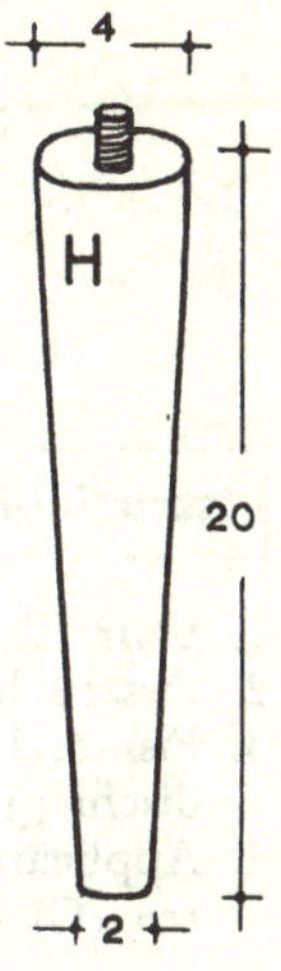

MOBILE PER RADIO E GIRADISCHI - 1

Materiali

PARTI	N.	FUNZIONE	DIMENSIONI IN CENTIMETRI spessore	× larghezza	× lunghezza
A	1	antina	2	44	79
B	1	antina	2	39	44
C	1	schienale	2	28	118
D	1	fronte	2	26	118
E	2	fianchi	2	28	46
F	1	partizione	2	24	42
G	1	fondo	2	42	118
H	4	supporti	2	5	38
J	1	piano per il motore	1,3	38	42
K	1	traverso	2	5	92
L	2	traversi	2	5	36
M	2	traversi	2	6,3	36
O	4	supporti	2,5	4,5	15,2
P	4	gambe	2,5	5	40

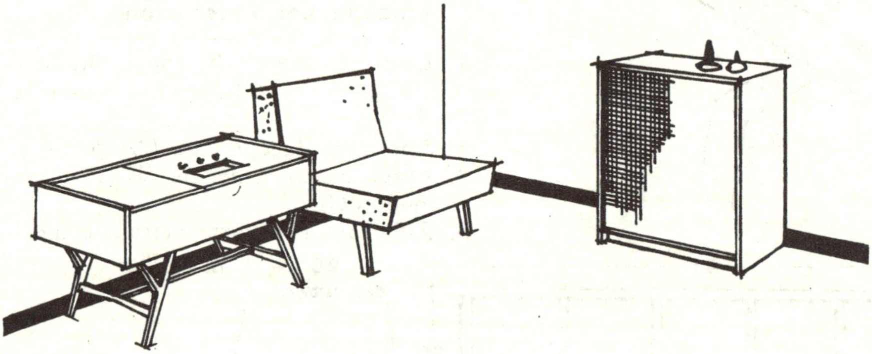

Istruzioni per l'esecuzione

1. Unire il fondo (G) con (C) e (D).
2. Fissare la divisione (F) e i fianchi (E).
3. Fissare i listelli (H) e il piano del giradischi (J).
4. Applicare il coperchio (A) e (B) al retro (C) con cerniere.
5. Unire i supporti (O) alle gambe (P).
6. Unire le gambe (P) con i traversi (L) e (M).
7. Fissare le gambe al fondo (G) con viti.
8. Rifinire in ogni dettaglio e lucidare.

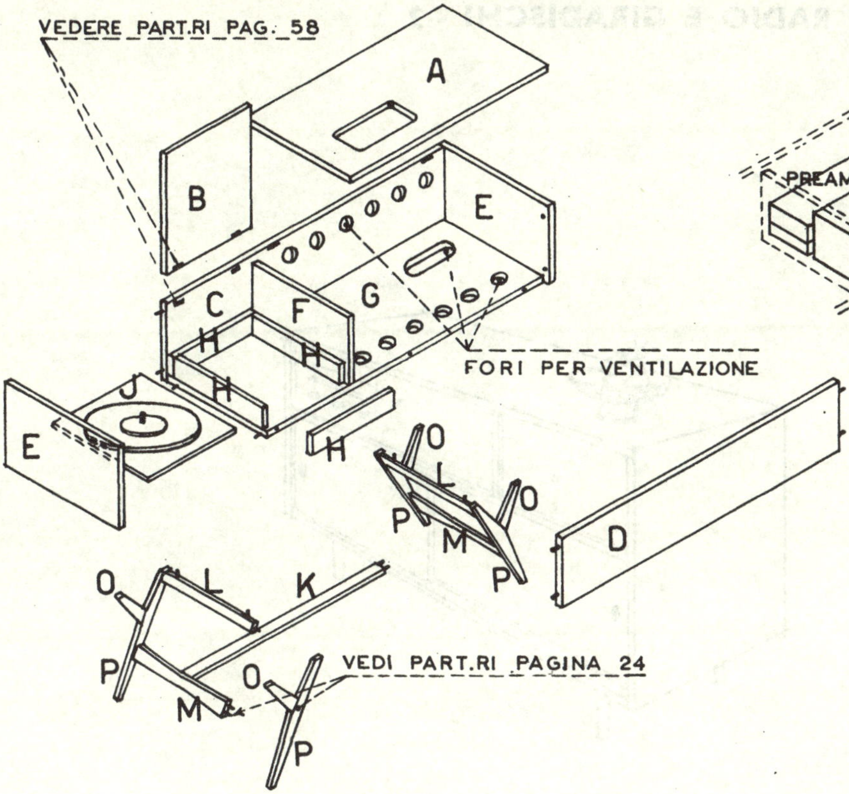
VEDERE PART.RI PAG. 58
A
B
E
C
F
G
H
H
H
H
J
E
FORI PER VENTILAZIONE
O
L
O
P
M
P
D
O
L
K
P
VEDI PART.RI PAGINA 24
O
M
P

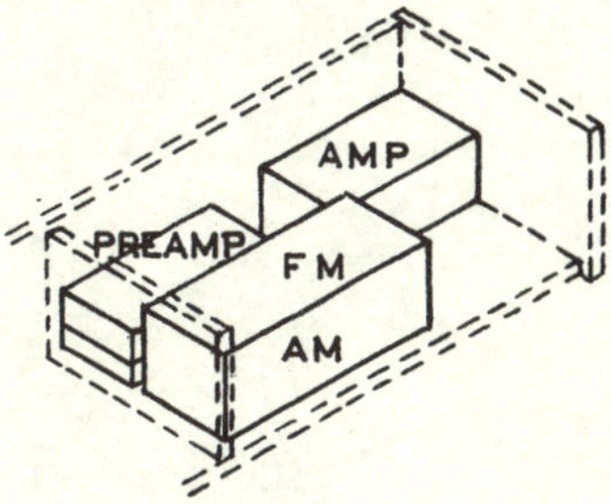
AMP
PREAMP
FM
AM

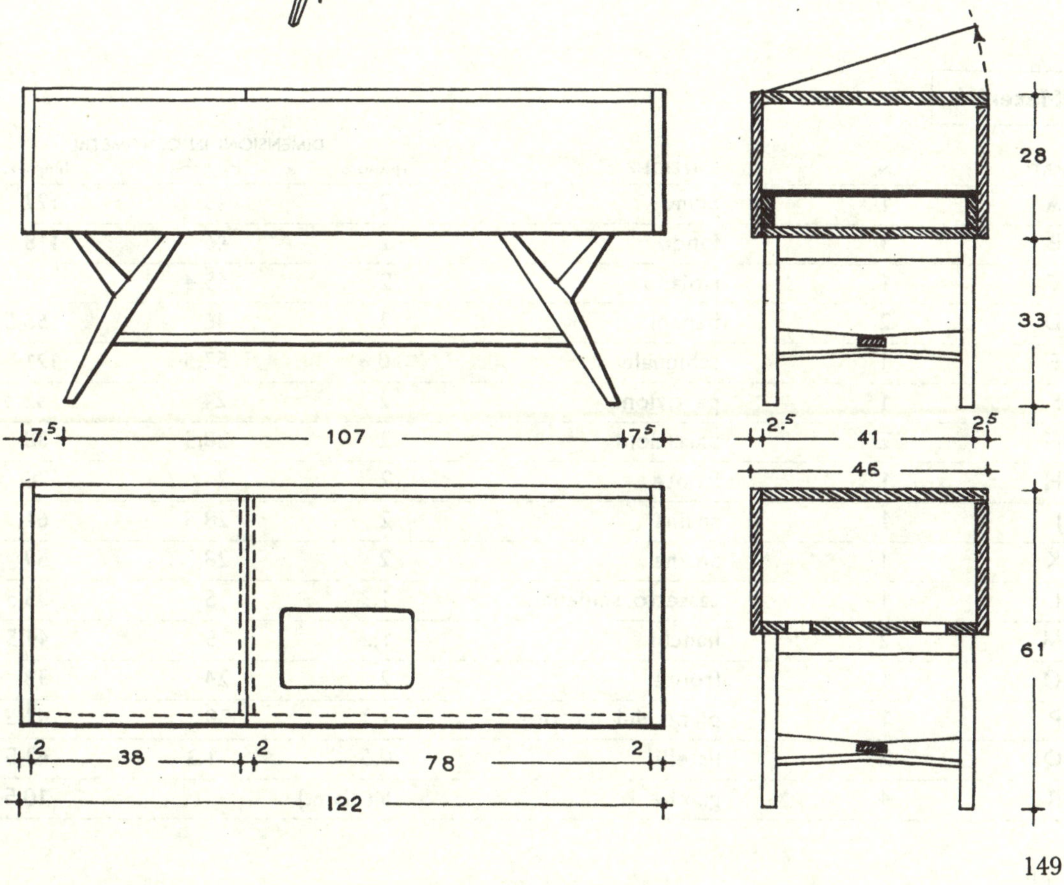
7.5
107
7.5
28
33
2.5
41
2.5
46
61
2
38
2
78
2
122

MOBILE PER RADIO E GIRADISCHI - 2

Materiali

PARTI	N.	FUNZIONE	DIMENSIONI IN CENTIMETRI spessore	×	larghezza	×	lunghezza
A	1	piano	2		46		122
B	1	fondo	2		46		118
C	1	ripiano	2		45,4		118
D	2	fianchi	2		46		56,5
E	1	schienale	0,6		57,5		121
F	1	partizione	2		24		45,4
G	2	partizioni	2		28,5		38
H	1	fronte	2		24		78
J	1	antina	2		28,5		61
K	1	antina	2		28,5		59
L	1	cassetto schienale	1,3		5		35,5
M	2	fianchi	1,3		5		44,5
O	1	fronte	2		24		38
P	1	piano del motore	1,3		38		43,5
Q	2	listelli	0,6		1,3		43,5
R	4	gambe	5 (diam.)				10,5

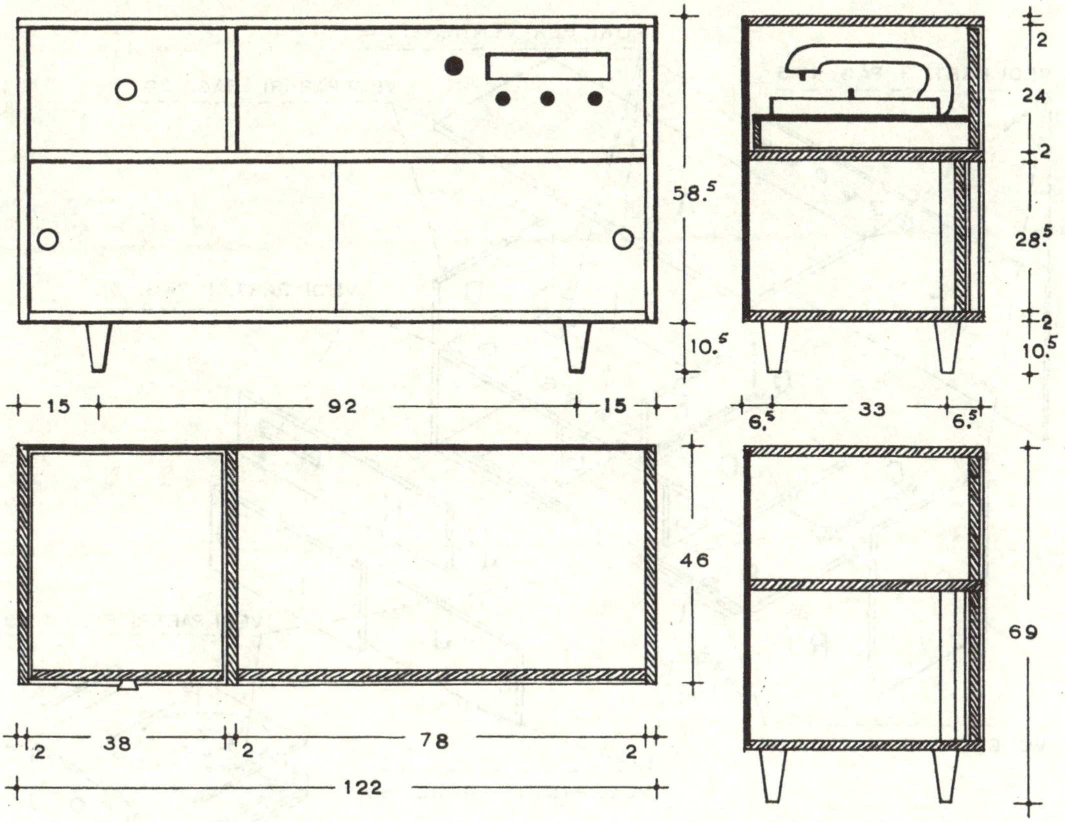

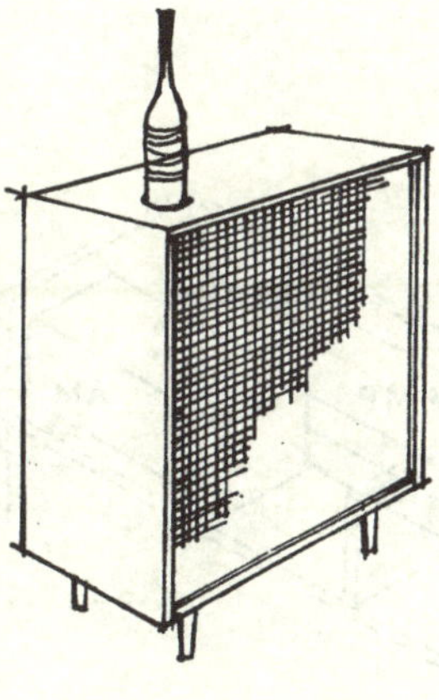

PART. 1

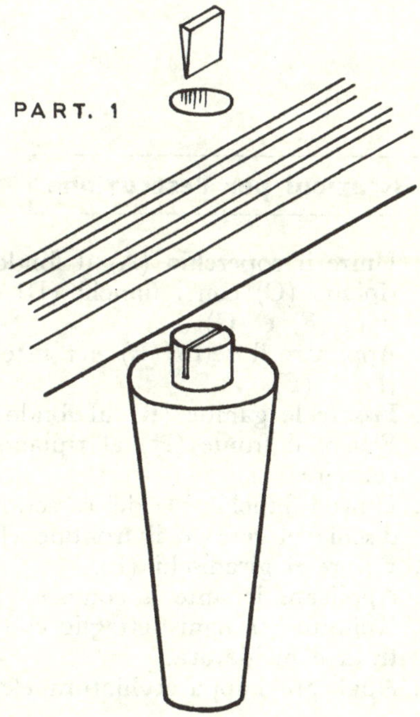

Mobiletto per altoparlante

Vedere lista del materiale e istruzioni a pagina 153, gambe pagina 150.

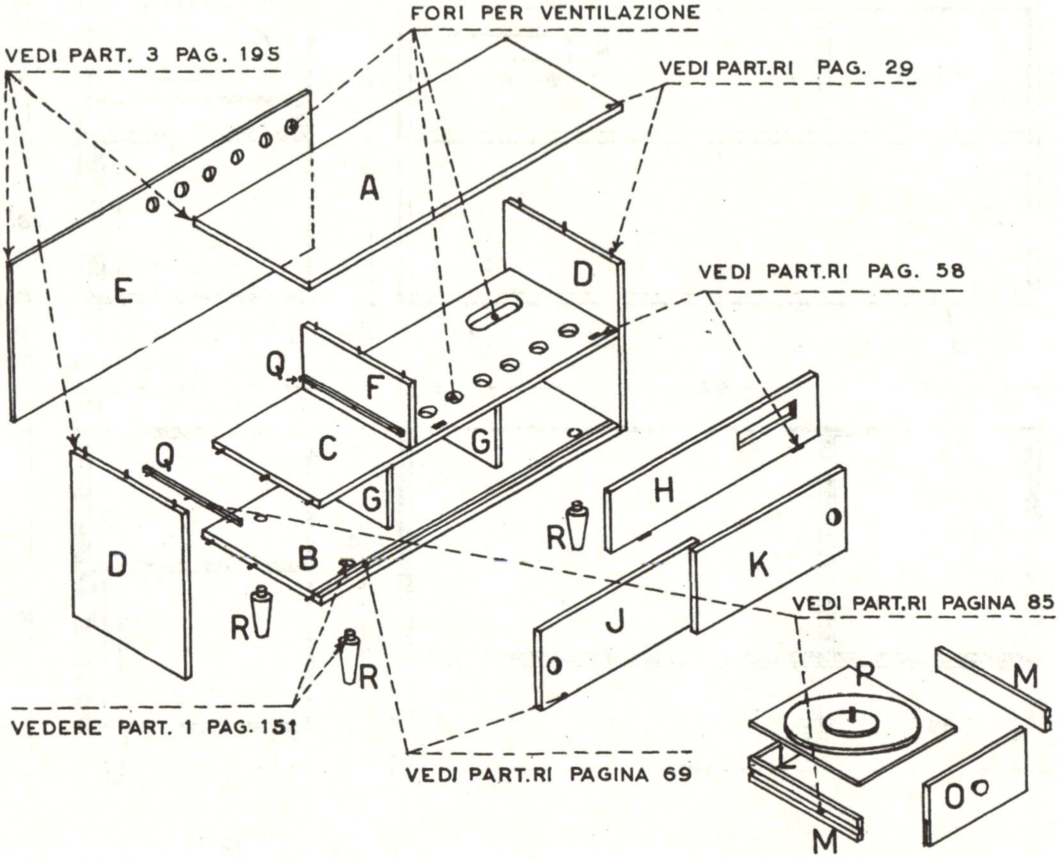

Istruzioni per l'esecuzione

1. Unire il coperchio (A) il fondo (B) e il ripiano (C) con i fianchi (D) e le divisioni (F) e (G).
2. Applicare il retro (E) e i listelli (Q) a (D) e (F).
3. Fissare le gambe (R) al fondo (B).
4. Fissare il fronte (H) al ripiano (C) con cerniere.
5. Unire i fianchi (M) del cassetto per giradischi col retro e il frontale (L) e (O).
6. Fissare il giradischi (P).
7. Applicare le ante a coulisse (J) e (K).
8. Rifinitura in ogni dettaglio con carta vetrata e lucidatura.
9. Applicare l'apparecchiatura elettrica.

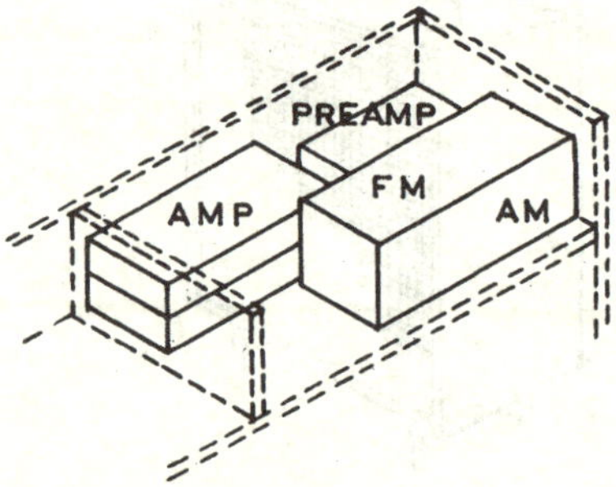

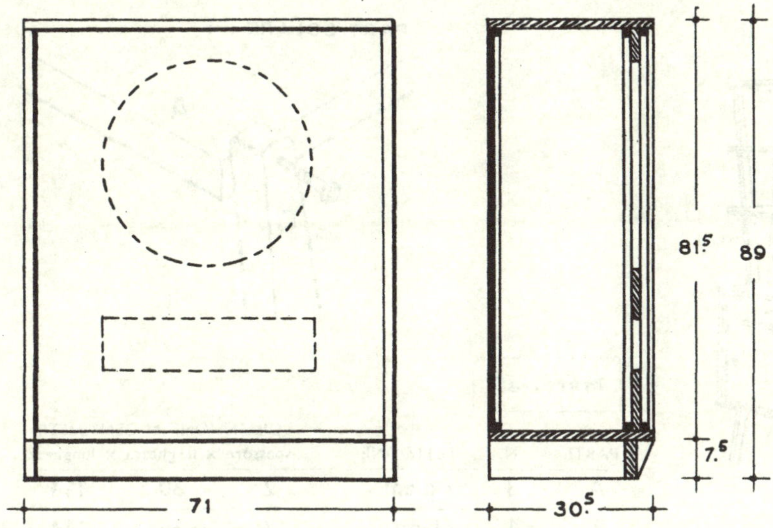

Materiali

PARTI	N.	FUNZIONE	DIMENSIONI IN CENTIMETRI spessore × larghezza × lunghezza		
Q	1	piano	2	30,5	71
R	2	fianchi	2	30,5	87
S	1	fondo	2	30,5	67
T	2	fronti - retro	2	67	77,5
U	1	zoccolo	2	7,5	67
V	6	listelli	1,3	1,3	77
V′	6	listelli	1,3	1,3	67

[1] For variation on page 149 use 31 ¼.
[2] For variation on page 149, substitute legs (R), page 148.

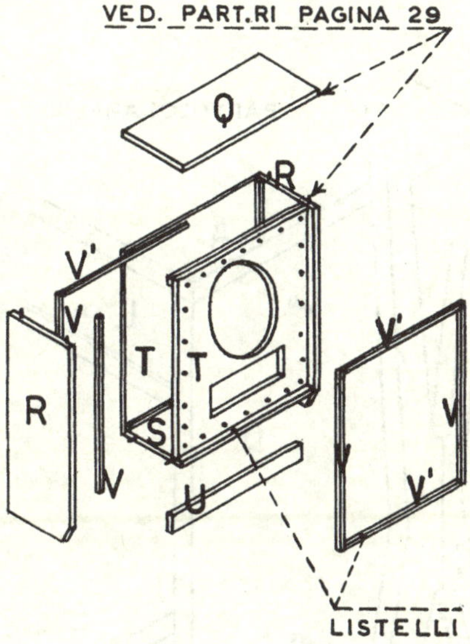

Istruzioni per l'esecuzione

1. Unire il piano (Q) e il fondo (S) con i fianchi (R).
2. Fissare i listelli (V) il retro (T) e lo zoccolo (U).
3. Rifinitura e lucidatura.
4. Applicare l'apparecchiatura elettrica.
5. Coprire il pannello frontale (T) con tela.
6. Fissare il fronte (T) al mobile con viti e listelli (V) e (V′).

MOBILE PER PRANZO E SOGGIORNO

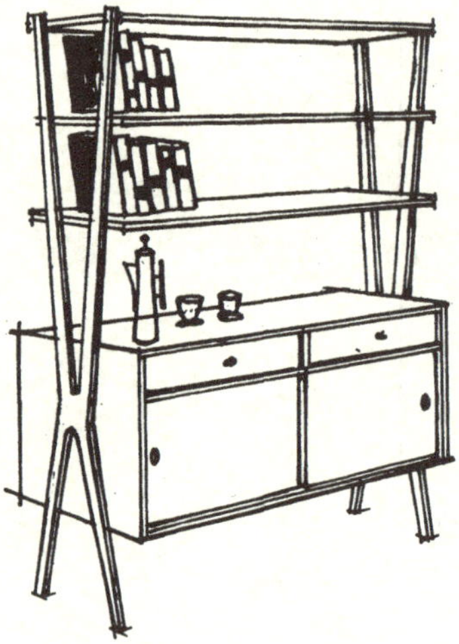

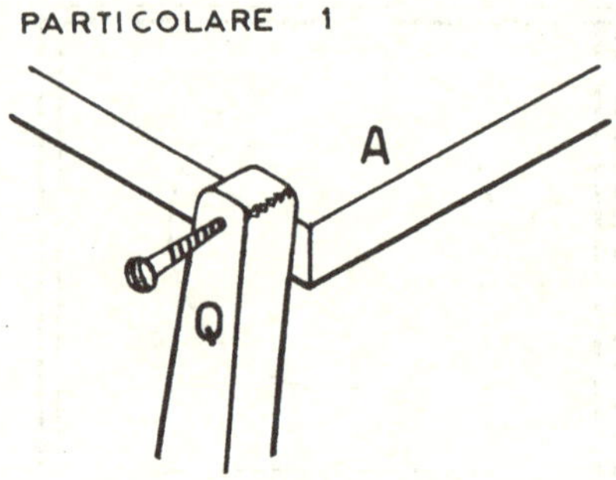

Materiali

PARTI	N.	FUNZIONE	DIMENSIONI IN CENTIMETRI spessore	× larghezza	× lunghezza
A	3	ripiani	2	30	114
B	1	piano	2	38	114
C	1	fondo	2	38	110
D	2	fianchi	2	38	54
E	1	schienale	0,6	54	112
F	1	ripiano	2	33	110
G	1	partizione	2	37,4	110
H	1	partizione	2	10	37,4
J	1	antina	2	40	57,5
K	1	antina	2	40	55
L	2	fronti cassetti	2	10	54
M	2	schienali	1	9	52
O	2	fondi	0,6	36,5	53
P	4	fianchi	1	10	37
Q	4	supporti	3	15,5	180

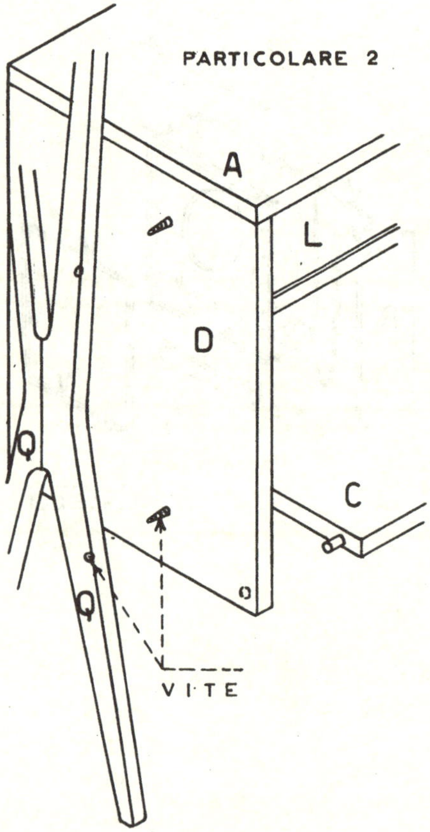

Istruzioni per l'esecuzione

1. Unire il piano (B), il fondo (C), il separatore (G) con la divisione (H), ai fianchi (D) e allo schienale (E).
2. Unire i supporti (Q) a due a due, con spine.
3. Fissare (Q) ai ripiani (A) e ai fianchi (D).
4. Unire i fianchi dei cassetti (P) con i frontali e i retri (L) e (M).
5. Applicare il fondo (O).
6. Inserire il ripiano (F) e i cassetti nel mobile.
7. Rifinire con carta vetrata e lucidare.

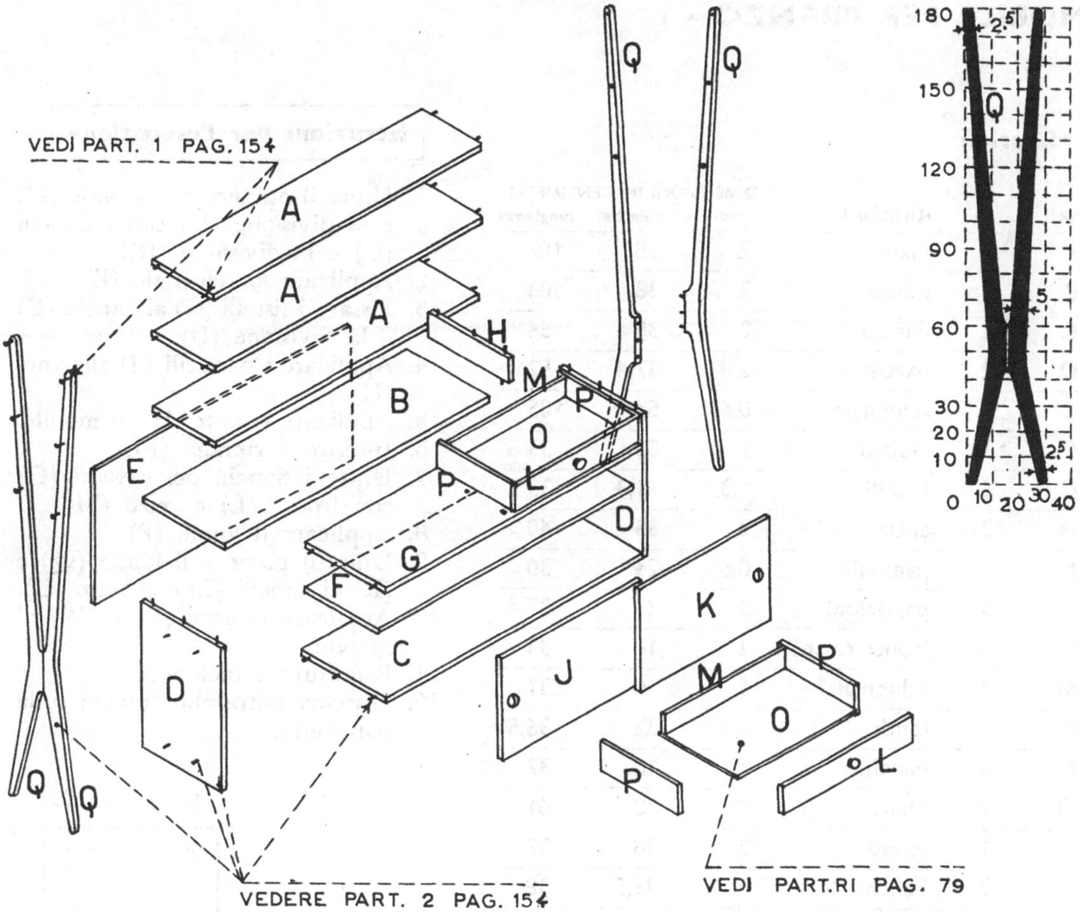
VEDI PART. 1 PAG. 154
A
A
A
B
E
H
M
P
O
L
P
D
G
F
C
D
K
J
M
P
O
P
L
Q
Q
Q
Q
VEDERE PART. 2 PAG. 154
VEDI PART.RI PAG. 79
180
150
120
90
60
30
20
10
0
10
20
30
40
2,5
5
2,5

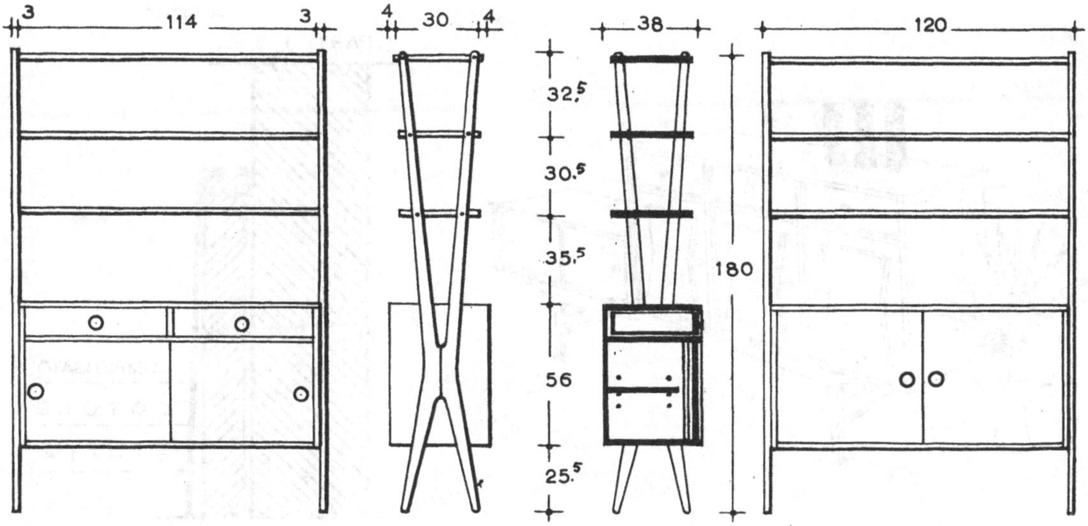
3
114
3
4
30
4
32,5
30,5
35,5
56
25,5
38
180
120

MOBILE PER PRANZO - 1

Materiali

PARTI	N.	FUNZIONE	DIMENSIONI IN CENTIMETRI spessore ×	larghezza ×	lunghezza
A	1	piano	2	38	107
B	1	fondo	2	38	103
C	2	fianchi	2	38	54
D	2	partizioni	2	37,4	52
E	1	schienale	0,6	54	105
F	3	ripiani	2	33	33
G	6	listelli	1,3	1,3	33
H	3	antine	2	33	40
J	3	pannelli	0,6	24	30
K	3	partizioni	2	33	37,4
L	3	fronti cassetti	2	10	33
M	3	schienali	1	9	31
O	3	fondi	0,6	32	36,5
P	6	fianchi	1	10	37
Q	1	piano	2	38	61
R	1	fondo	2	38	57
T	2	fianchi	2	23,5	38
U	1	schienale	0,6	23,5	59
V	1	antina	2	21,5	31
W	1	antina	2	21,5	28,5

Istruzioni per l'esecuzione

1. Unire il ripiano (A), il fondo (B), e la divisione (K) con i fianchi (C) e la divisione (D).
2. Applicare lo schienale (E).
3. Fissare i listelli (G) ai fianchi (C) e la divisione (D).
4. Applicare i pannelli (J) alle ante (H).
5. Applicare le ante (H) al mobile.
6. Inserire il ripiano (F).
7. Unire i fianchi dei cassetti (O) con fronte (L) e retro (M).
8. Applicare il fondo (P).
9. Unire il piano e il fondo (Q) e (R) ai fianchi (T) e al retro (U).
10. Applicare le ante (V) e (W) al mobile.
11. Rifinitura e lucidatura.
12. Disporre entrambi i mobili sulla panchetta.

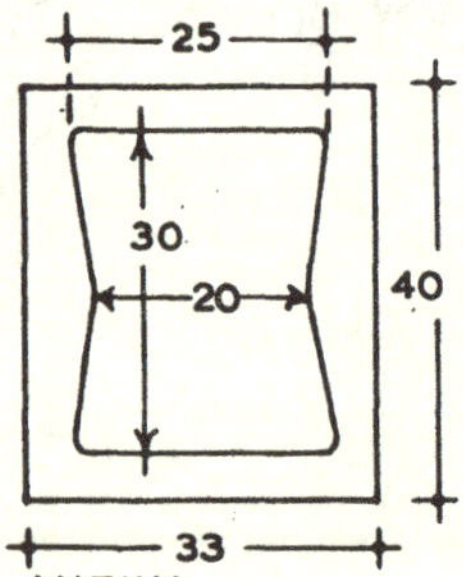

ANTINA

PART. 1

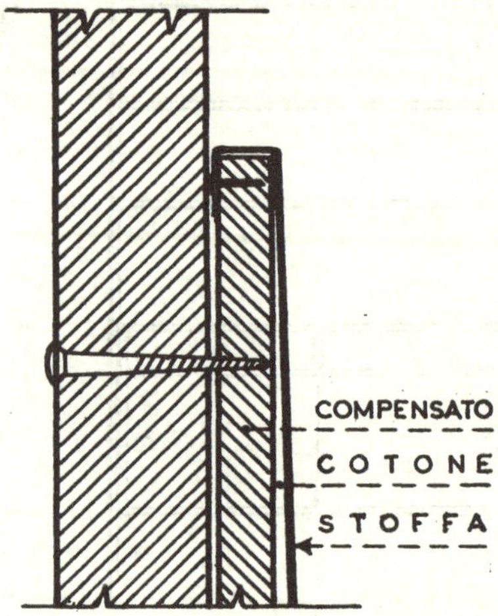

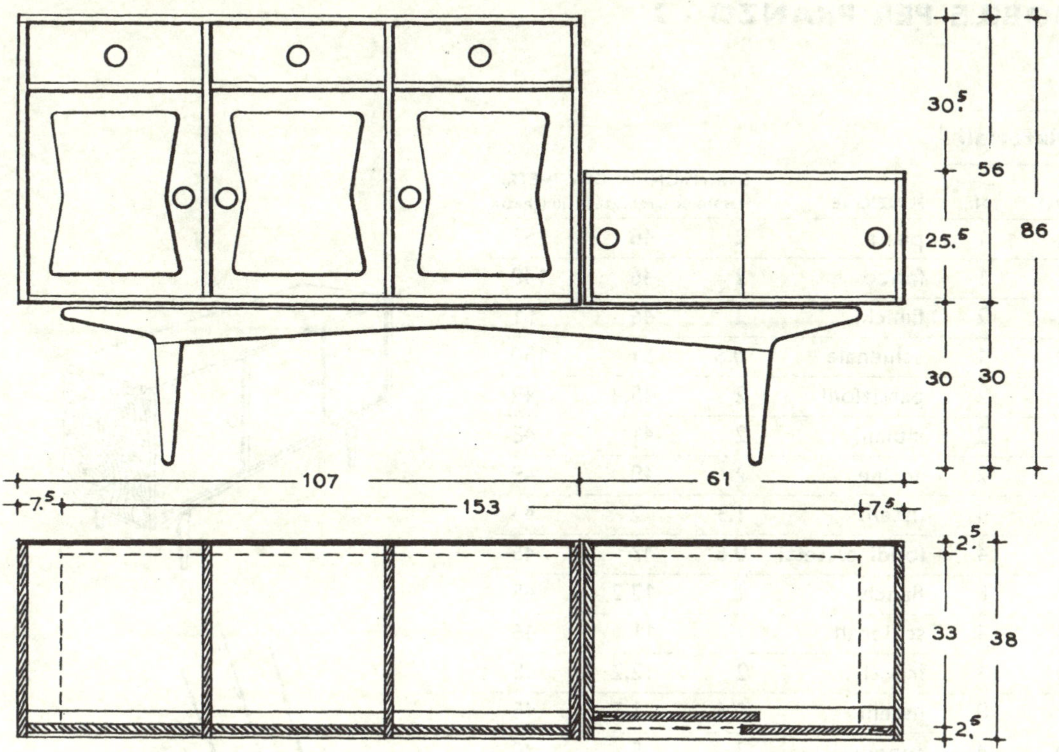
30.5
56
25.5
86
30
30
107
61
7.5
153
7.5
2.5
33
38
2.5

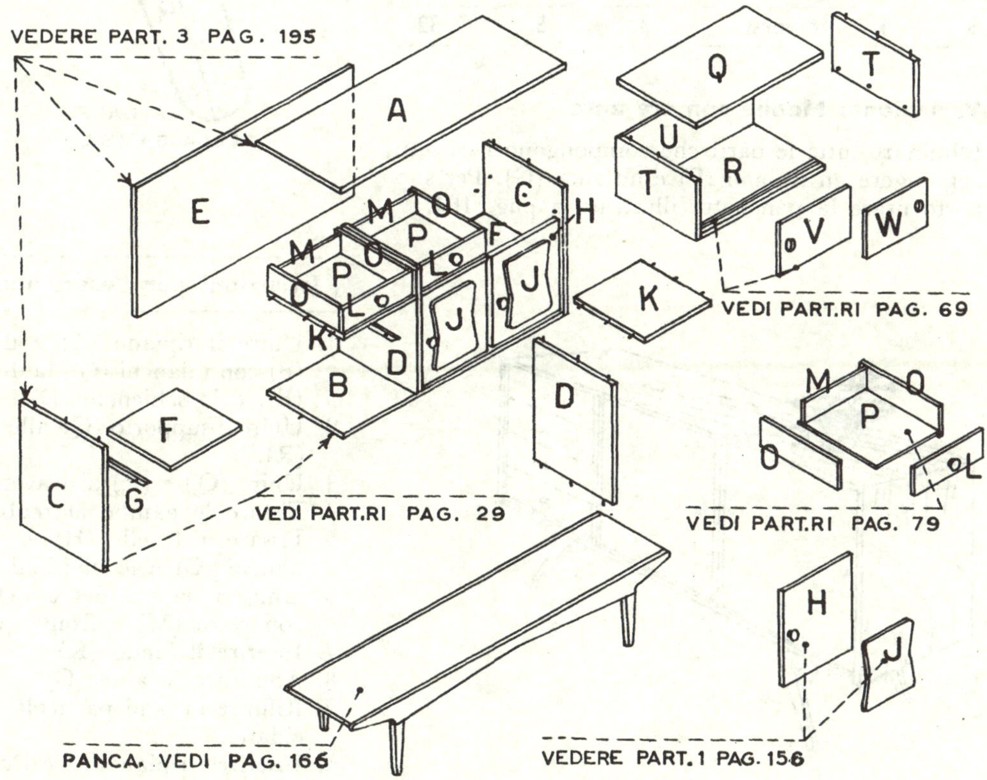
VEDERE PART. 3 PAG. 195
A
E
Q
T
U
R
T
C
M
O
H
P
F
M
P
O
L
J
O
L
J
V
W
K
K
D
VEDI PART.RI PAG. 69
B
D
F
C
G
VEDI PART.RI PAG. 29
M
O
P
O
L
VEDI PART.RI PAG. 79
H
J
PANCA. VEDI PAG. 166
VEDERE PART. 1 PAG. 156

MOBILE PER PRANZO - 2

Materiali

PARTI	N.	FUNZIONE	DIMENSIONI IN CENTIMETRI spessore	× larghezza	× lunghezza
A	1	piano	2	46	152
B	1	fondo	2	46	148
C	2	fianchi	2	46	51
D	1	schienale	0,6	51	150
E	2	partizioni	2	45,4	49
F	2	ripiani	2	41	48
G	2	antine	2	48	49
H	4	listelli	1,3	2	44
K	4	fondi cassetti	0,6	47	45
L	8	fianchi	1	12,2	45
M	4	schienali	1	11	46
O	4	fronti	2	12,2	48
P	8	listelli	0,6	1,3	45
Q	4	supporti	3	5	20
R	4	gambe	3	5	33
S	4	traversi	3	5	32

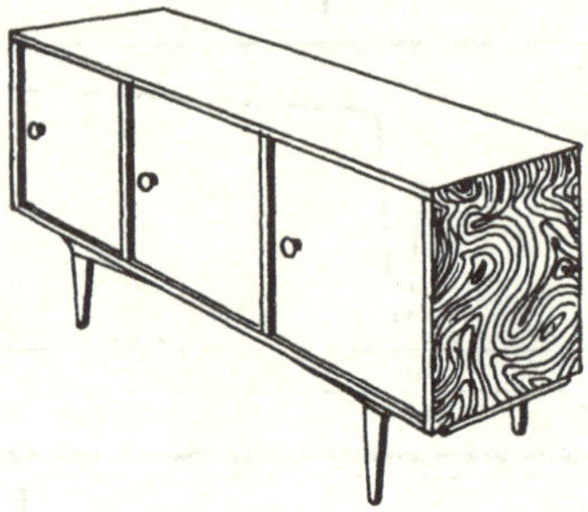

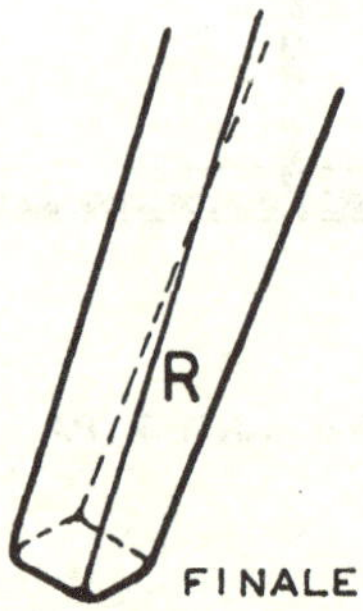

FINALE DELLA GAMBA

Variazione: Mobile con tre ante

Eliminare tutte le parti che compongono i cassetti, aggiungere un ripiano (F) e un'anta (G). Per supporto usare la panchetta illustrata a pag. 164.

Istruzioni per l'esecuzione

1. Unire il ripiano (A) e il fondo (B) con i fianchi (C), la divisione (E), e lo schienale (D).
2. Unire il supporto (Q) alle gambe (R).
3. Unire (Q) e (R) al traverso (S).
4. Fissare le gambe al mobile.
5. Fissare i listelli (H) e (P) ai fianchi (C) e le divisioni (E).
6. Unire i fianchi dei cassetti (L) con retro (M) e fronte (O).
7. Inserire il fondo (K).
8. Applicare le ante (G).
9. Rifinire in ogni particolare e lucidare.
10. Inserire i ripiani (F) e i cassetti.

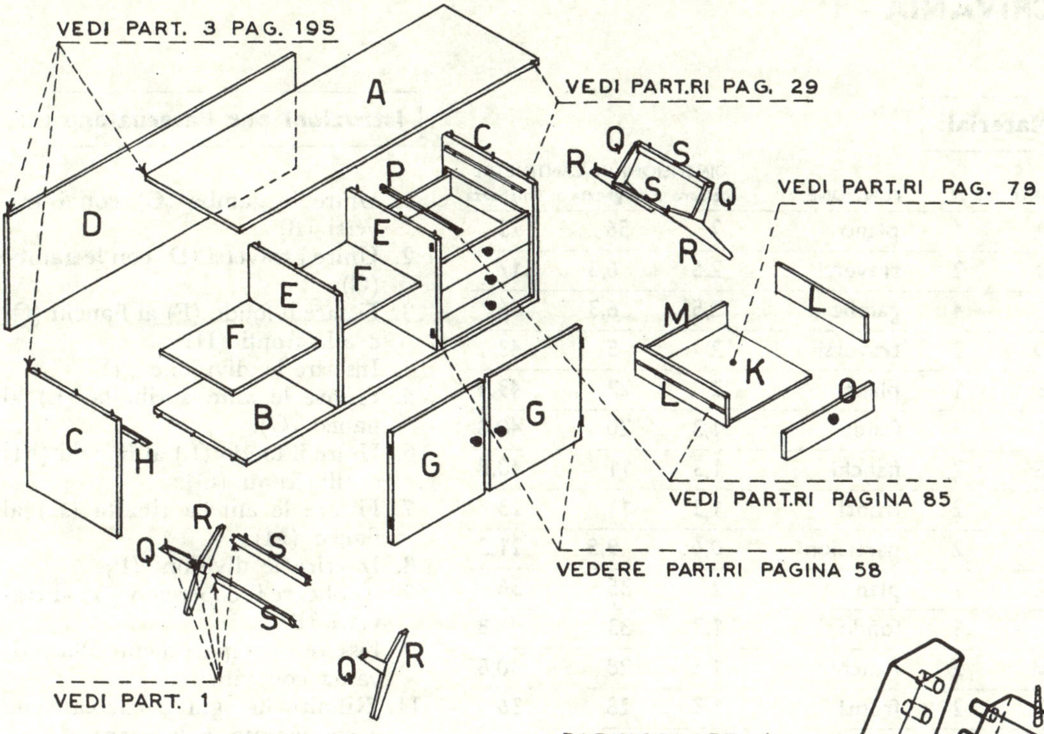

PARTICOLARE 1

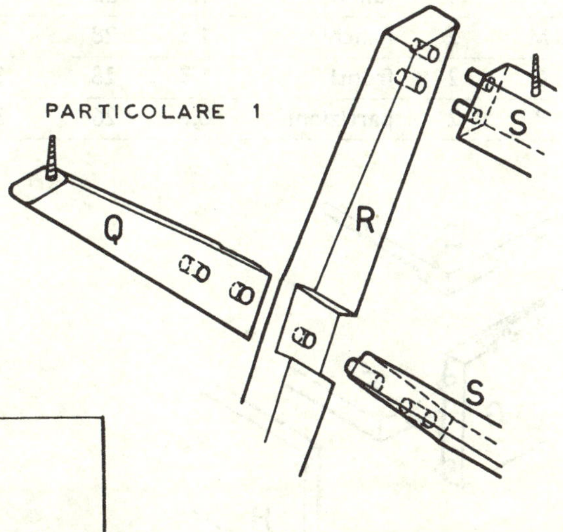

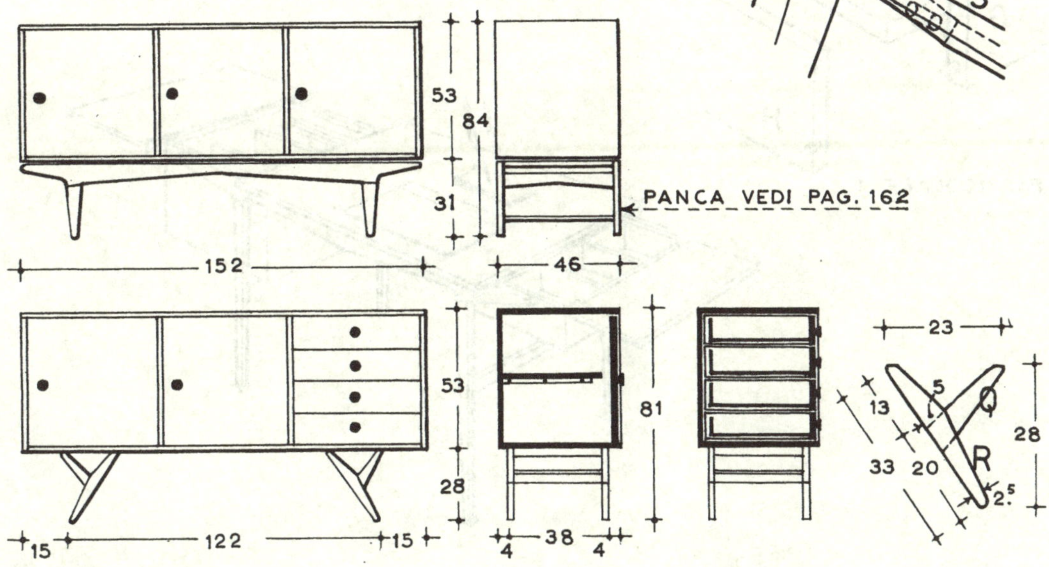

SCRIVANIA - 1

Materiali

PARTI	N.	FUNZIONE	DIMENSIONI IN CENTIMETRI spessore ×	larghezza ×	lunghezza
A	1	piano	2	56	75
B	2	traversi	2,5	6,3	117
C	4	gambe	2,5	6,3	66
D	2	traversi	2	5	43
E	1	piano	2	22	43,4
F	1	fondo	1,3	20	40,8
G	2	fianchi	1,3	11	40,8
H	2	fronti	1,3	11	23
J	2	partizioni	0,6	9,5	21,5
K	1	piano	2	35	56
L	1	fondo	1,3	33	40,8
M	2	fianchi	1,3	28	40,8
O	2	fronti	1,3	28	36
P	2	partizioni	0,6	26	34,5

Istruzioni per l'esecuzione

1. Unire le gambe (C) con i traversi (B).
2. Unire i traversi (D) con le gambe (C).
3. Fissare il fondo (F) ai fianchi (G) e alle fronti (H).
4. Inserire la divisione (J).
5. Fissare le ante a ribalta (E) al fianco (G).
6. Unire il fondo (L) ai fianchi (M) e alle fronti (O).
7. Fissare le ante a ribalta (K) al fianco (M).
8. Inserire le divisioni (P).
9. Applicare il coperchio (A) ai traversi (B).
10. Fissare i compartimenti alla scrivania con viti.
11. Rifinire in ogni particolare con carta vetrata e lucidare.

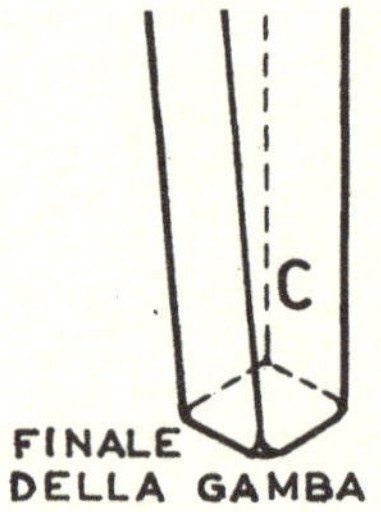

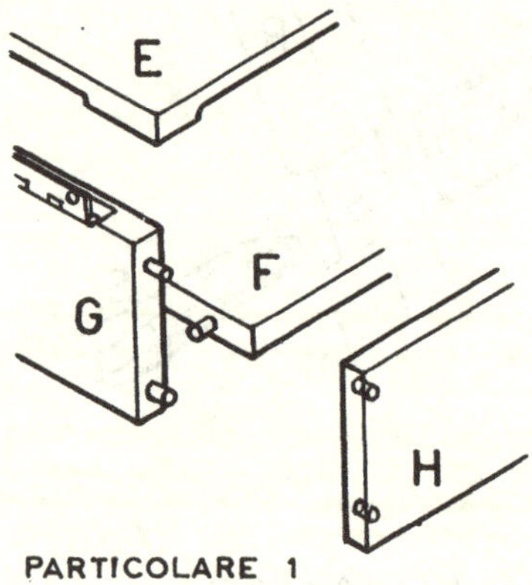

PARTICOLARE 1

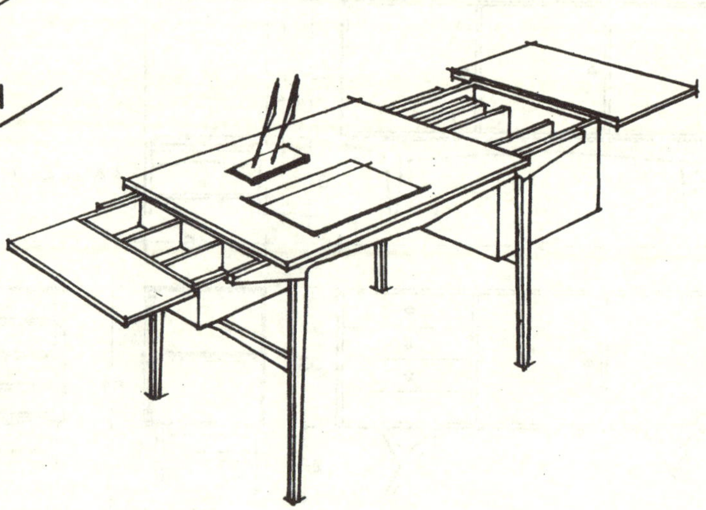

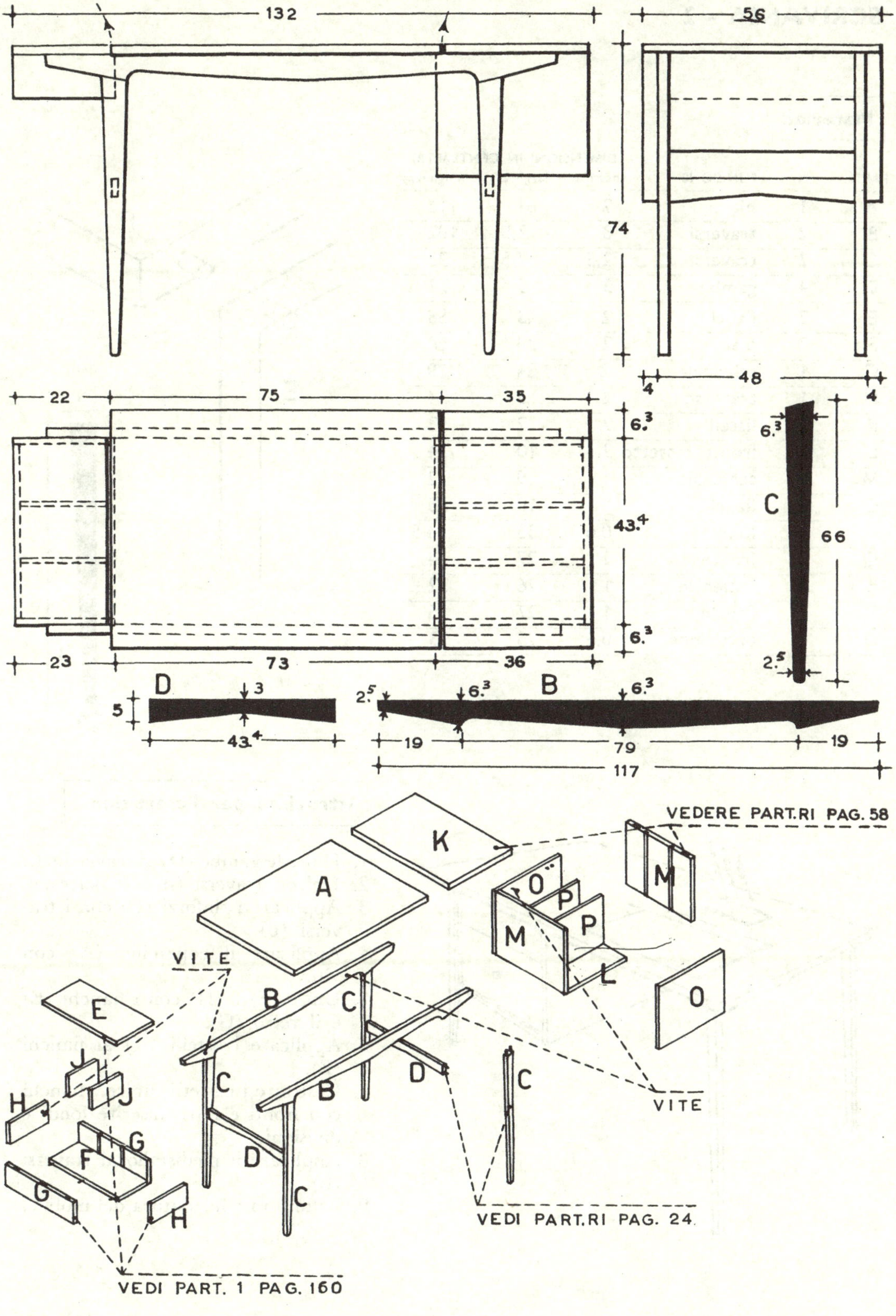
132
56
74
4
48
4
22
75
35
6.3
43.4
6.3
23
73
36
C
6.3
66
2.5
D
3
5
43.4
2.5
6.3
B
6.3
19
79
19
117
VEDERE PART.RI PAG. 58
K
A
M
O
P
P
M
L
O
VITE
E
B
C
J
J
H
C
B
D
C
G
F
D
G
C
H
VITE
VEDI PART.RI PAG. 24
VEDI PART. 1 PAG. 160

SCRIVANIA - 2

Materiali

PARTI	N.	FUNZIONE	DIMENSIONI IN CENTIMETRI spessore ×	larghezza ×	lunghezza
A	1	piano	2	61	115
B	2	traversi	3	7,5	102
C	2	traversi	2,5	7,5	33
D	4	gambe	3	5	72
E	2	fianchi	2	43	58
F	2	piani	2	34	58
G	1	schienale	2	34	39
H	1	traverso	2	5	34
K	2	listelli	2	2	52
L	1	fronte cassetto	2	10	34
M	1	schienale	1	9	32
O	2	fianchi	1	10	55
P	2	fondi	0,6	33	54,5
Q	1	fronte	2	27	34
R	1	schienale	1	26	32
T	2	fianchi	1	27	55
U	1	partizione	0,6	25	33

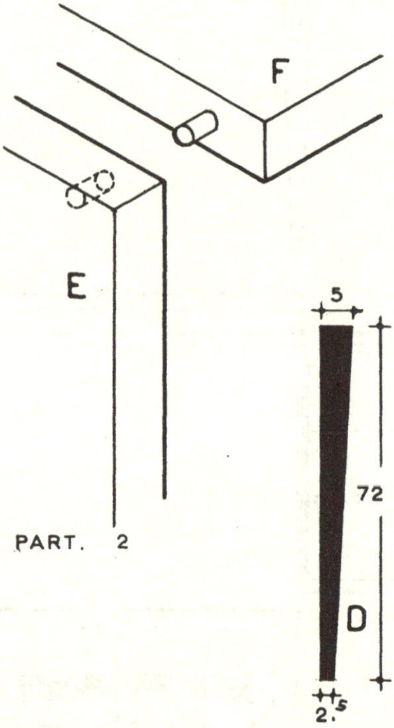

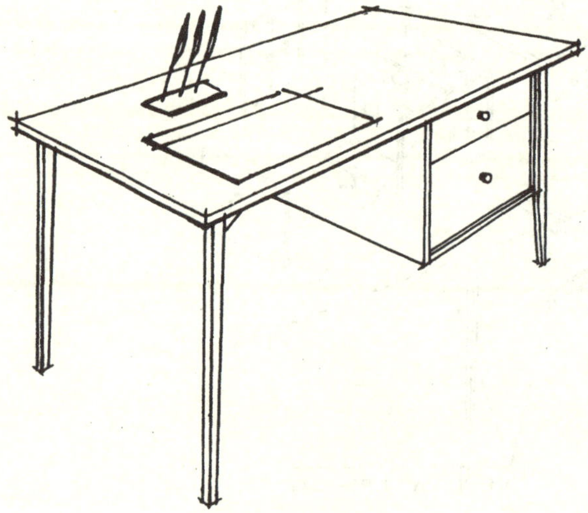

Istruzioni per l'esecuzione

1. Unire le gambe (D) ai traversi (B).
2. Unire i traversi (B) a crociera.
3. Applicare i rinforzi (C) con i traversi (B).
4. Applicare il coperchio (A) con viti.
5. Unire (F) e (H) con i fianchi (E) e il retro (G).
6. Applicare i listelli (K) ai fianchi (E).
7. Costruire i cassetti, unire i fianchi con fronti e retri, inserire fondi e divisioni.
8. Applicare il piedistallo ai traversi (B).
9. Rifinitura e lucidatura del mobile.

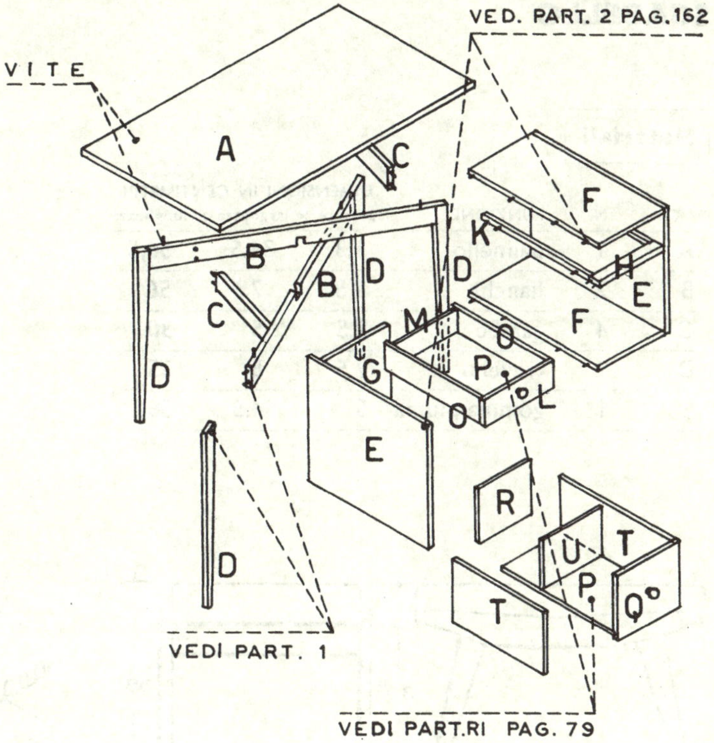

PARTICOLARE 1

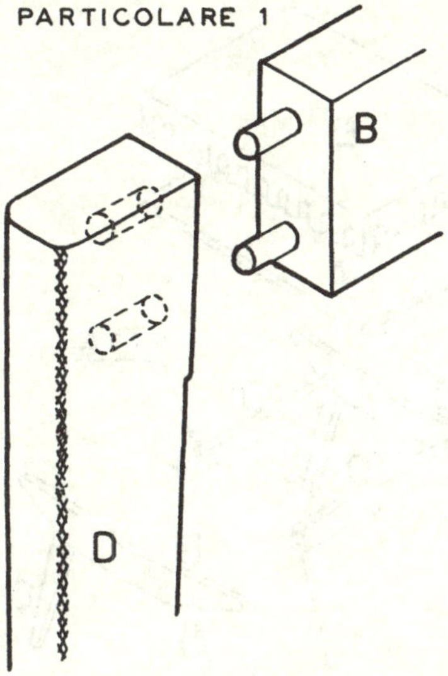

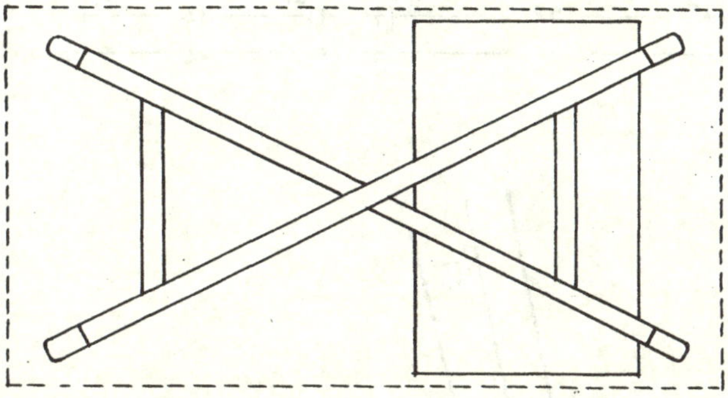

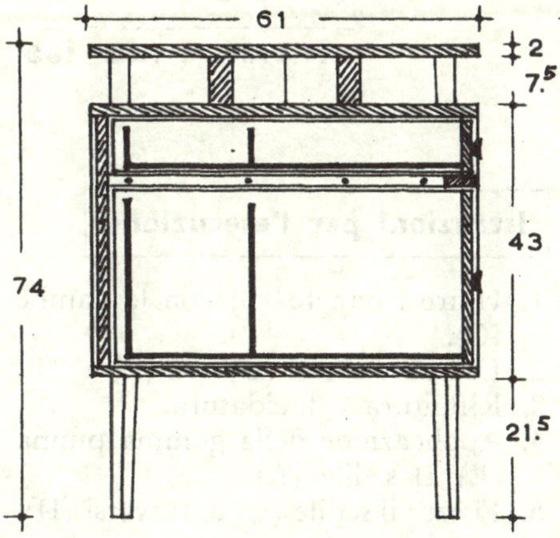

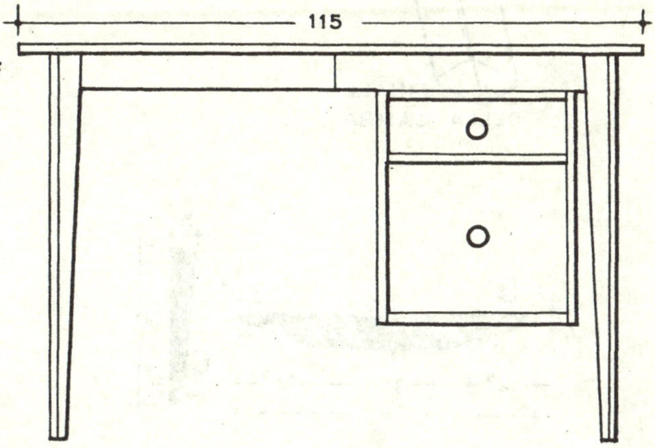

SGABELLO

Materiali

PARTI	N.	FUNZIONE	DIMENSIONI IN CENTIMETRI spessore ×	larghezza ×	lunghezza
A	1	pannello	1,3	34,5	56,5
B	2	fianchi	2,5	7,5	56
C	4	gambe	2,5	5	30
D	2	traversi	2,5	5	35
E	1	gomma piuma	5	34,5	56,5

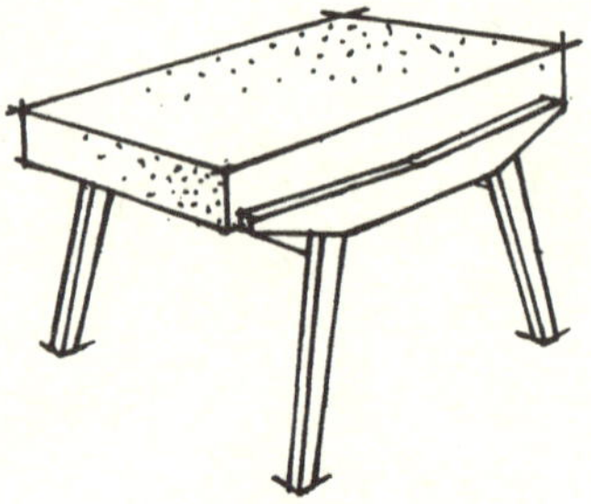

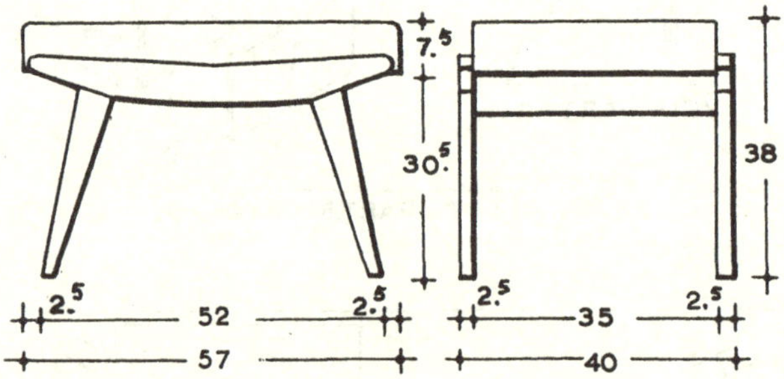

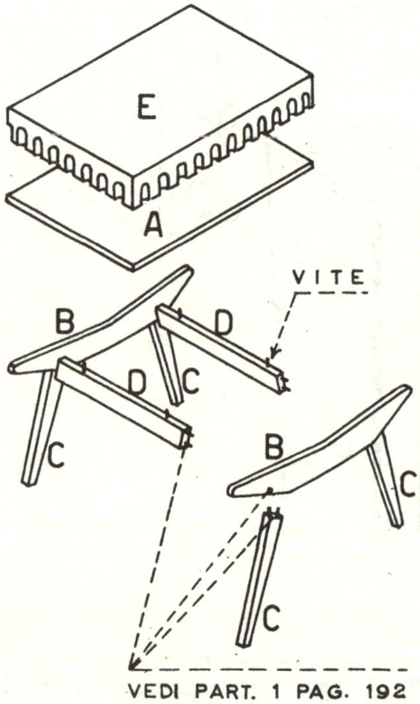

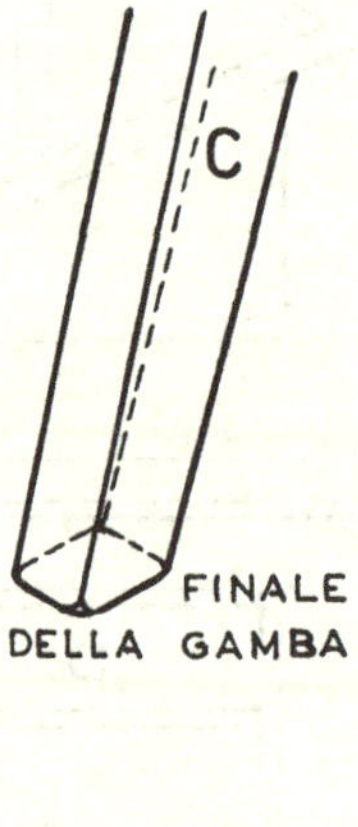

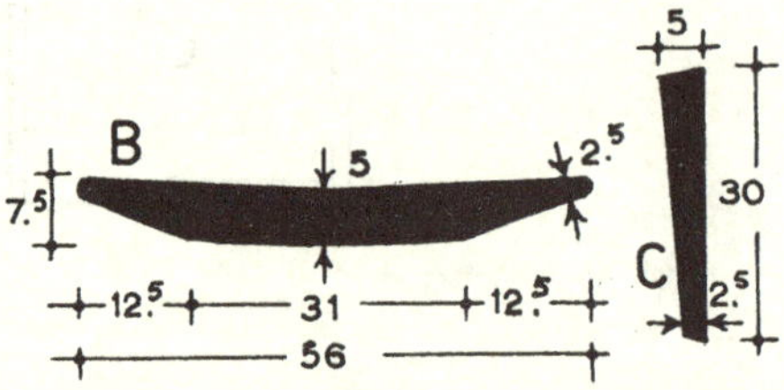

Istruzioni per l'esecuzione

1. Unire i fianchi (B) con le gambe (C).
2. Unire i traversi (D) con (B) e (C).
3. Rifinitura e lucidatura.
4. Applicazione della gomma piuma (E) al sedile (A).
5. Fissare il sedile (A) ai traversi (D).

Materiali

PARTI	N.	FUNZIONE	DIMENSIONI IN CENTIMETRI spessore ×	larghezza ×	lunghezza
A	1	piano	2	38	122
B	2	traversi	2,5	6,3	86
C	4	gambe	2,5	5	38
D	2	traversi	2,5	6,3	23
E	1	cuscino	5	38	122

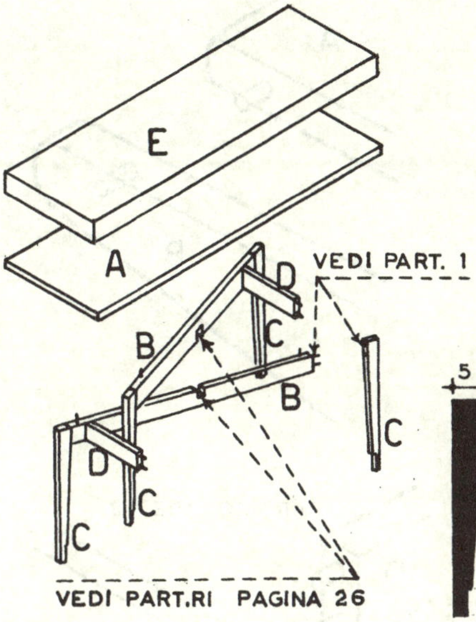

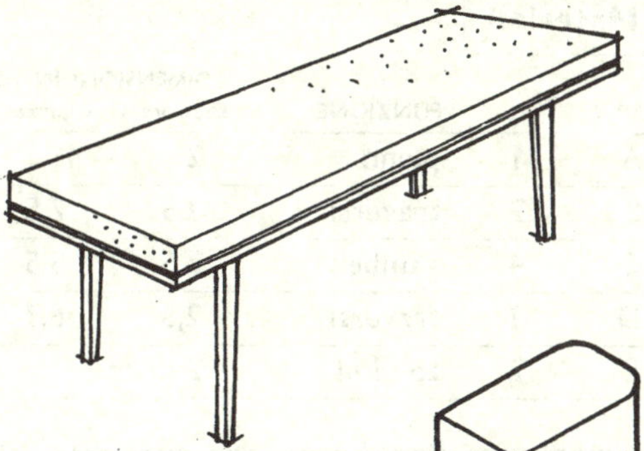

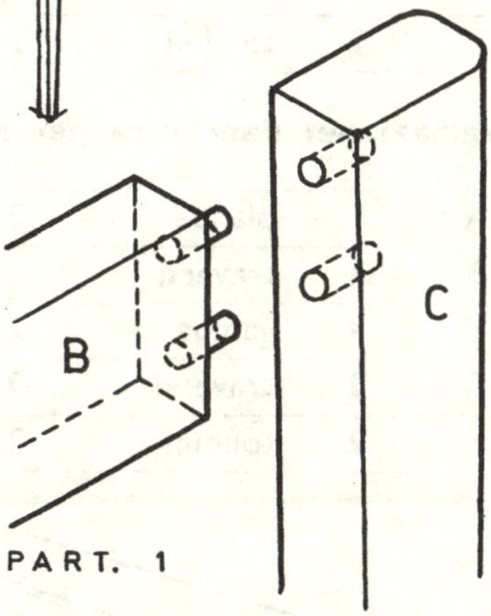

Istruzioni per l'esecuzione

1. Unire le gambe (C) con i traversi (B).
2. Unire i traversi (B) a crociera.
3. Applicare il rinforzo (D) ai traversi (B).
4. Fissare il coperchio (A) ai traversi.
5. Rifinitura e lucidatura.

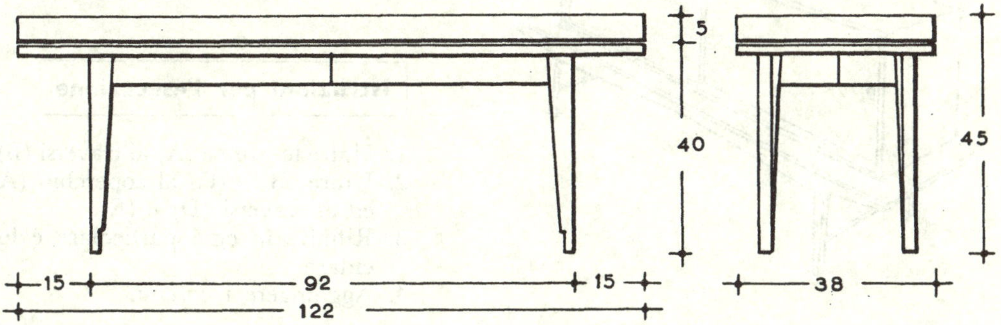

PANCHETTA - 2

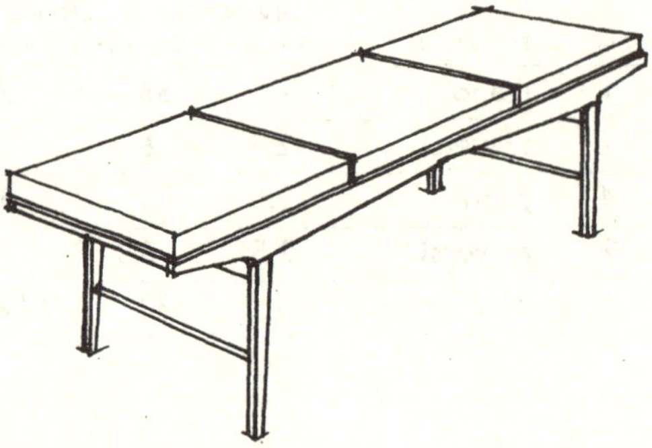

PARTICOLARE 1

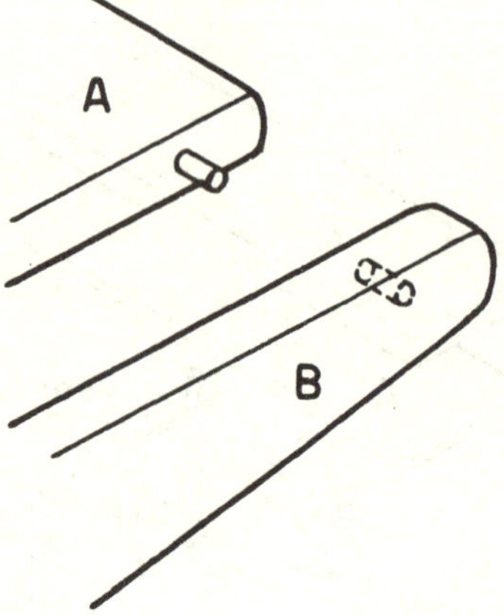

Materiali

PARTI	N.	FUNZIONE	DIMENSIONI IN CENTIMETRI spessore × larghezza × lunghezza		
A	1	piano	2	41	152
B	2	traversi	2,5	7,5	152
C	4	gambe	2,5	5,5	33,5
D	2	traversi	2,5	6,3	41
E	2	tondini	2 diam.		44

Variazione: Panchetta per supporto di mobili

A	1	piano	2	28	152
B	2	traversi	2,5	7,5	152
C	4	gambe	2,5	5,5	23
D	2	traversi	,2,5	6,3	28
E	2	tondini	2 diam.		31

PARTICOLARE 2

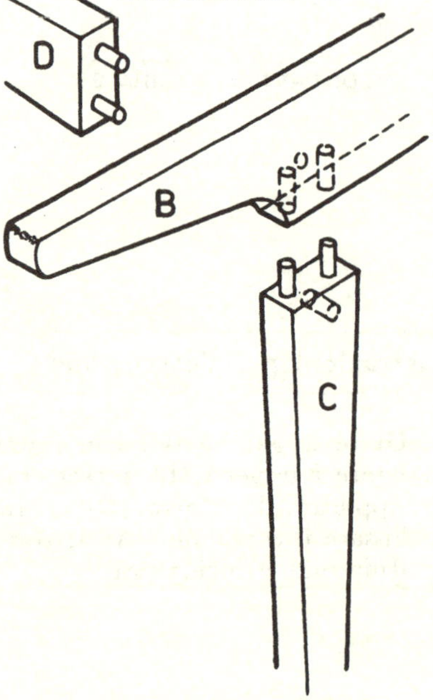

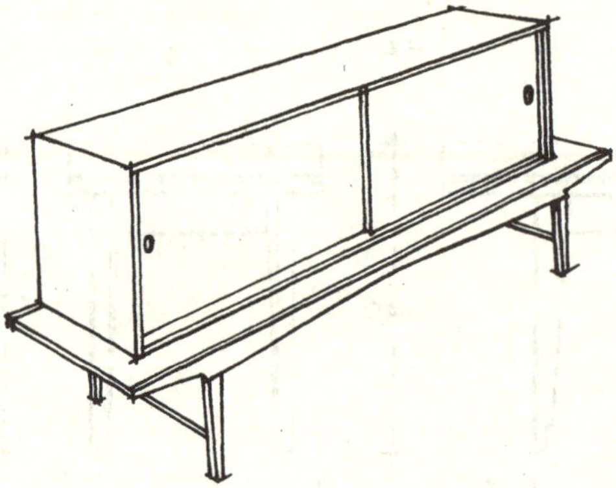

Istruzioni per l'esecuzione

1. Unire le gambe (A) ai traversi (B).
2. Unire (B) e (C) al coperchio (A) ed ai traversi (D) e (E).
3. Rifinire in ogni particolare e lucidare.
4. Aggiungere i cuscini.

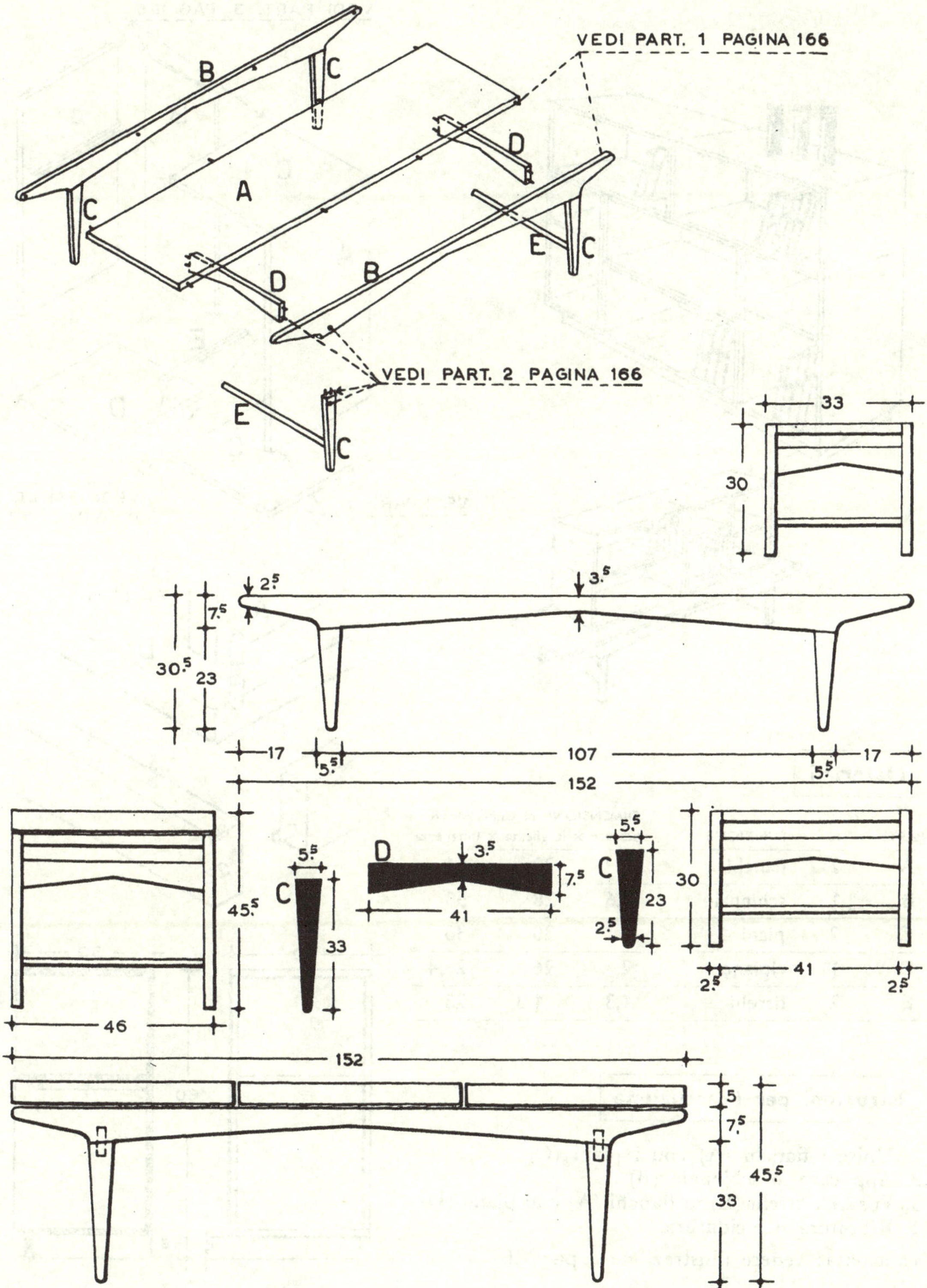
VEDI PART. 1 PAGINA 166
VEDI PART. 2 PAGINA 166
A
B
C
D
E
33
30
2.5
3.5
7.5
30.5
23
17
5.5
107
152
45.5
46
41
5

LIBRERIA AD ELEMENTI

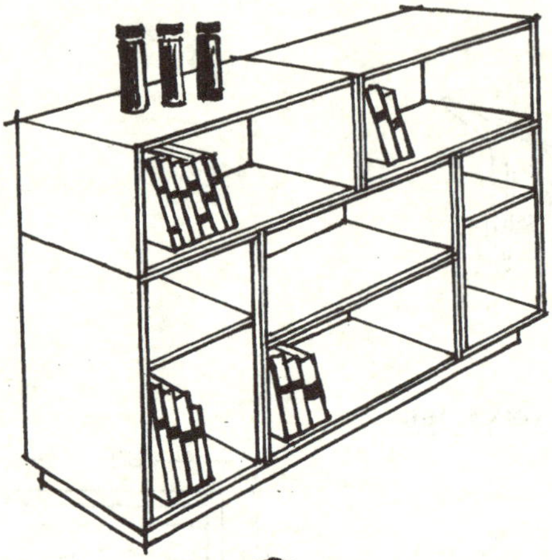

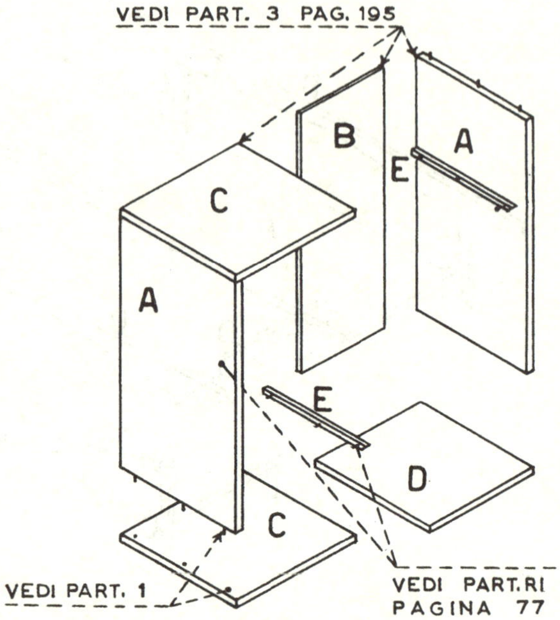

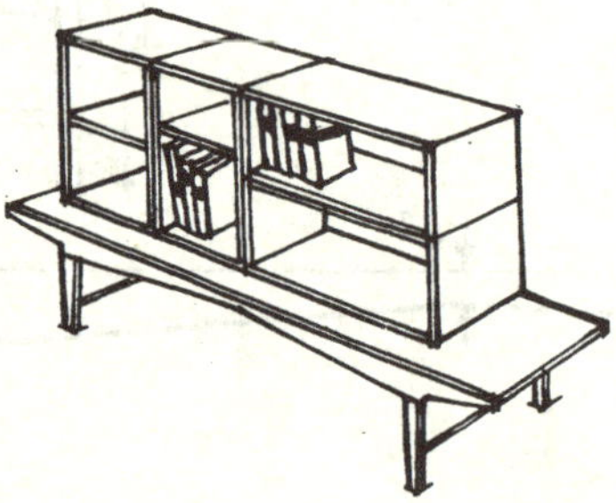

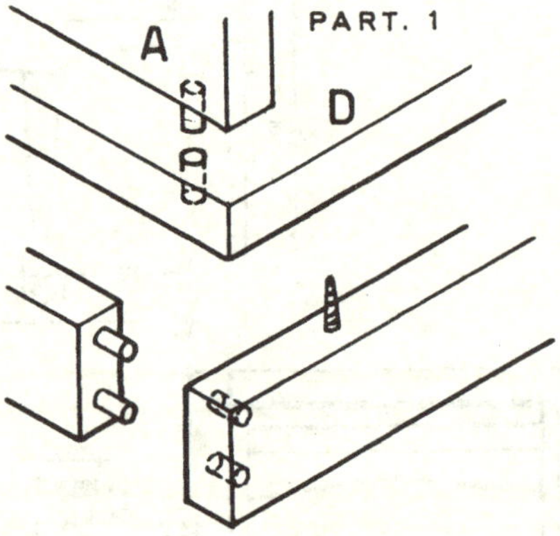

Materiali

PARTI	N.	FUNZIONE	DIMENSIONI IN CENTIMETRI spessore × larghezza × lunghezza		
A	2	fianchi	2	30	56
B	1	schienale	0,6	28	58
C	2	piani	2	30	30
D	1	ripiano	2	26	29,4
E	2	listelli	1,3	1,3	28

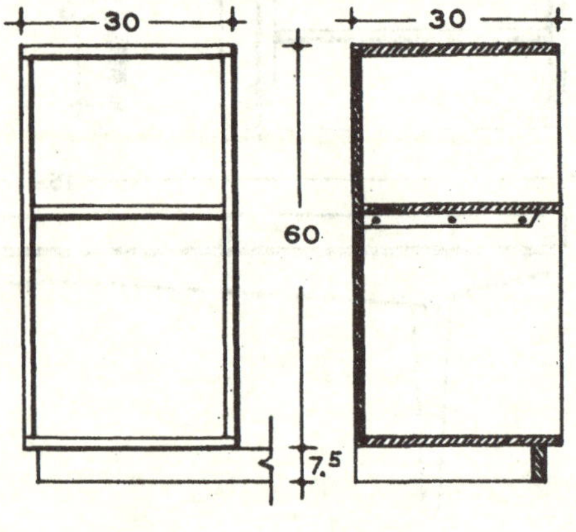

Istruzioni per l'esecuzione

1. Unire i fianchi (A) con i piani (C).
2. Applicare lo schienale (B).
3. Fissare i listelli (E) ai fianchi (A) e al piano (D).
4. Rifinitura e lucidatura.

Panchetta: vedere illustrazione a pag. 164.

SEDIA

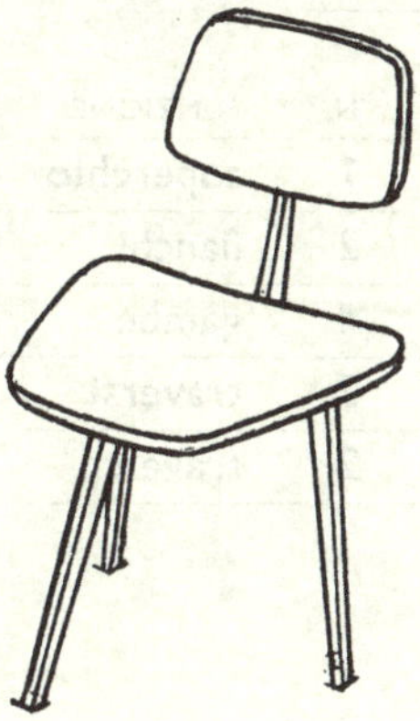

Materiali

PARTI	N.	FUNZIONE	DIMENSIONI IN CENTIMETRI spessore × larghezza × lunghezza		
	1	pannello comp.	2	75	90

Istruzioni per l'esecuzione

1. Unire (A) con (B) a crociera.
2. Applicare i rinforzi (E) (F) e (G) con (A).
3. Fissare lo schienale (C) con (G).
4. Fissare il sedile (D) con (A) e (B).
5. Rifinitura e lucidatura della sedia.

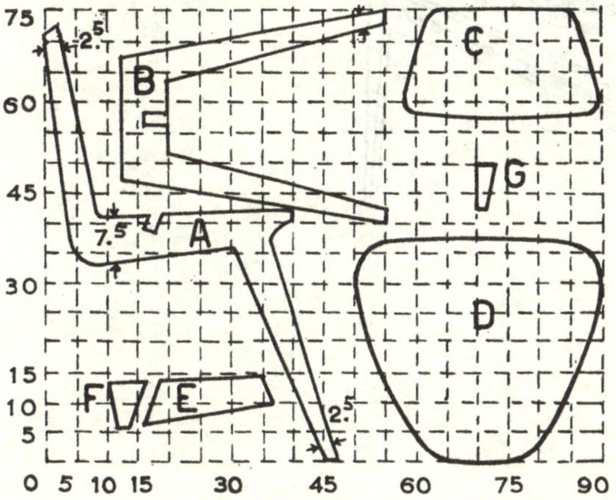

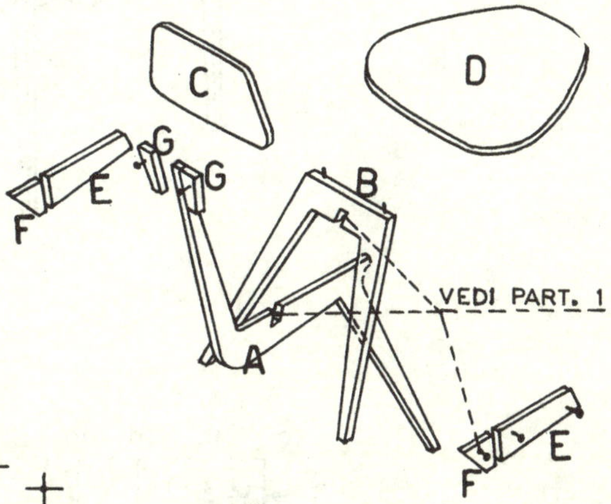

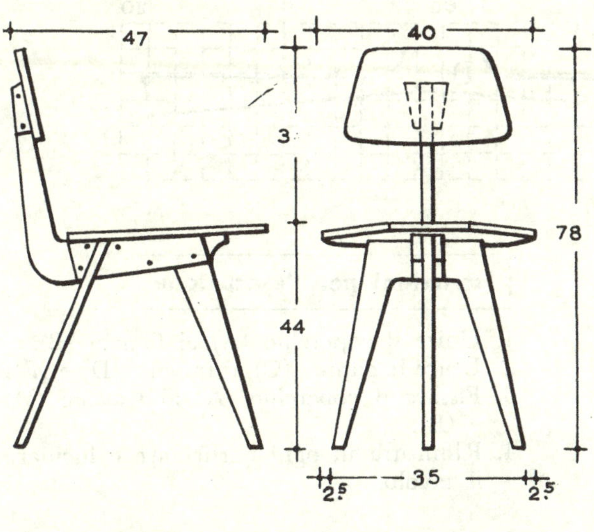

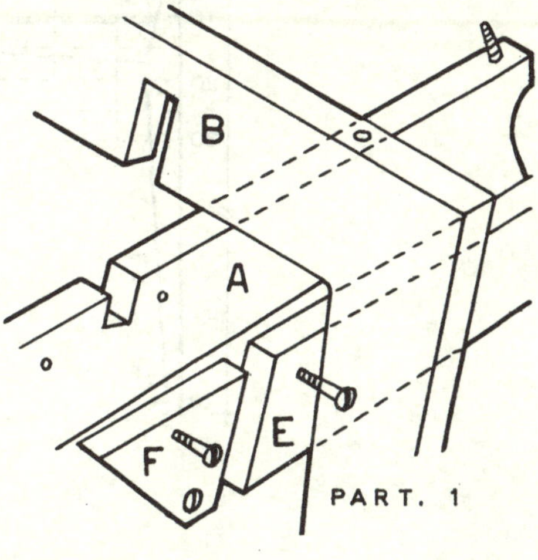

GRUPPO PER PRANZO - 1: TAVOLO

Materiali

PARTI	N.	FUNZIONE	DIMENSIONI IN CENTIMETRI spessore × larghezza × lunghezza		
A	1	coperchio	2	76	150
B	2	fianchi	2	4	150
C	4	gambe	3	6	72
D	2	traversi	3	13	113
E	2	traversi	3	7,5	64

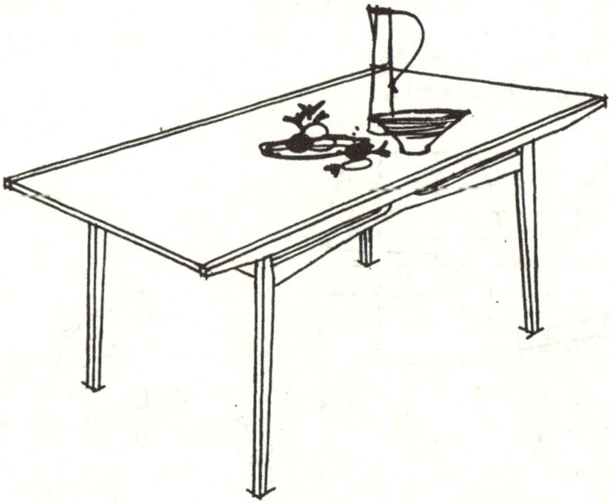

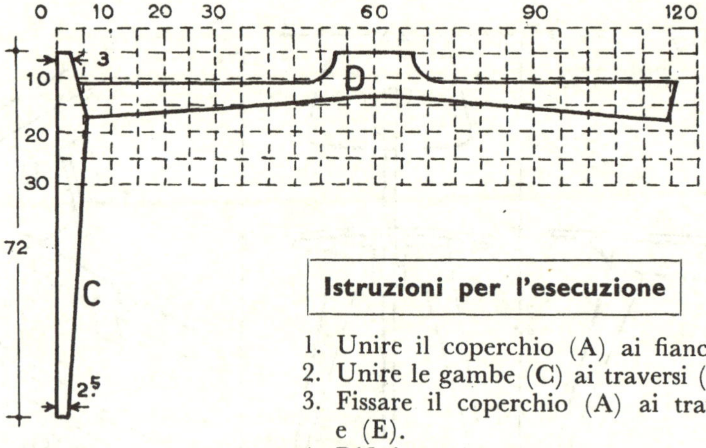

Istruzioni per l'esecuzione

1. Unire il coperchio (A) ai fianchi (B).
2. Unire le gambe (C) ai traversi (D) e (E).
3. Fissare il coperchio (A) ai traversi (D) e (E).
4. Rifinitura in ogni particolare e lucidare il tavolo.

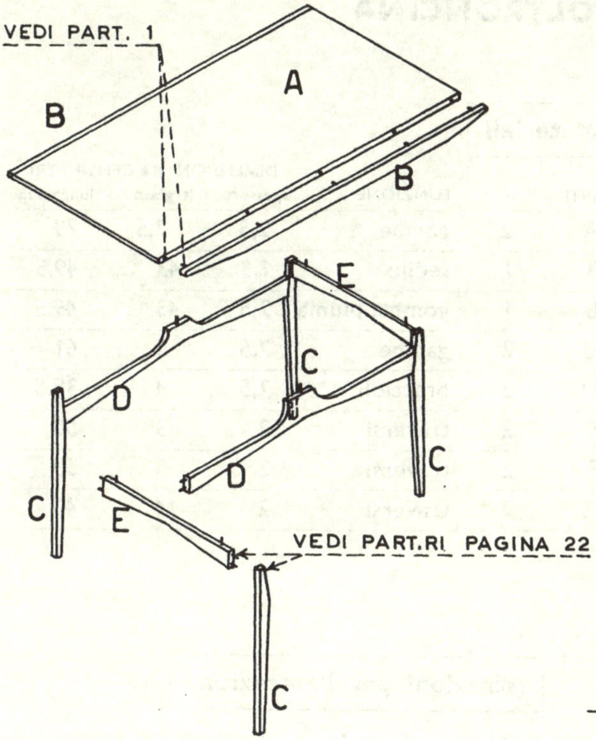

PARTICOLARE 1

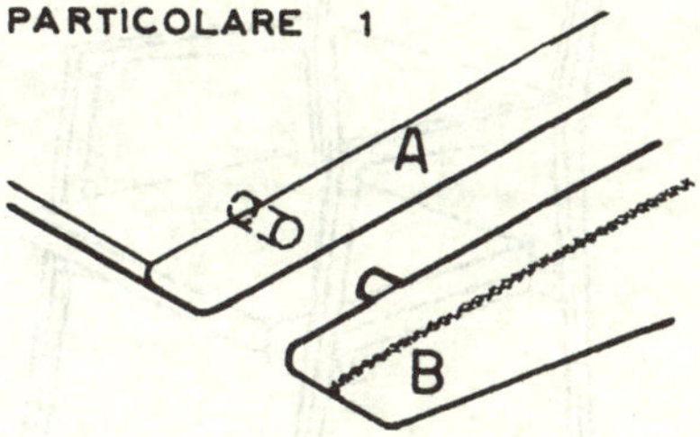

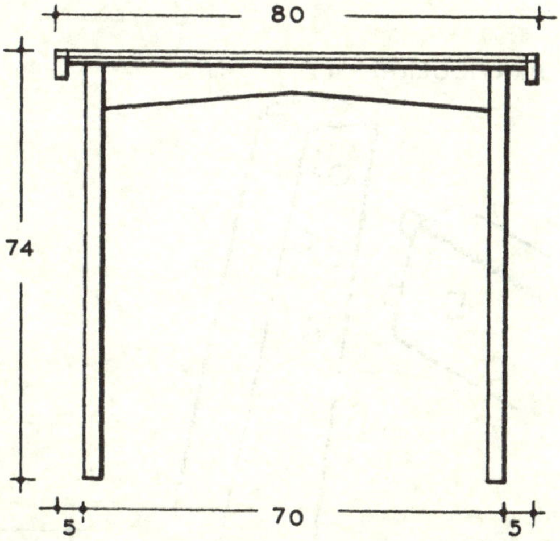

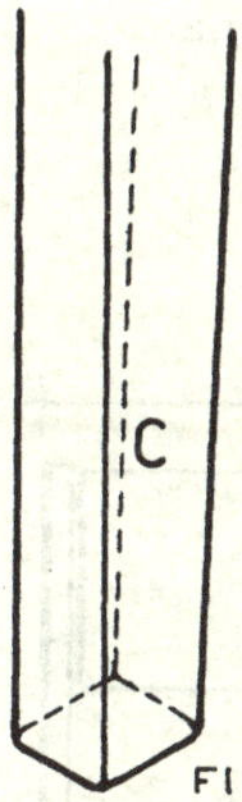

FINALE
DELLA GAMBA

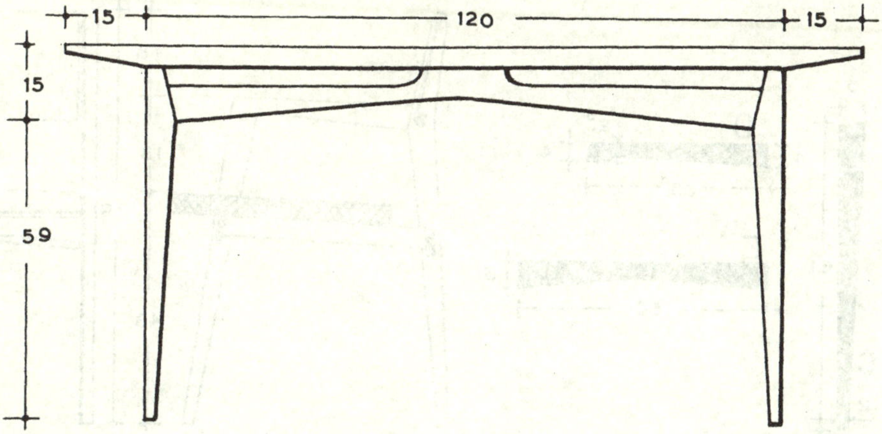

GRUPPO PER PRANZO - 1: POLTRONCINA

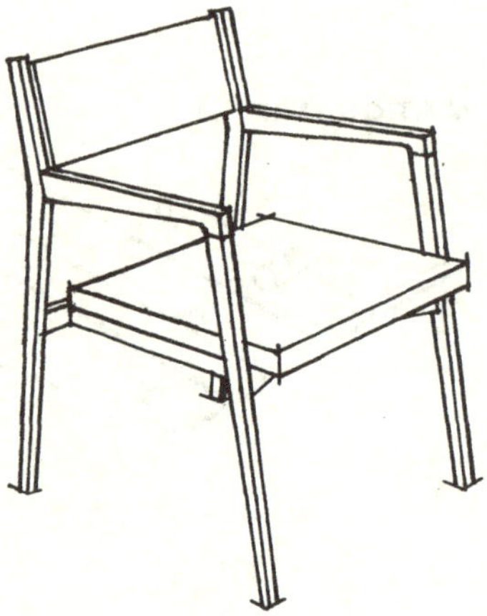

Materiali

PARTI	N.	FUNZIONE	DIMENSIONI IN CENTIMETRI spessore ×	larghezza ×	lunghezza
A	2	gambe	2,5	7,5	79
B	1	sedile	1,3	43	49,5
B′	1	gomma piuma	2,5	43	49,5
C	2	gambe	2,5	5	61
D	2	braccioli	2,5	4	35,5
E	2	traversi	2	3	50
F	2	traversi	2	5	50
G	2	traversi	2	4	40

PARTICOLARE 1

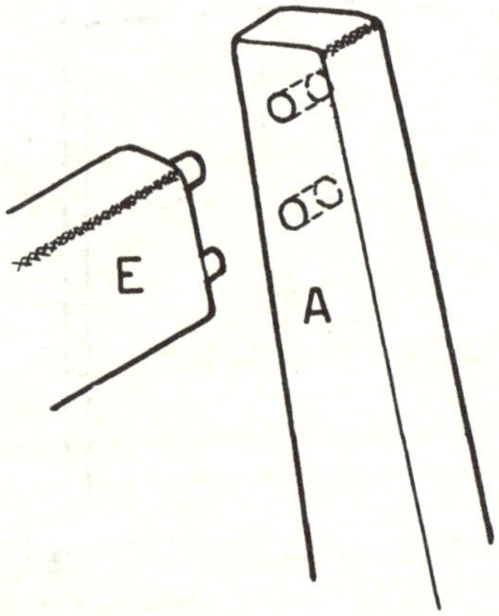

Istruzioni per l'esecuzione

1. Unire i braccioli (D) alle gambe (A).
2. Unire le gambe (C) con i braccioli (D).
3. Unire i traversi (G) ai traversi (F).
4. Unire i traversi (E) e (F) con (A) e (C).
5. Lucidatura della sedia.
6. Applicare la gomma piuma al sedile (B).
7. Fissare il sedile (B) ai traversi (F) e (G).
8. Applicare l'imbottitura dello schienale.

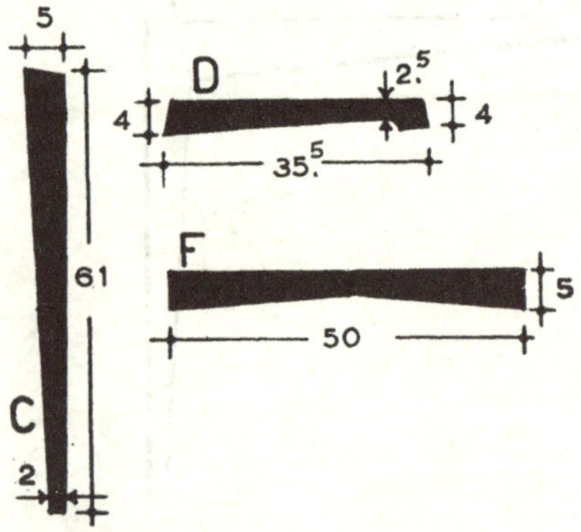

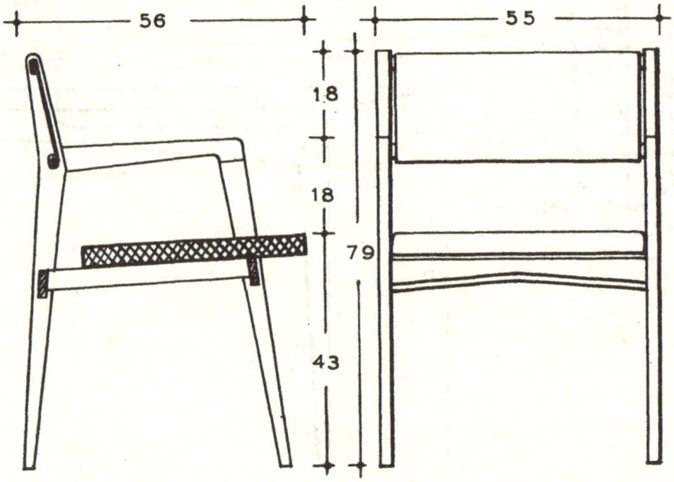

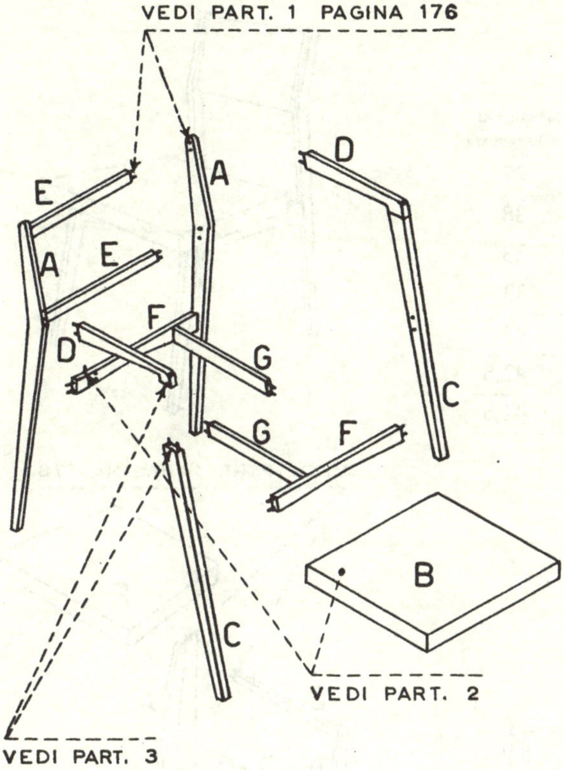

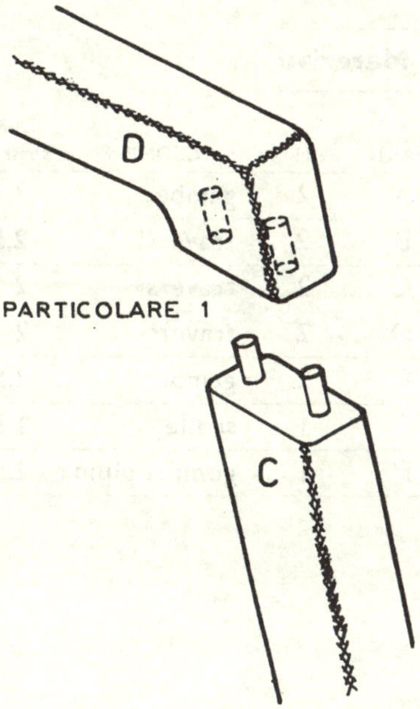

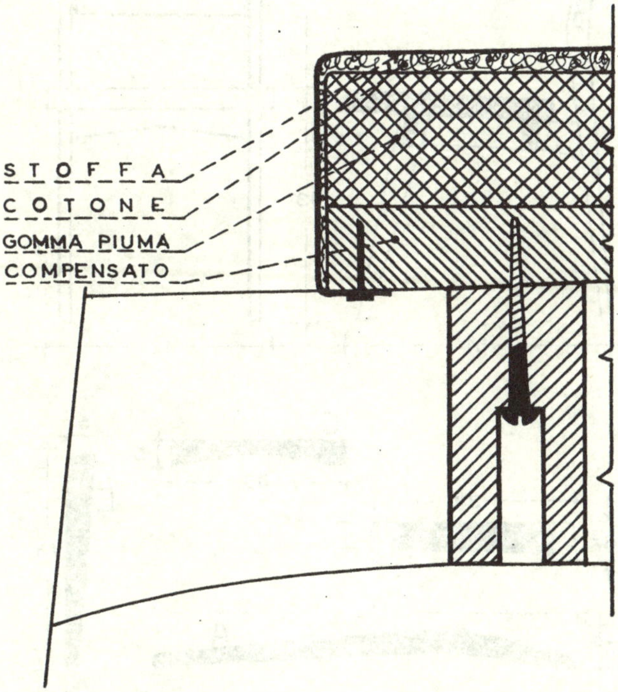

IMBOTTITURA
DELLO SCHIENALE

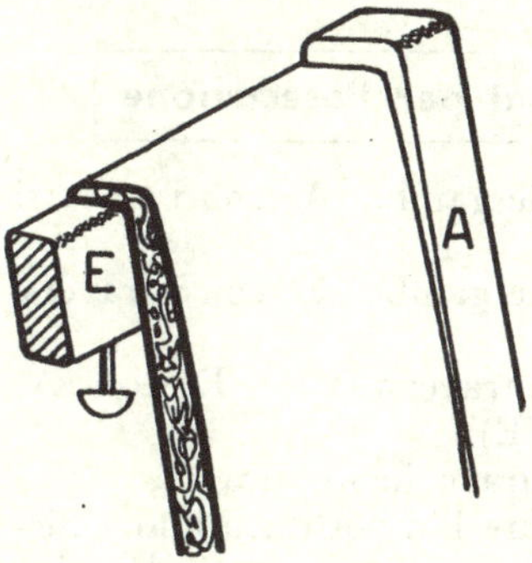

GRUPPO PER PRANZO - 1: SEDIA

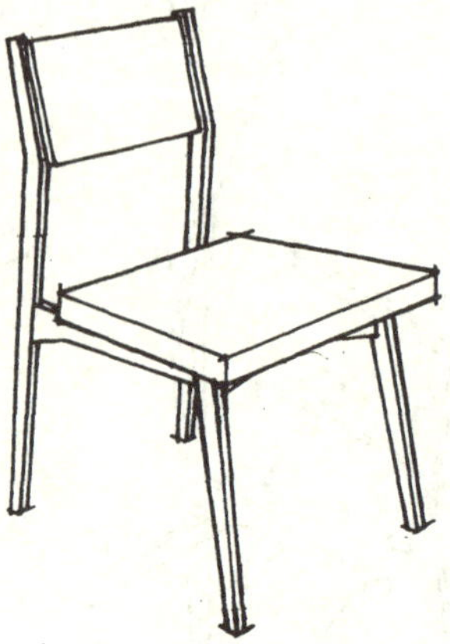

Materiali

PARTI	N.	FUNZIONE	DIMENSIONI IN CENTIMETRI spessore	× larghezza	× lunghezza
A	2	gambe	2,5	7,5	79
B	2	traversi	2,5	6,3	38
C	2	traversi	2	5	33
D	2	traversi	2	3	33
E	2	gambe	2,5	5	43
F	1	sedile	1,3	38	42,5
F′	1	gomma piuma	2,5	38	42,5

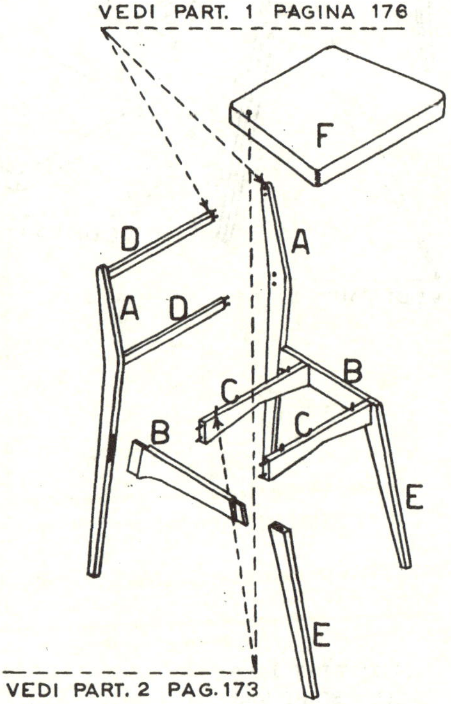

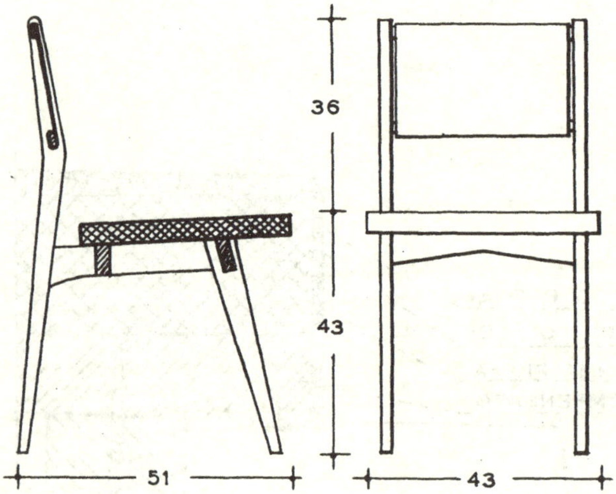

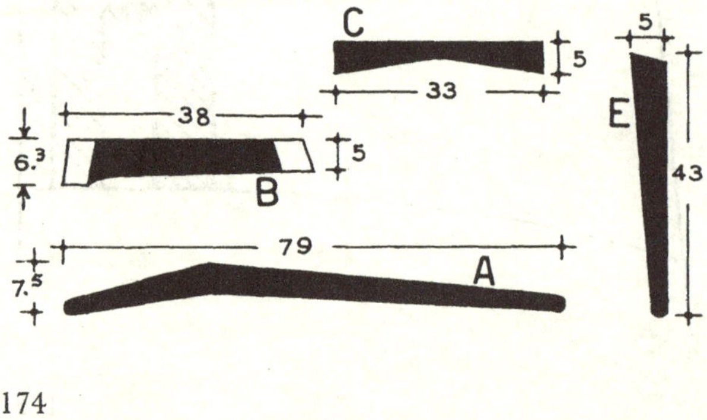

Istruzioni per l'esecuzione

1. Unire le gambe (A) con i traversi (B).
2. Unire le gambe (E) con i traversi (B).
3. Unire i traversi (C) e (D) con (A) (B) e (E).
4. Rifinitura e lucidatura.
5. Applicare l'imbottitura allo schienale e la gomma piuma al sedile.
6. Fissare il sedile (F) ai traversi (C) con viti.

GRUPPO PER PRANZO - 2: SEDIA

Materiali

PARTI	N.	FUNZIONE	DIMENSIONI IN CENTIMETRI spessore ×	larghezza ×	lunghezza
A	2	traversi	1,3	7,5	41
B	2	gambe	2,5	10	81
C	2	gambe	2,5	4,5	44,5
D	2	traversi	2,5	5	41
E	2	traversi	2,5	5	36
F	2	traversi	1,3	2	41
G	1	sedile	1,3	41	46
G′	1	gomma piuma	2,5	41	46

Istruzioni per l'esecuzione

1. Unire le gambe (B) e (C) con i traversi (E) e (F).
2. Unire i traversi (A) e (D) con le gambe (B) e (C).
3. Rifinire in ogni dettaglio con carta vetrata e lucidare.
4. Applicare la gomma piuma (G′) al sedile (G).
5. Fissare il sedile (G) con i traversi (D).

SEDILE IMBOTTITO

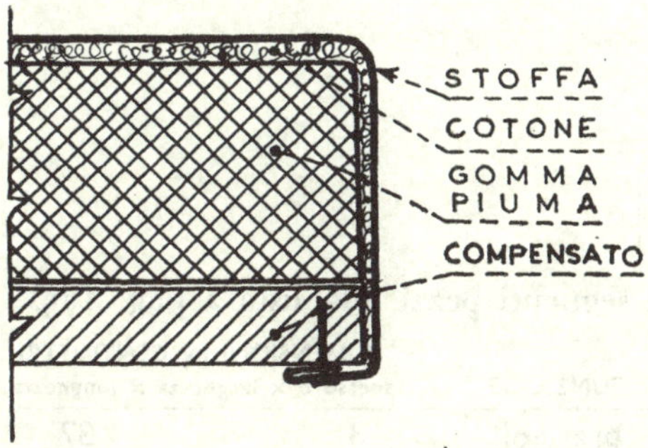

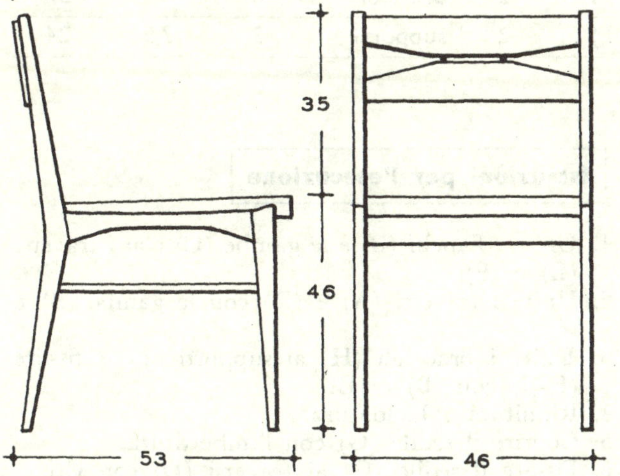

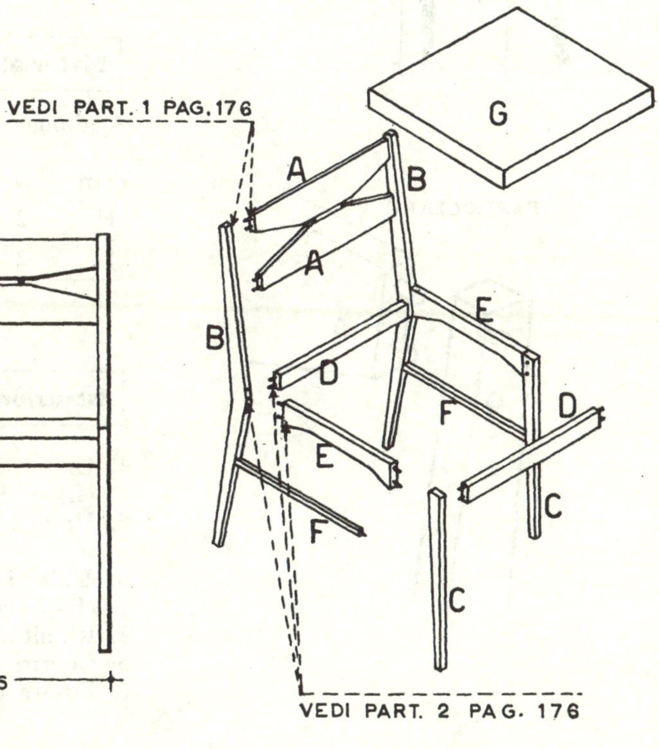

GRUPPO PER PRANZO - 2: POLTRONCINA

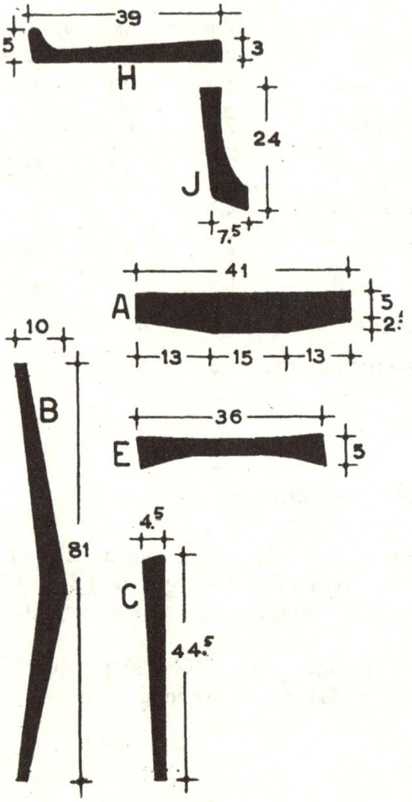

PARTICOLARE 1

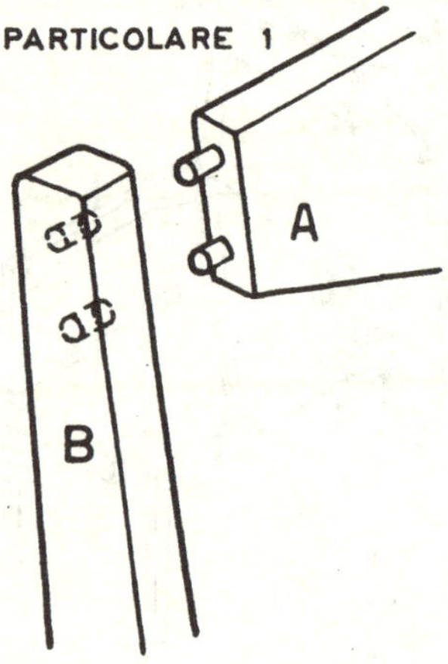

Materiali

Aggiungere i seguenti pezzi alla lista a pag. 175.

PARTI	N.	FUNZIONE	DIMENSIONI IN CENTIMETRI spessore	× larghezza	× lunghezza
H	2	braccioli	3	5	37
J	2	supporti	3	7,5	24

Istruzioni per l'esecuzione

1. Unire i fianchi (B) e le gambe (C) con i traversi (E) e (F).
2. Unire i traversi (A) e (D) con le gambe (B) e (C).
3. Unire i braccioli (H) ai supporti (J) e fissare (H-J) con (B) e (E).
4. Rifinitura e lucidatura.
5. Coprire il sedile (G) con l'imbottitura.
6. Fissare il sedile (G) ai traversi (D) con viti.

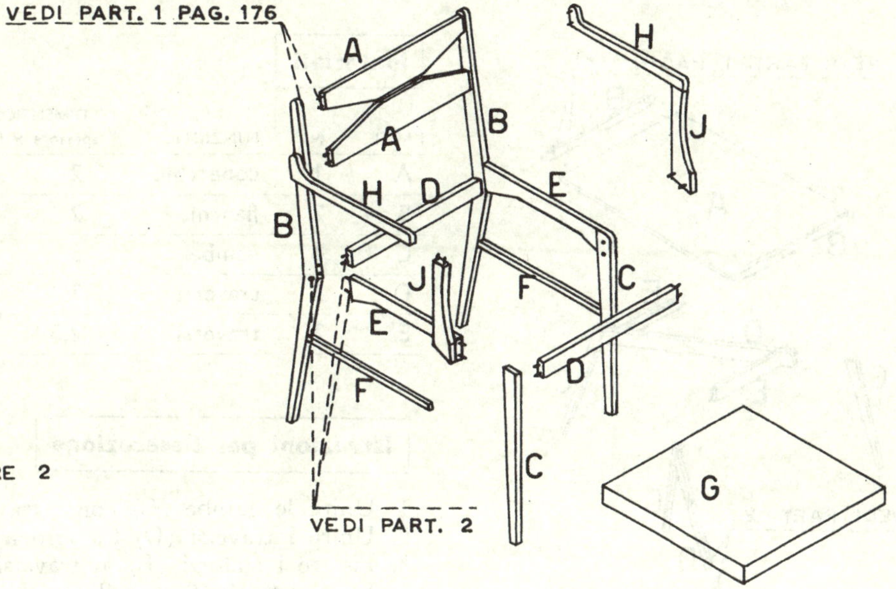

PARTICOLARE 2

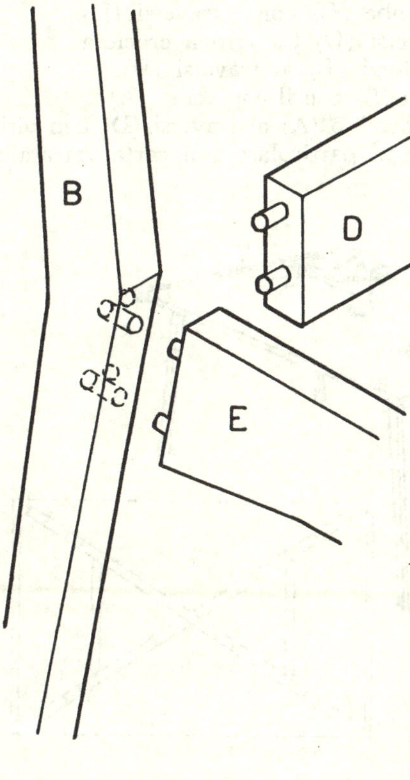

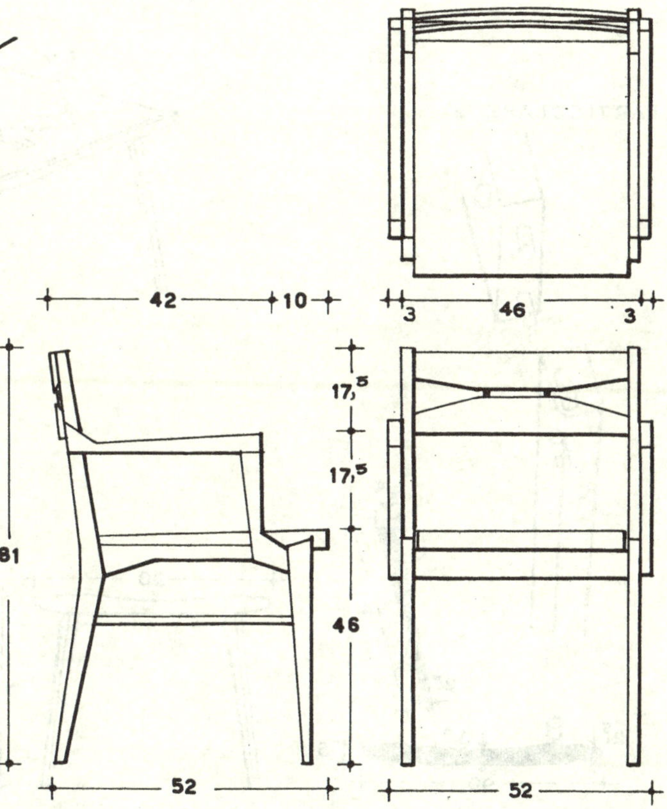

GRUPPO PER PRANZO - 2: TAVOLO

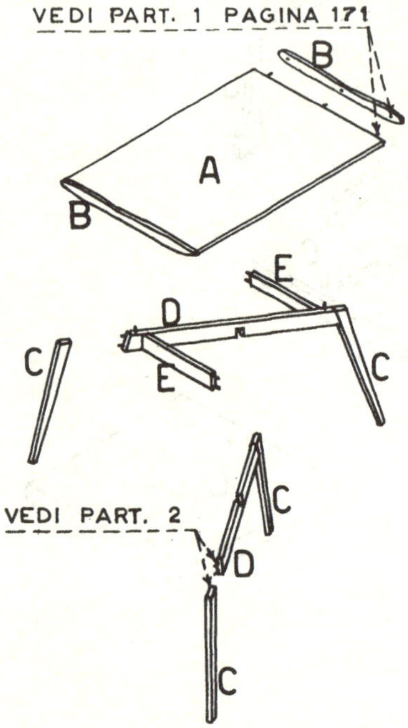

Materiali

PARTI	N.	FUNZIONE	DIMENSIONI IN CENTIMETRI spessore ×	larghezza ×	lunghezza
A	1	coperchio	2	90	136
B	2	fianchi	2	5	90
C	4	gambe	3	5,5	74
D	2	traversi	3	7,5	107
E	2	traversi	2,5	7,5	49

Istruzioni per l'esecuzione

1. Unire le gambe (C) con i traversi (D).
2. Unire i traversi (D) fra loro a crociera.
3. Fissare i rinforzi (E) ai traversi (D).
4. Unire i finali (B) con il coperchio (A).
5. Fissare il coperchio (A) ai traversi (D) con viti.
6. Rifinire in ogni particolare con carta vetrata e lucidare.

PARTICOLARE 2

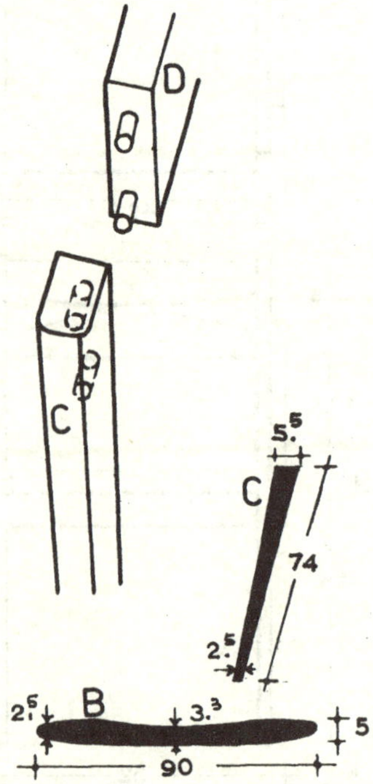

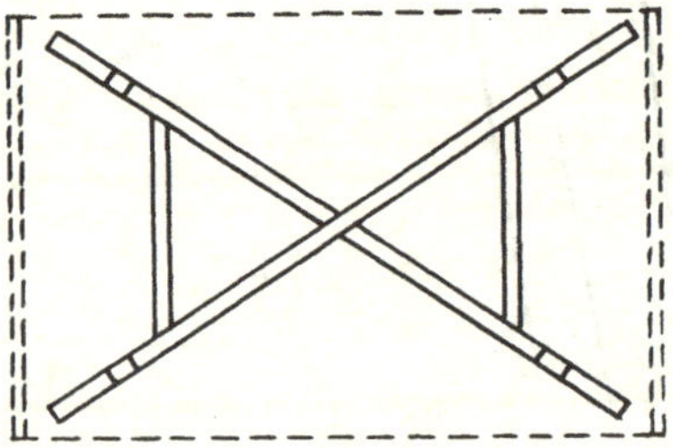

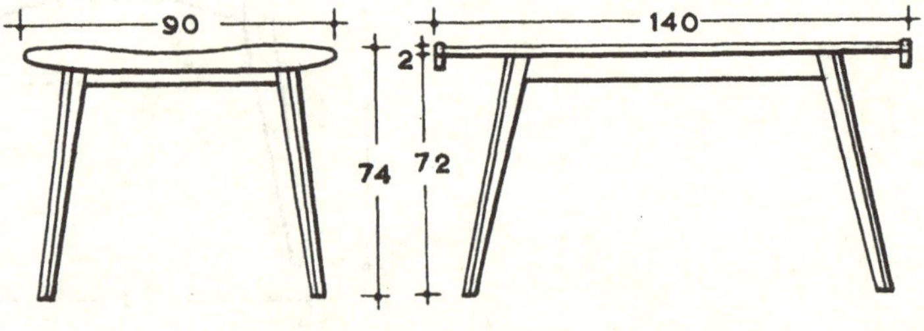

POLTRONA CON BRACCIOLO

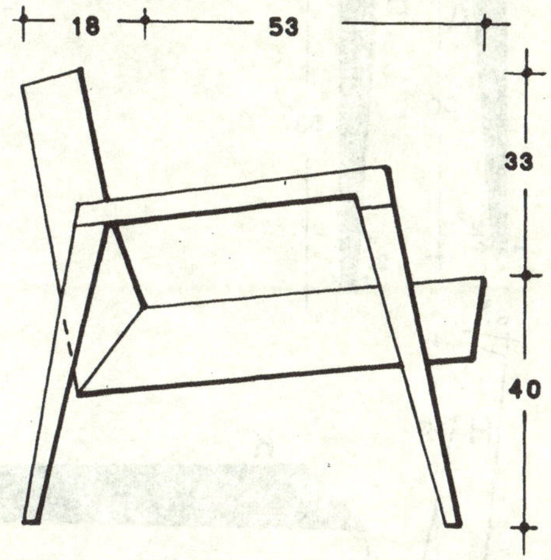

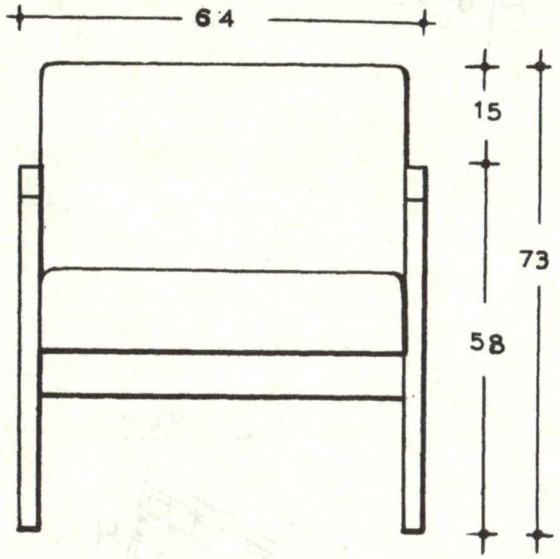

Materiali

PARTI	N.	FUNZIONE	DIMENSIONI IN CENTIMETRI spessore	× larghezza	× lunghezza
A	2	gambe	3,5	5	50
B	2	gambe	3,5	5	53,5
C	2	braccioli	3,5	5	52
D	1	supporto	3	5	57
E	1	traverso	2,5	6	51,5
F	1	traverso	2,5	10	56,5
G	2	traversi	2,5	16	51,5
H	2	fianchi	2,5	10	50
K	2	fianchi	2,5	10	66

m 10 di cinghie di canapa, m 4 di molle a zig-zag, 20 piccole molle per supporto, un pezzo di gommapiuma di spessore 3 cm, di misura 110 × 60, m 2,00 stoffa per imbottitura.

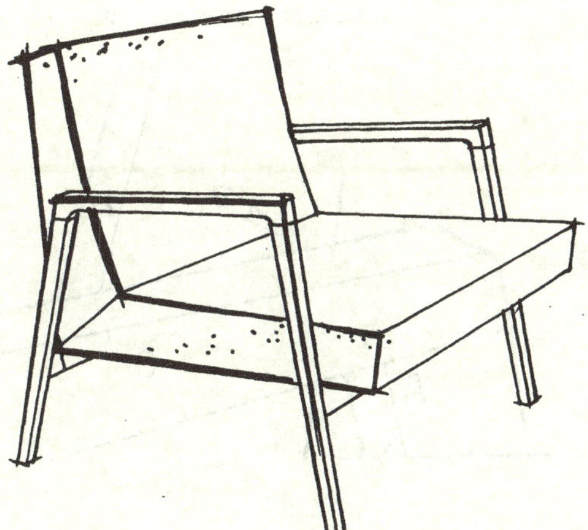

Istruzioni per l'esecuzione

1. Unire le gambe (A) e le gambe (B) con i braccioli (C).
2. Unire il supporto (D) con le gambe (B).
3. Rifinitura e lucidatura.
4. Unire i fianchi (H) con i traversi (E) e (G).
5. Unire i traversi (F) e (G) con i fianchi (K).
6. Applicare le cinghie allo schienale e le molle al sedile.
7. Applicare l'imbottitura.
8. Fissare i traversi (G) fra loro.
9. Fissare la parte imbottita al telaio della poltrona.

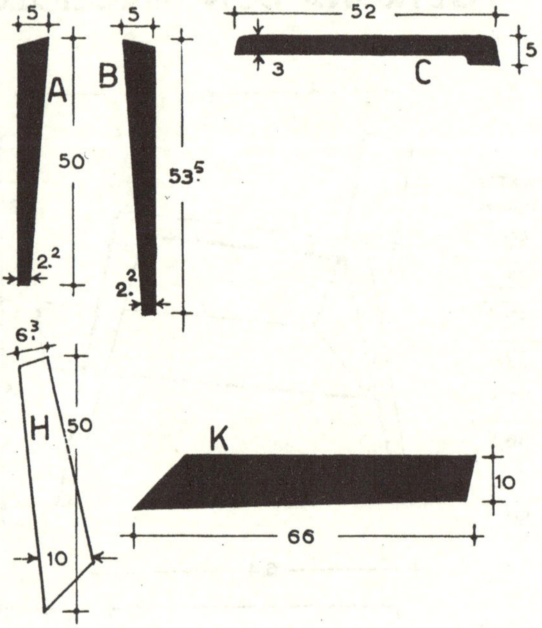

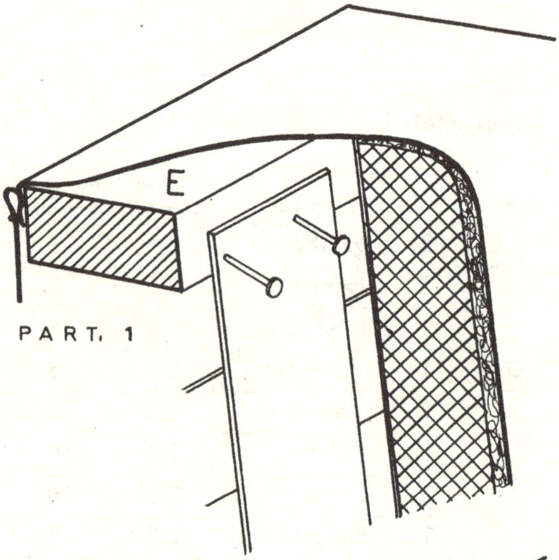

PART. 1

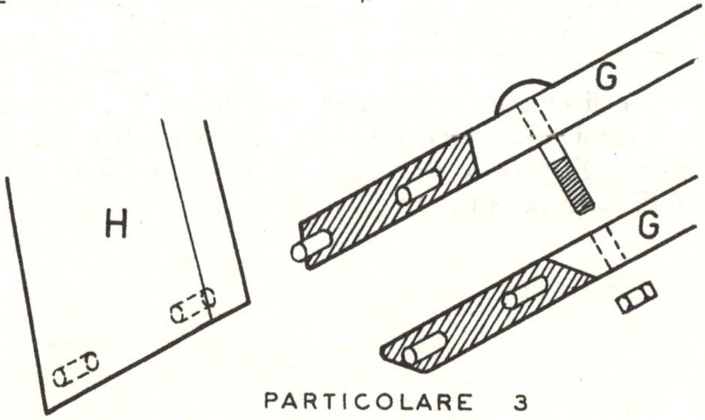

PARTICOLARE 3

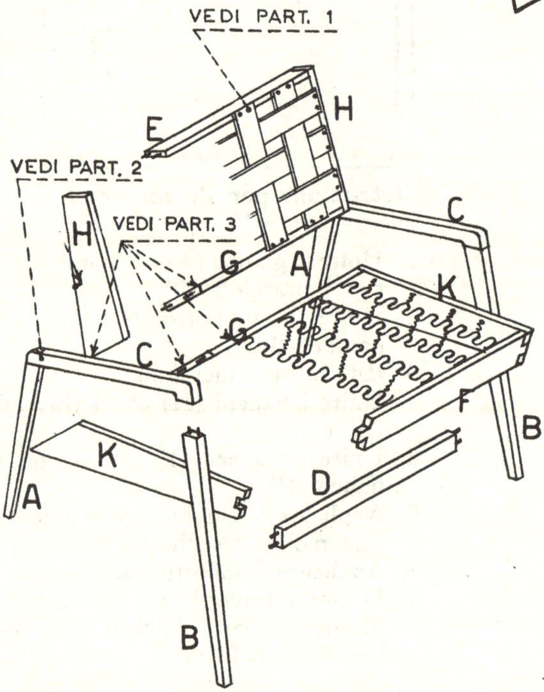

PARTICOLARE 2

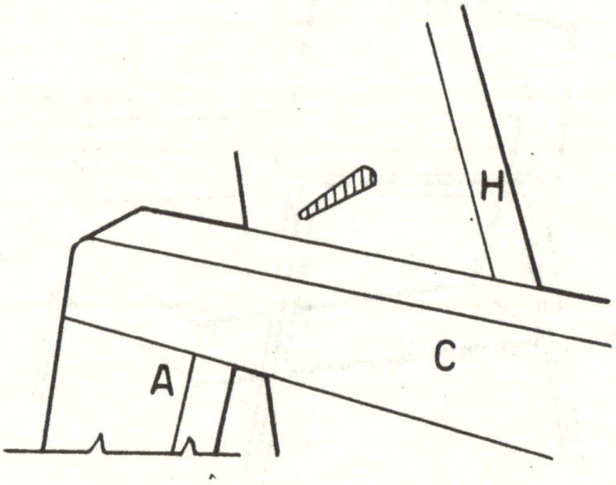

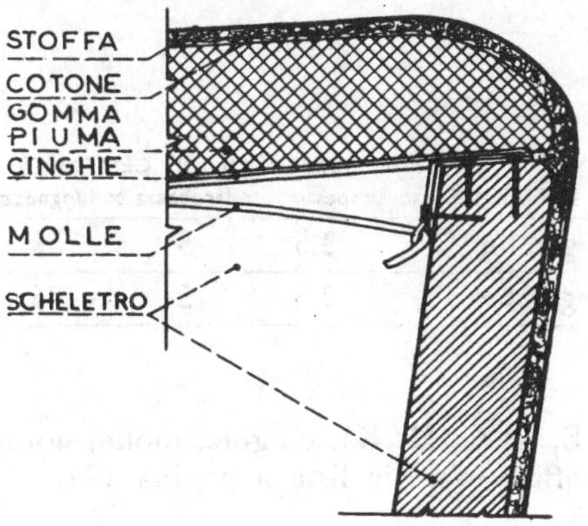

DIVANO E DIVANETTO CON BRACCIOLI

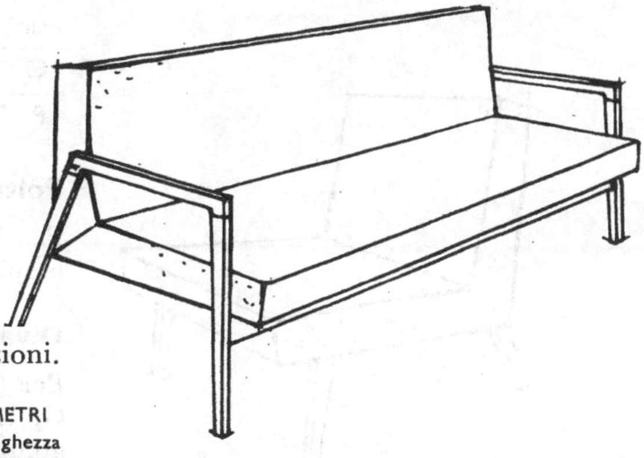

Usare la lista a pagina 177, con le seguenti variazioni.

PARTI	N.	FUNZIONE	DIMENSIONI IN CENTIMETRI spessore × larghezza × lunghezza		
Divano					
D	1	supporto	3,5	6	183,5
E	1	traverso	2,5	6	178
F	1	traverso	2,5	10	183
G	2	traverso	2,5	16	178
L	2	supporti	2,5	10	61
M	2	montanti	2,5	7,5	51
Divanetto					
D	1	supporto	3,5	6	122,5
E	1	traverso	2,5	6	117
F	1	traverso	2,5	10	122
G	2	traversi	2,5	16	117
L	1	supporto	2,5	10	61
M	1	montante	2,5	7,5	51

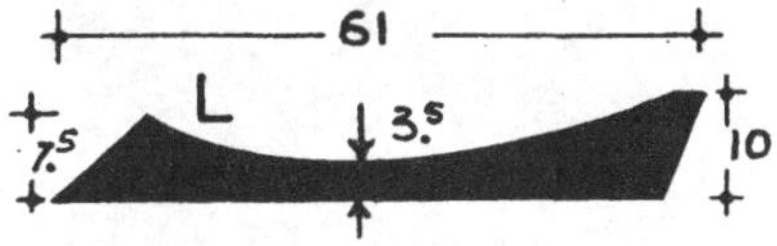

Materiale da usarsi per l'imbottitura del divano

18 m di cinghie di canapa, 10 m di molla a zig-zag, 30 piccole molle per supporto, un pezzo di gommapiuma, spessore 3 cm, di misura 110 × 185, 5,5 m di stoffa per imbottitura.

Materiale da usarsi per l'imbottitura del divanetto

12 m di cinghie di canapa, 7 m di molle a zig-zag, 25 piccole molle per supporto, un pezzo di gommapiuma, spessore 3 cm, di misura 110 × 125, 4 m di stoffa per imbottitura.

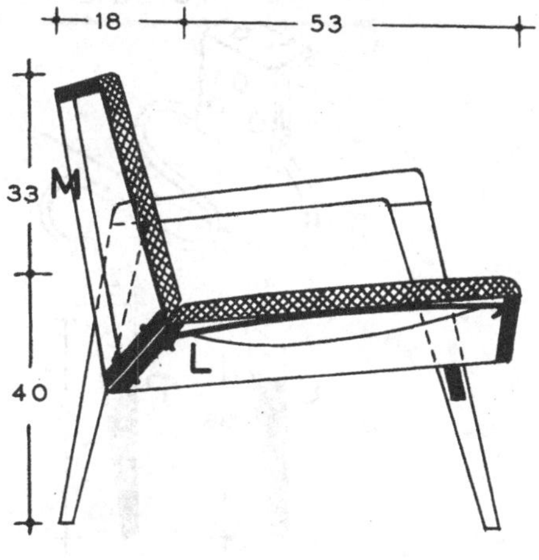

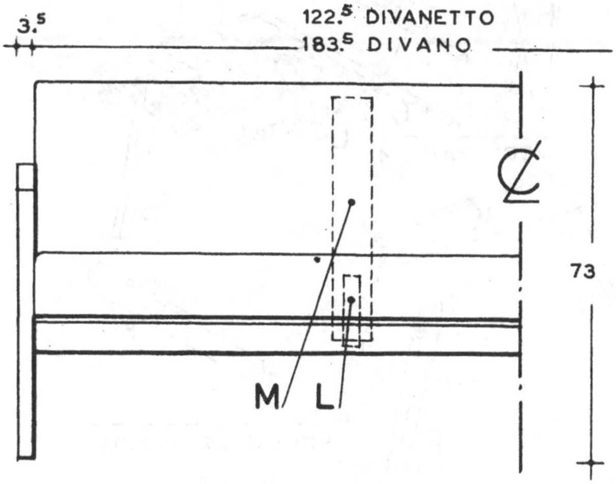

POLTRONA, DIVANETTO E DIVANO SENZA BRACCIOLI

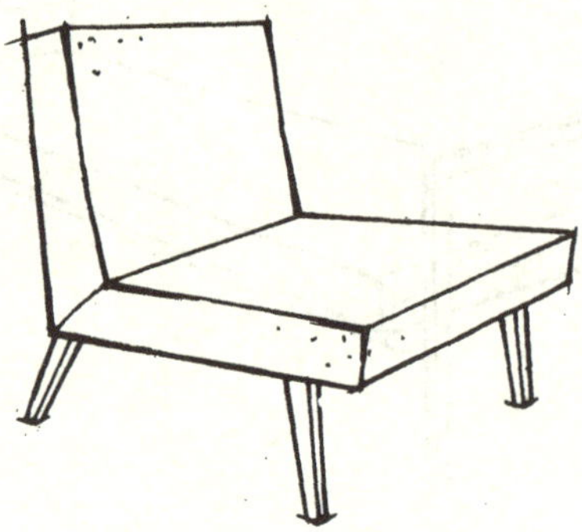

PARTI	N.	FUNZIONE	DIMENSIONI IN CENTIMETRI spessore × larghezza × lunghezza		
O	2	gambe	3,5	5	36
P	2	gambe	3,5	5	36

Poltrona

Per le parti (E, F, G, H, K), cinghie, molle, gommapiuma e stoffa vedere la lista a pagina 177.

Divanetto

Per (H) e (K) usare la lista a pag. 177. Per (E, F, G, L e M), come per le cinghie di canapa, molle, gommapiuma e stoffa, vedere la lista per divanetto a pag. 179. Per (O) e (P) vedere la lista sopra indicata per la poltroncina senza braccioli.

1. Unire i fianchi (H) con (E) e (G).
2. Unire i fianchi (K) con i traversi (G) e il traverso (F).
3. Fissare le cinghie sullo schienale e le molle a zigzag sul sedile, completare con l'imbottitura.
4. Fissare i traversi (G) e (G) tra loro.
5. Lucidatura delle gambe (O) e (P).
6. Fissare le gambe (O) e (P), ai fianchi (K).

Divano

Per (H) e (K) vedere lista della poltrona a pag. 177. Per (E, F, G, L, M), come per le cinghie di canapa, molle, gommapiuma e stoffa vedere lista per il divano a pag. 179. Per (O) e (P) vedere lista sopra indicata per poltrona senza braccioli.

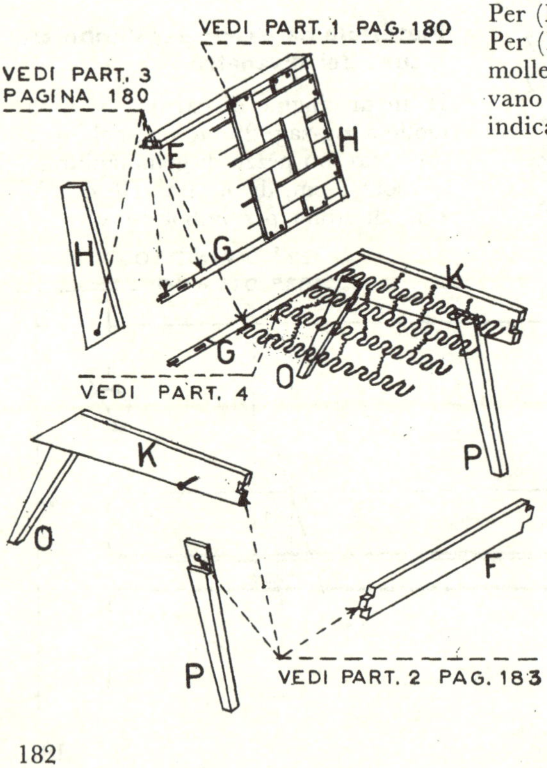

PART. 4 — FISSAGGIO DELLE MOLLE

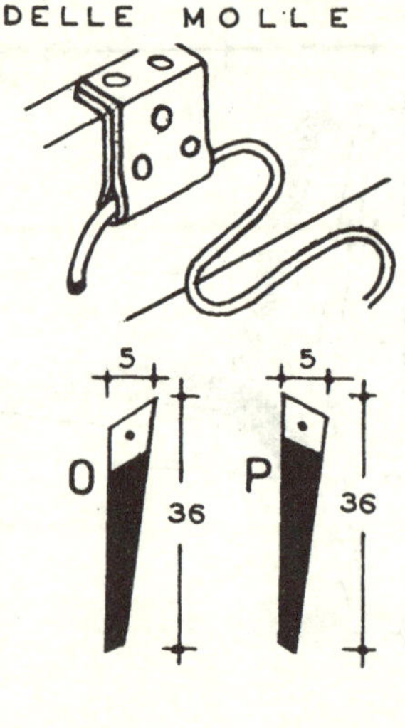

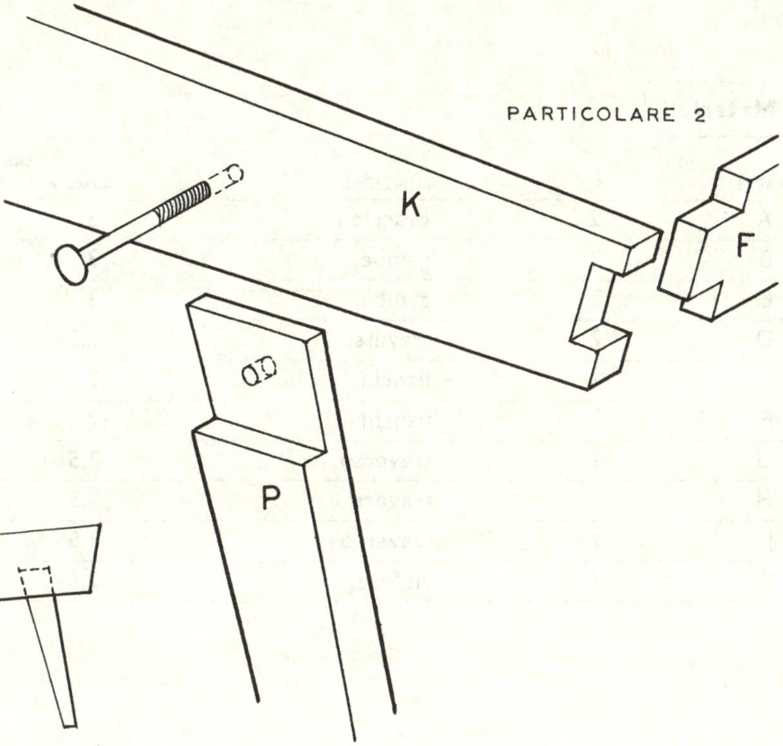
PARTICOLARE 2
K
F
P

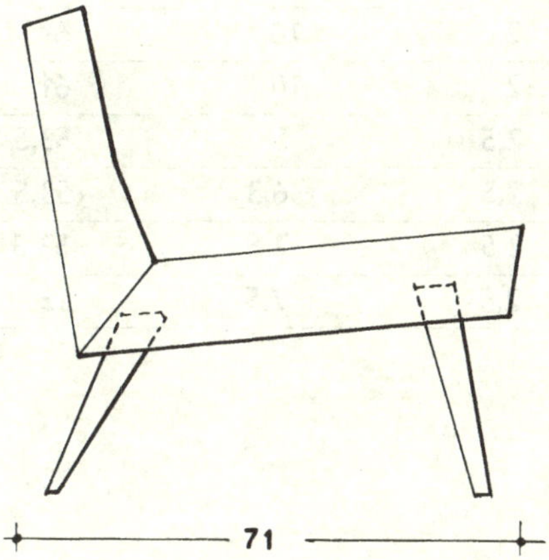
71

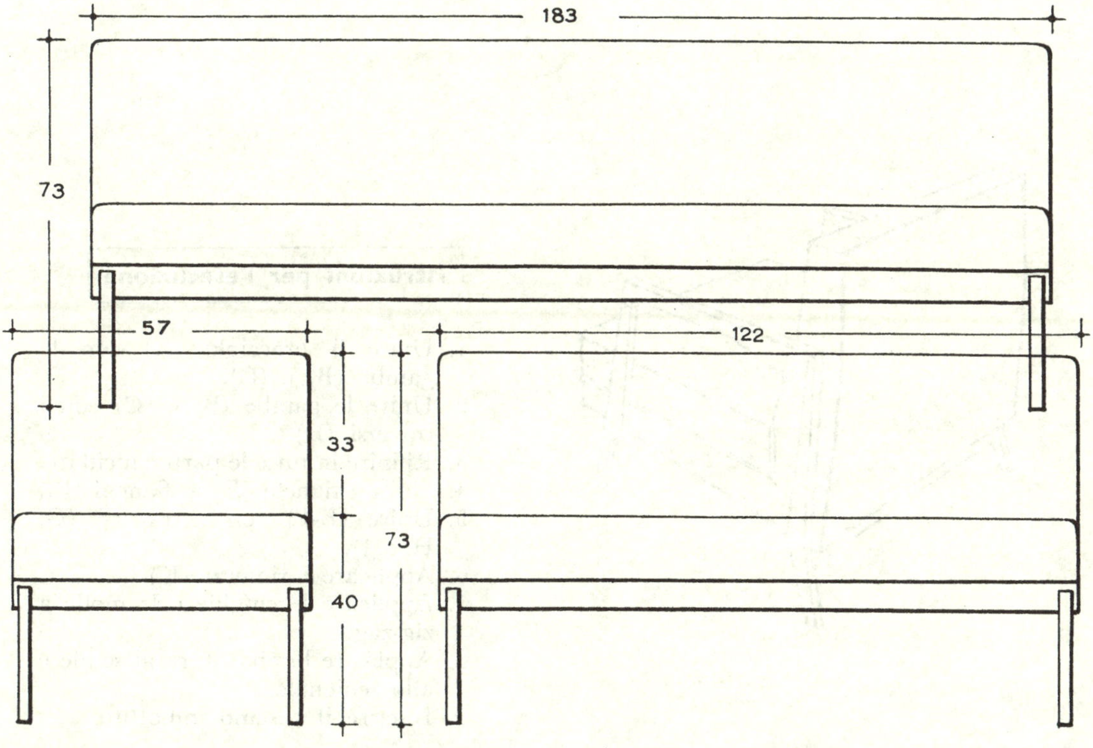
183
73
57
122
33
73
40

POLTRONA CON CUSCINO MOBILE

Materiali

PARTI	N.	FUNZIONE	DIMENSIONI IN CENTIMETRI spessore	× larghezza	× lunghezza
A	2	braccioli	3	10	52
B	2	gambe	3	11	56
C	2	gambe	3	5	55
D	2	traversi	2,5	5	58
E	2	fianchi	2	10	64
F	2	fianchi	2	10	61
G	1	traverso	2,5	5	53,5
H	2	traversi	2,5	6,3	53,5
J	1	traverso	2,5	7,5	53,5
K	2	rinforzi	2,5	7,5	13

Istruzioni per l'esecuzione

1. Unire il bracciolo (A) con le gambe (B) e (C).
2. Unire le gambe (B) e (C) con i traversi (D).
3. Rifinire in tutte le parti e lucidare.
4. Unire i fianchi (E) ai fianchi (F).
5. Unire (E-F) con i traversi (G, H e J).
6. Applicare i rinforzi (K).
7. Applicare le cinghie e le molle a zig-zag.
8. Applicare l'imbottitura al sedile e allo schienale.
9. Inserire il cuscino imbottito.

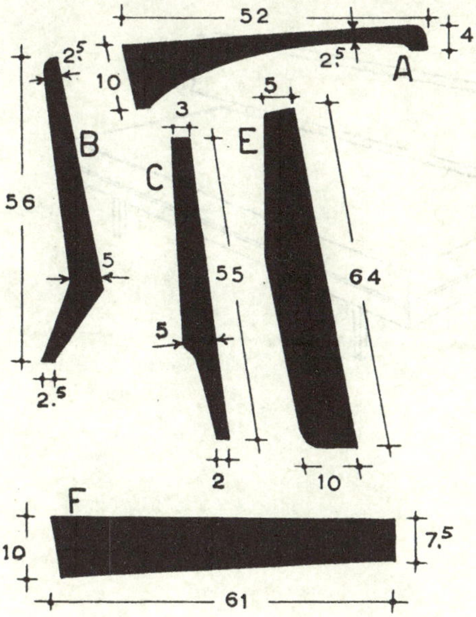
52
4
2.5
10
2.5
A
5
3
B
E
C
56
55
64
5
5
2.5
2
10
F
10
7.5
61

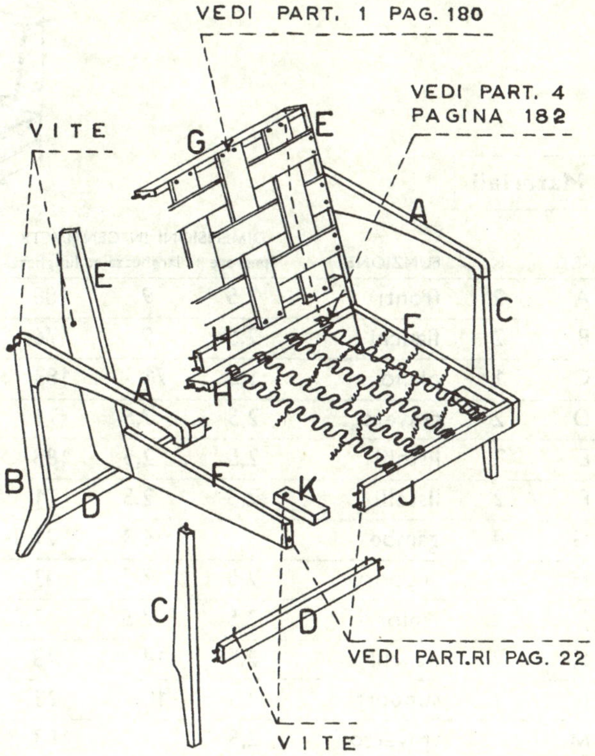
VEDI PART. 1 PAG. 180
VEDI PART. 4
PAGINA 182
VITE
G
E
A
C
E
F
H
H
A
B
D
F
K
J
C
D
VEDI PART.RI PAG. 22
VITE

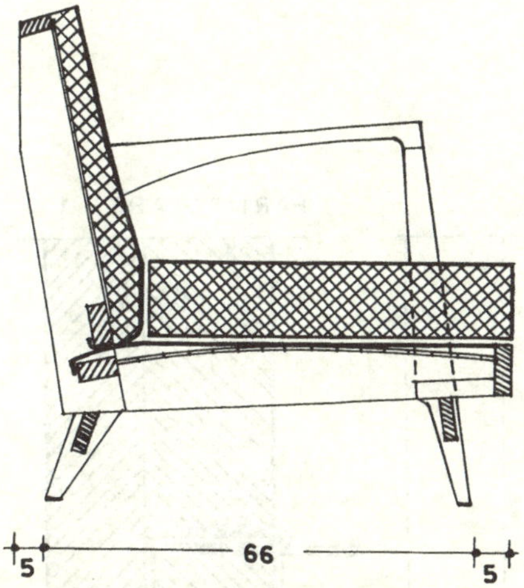
5
66
5

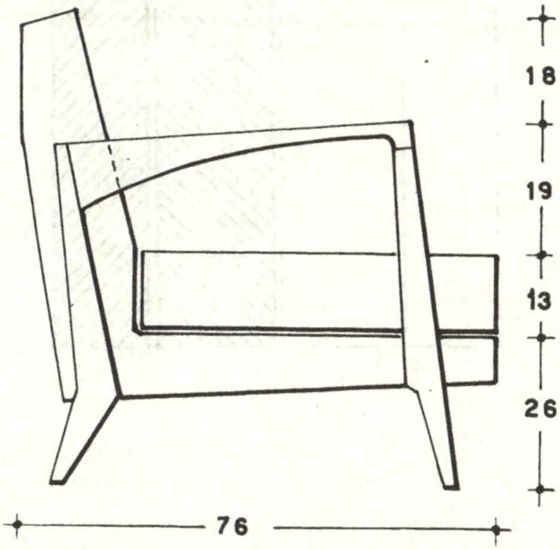
18
19
13
26
76

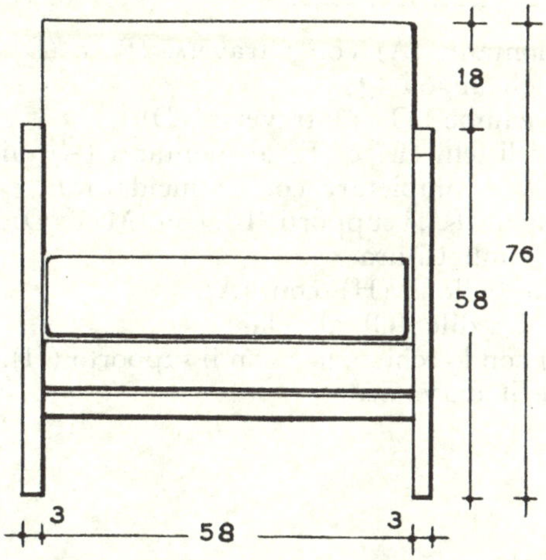
18
76
58
3
58
3

DIVANO LETTO

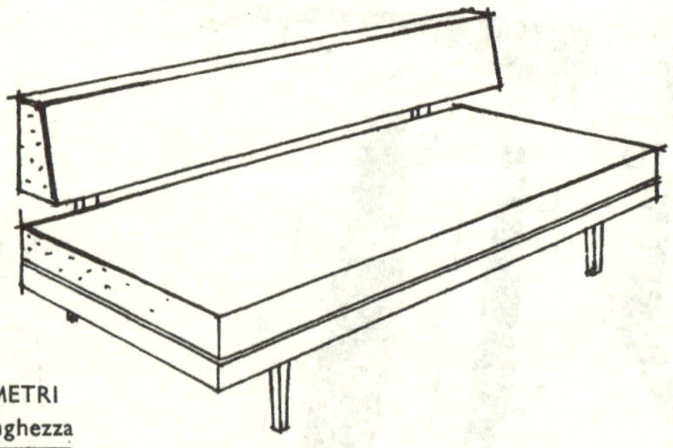

Materiali

PARTI	N.	FUNZIONE	DIMENSIONI IN CENTIMETRI spessore ×	larghezza ×	lunghezza
A	2	fronti	2,5	9	188
B	2	fianchi	2,5	9	76
C	1	piano	1,3	71	183
D	2	traversi	2,5	7,5	71
E	2	listelli	2,5	2,5	188
F	2	listelli	2,5	2,5	71
G	4	gambe	3	6,3	21,5
H	2	supporti	2,5	7,5	43
J	2	rinforzi	2,5	7,5	7,5
K	2	fianchi	2,5	14	28
L	2	supporti	2,5	10	28
M	1	traverso	2,5	9	183
O	1	traverso	2,5	14	183
P	2	supporti	2,5	7,5	12,5
R	1	gommapiuma	3	30	188
S	1	materasso	12	76	188

PARTICOLARE 1

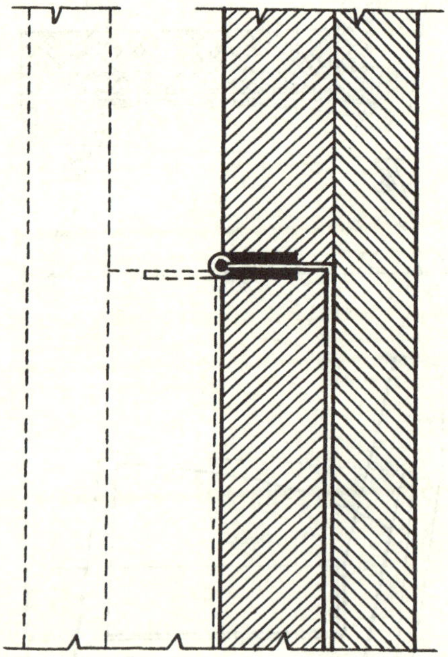

Istruzioni per l'esecuzione

1. Unire i montanti (A) con i traversi (B) e (D).
2. Applicare gli angoli (J).
3. Fissare le gambe (G) al traverso (D).
4. Applicare i listelli (E) e (F) ai montanti (A), ai traversi (B) e completare con la lucidatura.
5. Unire i fianchi (K), i supporti (L), con (M) e (O).
6. Applicare l'imbottitura.
7. Fissare con bulloni (H) con (A).
8. Applicare il sedile (C) al telaio.
9. Fissare (P) con lo schienale e con il supporto (H).
10. Applicare il materasso.

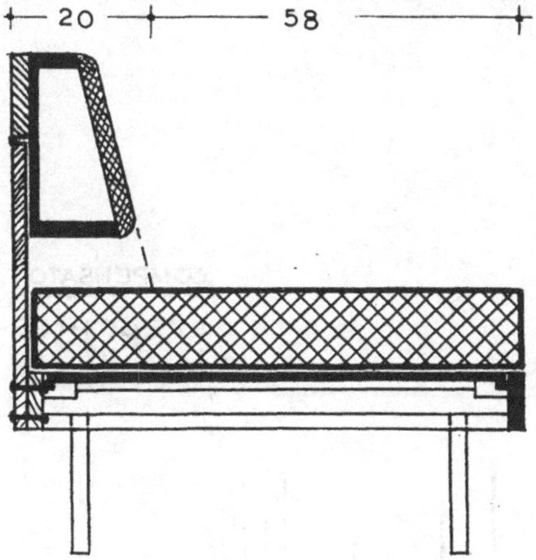

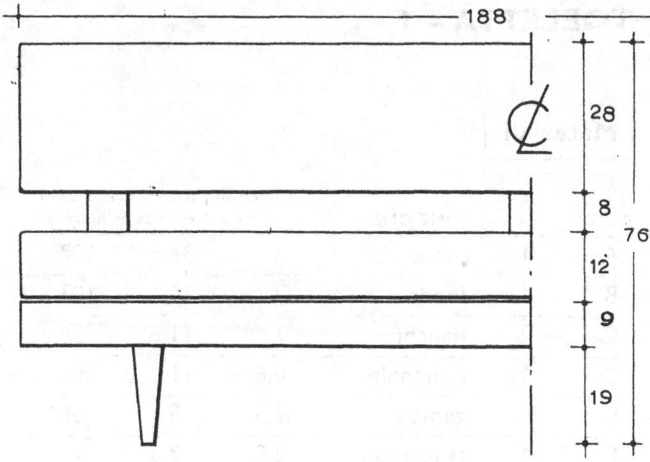

APERTO PER LETTO

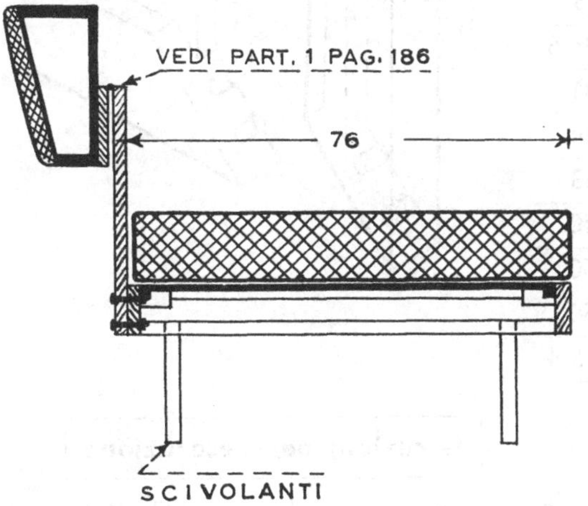

PARTICOLARE 2

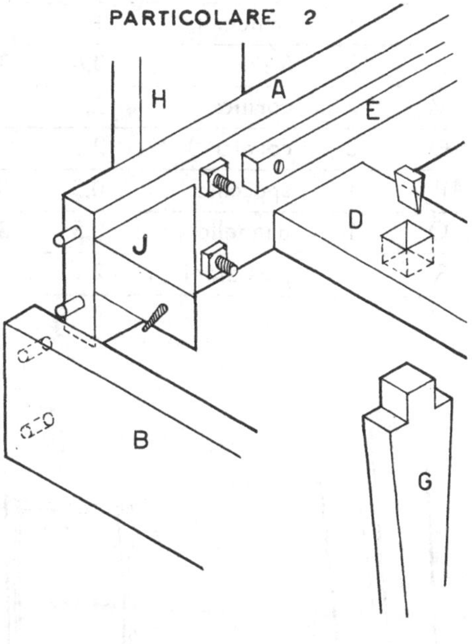

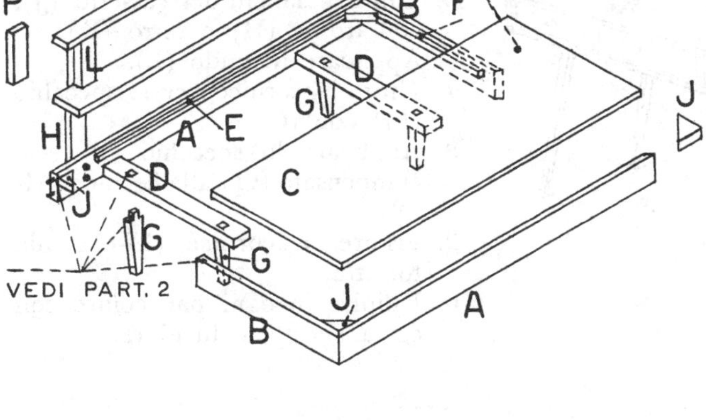

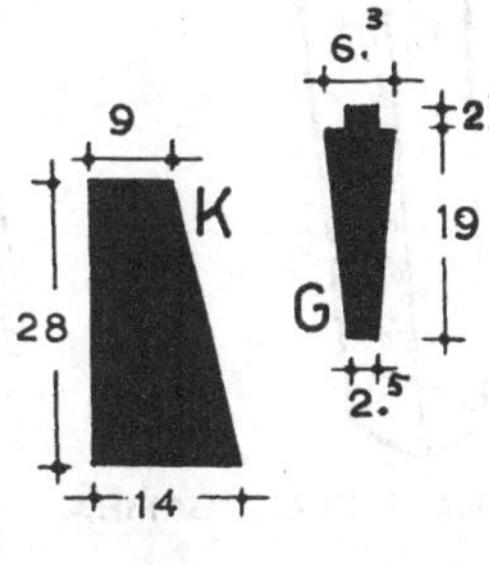

TOELETTA - 1

Materiali

PARTI	N.	FUNZIONE	DIMENSIONI IN CENTIMETRI spessore	× larghezza	× lunghezza
A	1	piano	2	36	107
B	1	fondo	2	36	103
C	2	fianchi	2	11	36
D	1	schienale	0,6	11	105
E	4	gambe	2,5	5	58
F	1	traverso	2,5	7,5	71
G	2	traversi	2,5	7,5	25
H	3	fronti cassetti	2	9	33
J	6	fianchi	1	9	34,5
K	3	schienali	1	8	31
L	3	fondi	0,6	32	34
M	2	cornici	2,5	4	53
O	2	cornici	2,5	4	40
P	1	specchio	0,5	37	50
Q	1	pannello	0,5	37	50
R	2	partizioni	2	9	35,4

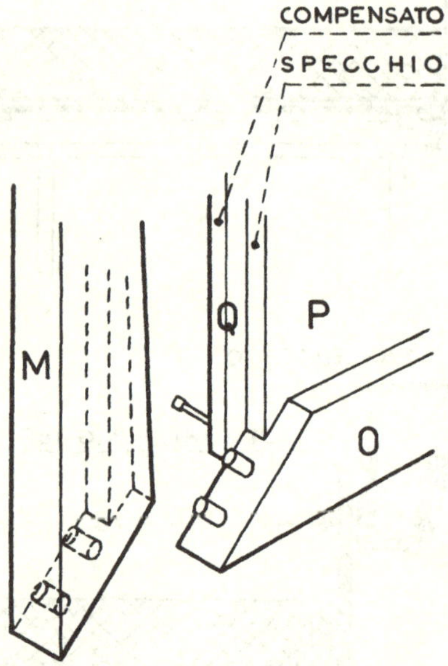

Istruzioni per l'esecuzione

1. Unire il coperchio (A), il fondo (B), con i fianchi (C), la divisione (R), e lo schienale (D).
2. Fissare le gambe (E) con i traversi (G).
3. Fissare il traverso (F) con i traversi (G).
4. Fissare le gambe (E) con il fondo (B).
5. Unire i fianchi del cassetto (J). con fronte (H) e retro (K).
6. Applicare il fondo (L).
7. Unire la cornice per lo specchio (M) con (O).
8. Applicare lo specchio (P) e il compensato (Q) alla cornice (M-O).
9. Fissare la cornice (M-O) alla toeletta.
10. Rifinire in ogni particolare con carta vetrata e lucidare.

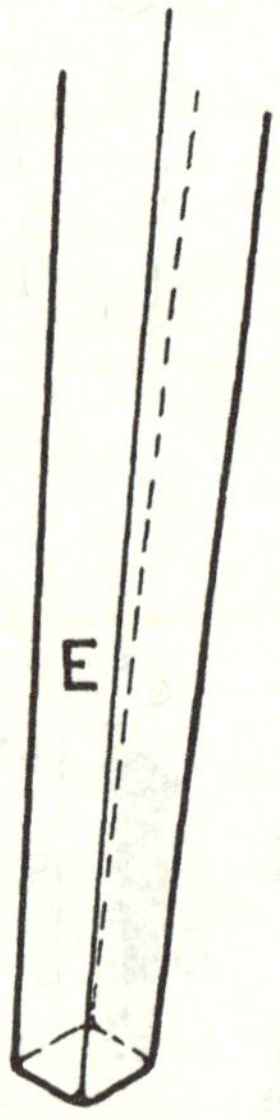

FINALE DELLA GAMBA

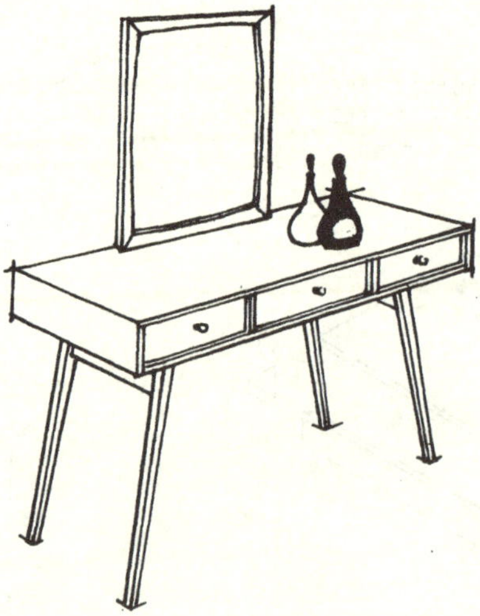

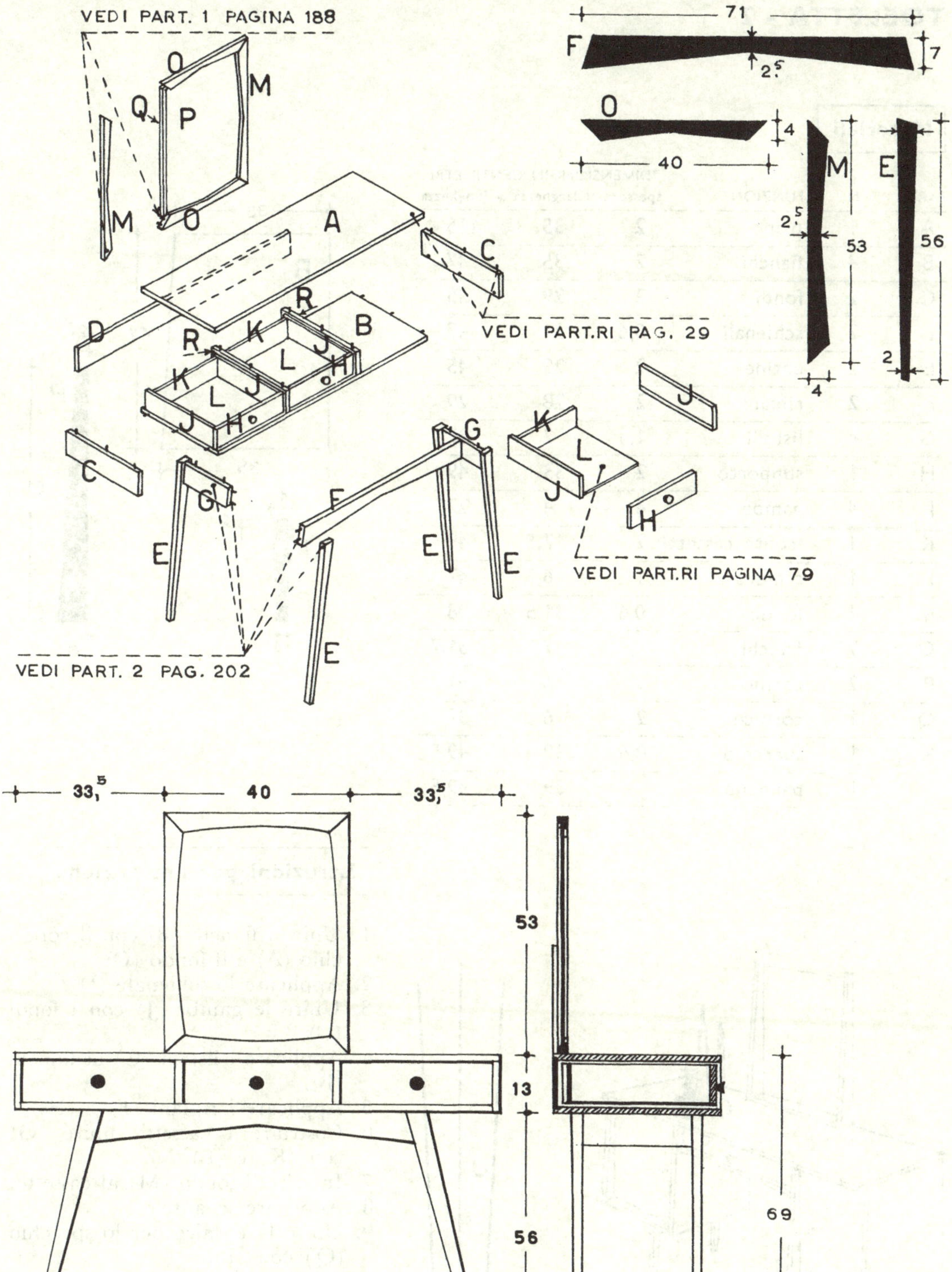
VEDI PART. 1 PAGINA 188
O
M
Q
P
M
O
A
C
VEDI PART.RI PAG. 29
D
R
K
B
R
J
L
H
K
J
L
H
J
C
G
G
F
E
E
E
K
L
J
J
H
VEDI PART.RI PAGINA 79
E
VEDI PART. 2 PAG. 202
71
F
7
2,5
O
4
40
M
E
2,5
53
56
2
4
33,5
40
33,5
53
13
56
69
4
99
4
36

TOELETTA - 2

Materiali

PARTI	N.	FUNZIONE	DIMENSIONI IN CENTIMETRI spessore	× larghezza	× lunghezza
A	1	piano	2	35	115
B	4	fianchi	2	35	47
C	2	fondi	2	29	35
D	2	schienali	0,6	31	47
E	2	antine	2	29	45
F	2	ripiani	2	28	29
G	4	listelli	1,3	2	27
H	1	supporto	2	33	49
J	4	gambe	4	4	22
K	1	fronte cassetti	2	7,5	49
L	1	schienale	1	6,5	47
M	1	fondo	0,6	31,5	48
O	2	fianchi	1	7,5	31,7
P	2	cornici	2	6	51
Q	1	cornice	2	6	37
R	1	specchio	0,6	39	49,5
S	1	pannello		39	49,5

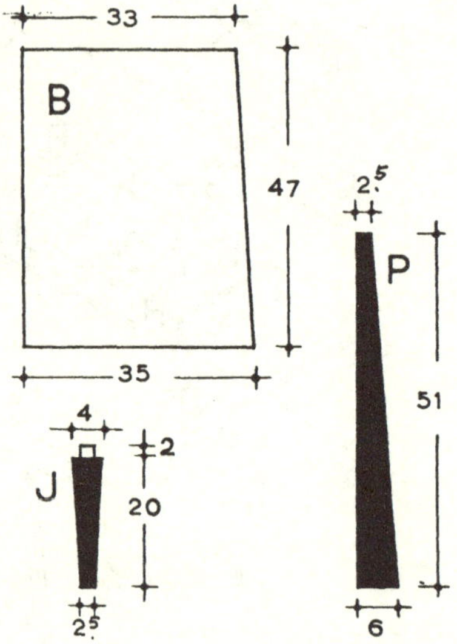

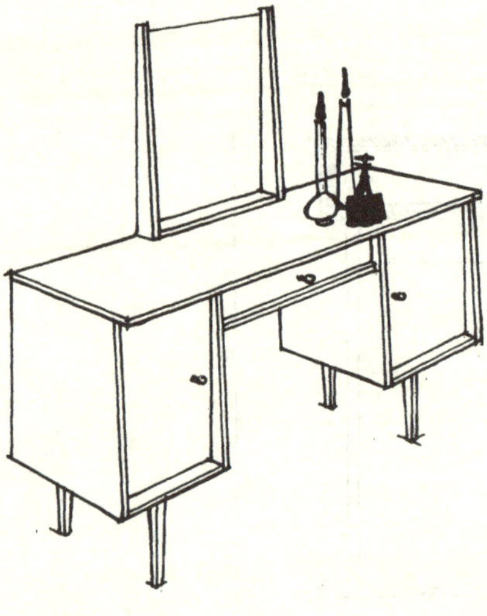

FINALE
DELLA GAMBA

Istruzioni per l'esecuzione

1. Unire i fianchi (B) con il coperchio (A) e il fondo (C).
2. Applicare lo schienale (D).
3. Unire le gambe (J) con i fondi (C).
4. Applicare i listelli (G) ai fianchi (B).
5. Applicare i ripiani (F) e (H).
6. Costruire i cassetti, unire (O) con (K) e (L).
7. Inserire il fondo (M) al cassetto.
8. Applicare le ante.
9. Unire la cornice per lo specchio (Q) con (P).
10. Applicare lo specchio (R) e il supporto (S).
11. Fissare la cornice (P-Q) con la toeletta.
12. Rifinire in ogni particolare e lucidare.

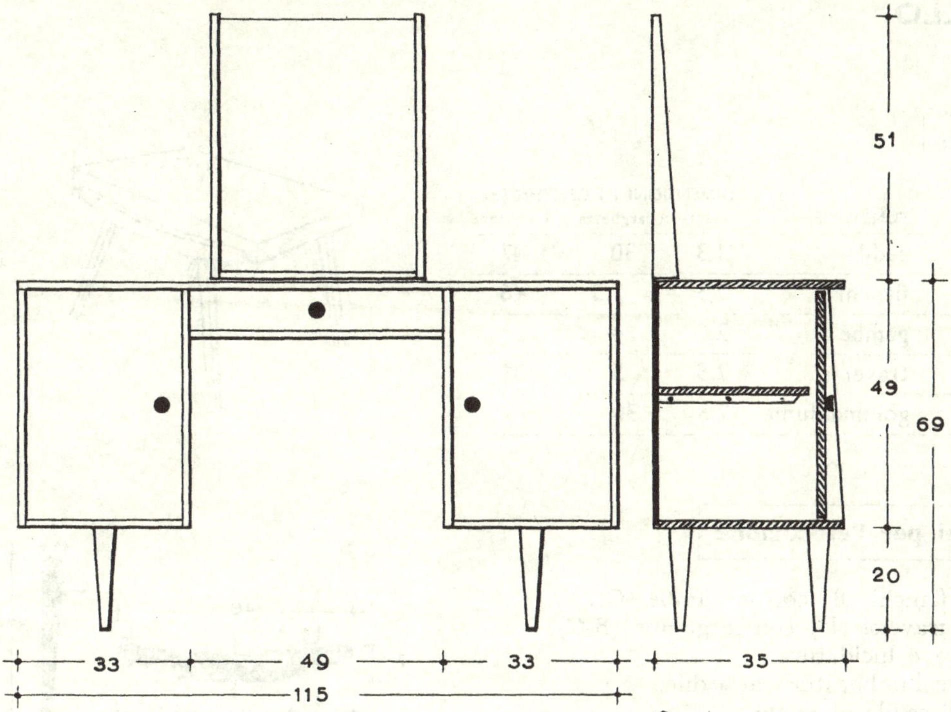
51
49
69
20
33
49
33
35
115

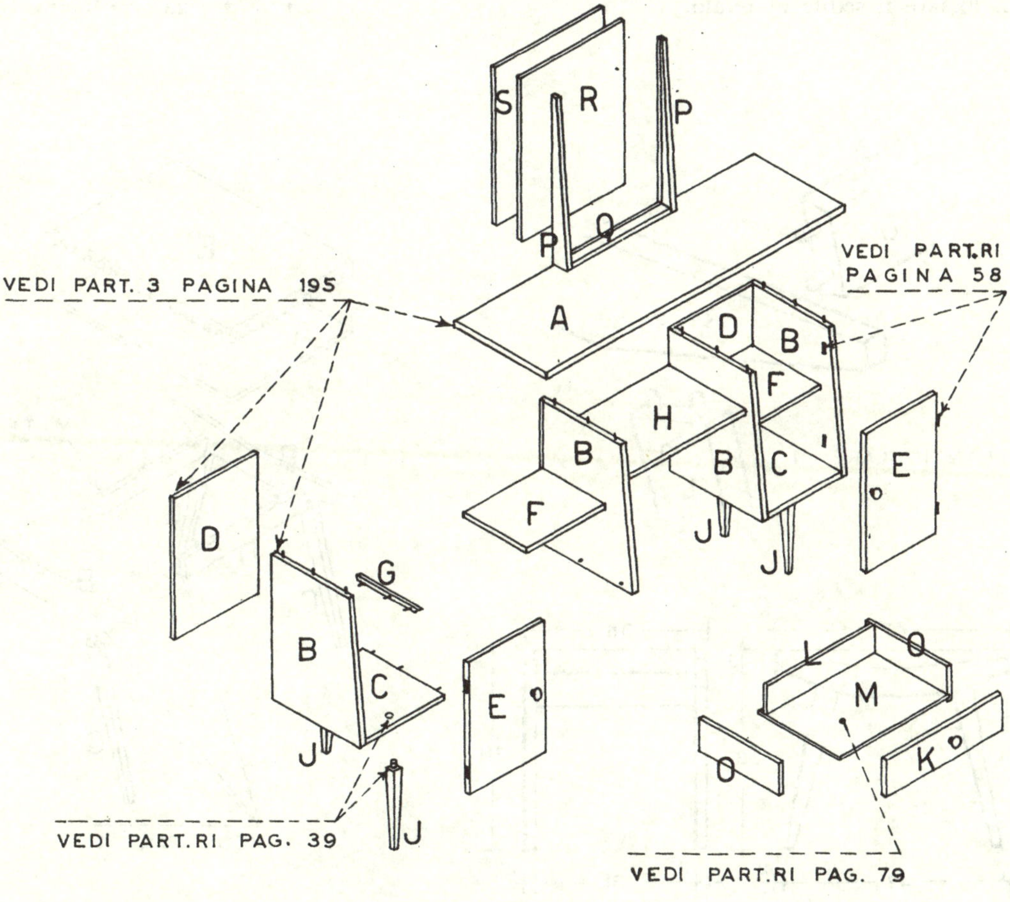
S
R
P
P
Q
A
VEDI PART. 3 PAGINA 195
VEDI PART.RI PAGINA 58
D
B
F
H
B
B
C
E
F
J
J
D
G
B
C
E
J
J
L
O
M
O
K
VEDI PART.RI PAG. 39
VEDI PART.RI PAG. 79

SGABELLO

Materiali

PARTI	N.	FUNZIONE	DIMENSIONI IN CENTIMETRI spessore × larghezza × lunghezza		
A	1	sedile	1,3	30	47
B	2	fianchi	2,5	7,5	46
C	4	gambe	2,5	4	3
D	2	traversi	2,5	5	31
E	1	gommapiuma	2,5	30	47

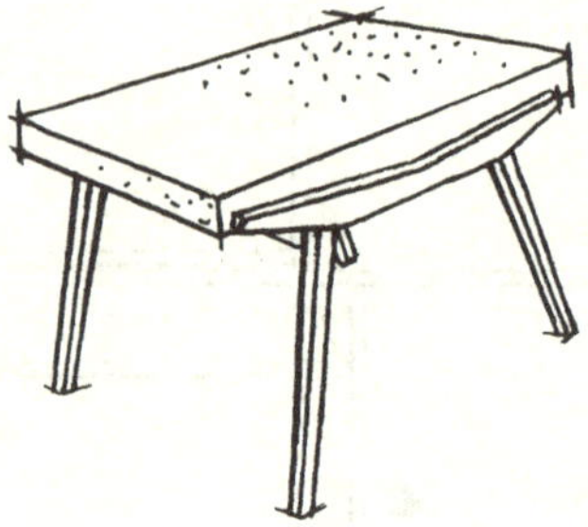

Istruzioni per l'esecuzione

1. Unire i fianchi (B) con le gambe (C).
2. Unire i traversi (D) con le gambe (B-C).
3. Rifinitura e lucidatura.
4. Applicare l'imbottitura al sedile.
5. Fissare il sedile al telaio.

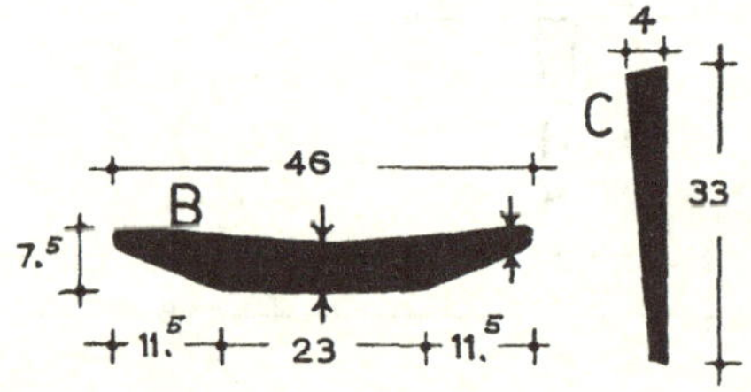

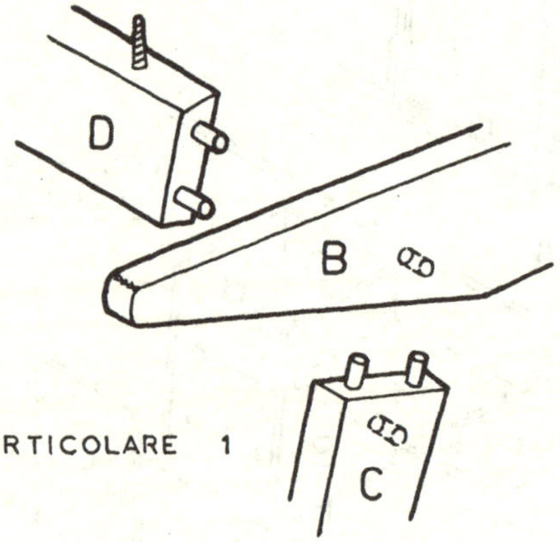

PARTICOLARE 1

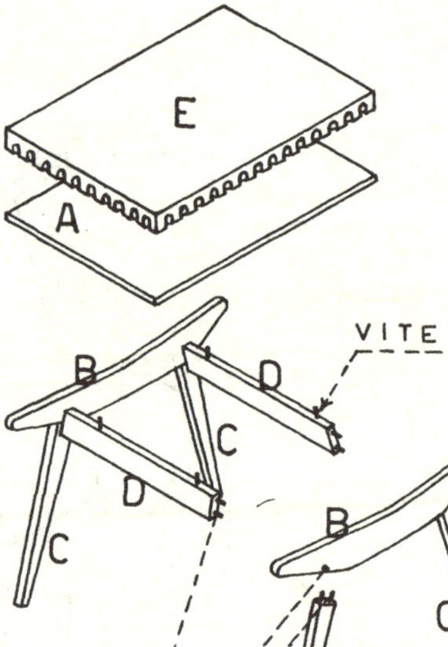

VEDI PART. 1

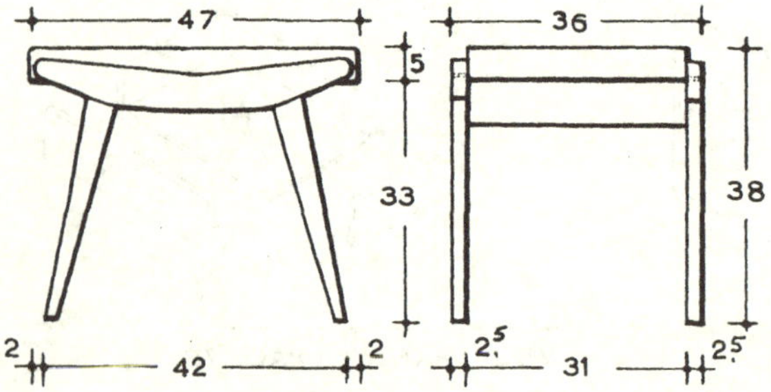

ARMADIO GUARDAROBA

Materiali

PARTI	N.	FUNZIONE	DIMENSIONI IN CENTIMETRI spessore	× larghezza	× lunghezza
A	4	piani	2	56	60
B	4	fianchi	2	60	180
C	2	schienali	0,6	59	169
D	2	antine	2	56	166
E	4	ripiani	2	56	56
F	2	zoccoli	2	10	56
G	8	listelli	2	2	54
H	1	cilindro	2,5 (diam.)		56
J	2	piani	2	38	86
K	2	ripiani	2	37,4	86
L	2	fianchi	2	38	120
M	1	schienale	0,6	89	119
O	2	antine	2	43	45

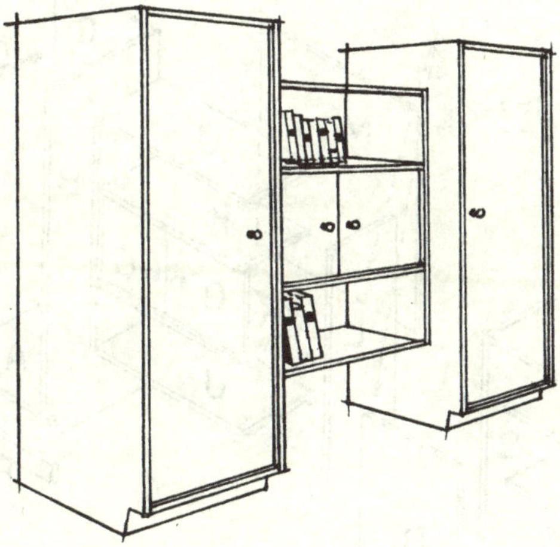

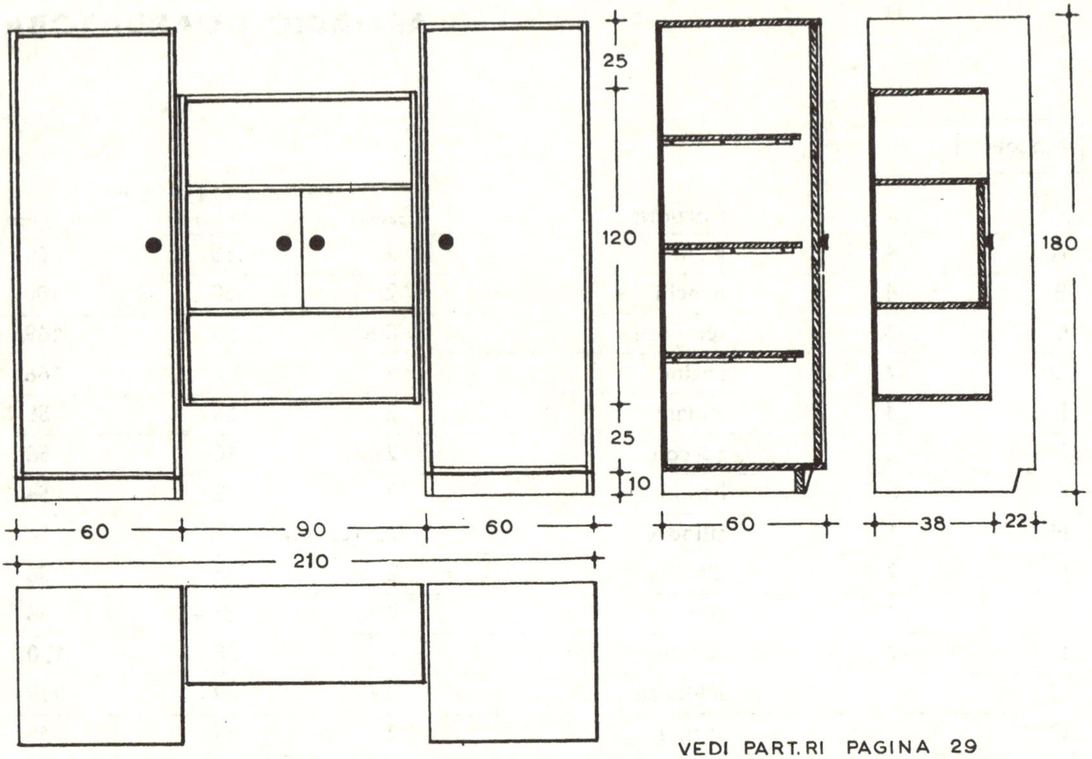
25
120
25
10
180
60
90
60
210
60
38
22

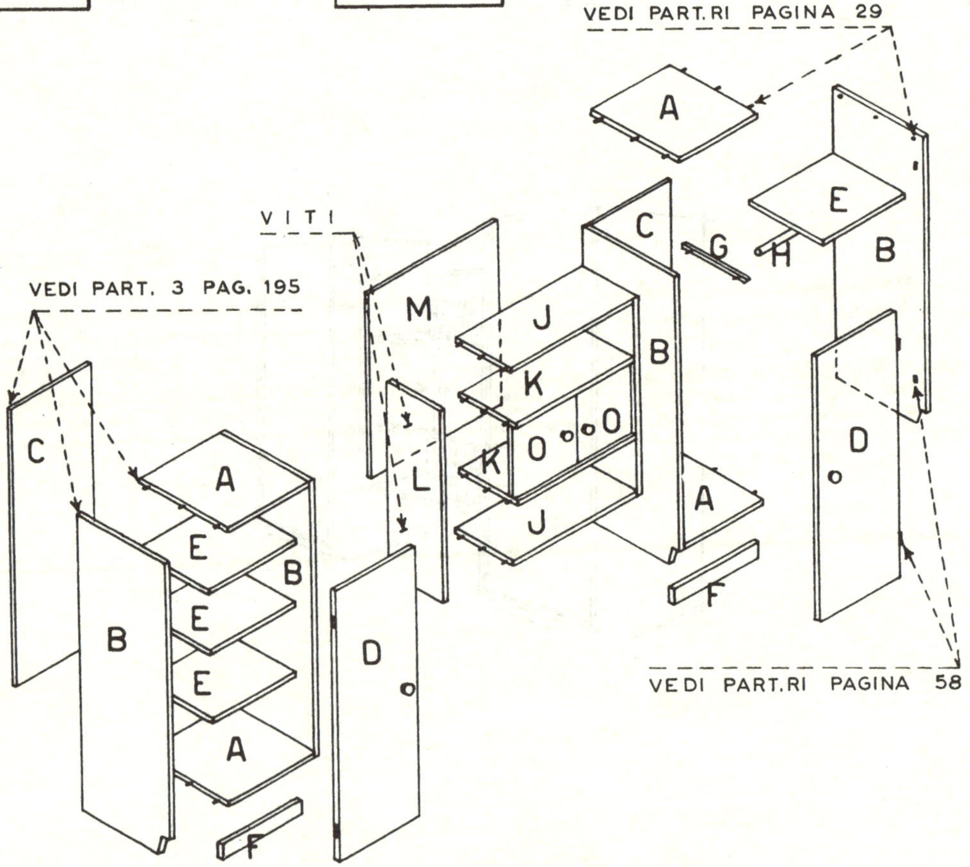
VEDI PART.RI PAGINA 29
VITI
VEDI PART. 3 PAG. 195
VEDI PART.RI PAGINA 58
A
E
B
C
G
H
M
J
K
O
L
D
F

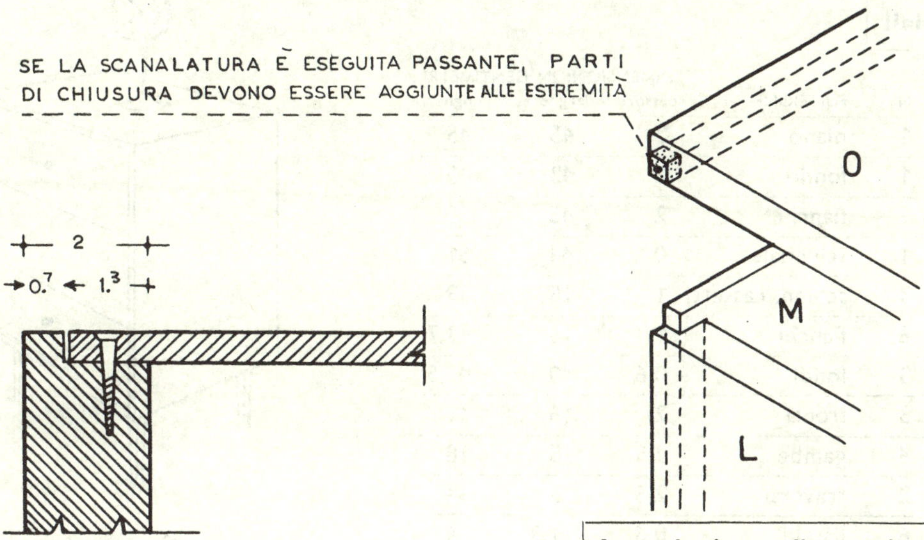

Istruzioni per l'esecuzione

1. Unire (A) con i fianchi (B).
2. Applicare gli schienali (C).
3. Applicare le ante (D).
4. Fissare il supporto per i vestiti (H).
5. Unire i fianchi (L) con (J) e (K).
6. Applicare lo schienale (M).
7. Applicare gli zoccoli (F).
8. Applicare le ante (O).
9. Applicare i listelli (G).
10. Rifinitura e lucidatura.
11. Fissare i fianchi (L) con i fianchi (B).
12. Inserire i ripiani (E).

Variazione: Libreria

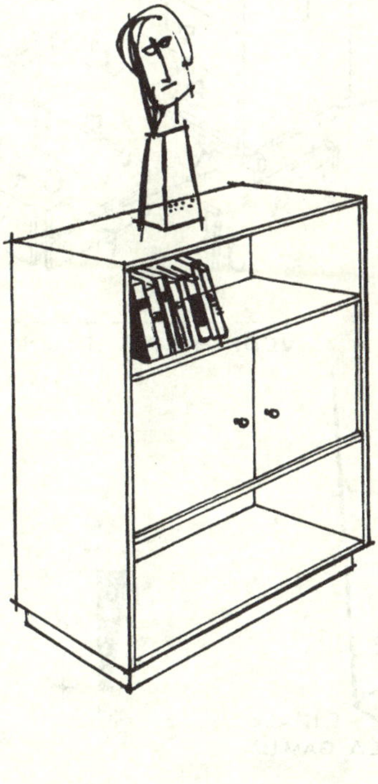

Con l'aggiunta dello zoccolo come illustrato a sinistra, la parte centrale del guardaroba può essere usata come libreria.

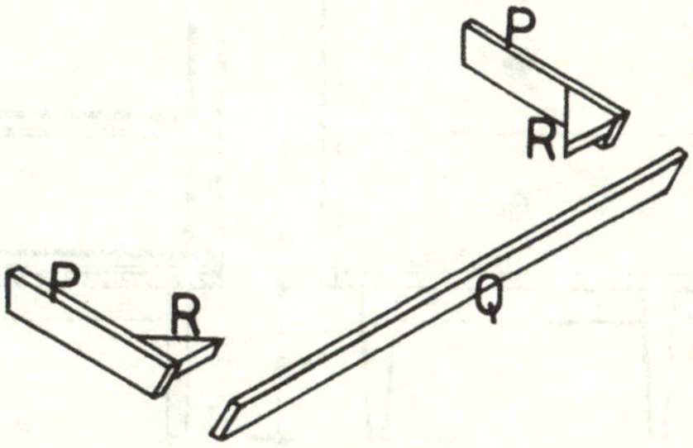

CASSETTONE - 1

Materiali

PARTI	N.	FUNZIONE	DIMENSIONI IN CENTIMETRI spessore	× larghezza	× lunghezza
A	1	piano	2	45	45
B	1	fondo	2	43	45
C	2	fianchi	2	45	50
D	1	schienale	0,6	44	51
E	3	schien. cassetti	1	15	39
F	6	fianchi	1	16	43,7
G	3	fondi	0,6	40	43,5
H	3	fronti	2	16	41
J	4	gambe	2,5	5	18
K	2	traversi	2,5	5	34
L	6	listelli	0,6	1,3	44

Istruzioni per l'esecuzione

1. Unire il piano (A) e il fondo (B) con i fianchi (C).
2. Applicare lo schienale (D).
3. Applicare i listelli (L) ai fianchi (C).
4. Fissare le gambe (J) ai traversi (K).
5. Unire il traverso (K) con i traversi (K).
6. Fissare (K) con fondo (B).
7. Costruire i cassetti, unire (F) con (E) e (H).
8. Applicare il fondo (G).
9. Rifinire con carta vetrata e lucidare.

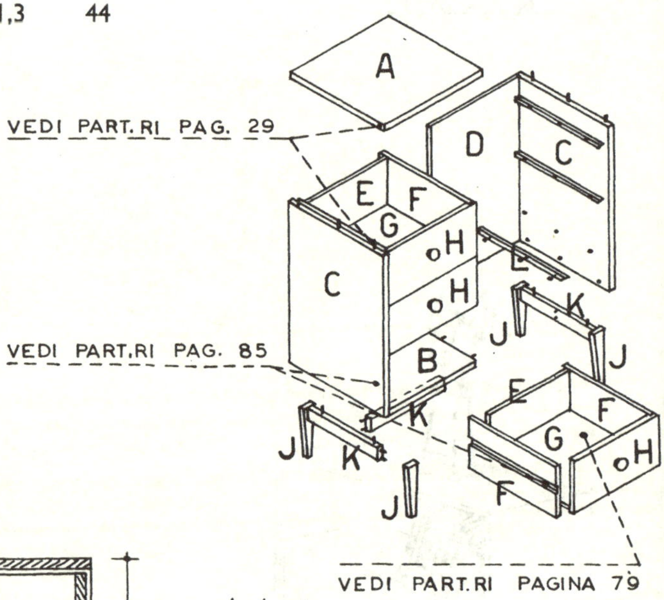

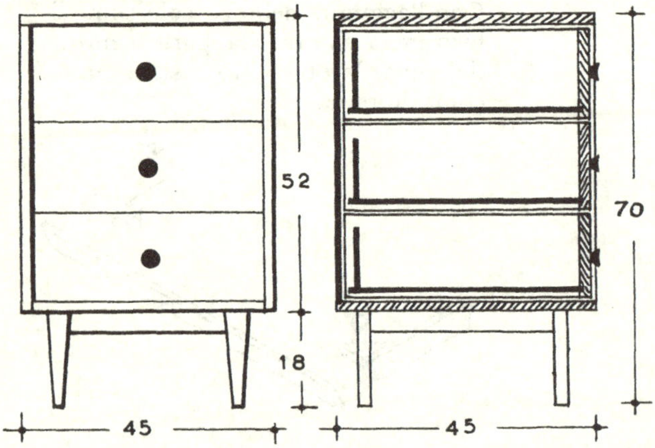

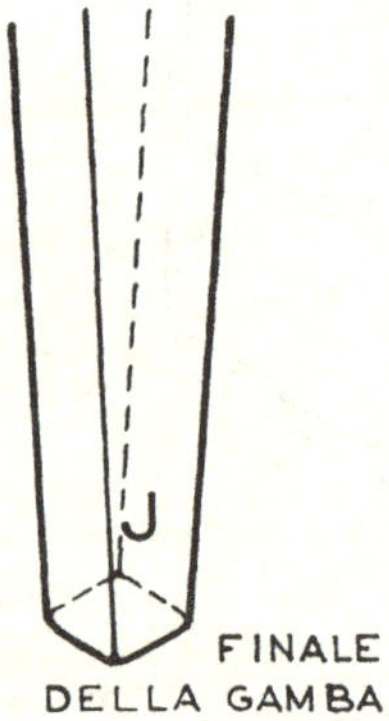

Materiali

PARTI	N.	FUNZIONE	DIMENSIONI IN CENTIMETRI spessore ×	larghezza ×	lunghezza
A	1	piano	2	45	91
B	1	fondo	2	45	87
C	2	fianchi	2	45	60
D	1	schienale	0,6	61	90
E	2	traversi	2	5	87
F	4	listelli	2	2,5	40
G	3	fronti cassetti	2	18	87
H	3	schienali	1	17	85
J	6	fianchi	1	18	43,7
K	3	fondi	0,6	43,5	86
L	4	gambe	2,5	5	20
M	2	traversi	2,5	5	34
O	1	traverso	2,5	5	64

Istruzioni per l'esecuzione

1. Unire il piano (A) e i traversi (E) al fondo (B) e ai fianchi (C).
2. Applicare lo schienale (D).
3. Fissare i listelli (F) ai fianchi (C).
4. Applicare le gambe (L) ai traversi (M).
5. Unire il traverso (O) con i traversi (M).
6. Fissare le gambe con il fondo (B).
7. Costruire i cassetti, unire (J) con (H) e (G) e applicare il fondo (K).
8. Rifinire in ogni particolare e lucidare.

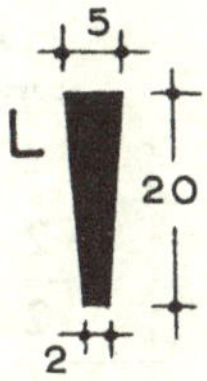

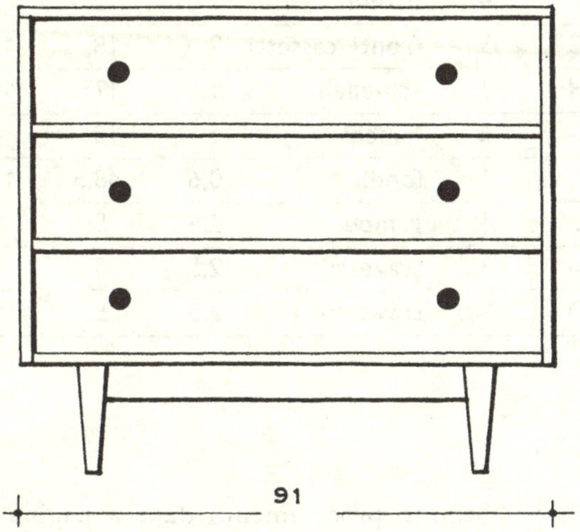

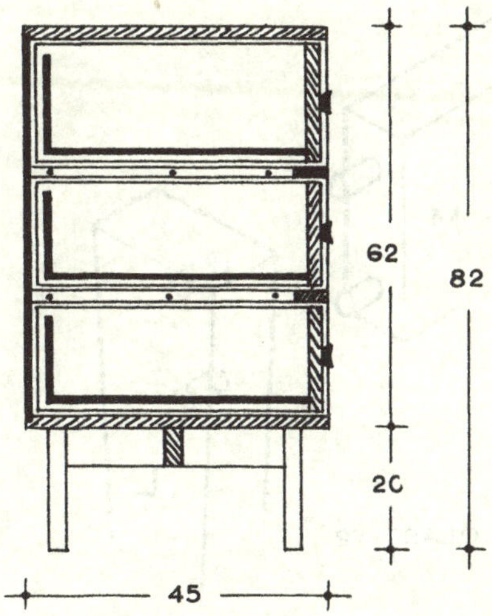

CASSETTONE - 3

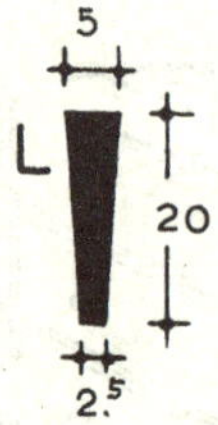

Materiali

PARTI	N.	FUNZIONE	DIMENSIONI IN CENTIMETRI spessore	× larghezza	× lunghezza
A	1	piano	2	50	115
B	1	fondo	2	50	111
C	2	fianchi	2	50	60
D	1	schienale	0,6	61	114
E	2	traversi	2	5	111
F	4	listelli	2	2,5	45
G	3	fronti cassetti	2	18	111
H	3	schienali	1	17	109
J	6	fianchi	1	18	48,7
K	3	fondi	0,6	48,5	110
L	4	gambe	2,5	5	20
M	2	traversi	2,5	5	39
O	1	traverso	2,5	5	82,5

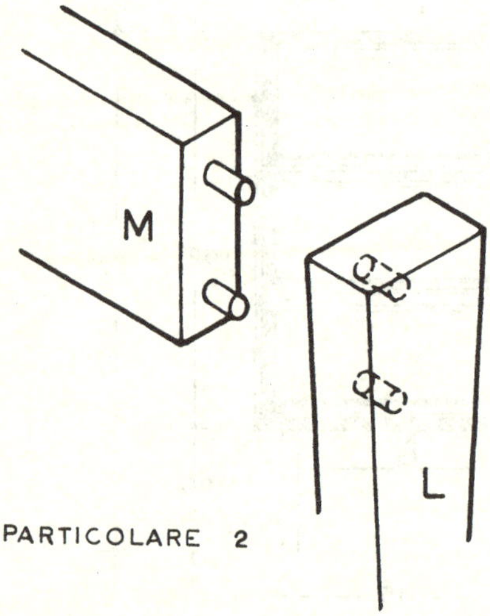

PARTICOLARE 2

Seguire procedimento dato a pagina 195.

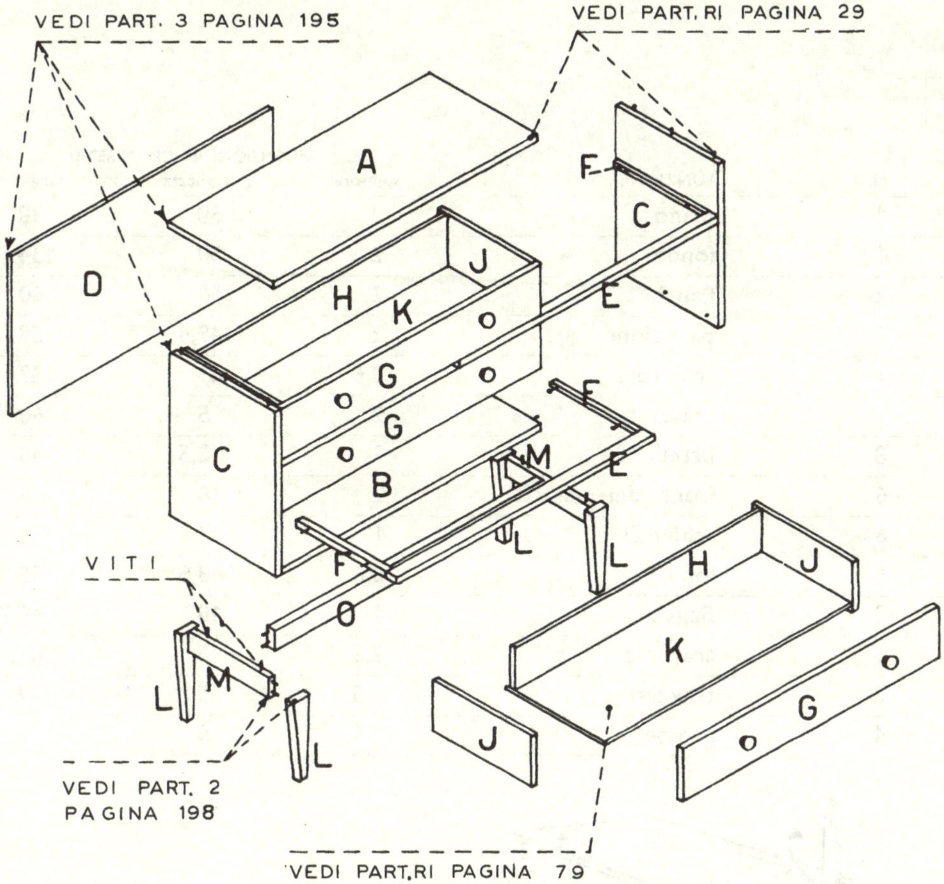
VEDI PART. 3 PAGINA 195
VEDI PART. RI PAGINA 29
A
F
C
D
J
H
K
E
G
G
C
M
B
E
F
F
L
L
H
J
VITI
O
M
L
K
G
L
J
VEDI PART. 2
PAGINA 198
VEDI PART. RI PAGINA 79

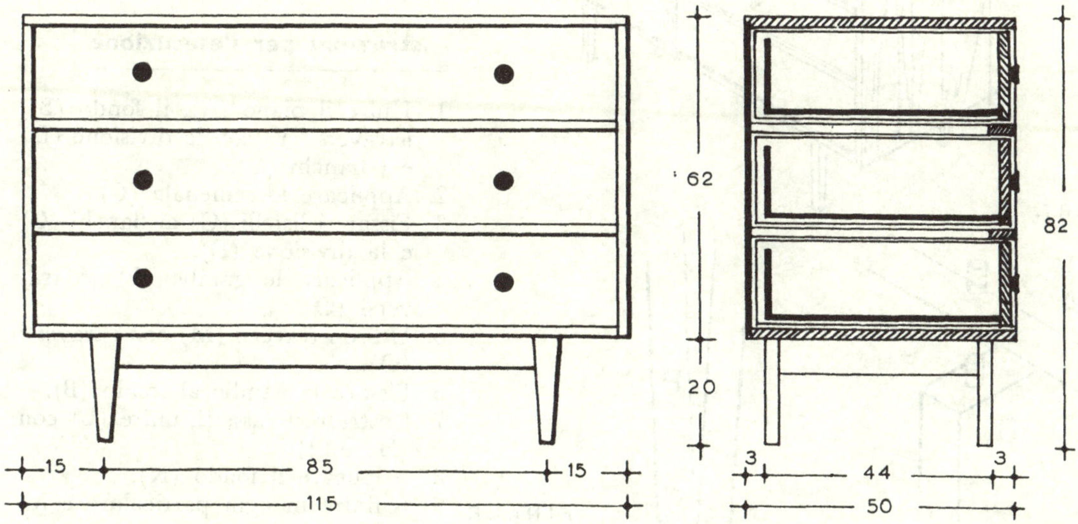
62
82
20
15
85
15
115
3
44
3
50

CASSETTONE - 4

Materiali

PARTI	N.	FUNZIONE	DIMENSIONI IN CENTIMETRI spessore	× larghezza	× lunghezza
A	1	piano	2	50	138
B	1	fondo	2	50	134
C	2	fianchi	2	50	60
D	1	partizione	2	49,4	58
E	1	schienale	0,6	61	137
F	4	traversi	2	5	66
G	8	listelli	2	2,5	45
H	6	fronti dei cassetti	2	18	66
J	6	schienali	1	17	64
K	6	fondi	0,6	48,5	65
L	12	fianchi	1	18	48,7
M	1	traverso	2,5	5	89,5
O	2	traversi	2,5	5	39
P	4	gambe	2,5	5	20

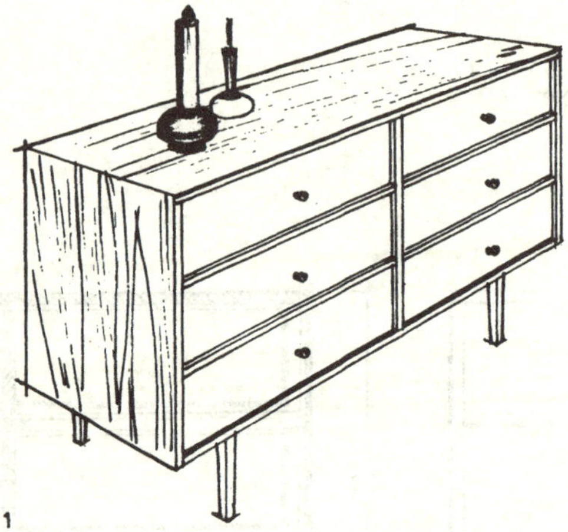

PART. 1

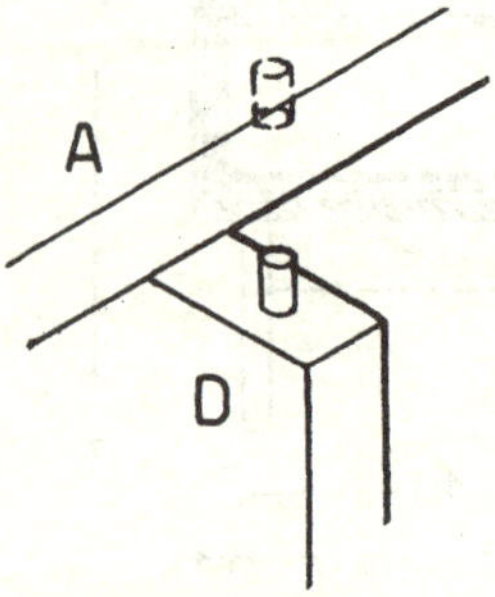

FINALE DELLA GAMBA

Istruzioni per l'esecuzione

1. Unire il piano (A), il fondo (B), i traversi (F) con la divisione (D) e i fianchi (C).
2. Applicare lo schienale (C).
3. Fissare i listelli (G) ai fianchi (C) e la divisione (D).
4. Applicare le gambe (P) ai traversi (O).
5. Unire i traversi (M) con i traversi (O).
6. Fissare le gambe al fondo (B).
7. Costruire i cassetti, unire (L) con (H) e (J).
8. Applicare il fondo (K).
9. Rifinire in ogni particolare e lucidare.

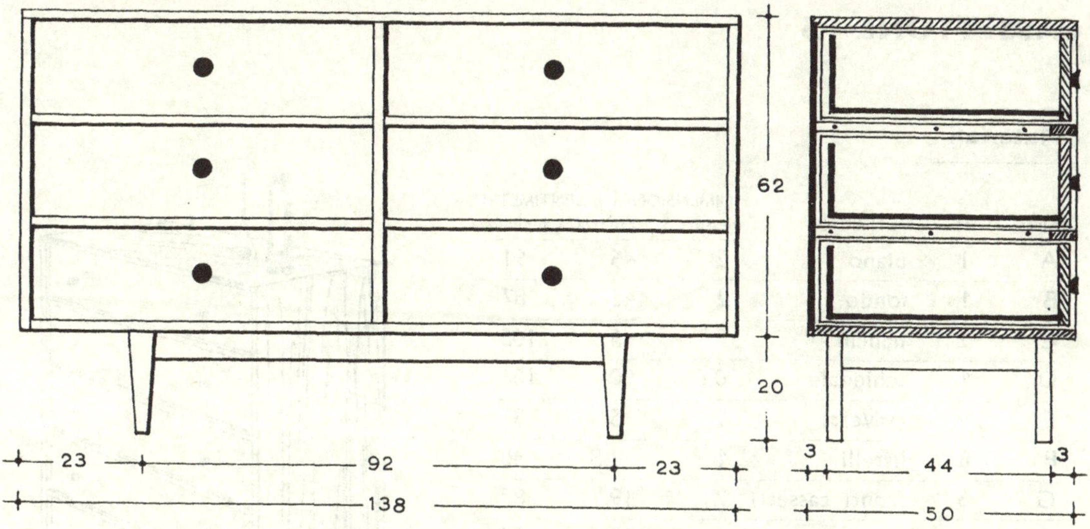
62
20
23
92
23
138
3
44
3
50

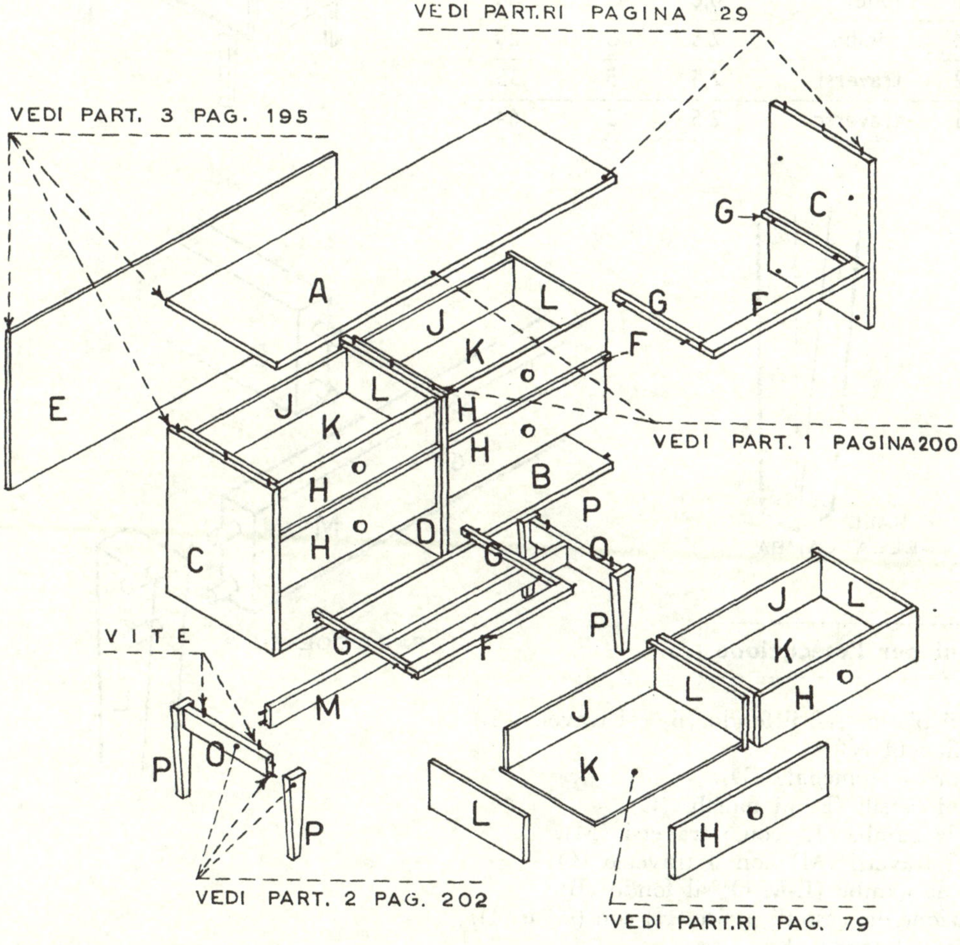
VEDI PART.RI PAGINA 29
VEDI PART. 3 PAG. 195
VEDI PART. 1 PAGINA 200
VITE
VEDI PART. 2 PAG. 202
VEDI PART.RI PAG. 79
A
B
C
D
E
F
G
H
J
K
L
M
O
P

CASSETTONE - 5

Materiali

PARTI	N.	FUNZIONE	DIMENSIONI IN CENTIMETRI spessore ×	larghezza ×	lunghezza
A	1	piano	2	45	91
B	1	fondo	2	45	87
C	2	fianchi	2	45	105
D	1	schienale	0,6	90	106
E	4	traversi	2	5	87
F	8	listelli	1	2,5	40
G	5	fronti cassetti	2	19	87
J	5	schienali	1	18	85
H	10	fianchi	1	19	43,7
K	5	fondi	0,6	43,5	86
L	4	gambe	2,5	5	20
M	2	traversi	2,5	5	35
O	1	traverso	2,5	5	64

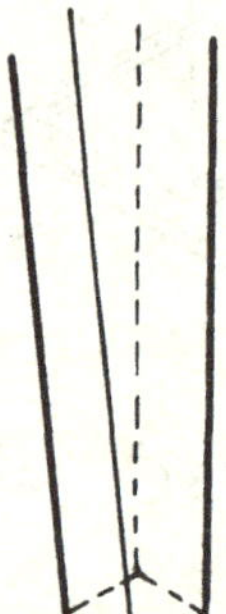

FINALE DELLA GAMBA

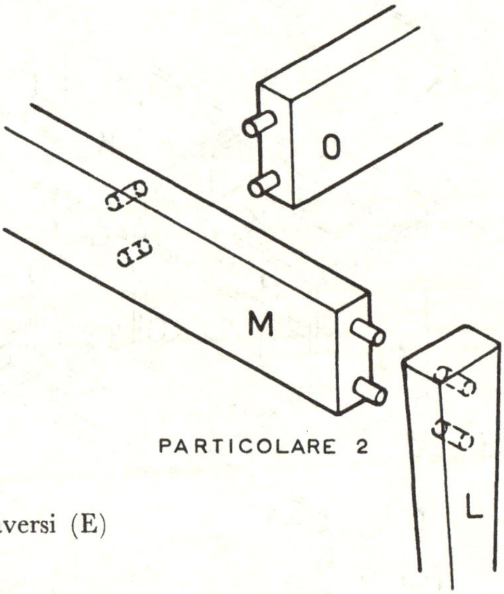

PARTICOLARE 2

Istruzioni per l'esecuzione

1. Unire il piano (A), il fondo (B) e i traversi (E) con i fianchi (C).
2. Applicare lo schienale (D).
3. Fissare i listelli (F) ai fianchi (C).
4. Unire le gambe (L) con i traversi (M).
5. Unire i traversi (M) con il traverso (O).
6. Fissare le gambe (L-M-O) al fondo (B).
7. Costruzione dei cassetti, unire (H) con (G) e (J).
8. Applicare il fondo (K).
9. Rifinire con carta vetrata e lucidare.

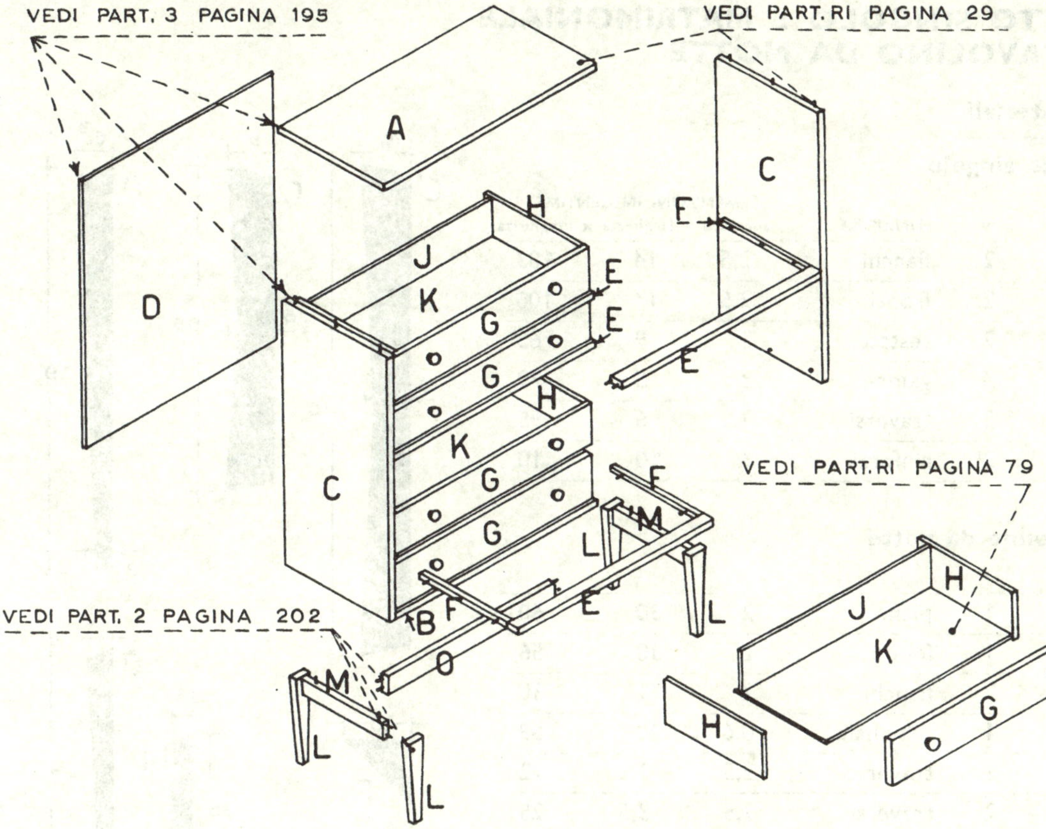
VEDI PART. 3 PAGINA 195
VEDI PART. RI PAGINA 29
VEDI PART. RI PAGINA 79
VEDI PART. 2 PAGINA 202
A
B
C
D
E
F
G
H
J
K
L
M
O

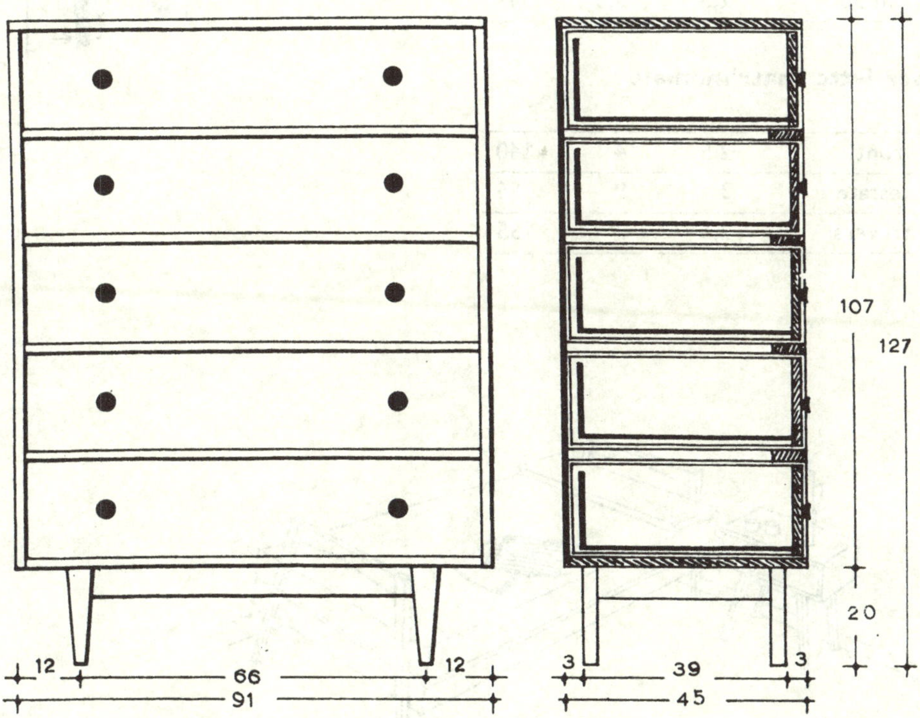
12
66
12
91
3
39
3
45
107
127
20

LETTO SINGOLO E MATRIMONIALE E TAVOLINO DA NOTTE

Materiali

Letto singolo

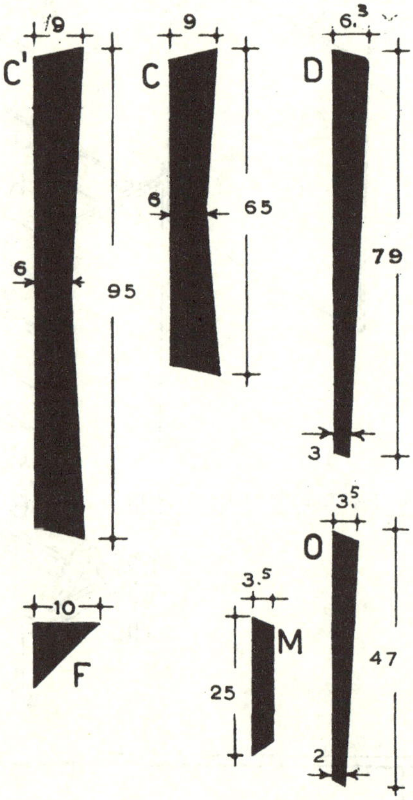

PARTI	N.	FUNZIONE	DIMENSIONI IN CENTIMETRI spessore	× larghezza	× lunghezza
A	2	fianchi	2,5	14	183
B	2	fronti	2,5	14	100
C	2	testate	3	9	65
D	4	gambe	3	5	79
E	2	traversi	2,5	6	95
F	2[1]	rinforzi	3	10	10

Tavolino da notte

G	1	piano	2	30	60
J	1	fondo	2	30	56
H	2	fianchi	2	21	30
K	1	schienale	0,6	20	59
L	1	traverso	2,5	3,5	22
M	2	traversi	2,5	3,5	25
O	4	gambe	2,5	3,5	47

Variazione per letto matrimoniale

B	2	fronti	2,5	14	140
C	2	testate	3	9	95
E	2	traversi	2,5	7	135

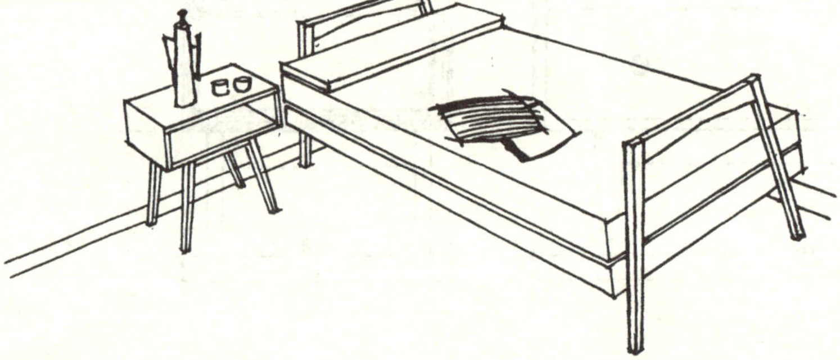

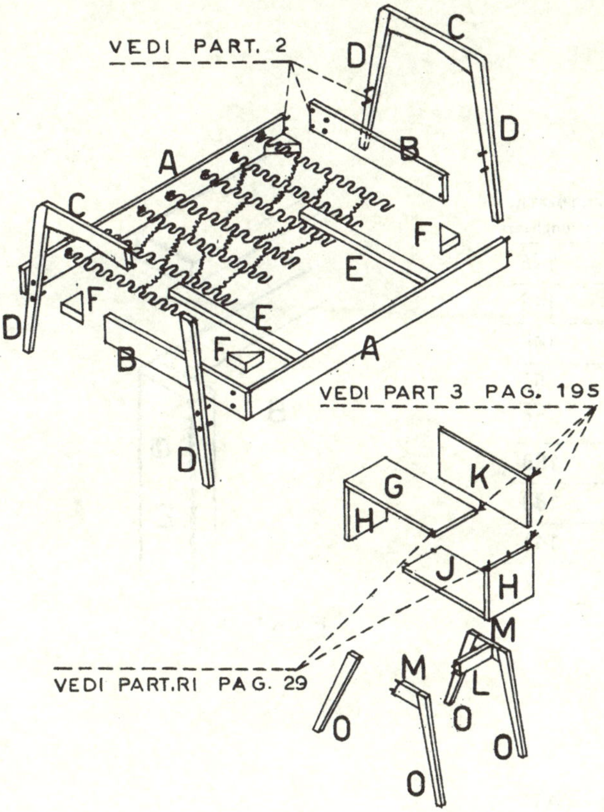

Istruzioni per l'esecuzione

Letto

1. Unire i traversi (A) con i traversi (B) e (E).
2. Applicare gli angoli (F) con (A-B).
3. Applicare le molle a zig-zag.
4. Coprire le molle con tela per proteggere il materasso.
5. Unire le gambe (D) con le testate (C).
6. Unire le gambe (D) ai traversi (B).
7. Rifinitura e lucidatura.
8. Applicare il materasso.

Tavolo da notte

1. Unire i fianchi (H) con i piani (G) e (J).
2. Applicare lo schienale (K).
3. Fissare le gambe (O) ai traversi (M).
4. Unire i traversi (M) al traverso (L).
5. Fissare i traversi (L) e (M) con il fondo (J).
6. Rifinitura e lucidatura.

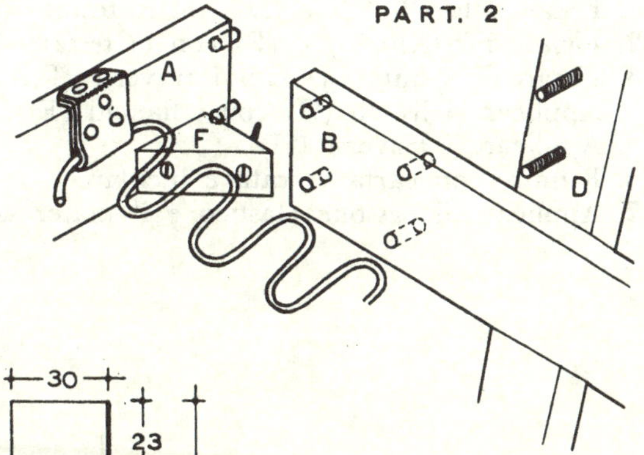

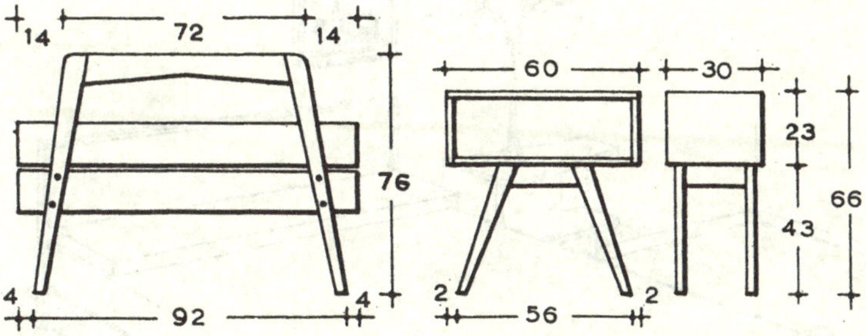

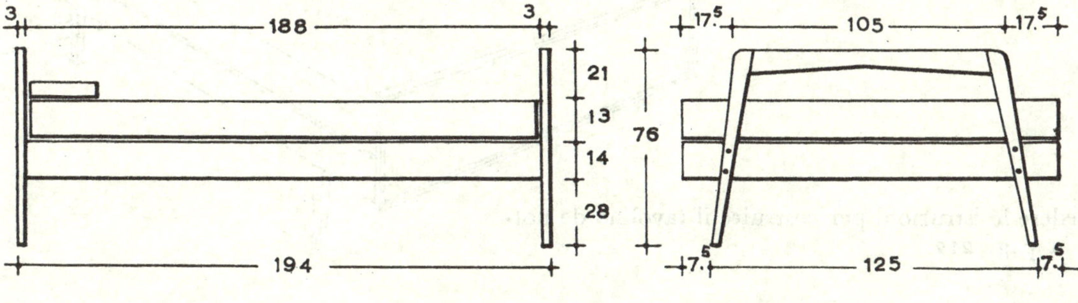

LETTO MATRIMONIALE

Materiali

PARTI	N.	FUNZIONE	DIMENSIONI IN CENTIMETRI spessore	× larghezza	× lunghezza
A	1	testata	2	52	146
B	1	testata	2	34	146
C	3	listelli	1	2,5	148
D	2	listelli	1	2,5	53
E	2	listelli	1	2,5	35
F	2	fianchi	2	18	188
G	2	listelli	2,5	2,5	188
H	3	traversi	2,5	5	141
J	4	gambe	2,5	6	27

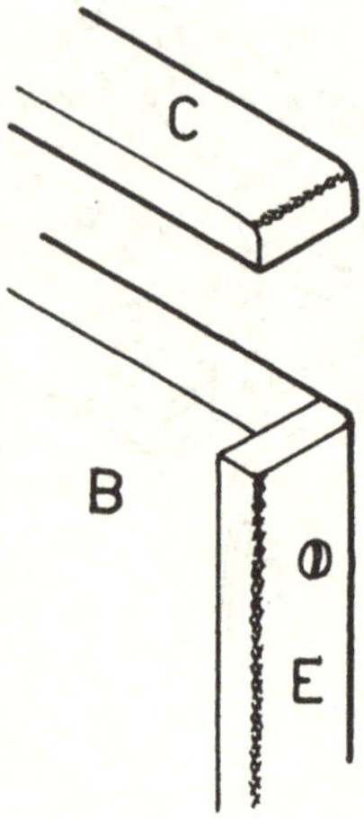

PART. 1

Istruzioni per l'esecuzione

1. Fissare i listelli (C) e (D) con la testata (A)
2. Fissare i listelli (C) e (E) con la testata (B).
3. Fissare le gambe (J) con i traversi (F).
4. Applicare i listelli (G) con i fianchi (F).
5. Applicare i traversi (H).
6. Rifinire con carta vetrata e lucidare.
7. Applicare il cassone elastico e il materasso.

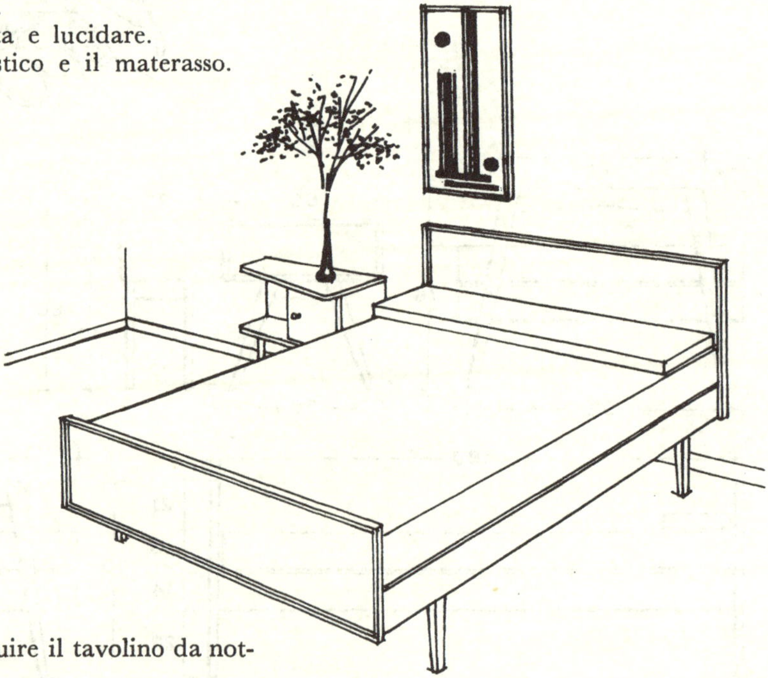

Vedere le istruzioni per costruire il tavolino da notte a pag. 212.

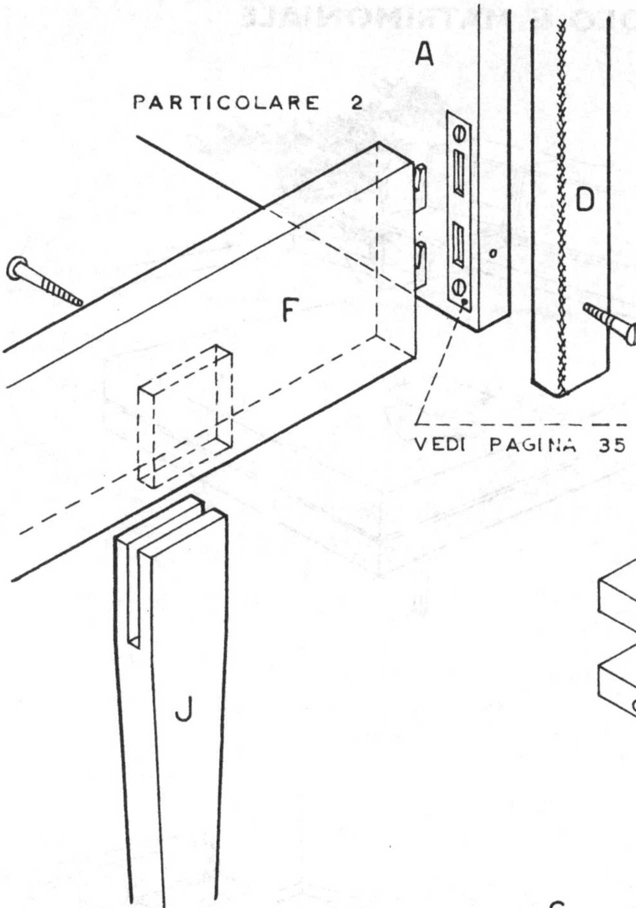
PARTICOLARE 2
A
D
F
J
VEDI PAGINA 35

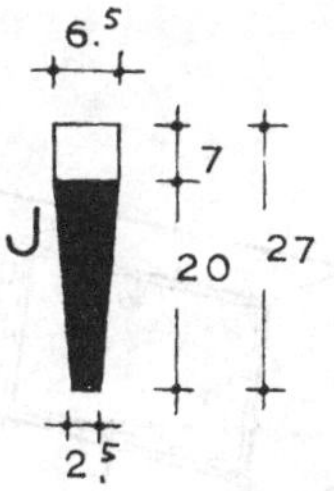
6.5
J
7
20
27
2.5

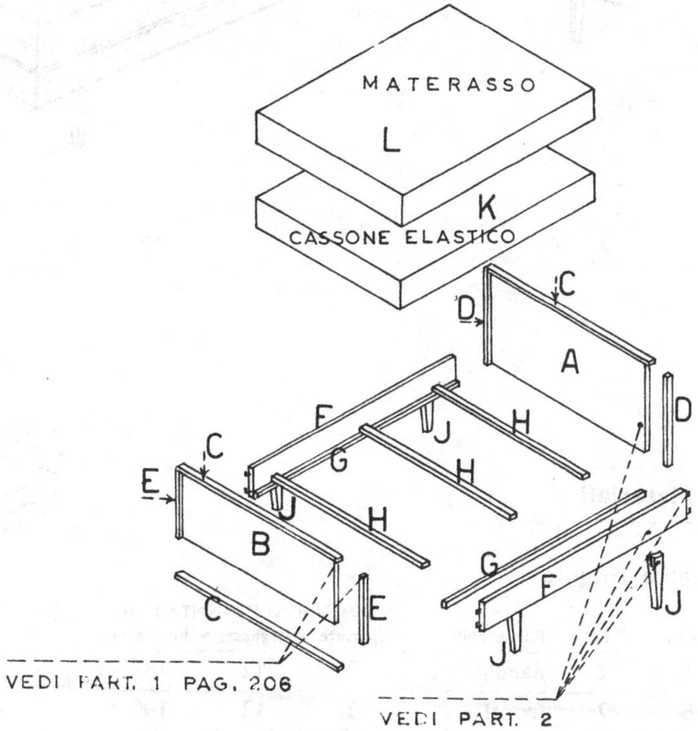
MATERASSO
L
K
CASSONE ELASTICO
A
B
C
D
E
F
G
H
J
VEDI PART. 1 PAG. 206
VEDI PART. 2

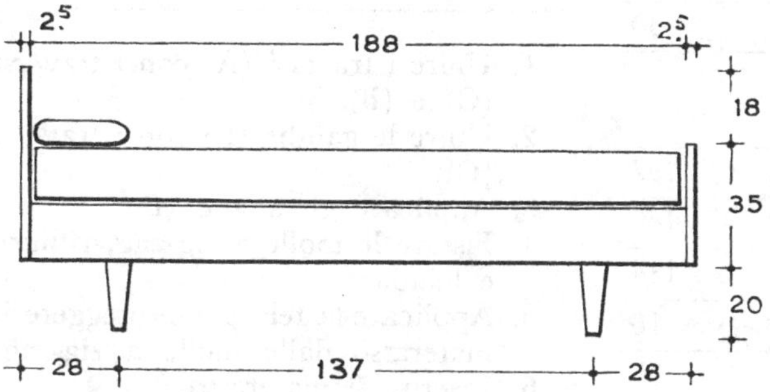
2.5
188
2.5
18
35
20
28
137
28

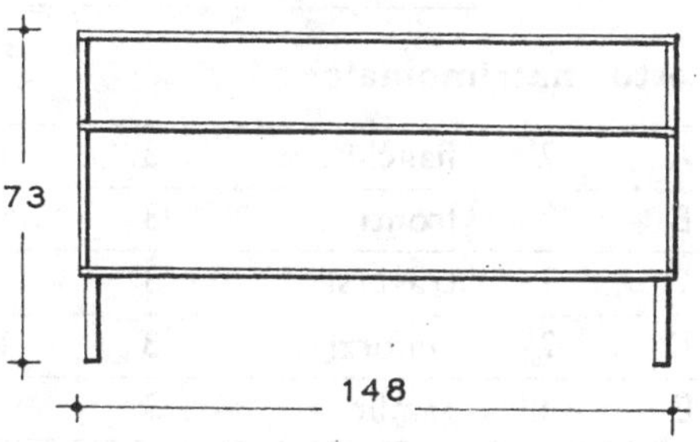
73
148

LETTI E TESTATE: SINGOLO E MATRIMONIALE

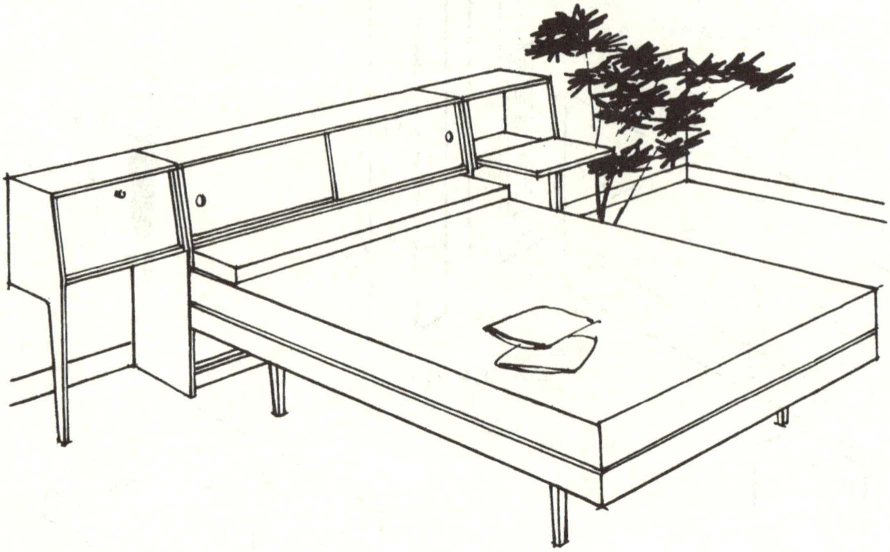

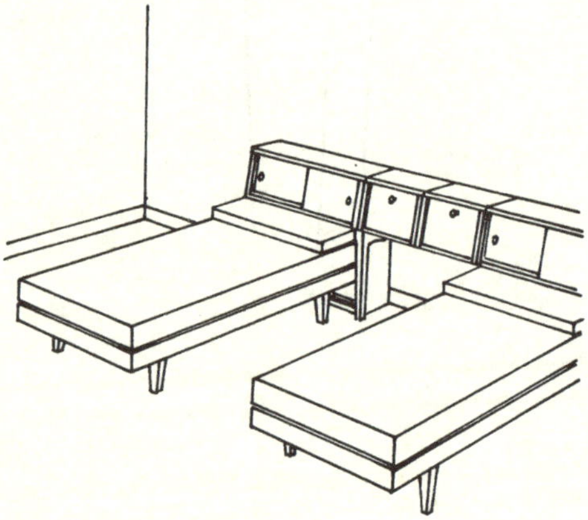

Materiali

Letto singolo

PARTI	N.	FUNZIONE	DIMENSIONI IN CENTIMETRI spessore ×	larghezza ×	lunghezza
A	2	fianchi	3	12	187
B	2	fronti	3	12	100
C	2	traversi	3	6	94
D	2	rinforzi	3	10	10
E	4	gambe	3	5	30

Letto matrimoniale

A	2	fianchi	3	12	187
B	2	fronti	3	12	140
C	2	traversi	3	7	134
D	2	rinforzi	3	10	10
E	4	gambe	3	5	30

Istruzioni per l'esecuzione

1. Unire i traversi (A) con i traversi (C) e (B).
2. Unire le gambe (E) con i traversi (C).
3. Applicare gli angoli (D).
4. Fissare le molle a zig-zag, rifinire e lucidare.
5. Applicare la tela per proteggere il materasso dalle molle a zig-zag.
6. Inserire il materasso.

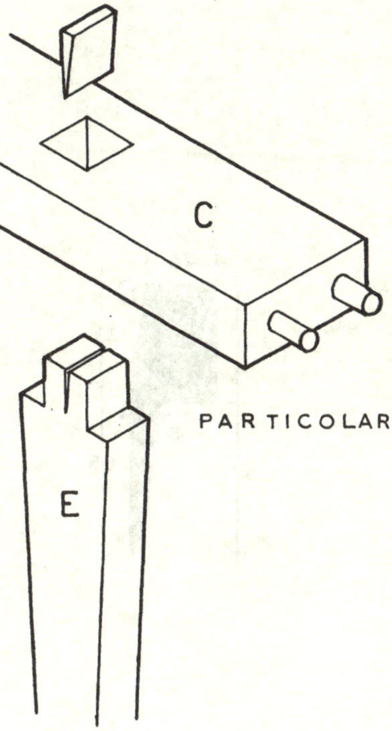

PARTICOLARE 1

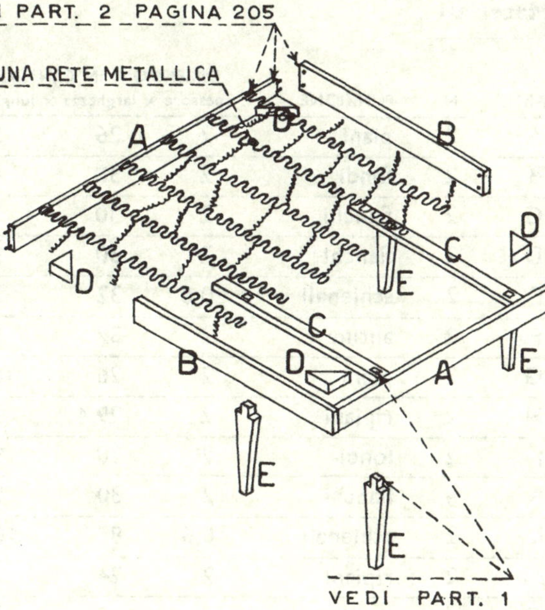

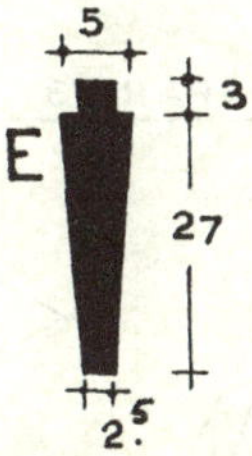

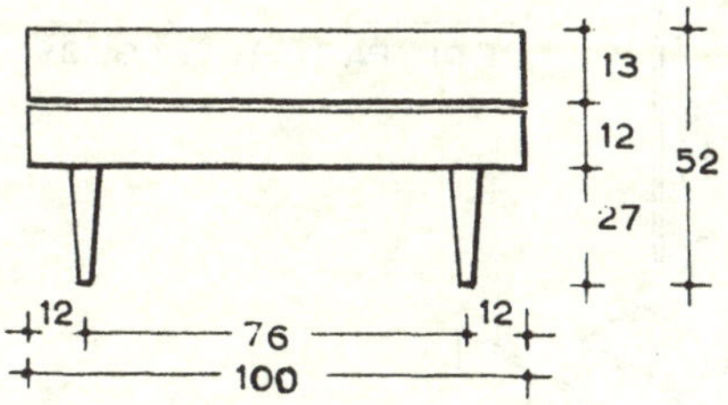

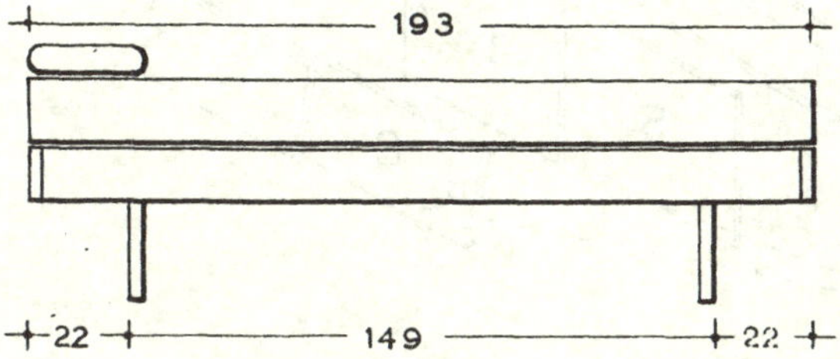

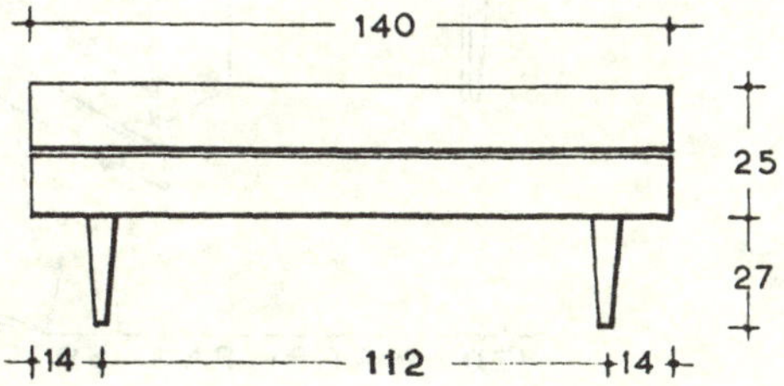

Materiali

PARTI	N.	FUNZIONE	DIMENSIONI IN CENTIMETRI spessore ×	larghezza ×	lunghezza
A	2	piani	2	26	53
B	2	fondi	2	30	49
C	2	fianchi	2	30	33
D	2	fianchi	2	30	98
E	2	schienali	0,6	32	52
F	2	antine	2	32	49
G	2	piani	2	26	102
H	2	ripiani	2	29,4	98
J	2	fondi	2	30	98
K	4	fianchi	2	30	98
L	2	schienali	0,6	89	101
M	2	ripiani	2	24	98
O	4	listelli	2	2	23
P	2	zoccoli	2	10	98
Q	1	antina	2	32	51
R	1	antina	2	32	49
S	1	antina	2	54	51
T	1	antina	2	49	54

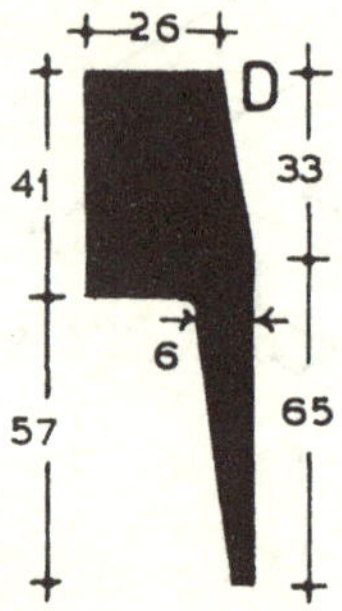

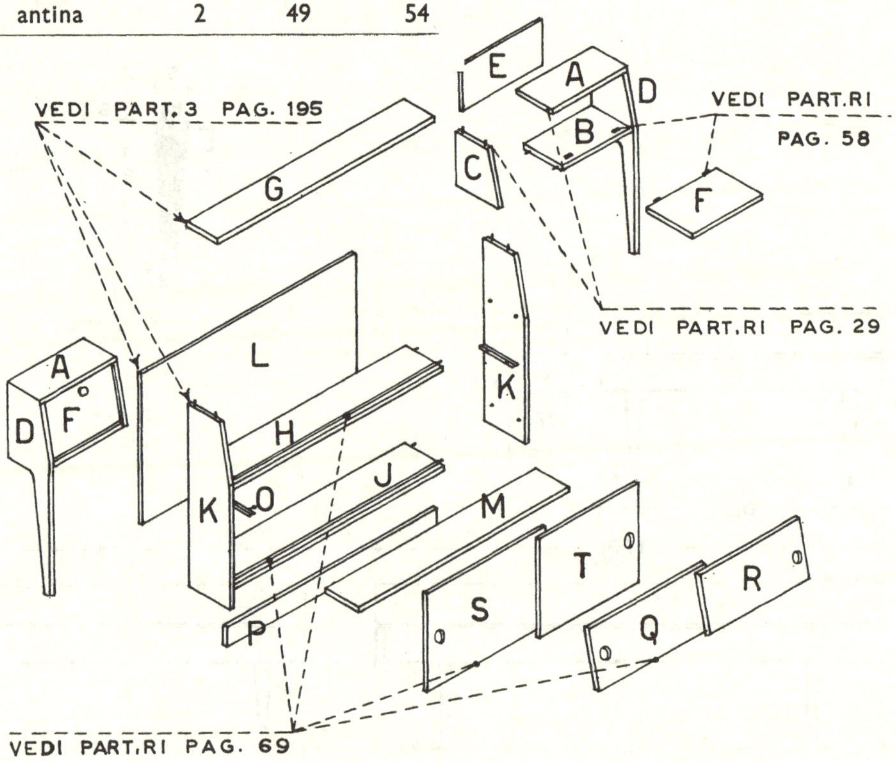

TESTATA PER LETTO MATRIMONIALE

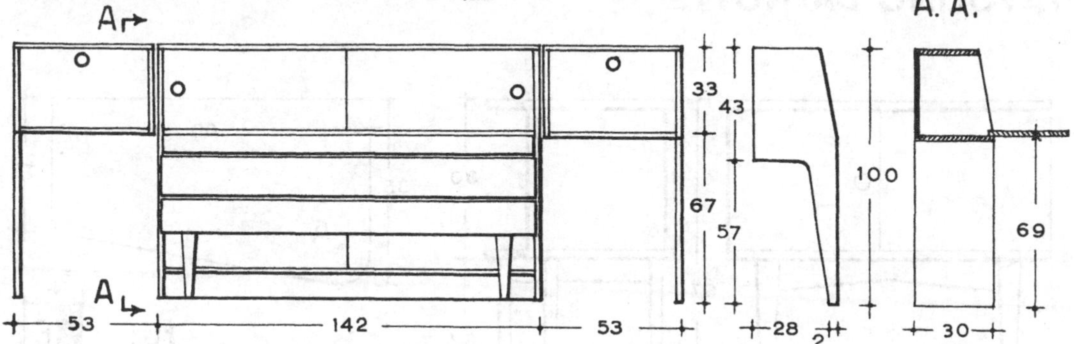

TESTATA PER LETTI SINGOLI

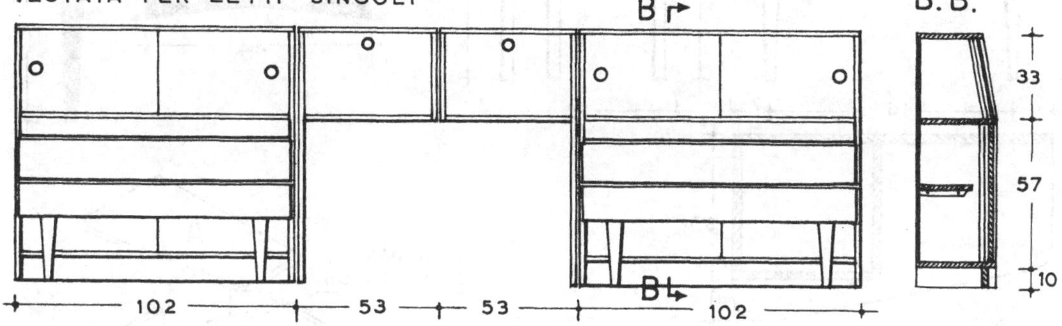

Materiali

PARTI	N.	FUNZIONE	DIMENSIONI IN CENTIMETRI spessore ×	larghezza ×	lunghezza
A	2	piani	2	26	53
B	2	fondi	2	30	49
C	2	fianchi	2	30	33
D	2	fianchi	2	30	98
E	2	schienali	0,6	32	52
F	2	antine	2	32	49
G	1	piano	2	26	142
H	1	ripiano	2	29,5	138
J	1	fondo	2	30	138
K	2	fianchi	2	30	98
L	1	schienale	0,6	89	141
M	1	ripiano	2	24	138
O	2	listelli	2	2	23
P	1	zoccolo	2	10	138
Q	1	antina	2	32	71
R	1	antina	2	32	69
S	1	antina	2	54	71
T	1	antina	2	54	69

Istruzioni per l'esecuzione

1. Unire il piano (A), il fondo (B) con i fianchi (C) e (D).
2. Applicare lo schienale (E).
3. Applicare l'anta (F) al fondo (B).
4. Unire i fianchi (K) con il piano (G), il ripiano (H) e il fondo (J).
5. Applicare lo schienale (L).
6. Fissare i listelli (O) ai fianchi (K) e lo zoccolo (P) con (J) e (K).
7. Applicare le ante (Q, R, S e T).
8. Rifinire in ogni particolare e lucidare.
9. Inserire il ripiano (M) e piazzare la testata del letto nella giusta posizione.

board in position.

TAVOLINO DA NOTTE

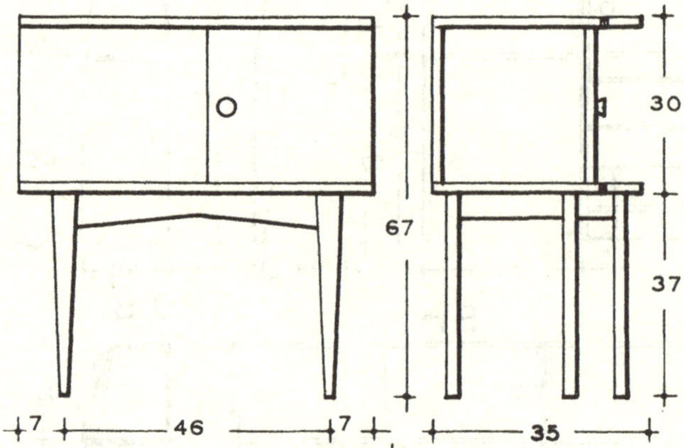

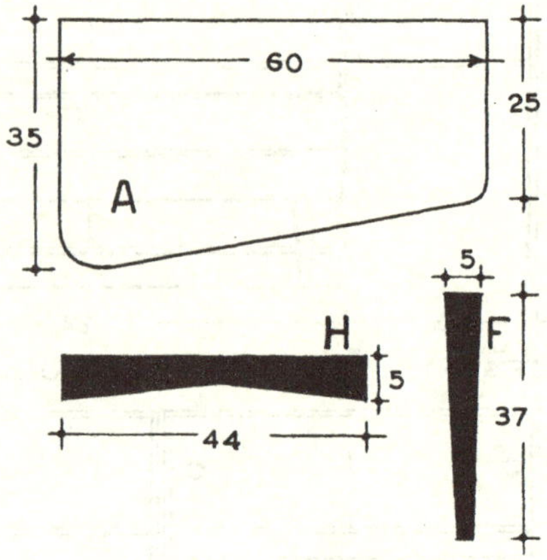

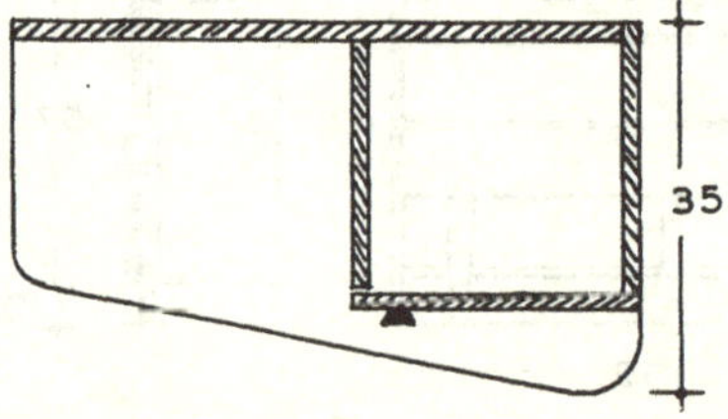

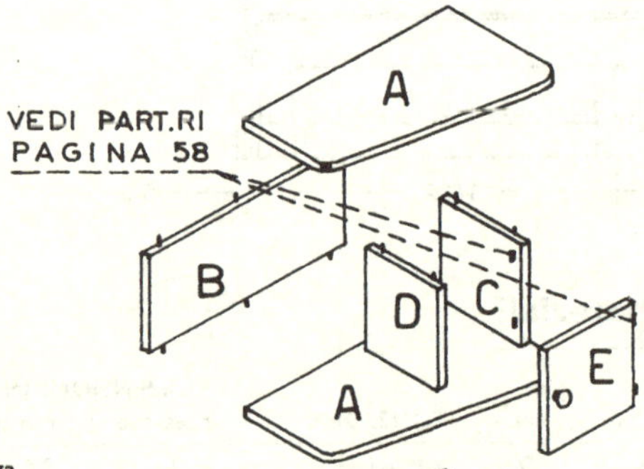

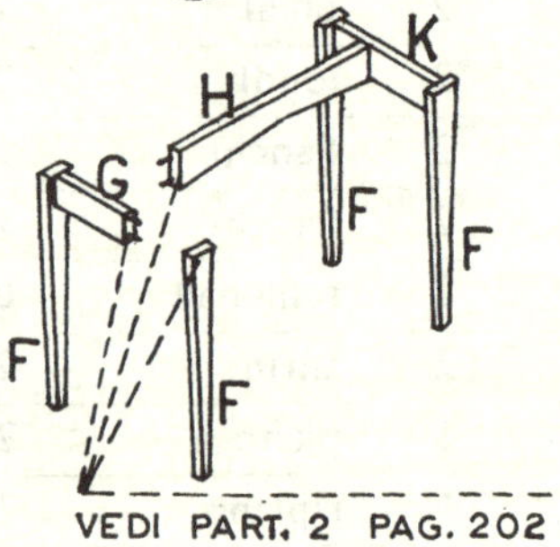

Materiali

PARTI	N.	FUNZIONE	DIMENSIONI IN CENTIMETRI spessore ×	larghezza ×	lunghezza
A	2	piani	2	35	60
B	1	schienali	2	26	58
C	1	fianco	2	25	26
D	1	fianco	2	23	26
E	1	antina	2	26	28
F	4	gambe	2	5	37
G	1	traverso	2	5	18
H	1	traverso	2	5	44
K	1	traverso	2	5	26

Istruzioni per l'esecuzione

1. Unire i piani (A) con i fianchi (C), (D) e il retro (B).
2. Applicare le ante (E).
3. Unire le gambe (F) con i traversi (G) e (K).
4. Unire il traverso (H) con i traversi (G) e (K).
5. Fissare i traversi (G, H e K) con il fondo (A).
6. Rifinire e lucidare.

Finito di stampare nel mese di settembre 2021
presso LegoDigit S.r.l., Lavis (Trento)